21世纪软件工程专业教材

软件工程

祁燕 主编
杨大为 刘丽萍 李芳 崔宁海 副主编

清华大学出版社
北 京

内容简介

本书简明扼要地介绍软件工程的基本原理和技术，旨在帮助读者了解软件工程的主要框架知识，并掌握基本的软件开发方法。本书以软件开发过程为时间轴，以结构化方法和面向对象方法为重点，结合丰富的案例详细阐述需求分析、系统设计、实现和测试的方法，以及软件的维护。本书不仅着重于软件工程基本知识和理论的掌握，同时也强调软件工程实践能力的培养和提高。内容覆盖软件资格考试所需的基本软件工程理论知识，也为指导实践提供了较为完整的案例和文档规范，具有较强的实用性。

本书适合作为高等院校计算机与信息类相关专业的教材，也可以作为研究生及软件工程实践者的参考资料。

图书在版编目（CIP）数据

软件工程/祁燕主编. —北京：清华大学出版社，2023.9
21世纪软件工程专业教材
ISBN 978-7-302-64131-5

Ⅰ. ①软… Ⅱ. ①祁… Ⅲ. ①软件工程—高等学校—教材 Ⅳ. ①TP311.5

中国国家版本馆CIP数据核字(2023)第129524号

责任编辑：袁勤勇
封面设计：何凤霞
责任校对：申晓焕
责任印制：沈　露

出版发行：清华大学出版社
网　　址：http://www.tup.com.cn，http://www.wqbook.com
地　　址：北京清华大学学研大厦A座　　**邮　　编**：100084
社 总 机：010-83470000　　**邮　　购**：010-62786544
投稿与读者服务：010-62776969，c-service@tup.tsinghua.edu.cn
质量反馈：010-62772015，zhiliang@tup.tsinghua.edu.cn
课件下载：http://www.tup.com.cn，010-83470236
印 装 者：三河市龙大印装有限公司
经　　销：全国新华书店
开　　本：185mm×260mm　　**印　　张**：20.5　　**字　　数**：499千字
版　　次：2023年9月第1版　　**印　　次**：2023年9月第1次印刷
定　　价：59.80元

产品编号：096838-01

前 言

PREFACE

软件是新一代信息技术的灵魂，是数字经济发展的基础，是制造强国、网络强国、数字中国建设的关键支撑。习近平总书记强调，要全面推进产业化、规模化应用，重点突破关键软件，推动软件产业做大做强，提升关键软件技术创新和供给能力。党的十八大以来，我国软件和信息技术服务业产业规模迅速扩大，企业实力不断提升，创新能力大幅增强，涌现出一批竞争力强的创新性产品和服务，行业应用持续深入，质量效益全面跃升，在由大变强的道路上迈出了坚实步伐。在国家高度重视和大力扶持下，我国软件和信息技术服务业规模迅速扩大，技术水平显著提升，已发展成为战略性新兴产业的重要组成部分。"十四五"规划提出，要培育壮大新兴数字产业，提升关键软件等产业水平。这为未来五年我国软件产业发展指明了方向和路径，同时也对软件研发、管理和维护相关专业人才提出了更加迫切的需求。

软件工程是一门指导计算机软件开发、维护和管理的新兴学科，主要利用工程化的概念、原理、技术和方法，在计划、开发、运行、维护与管理软件过程中，将科学的管理和先进的技术方法紧密结合，从而以经济的手段获得满足用户需求的高质量软件并能有效地维护。软件工程课程是高等学校计算机及信息类相关专业的一门专业主干课程。软件工程知识涵盖软件需求、软件设计、软件构造、软件测试、软件维护、软件配置管理、软件工程管理、软件工程过程、软件工程工具和方法、软件质量等方面。同时，软件工程也是与计算机科学、工程科学、管理科学、数学等学科交叉的多学科领域。

编者在高等院校长期从事软件工程相关课程和实践环节的教学和指导，与企业展开过长期稳定的合作，主持和参与多项校企合作协同育人项目，积累了丰富的软件工程实践经验。针对高校计算机及相关专业应用型人才培养的需要，编者特梳理了上述案例与经验编写了本书。

本书从实用的角度，吸取了国内外软件工程的工程理论和实用技术、方法，提供了丰富的案例。全书共 12 章，内容为软件工程概述、软件项目管理、可行性与计划研究、结构化分析、面向对象分析、软件体系结构、结构化设计、面向对象设计、软件实现、软件测试、软件维护、从大学生到软件工程师等。书中针对结构化和面向对象两种方法学的分析、设计环节提供了在校学生相对熟悉的典型案例，可帮助学生在掌握理论、技术和方法的同时，将其转化为实践分析和设计能力。除第 12 章外，每章均附有适当的习题，以复习巩固所学知识。本书的主要特点如下。

(1) 内容先进，案例丰富。吸收了软件工程领域大量的新知识、新技术、新方法和国际通用准则。注重实践性，提供了丰富的开发案例，能对实践环节提供有效的支撑。

(2) 结构新颖，注重实用。在内容安排上打破常规，以实践过程的时间轴为主线，有助于理论知识与实际应用的有机结合。

(3) 职业引导,助力发展。基于软件行业背景,为大学生就业和职业角色的转变提供帮助,引导学生实现个人能力、团队协作、职业道德等方面的培养。

(4) 资源配套,便于教学。为了方便理论和实践的教学,书后附有部分习题答案以及各阶段文档的编写规范。

本书由祁燕任主编,杨大为、刘丽萍、李芳、崔宁海任副主编。其中祁燕统筹编写大纲、设计项目案例及插图等,祁燕、李芳、崔宁海编写第4～8章,杨大为、刘丽萍编写第1～3章、第9～12章以及附录部分。

感谢合作企业的郭燕等提供企业文档规范。同时,感谢对本书编写给予大力支持与帮助的各位技术专家、教师以及合作企业单位。因无法对编写过程中参阅的大量重要文献资料进行完全准确的注明,在此特向所有文献的作者深表歉意及谢意!

因作者水平有限,书中难免存在不妥之处,敬请读者谅解,并欢迎提出宝贵意见和建议。

祁　燕

2023年8月

目 录

CONTENTS

软件工程概述

20 世纪 60 年代后期，软件工作者认真研究消除软件危机的途径，首次提出了“软件工程”这一术语，从而逐渐形成了一门新兴的工程学科。如今，软件工程学科已发展为计算机科学与技术、数学、工程学、管理学等相关学科的交叉性学科。

进入 21 世纪，软件以各种形式融入人们的生活，在生活的各个方面都发挥着作用，使生活更加舒适、高效。在现代信息化社会，软件已成为企事业单位信息化的核心。软件产业的发展体现了一个国家的综合实力，也决定了国际竞争力，关系国家信息化和经济、文化与系统安全水平。

软件工程必须保证软件在人们的生活中发挥积极的作用。在软件开发的过程中，应使用软件工程原理和先进的技术方法，提高软件的开发、管理和维护能力，助力国家信息化发展以及信息技术应用水平和综合国力的提高。

1.1 软　　件

1.1.1 软件的概念和特点

1. 软件的相关概念

软件(software)是由专业人员开发并长期维护的软件产品。完整的软件产品包括在各种不同容量和体系结构计算机上的可执行程序、运行过程中产生的各种数据，以及以多种方式存在的软件文档。

具体可以表示为：软件＝程序＋数据＋文档。

其中，程序是在计算机或手机等终端设备运行的指令集合；数据是信息的表示方式和载体，是使程序正常进行信息处理的结构及表示；文档是与程序开发、维护及使用有关的技术数据和图文资料。

2. 软件的主要特点

在实际开发、运行、维护、管理和使用过程中，软件具有以下主要特点。

(1) 智能性。软件是人类智能劳动的产物、代替和延伸。程序、流程、算法、数据结构等需要采用人类思维方式设计、编排和组织。

(2) 抽象性。软件属于逻辑产品，而非物理实体，其无形性和智能性致使软件难以认知和理解。在研发过程中，需要运用抽象思维和方法进行逻辑设计和组织。软件的丰富内涵蕴含在计算机内部，因此其具有高度的抽象性，人们只能通过用户界面与软件交互。

(3) 人工方式。软件的开发、维护及管理设置等方面，很难完全脱离人工方式。

(4) 复杂性和系统性。受计算机等终端系统的限制，软件的开发和运行必须依赖软件环境。大中型软件是由多种要素组成的有机整体，具有显著的系统特性。软件具有确定的目标、功能、性能、结构和要素。

(5) 泛域性。软件应用很广泛，在信息化中可服务各个领域、行业和层面。

(6) 智能复制性。软件是人类智能创造性的特殊产品，成本相对比较昂贵，但复制和推广的费用一般较低，可以借助复用技术进行软件开发再利用。

(7) 非损及更新性。各种软件不存在物理性磨损和老化问题，但可以退化，需要及时更新升级。

1.1.2 软件的分类

随着计算机软件复杂性的增加，很难对软件给出通用的分类，但是可以从不同的角度对软件进行分类，如图 1.1 所示。

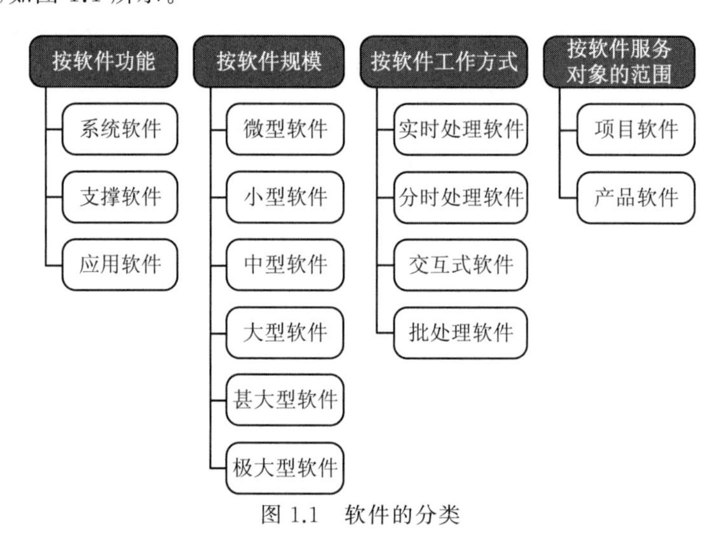

图 1.1 软件的分类

按功能，可以将软件分为系统软件、支撑软件和应用软件。系统软件是能与计算机硬件紧密配合，使计算机系统各个部件、相关的软件和数据协调、高效地工作的软件，例如，操作系统、数据库管理系统、设备驱动程序以及通信处理程序等。支撑软件是协助用户开发软件的工具性软件，其中包括帮助程序员开发软件产品的工具，也包括帮助管理人员控制开发进程的工具。应用软件是针对特定领域开发、为特定目的服务的一类软件。

按规模(如开发软件需要的人力、时间以及完成的源程序行数)，可将软件分为 6 种不同规模的软件，如表 1.1 所示。规模大、时间长、参与人员多的软件项目，其开发工作必须要有软件工程的知识做指导。而规模小、时间短、参与人员少的软件项目也要有软件工程概念，遵循一定的开发规范。它们的基本原则相同，但对软件工程技术依赖的程度各异。

表 1.1　软件规模的分类

类　　别	参与人员数	研制期限	产品规模 （源程序行数）
微型	1～4	10 周以内	1k
小型	5～20	2～12 月	2k～10k
中型	20～50	1～2 年	10k～100k
大型	50～500	2～4 年	100k～1M
甚大型	500～1000	4～6 年	1M～10M
极大型	1000 以上	6 年以上	10M 以上

按工作方式，软件可以分为实时处理软件、分时处理软件、交互式软件和批处理软件。实时处理软件指在事件或数据产生时，立即予以处理，并及时反馈信号，控制需要监测和控制的过程，主要包括数据采集、分析、输出 3 部分。分时处理软件允许多个联机用户同时使用计算机。交互式软件指能实现人机通信。批处理软件把一组输入作业或一批数据以成批处理的方式一次运行，按顺序逐个处理。

按服务对象的范围，软件可分为项目软件和产品软件。项目软件也称定制软件，是受某个特定客户（或少数客户）的委托，由一个或多个软件开发机构在合同的约束下开发出来的软件，例如军用防空指挥系统、卫星控制系统。产品软件是由软件开发机构开发出来直接提供给市场，或是为千百个用户服务的软件，例如文字处理软件、文本处理软件、财务处理软件、人事管理软件等。

1.1.3　软件的发展历程

从 1946 年电子计算机诞生以来，随着软硬件技术的快速发展，计算机系统得到了广泛的应用。从最初仅用于科学计算，快速拓展到多种行业应用的业务数据处理与服务。软件和硬件作为计算机系统的重要组成部分，在几十年的发展过程中相互影响、相互促进，其发展过程可大致划分为 4 个阶段，各个阶段的特点如表 1.2 所示。

表 1.2　计算机系统 4 个发展阶段

时　　期	硬　　件	软　　件	主要技术
第 1 阶段 20 世纪 50～60 年代	晶体管 批处理系统	程序设计阶段 个体化生产	面向批处理 有限的分布 自定义软件
第 2 阶段 20 世纪 60～70 年代	集成电路芯片 多道程序	程序系统阶段 作坊式生产 软件危机出现 软件工程诞生	多用户 实时处理 数据库 软件产品
第 3 阶段 20 世纪 70～80 年代	大规模集成电路 微处理器 个人计算机	软件工程阶段 工程化思想	分布式系统 嵌入“智能” 低成本硬件 消费者的影响

续表

时　期	硬　件	软　件	主要技术
第 4 阶段 20 世纪 80 年代至今	网络化 硬件与软件综合 智能计算机系统	创新完善阶段 面向对象 过程工程 构件工程	强大桌面系统 面向对象技术 专家系统 神经网络 并行计算 量子计算

(1) 第 1 阶段。这个时期的软件通常是为某个具体应用专门编写的规模较小的程序，编写者和使用者往往是同一个人或同一组人。软件的生产主要采用个体手工劳动的生产方式，设计者使用机器语言或汇编语言作为工具，开发程序的方法主要追求编程技巧和程序运行效率，程序设计中还未重视其他辅助作用，因此设计的程序难读、难懂、难修改。此阶段软件规模小，编写起来相当容易，未采用系统化方法，更未对软件开发过程进行任何管理。在这种个体化的软件开发环境中，软件设计只是在人们头脑中进行的一个模糊过程，除了程序清单之外，没有其他文档资料被保存下来。

(2) 第 2 阶段。这个时期多用户系统、人机交互、实时系统、第一代数据库管理系统等新技术的出现，开创了计算机应用的新局面。软件和硬件的配合上了一个新的层次，软件的需求也不断增长。软件由于处理的问题域扩大而使程序变得复杂，软件开发进入作坊式生产，生产工具是高级语言，开发方法仍旧靠个人技巧。一方面，大量软件开发的需求已提出，软件的规模越来越大，结构越来越复杂，发现错误必须修改程序，软件维护的资源消耗严重，许多软件最终不可维护。另一方面，由于开发人员无规范约束，又缺乏软件理论方法，开发技术没有新的突破，开发人员的素质和落后的开发技术不适应结构复杂的大规模软件的开发，因此尖锐的矛盾最终导致软件危机的产生。1968 年，北大西洋公约组织的计算机科学家在联邦德国召开国际会议，讨论软件危机问题，在这次会议上正式提出并使用了“软件工程”这个名词，一门新兴的工程学科就此诞生了。

(3) 第 3 阶段。“软件危机”的产生，迫使人们不得不研究、改变软件开发的技术手段和管理方法。从此软件生产进入了软件工程时代。计算机技术向巨型化、微型化、网络化和智能化方向发展，数据库技术已成熟并广泛应用，第 3 代、第 4 代语言出现，分布式系统极大地增加了计算机系统的复杂性。这些都对软件开发提出了更高的要求。因此，软件工程时代的生产方式是强调用工程化的思想解决软件开发的问题。采用工程的概念原理技术和方法，使用先进技术来开发软件，使开发技术有了很大进步，但是未能获得突破性进展，软件价格不断上升，没有完全摆脱软件危机。

(4) 第 4 阶段。该阶段已不再看重单台计算机和程序，人们感受到的是硬件和软件的综合效果。复杂操作系统、局域网和广域网，与先进的应用软件相配合，成为当前主流。专家系统和人工智能软件的应用更加广泛，模拟人脑的人工神经网络开拓了信息处理的新途径，“云”改变了人们原有的工作方式。软件开发方式也在不断创新和完善。

- 20 世纪 80 年代中期到 90 年代，以 Smalltalk 为代表的面向对象的程序设计语言相继推出，使面向对象的方法与技术得到快速发展。从 20 世纪 90 年代起，研究的重点从程序设计语言逐渐发展到面向对象的分析与设计技术，形成了一种完整的软件开发方法和系统的技术体系，其后出现了许多面向对象的开发方法，使面向对象的开发技术和方法逐渐得到完善和推广。

- 随着计算机网络等信息技术的快速发展和广泛应用，软件的规模、复杂度、开发时间和开发人员数量持续快速增长，致使软件工程开发、维护和管理的难度不断加大。在软件开发的实践过程中，软件企业和研发人员逐渐认识到，保证软件质量、提高软件生产效率的关键是对“软件过程”的有效管理和控制，从而提出了对软件项目管理的计划、组织、质量保证、成本估算、软件配置管理等技术与策略，逐步形成了软件过程工程。
- 20 世纪 90 年代起，基于构件的开发方法取得重要进展，软件系统的开发可利用已有的、可复用的构件进行修改集成，而无须从头开始编程构建，从而解决了提高软件研发效率和质量、降低成本的重大问题。

1.2 软件危机

1.2.1 软件危机及其表现

软件危机是指在计算机软件的开发和维护过程中所遇到的一系列严重问题。20 世纪 60 年代中期，随着软件的发展，高质量软件的开发变得越来越困难。一方面是软件开发的过程中，经常不能按时完成任务，开发效率低，经费严重超支，产品质量得不到保证，难以满足对软件日益增长的需求；另一方面由于开发文档不齐全，人们对文档的重视度不够，难以对已有的数量不断增长的软件进行有效的维护。

后果较为严重的软件危机的例子包括以下几个。

(1) 1962 年，美国水手Ⅰ号因导航软件语义错误，偏离航线，任务失败。

(2) 1967 年，苏联联盟一号载人宇宙飞船，一个小数点的错误导致返航时打不开降落伞，机毁人亡。

(3) 阿波罗 8 号因软件错误，导致存储器部分信息丢失。

(4) 阿波罗 14 号飞行 10 天中出现 18 个错误。

(5) 美国 IBM OS/360 系统，约 100 万条指令，花费 5 000 个人年，经费数亿美元，错误多达 2 000 个以上，根本无法正常运行。系统负责人描述开发过程：像巨兽在泥潭中作垂死挣扎，挣扎得越猛，泥浆就沾得越多，最后没有一个野兽能够逃脱淹没在泥潭中的命运。

Brook 博士的《人月神话》是项目管理经验总结，是软件行业经典著作。论文《没有银弹》将软件项目描述为具有狼人特性、落后进度、超出预算、存在大量缺陷的怪物。软件天生没有银弹，进步是逐步取得的，这个努力的过程诞生了软件工程。

软件危机主要表现在以下几个方面。

(1) 对软件开发成本和进度的估计很不准确。实际成本比估计成本有可能高出一个数量级，实际进度比预期进度拖延几个月甚至几年。这必然会引起用户的不满。

(2) 软件产品不能满足用户的需要，产品的功能或特性与需求不符。软件开发人员常常在对用户要求只有模糊的了解，甚至对所要解决的问题还没有确切认识的情况下，就匆忙着手编写程序，导致最终的产品不符合用户的实际需要。

(3) 软件产品的质量难以保证。软件可靠性和质量保证的确切的定量概念刚刚出现，软件质量保证技术还没有坚持不懈地应用到软件开发的全过程中，使得软件产品存在各种缺陷。

(4) 软件没有完备的文档资料。这些文档资料应该是在软件开发过程中产生出来的，而且应该是和实际软件产品相符的。软件开发组织的管理人员可以使用这些文档资料来管理和评价软件开发工程的进展状况；软件开发人员可以利用它们作为通信工具；对于软件维护人员而言文档资料更是必不可少的。

(5) 软件产品难以维护。维护需要修改软件，由于缺乏完备的文档以及软件本身的缺陷，很多程序中的错误难以改正，想让原有程序适应新的硬件环境，或是在原有程序中增加一些新的功能也往往不可能实现。

(6) 软件开发代价高，生产效率低下。硬件成本逐年下降，根据摩尔定律，硬件成本每18个月降低一半。而软件成本随着通货膨胀以及软件规模和数量的不断扩大而持续上升。软件开发生产率低下，导致软件产品"供不应求"，人类不能充分利用现代计算机硬件提供的巨大潜力。

1.2.2 软件危机的启示

软件危机的出现，充分暴露出软件产业在早期的发展过程中存在的各种问题，使人们深刻地认识到软件的特性和软件产品开发的内在规律。

(1) 重视软件文档。不要认为软件开发就是写程序并设法使之运行。程序只是完整的软件产品的一个组成部分。软件产品必须由完整的配置组成，软件配置包括程序、数据和文档等成分。文档是开发、使用和维护程序所需要的重要的图文资料。

(2) 建立完善的质量保证体系。软件不会被"用坏"，如果发现了错误，很可能是开发时期引入的。软件的质量得不到保证，往往使得开发出来的软件产品不能满足人们的需求，从而导致软件质量下降和开发预算超支等后果。同时，人们还可能需要花费大量的时间、资金和精力去修复软件的缺陷。建立完善的质量保证体系需要有严格的评审制度，同时还需要有科学的软件测试技术及质量维护技术。

(3) 重视软件需求分析。如果没有完整准确的认识就匆忙着手编写程序，那么完成它所需要用的时间往往更长。编写程序只是软件开发过程中的一个阶段，工作量只占软件开发全部工作量的10%～20%。

(4) 重视软件维护。维护是极端艰巨复杂的工作，需要花费很大代价。软件维护的费用占软件总费用的55%～70%。软件工程学的一个重要目标就是提高软件的可维护性，减少软件维护的代价。

(5) 重视软件管理。软件是逻辑部件，缺乏"可见性"，管理和控制软件开发过程相当困难。软件规模庞大，而且程序复杂性将随着程序规模的增加而呈指数上升。如何保证每个人完成的工作合在一起确实能构成一个高质量的大型软件系统，不仅涉及许多技术问题，更重要的是必须有严格而科学的管理。

(6) 推广和使用成功的软件工程技术和方法。应该尽快消除软件生产早期形成的错误观念和做法，推广使用在实践中总结出来的开发软件的成功技术和方法，并且研究和探索更好、更有效的技术和方法。

(7) 开发和使用更好的软件工具。正如机械工具可以“放大”人类的体力一样，软件工具可以“放大”人类的智力。在软件开发的每个阶段都有许多烦琐重复的工作要做，在适当的软件工具辅助下，开发人员可以把这类工作做得既快又好。如果把各个阶段使用的软件工具有机地集合成一个整体，支持软件开发的全过程，则称为软件工程支撑环境。

软件开发是一种组织良好、管理严密、各类人员协同配合、共同完成的工程项目，既要有技术措施，又要有必要的组织管理措施。软件工程是从管理和技术两方面研究如何更好地开发和维护计算机软件的一门学科。

1.3 软件工程

1.3.1 软件工程的概念

1968年，在北大西洋公约组织举行的一次学术会议上，Fritz Bauer等专家开会讨论软件的可靠性与软件危机的问题，首次提出了“软件工程”概念，将其定义为“软件工程是为了经济地获得可靠的且能在实际机器上有效地运行的软件，而建立和使用的完善的工程化原则”。

历经40多年的发展，软件工程已经成为一门独立的学科，人们对软件工程也逐渐有了更全面、更科学的认识。

1983年，IEEE(Institute of Electrical and Electronics Engineers，电气和电子工程师协会)将软件工程定义为“开发、运行、维护和修复软件的系统方法”。1993年，IEEE又将其改进为更全面的定义：①将系统化的、规范的、可度量的途径应用于软件的开发、运行和维护的过程，也就是把工程化应用于软件中；②研究①中提到的途径。

中国国家标准GB/T 11457—1995《软件工程术语》中软件工程的定义为软件工程是软件开发、运行、维护和引退的系统方法，目的就是为软件全生命周期活动提供工程化的手段，从而提高软件的质量、降低成本和缩短开发周期等。

《计算机科学技术百科全书》中对软件工程的定义是：应用计算机科学、数学及管理科学等原理，开发软件的过程。软件工程借鉴传统工程的原则、方法，以提高质量、降低成本。其中，计算机科学、数学用于构建模型与算法，工程科学用于制定规范、设计范型(paradigm)、评估成本及确定标准，管理科学用于计划、资源、质量、成本等管理。

总而言之，软件工程是指导计算机软件开发和维护的一门工程学科，旨在采用工程的概念、原理、技术和方法来开发与维护软件，把经过时间考验而证明正确的管理技术和当前能够得到的最好的技术方法结合起来，以经济地开发出高质量的软件并有效地维护。

1.3.2 软件工程的要素

软件工程是一种层次化的技术，以组织对质量的承诺为基础。它包含3个要素：过程、方法和工具。其层次关系如图1.2所示。

开发高质量的软件是软件工程的目标，其全面质量管理的理念引导人们建立更有效的软件工程方法，因此软件工程的根基就是质量关注点。

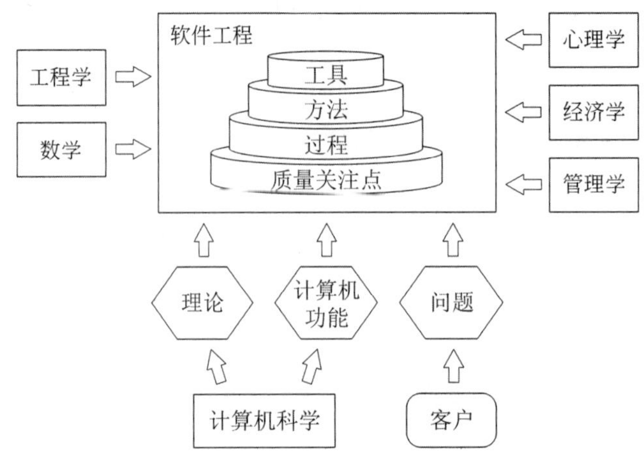

图 1.2　软件工程的要素和层次关系图

过程是软件工程的基础,定义了一组关键过程区域的框架,使得软件能够被合理和及时地开发。过程将软件工程的方法和工具综合起来以达到合理、及时地进行计算机软件开发的目的。过程定义了方法使用的顺序、要求交付的文档资料、为保证质量和协调变化所需要的管理措施,以及标志软件开发各个阶段任务完成的里程碑。

软件工程方法为软件开发提供了"如何做"的技术。它包括多方面的任务,如项目计划与估算、需求分析、系统总体结构的设计、算法过程的设计、编码、测试以及维护等。

软件工具为软件工程方法提供了自动的或半自动的软件支撑环境。目前,人们将已经推出的许多软件工具集成起来,建立起称为"计算机辅助软件工程"(Computer Aided Software Engineering,CASE)的软件开发支撑系统。软件工具按照应用阶段分为计划工具、分析工具、设计工具、测试工具等,按照功能分为分析设计、Web 开发、界面开发、项目管理、软件配置、质量保证、软件维护工具等。CASE 将各种软件工具、开发机器和一个存放开发过程信息的工程数据库组合起来形成软件工程环境。

软件工程本身是一个交叉学科,涉及多种学科领域的相关知识,包括计算机科学、工程学、数学、经济学、管理学和心理学。软件工程主要利用计算机科学的理论和计算机的功能来解决客户的问题,致力于设计和实现问题的解决方案。

1.3.3　软件工程的基本原则

著名的软件工程专家 B.W.Boehm 综合了有关专家和学者的 100 多条意见和开发软件的经验,于 1983 年在一篇论文中提出了软件工程的 7 条基本原则。他认为这 7 条原则是确保软件产品质量和开发效率的原则的最小集合。

(1) 用分阶段的生命周期计划严格管理。

应该把软件生命周期划分成若干个阶段,并相应地制定出切实可行的计划和验收标准,然后严格按照计划对软件的开发与维护工作进行管理。

(2) 坚持进行阶段评审。

软件的质量保证工作不能等到编码阶段结束之后再进行。每个阶段都应进行严格的评审,以便尽早发现和改正在软件开发过程中所犯的错误。只有在本阶段的工作通过评审后,才能进入下一阶段的工作。

(3) 实行严格的产品控制。

在软件的开发过程中,需求的改变不可避免。当需求变化时,为了保持软件各个配置成分的一致性,必须实行严格的产品控制,其中主要是实行基准配置管理。所谓基准配置又称为基线配置,它们是经过阶段评审后的软件配置成分。

(4) 采用现代程序设计技术。

采用先进的程序设计技术(如面向对象语言),使软件易于修改和维护,不仅可以提高软件开发和维护的效率,而且可以提高软件产品的质量。

(5) 结果应能清楚地审查。

软件是逻辑产品,缺乏可见性。应该根据软件开发项目的总目标及完成期限,规定开发组织的责任和产品标准,从而使结果能够被清楚地审查,且有利于软件项目的管理。

(6) 开发小组的人员应该少而精。

软件开发小组的组成人员的素质应该高,且人数不宜过多。因为,随着开发小组人员数目的增加,用于交流情况、讨论问题的通信开销也会急剧增加,所以人员少而精是高效团队的重要因素。

(7) 承认不断改进软件工程实践的必要性。

不仅要积极主动地采纳新的软件技术,而且还要注意不断总结经验。Boehm 指出,遵循前 6 条基本原则,已经能够实现软件的工程化生产,而第 7 条原则,能使软件工程本身不断发展和创新,与时俱进。

1.3.4 软件工程知识体系

2001 年 5 月,ISO/IEC JTC 1 发布了《SWEBOK 指南 V0.95(试用版)》,即 Guide to the Software Engineering Body of Knowledge 软件工程知识体系指南。2004 年 6 月,IEEE 和 ACM 的联合网站公布了 SWEBOK 指南 2004 版,即 SWEBOK V2。

2014 年 2 月 20 日,IEEE 计算机协会发布了软件工程知识体系 SWEBOK V3。该版本更新了所有知识域的内容,反映了软件工程近 10 年的新成果,并与 CSDA、CSDP、SE2004、GSwE2009 和 SEVOCAB 等标准进行了知识体系的统一。

SWEBOK V3(2014)的 15 个知识域如下。

(1) 软件需求(software requirements)。

软件需求涉及软件需求的获取、分析、规格说明和确认。

(2) 软件设计(software design)。

软件设计定义了一个系统或组件的体系结构、组件、接口和其他特征的过程以及这个过程的结果。

(3) 软件构建(software construction)。

软件构建是通过编码、验证、单元测试、集成测试和调试的组合,详细地创建可工作的和有意义的软件。

(4) 软件测试(software testing)。

软件测试是为评价、改进产品的质量、标识产品的缺陷和问题而进行的活动。

(5) 软件维护(software maintenance)。

软件维护是由于一个问题或改进的需要而修改代码和相关文档,进而修正现有的软件产品并保留其完整性的过程。

(6) 软件配置管理(software configuration management)。

软件配置管理是一个支持性的软件生命周期过程,是为了系统地控制配置变更,在软件系统的整个生命周期中维持配置的完整性和可追踪性,而标识系统在不同时间点上的配置的学科。

(7) 软件工程管理(software engineering management)。

软件工程管理活动建立在组织和内部基础结构管理、项目管理、度量程序的计划、制定和控制3个层次上。

(8) 软件工程过程(software engineering process)。

软件工程过程涉及软件生命周期过程本身的定义、实现、评估、管理、变更和改进。

(9) 软件工程模型和方法(software engineering models and methods)。

软件工程模型和方法中的软件工程模型特指在软件的生产与使用、退役等各个过程中的参考模型的总称,诸如需求开发模型、架构设计模型等都属于软件工程模型的范畴。软件开发方法主要讨论软件开发的各种方法及其工作模型。

(10) 软件质量(software quality)。

软件质量特征涉及多个方面,保证软件产品的质量是软件工程的重要目标。

(11) 软件工程职业实践(software engineering professional practice)。

软件工程职业实践涉及软件工程师应履行其实践承诺,使软件的需求分析、规格说明、设计、开发、测试和维护成为一项有益和受人尊敬的职业,还包括团队精神和沟通技巧等内容。

(12) 软件工程经济学(software engineering economics)。

软件工程经济学是研究为实现特定功能需求的软件工程项目而提出的在技术方案、生产(开发)过程、产品或服务等方面所做的经济服务与论证、计算与比较的一门系统方法论学科。

(13) 计算基础(computing foundations)。

计算基础涉及解决问题的技巧、抽象、编程基础、编程语言的基础知识、调试工具和技术、数据结构和表示、算法和复杂度、系统的基本概念、计算机的组织结构、编译基础知识、操作系统基础知识、数据库基础知识和数据管理、网络通信基础知识、并行和分布式计算、基本的用户人为因素、基本的开发人员人为因素,以及安全的软件开发和维护等方面的内容。

(14) 数学基础(mathematical foundations)。

数学基础涉及集合、关系和函数,基本的逻辑、证明技巧,计算的基础知识,图和树,离散概率,有限状态机,语法,数值精度、准确性和错误,数论和代数结构等方面的内容。

(15) 工程基础(engineering foundations)。

工程基础涉及实验方法和实验技术、统计分析、度量、工程设计,建模、模拟和建立原型,标准和影响因素分析等方面的内容。

软件工程知识体系的提出,让软件工程的内容更加清晰,也使其作为一个学科的定义和界限更加分明。

1.4 软件生命周期

1.4.1 软件生命周期的概念

生命周期是世界上任何事物都具备的普遍特征，任何事物都有一个从产生到消亡的过程，事物从其孕育开始，经过诞生、成长、成熟、衰退，到最终灭亡，就经历了一个完整的生命周期。软件产品也不例外，作为一种工业化的产品，软件产品的生命周期是指从设计该产品的构想开始，到软件需求的确定、软件设计、软件实现、产品测试与验收、投入使用以及产品版本的不断更新，到最终该产品被市场淘汰的全过程。

软件生命周期概念的提出有利于人们更科学、更有效地组织和管理软件生产。软件生命周期这个概念从时间的角度将软件的开发和维护的复杂过程分解为了若干阶段，每个阶段都完成特定的相对独立的任务；由于每个阶段的任务相对于总任务难度会大幅度降低，在资源分配、时间把握和项目管理上都会比较容易控制。合理划分软件生命周期的各个阶段，使各个阶段之间既相互区别，又相互联系，为每个阶段赋予特定的任务，这些都是软件开发项目成功的重要因素。

1.4.2 软件生命周期的阶段划分

软件生命周期由软件定义、软件开发和运行维护 3 个时期组成。

- 软件定义时期。需要确定软件工程项目要达成的总目标，确定工程项目的可行性，导出为实现项目目标而采用的策略及系统必须完成的功能，估计完成该项目需要的资源和成本，制定工程进度表。
- 软件开发时期。具体设计和实现在前一个时期定义的软件。
- 运行维护时期。对交付并投入使用的软件进行维护，并完整准确地记录维护文档。每一次维护活动本质上都是一次压缩和简化的定义和开发过程。

每个时期又可进一步划分成若干个阶段。根据 GB/T 8567—2006《计算机软件文档编制规范》中的描述，将软件生命周期分为 6 个阶段：可行性与计划研究阶段、需求分析阶段、设计阶段、实现阶段、测试阶段、运行维护阶段，如图 1.3 所示。

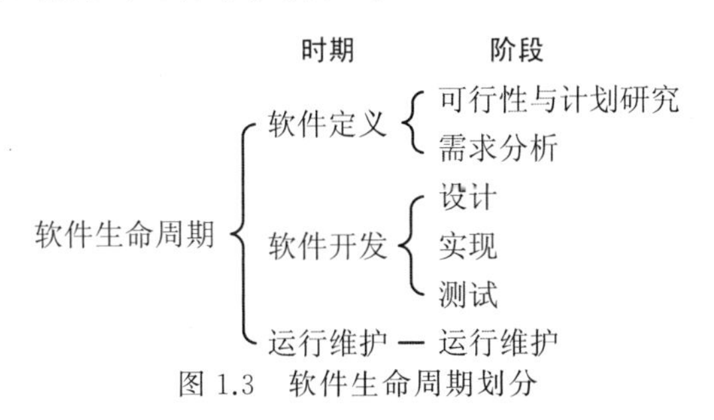

图 1.3 软件生命周期划分

（1）可行性与计划研究。确定该软件的开发目标和总的要求，明确“要解决的问题是什么”。进行可行性研究、投资收益分析，制订开发计划，并完成可行性研究报告、开发计划等文档。系统分析员需要进行一次大大压缩和简化的系统分析和设计过程。研究问题的范围，探索这个问题是否值得花时间和精力去解决，是否有可行的解决办法。需要从技术、操作、经济、运行、法律等方面分析可行性，并给出结论（立即进行/推迟进行/不能或不值得进行）。最后针对可行的方案，制订开发计划。

（2）需求分析。需求分析不是具体地解决问题，而是确定软件“必须做什么”及其他指标要求。系统分析人员会对设计系统进行系统分析，确定该软件的各项功能、性能需求和设计约束，确定文档编制要求。系统分析员必须和用户密切配合，充分交流信息，以得出经过用户确认的系统逻辑模型，并用软件需求规格说明书准确地记录目标系统的需求。

（3）设计。设计阶段可分解成概要设计和详细设计两个步骤。“概要设计”主要设计软件系统的体系结构，确定系统的组成模块，模块的层次结构、调用关系及功能。“详细设计”详细地设计每个模块，确定实现模块功能所需要的算法和数据结构，对模块功能、性能、可靠性、接口、界面、网络和数据库等进行具体设计的技术描述，并转化为过程描述。

（4）实现。完成源程序的编码、编译（或汇编）和排错调试，得到无语法错误的程序清单，并完成测试计划的编制。程序设计语言的特点和编码风格会对程序的可靠性、可读性、可测试性和可维护性产生深远的影响。

（5）测试。目标系统逐步进行全面的测试检验，并通过调试更正测试发现的错误。通过对软件测试结果的分析可以预测软件的可靠性；反之，根据对软件可靠性的要求，也可以决定测试和调试过程什么时候结束。

（6）运行维护。软件在运行使用中不断地被维护。软件维护的主要任务是通过各种必要的维护活动使软件持久地满足用户的需要。“改正性维护”诊断和改正在使用过程中发现的软件错误；“适应性维护”修改软件以适应环境的变化；“完善性维护”根据用户的要求改进或扩充软件，使它更完善；“预防性维护”修改软件，为将来的维护活动预先作准备。

软件生命周期各阶段的主要任务和要完成的文档如表 1.3 所示。

表 1.3　软件生命周期各阶段的任务和文档

时期	阶段	主要任务	主要文档
软件定义	可行性与计划研究	回答“要解决的问题是什么？有行得通的解决办法吗？”	可行性分析（研究）报告 项目开发计划
	需求分析	准确地确定“为了解决这个问题，目标系统必须做什么？”	软件需求规格说明 接口需求规格说明
软件开发	设计	回答“应该怎样实现目标系统？”	软件（结构）设计说明 接口设计说明书 数据库（顶层）设计说明
	实现	写出正确的、容易理解、容易维护的程序	程序源代码 用户手册、操作手册 测试计划
	测试	通过各种类型的测试使软件达到预定的要求	测试报告
运行维护	运行维护	通过各种必要的维护活动使系统持久地满足用户的需要	软件需求规格说明 接口需求规格说明 软件（结构）设计说明 测试报告

1.5 软件开发过程

1.5.1 软件过程

ISO 9000 将软件过程定义为："将输入转化为输出的一组彼此相关的资源和活动。"

软件过程是为了获得高质量软件所需要完成的一系列任务的框架，它规定了完成各项任务的工作步骤。过程定义了运用方法的顺序、应该交付的文档资料、为保证软件质量和协调变化所需要采取的管理措施，以及标志软件开发各个阶段任务完成的里程碑。为获得高质量的软件产品，软件过程必须科学、有效。

没有一个适用于所有软件项目的任务集合。实际从事软件开发工作时应该根据所承担的项目的特点来划分阶段，确定软件开发模型，将方法和技术相结合，分阶段地进行开发并循序渐进地推进。

1.5.2 软件过程模型

模型是对现实系统本质特征的一种抽象、模拟、简化和描述，用于表示事物的重要方面和主要特征，包括描述模型、图表模型、数学模型和实物模型。根据软件开发工程及实际需要，软件生命周期的划分有所不同，形成了不同的软件过程模型（模式），或称软件生命周期模型（software life cycle model）或软件开发范型（paradigm）。

1. 瀑布模型

瀑布模型（waterfall model）是第一个被提出的软件开发模型，将开发阶段描述为从一个阶段瀑布般地转换到另一个阶段（Royce，1970）。它将软件开发过程划分为几个互相区别且彼此相连的阶段，各阶段工作都以前一个阶段工作的结果为依据，并作为后一阶段的工作基础，形如瀑布流水自上而下、承前启后，如图 1.4 所示。在 20 世纪 80 年代之前，瀑布模型一直是唯一被广泛采用的生命周期模型，现在它仍然是软件工程中应用得最广泛的过程模型。

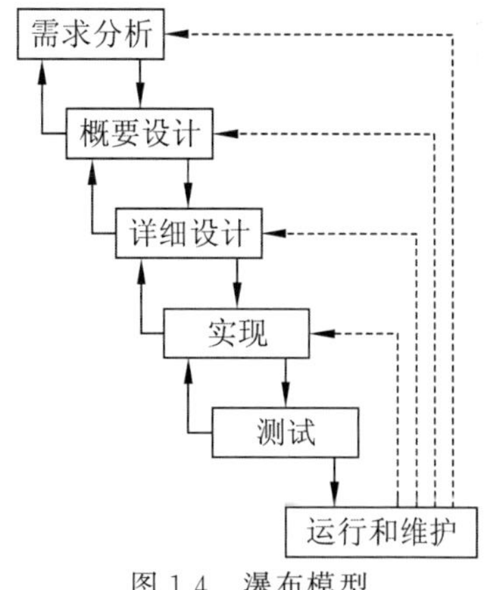

图 1.4 瀑布模型

采用瀑布模型开发的特点如下。

（1）阶段间具有顺序性和依赖性。前一阶段的工作完成之后，才能开始后一阶段的工作；前一阶段的输出文档就是后一阶段的输入文档。

（2）编码不宜过早进行。对于规模较大的软件项目来说，往往编码开始得越早，最终完成开发工作所需要的时间反而越长。清楚地区分逻辑设计与物理设计，尽可能地推迟程序的物理实现，是按照瀑布模型开发软件的一条重要指导原则。

（3）严格实施质量保证。每个阶段都必须完成规定的文档，是"文档驱动"的模型；每个阶段结束前都要对所完成的文档进行评审，尽早发现问题、改正错误。

瀑布模型的优点是可强迫开发人员采用规范的方法(如结构化技术)。该模型严格地规定了每个阶段必须提交的文档,而且要求每个阶段交出的所有产品都必须经过质量保证小组的仔细验证。

"瀑布模型是由文档驱动的"这个事实也是它的一个主要缺点。在软件完成前,开发人员和用户只能通过文档了解产品,不经过实践的需求往往是不切实际的。瀑布模型没有反映出认知过程的反复性,一次性的需求调查难以适应需求的变化。

瀑布模型主要适用于具有以下特征的软件项目的开发。

(1) 需求是预知的,不发生或很少发生变化,且开发人员可以一次性获取全部需求;

(2) 软件实现方法是成熟的,软件开发人员具有丰富的经验,对软件应用领域很熟悉;

(3) 项目周期较短、风险较低。

2. 原型模型

原型(prototype)是快速建立起来的可以在计算机上运行的程序,其所能完成的功能往往是最终产品能完成的功能的一个子集。原型是一个部分开发的产品,支持客户和开发人员对计划开发的系统的相关方面进行检查,以判定其对最终产品是否合适或恰当。

原型模型允许开发人员快速构造整个系统或系统的一部分以理解或澄清问题,其中需要对需求或设计进行反复修改,以确保开发人员、用户和客户对软件产品有一个共识。开发人员可以构建一个原型来实现一小部分需求,以确保需求是一致、可行和符合实际的。设计的原型化有助于开发人员评价可选的设计策略,如图 1.5 所示。

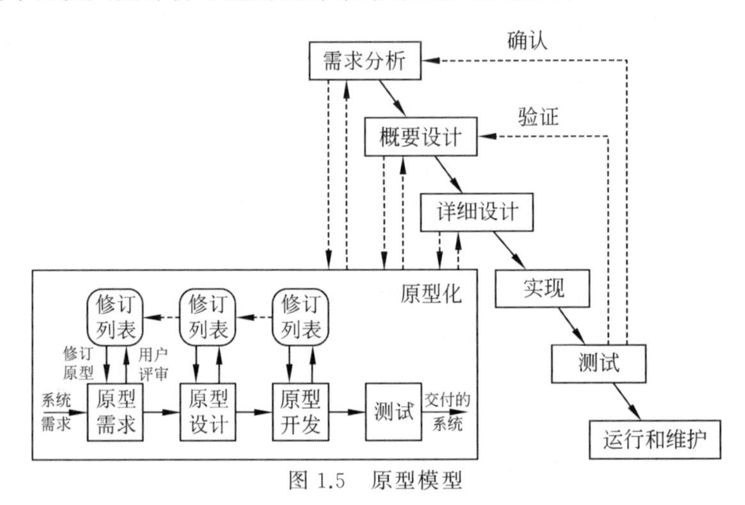

图 1.5　原型模型

原型可用于软件开发的不同阶段,根据原型的不同作用,通常可分为 3 类。

(1) 探索型原型。把原型用于开发的需求分析阶段,目的是弄清用户的需求,确定所期望的特性,并探索各种方案的可行性。它主要针对开发目标模糊、用户与开发对项目都缺乏经验的情况,通过对原型的开发来明确用户的需求。

(2) 实验型原型。主要用于设计阶段,考核实现方案是否合适,能否实现。当对大型系统的设计方案没有把握时,可通过这种原型来证实设计方案的正确性。

(3) 演化型原型。主要用于及早向用户提交一个原型系统。该原型系统要么包含系统的框架,要么包含系统的主要功能。得到用户的认可后,可将该原型系统不断扩充演变为最终的软件系统,将原型的思想扩展到软件开发的全过程。

快速原型模型的运用方式之一是抛弃策略,也就是将原型用于开发过程的某个阶段,促使该阶段的开发结果更加完整、准确、一致、可靠,该阶段结束后,原型即随之作废。探索型和实验型采用此策略。快速原型模型的另一种运用方式是附加策略,即将原型用于开发的全过程,原型由最基本的核心开始,逐步增加新的功能和新的需求,反复修改并反复扩充,最后发展为用户满意的最终系统。演化型原型采用此策略。

原型对于验证(verification)和确认(validation)都很有用。因为在系统测试进行正式确认之前,主要的需求都通过原型与用户交互而得到了处理和确定,发生错误的可能性比较小。“确认”确保系统实现了所有的需求,每一个系统功能可以回溯到系统规格说明中的一个特定需求。“验证”检查实现的质量,确保每项功能都正确。也就是说,“确认”保证开发人员构造的是正确的产品(根据规格说明),而“验证”保证开发人员正确地构造了产品。

采用何种形式、何种策略运用快速原型模型主要取决于软件项目的特点、人员素质、可供支持的原型开发工具和技术等,这要根据实际情况的特点来决定。

3. V 模型

V 模型是瀑布模型的变种,它说明了测试活动如何与分析和设计相联系。瀑布模型关注的通常是文档和成果,而 V 模型关注的则是活动和正确性,如图 1.6 所示。

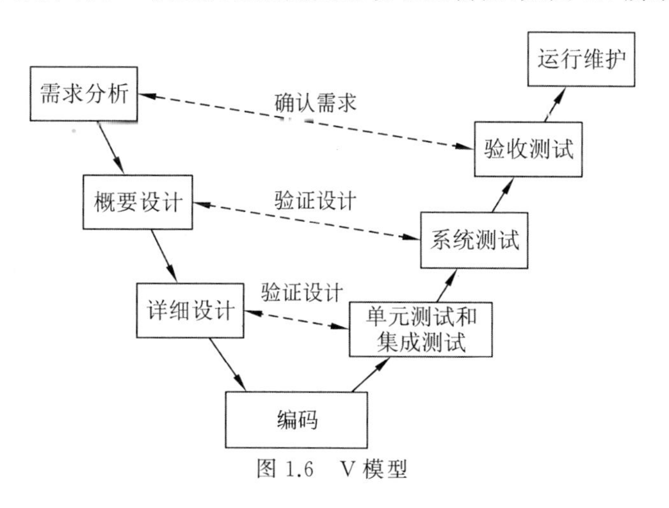

图 1.6 V 模型

V 模型提出,单元测试和集成测试可以用于验证详细设计。也就是说,在单元测试和集成测试的过程中,编码人员和测试小组成员应当确保程序设计的所有方面都已经在代码中正确实现。同样,系统测试应当验证总体设计,保证总体设计的所有方面都得到了正确实现。验收测试是由客户而非开发人员进行的,它通过把测试步骤与需求规格说明中的每一个要素关联起来对需求进行确认。

V 模型中连接左右两边的虚线箭头意味着,如果在验证期间和确认期间发现了问题,那么在再次执行右边的测试步骤之前,应重新执行左边的步骤以修正和改进需求、设计和编码。换言之,V 模型体现了开发过程的迭代和重复。

4. 增量模型

在早期的软件开发中，客户愿意为软件系统的最后完成等待很长时间。但是，今天的商业环境已不容许长时间的拖延。软件使产品如虎添翼，而客户总是期待着更好的质量和更新的功能。一种缩短循环周期的方法是阶段化开发。使用这种方法设计系统可分批交付系统功能，从而在开发系统其余部分的同时，让用户先行体验一部分功能。因此，总有两个系统在并行运行：产品系统和开发系统。产品系统是当前正在被客户和用户使用的系统，而开发系统是准备用来替换现行产品系统的下一个版本。通常，用版本代号表示系统，开发人员构建版本1，进行测试，然后把它交给用户作为第1个可运行的版本。在用户使用版本1时，开发人员构建版本2。如此反复，开发人员总是在开发版本 $n+1$，而与此同时用户始终在运行版本 n，如图1.7所示。

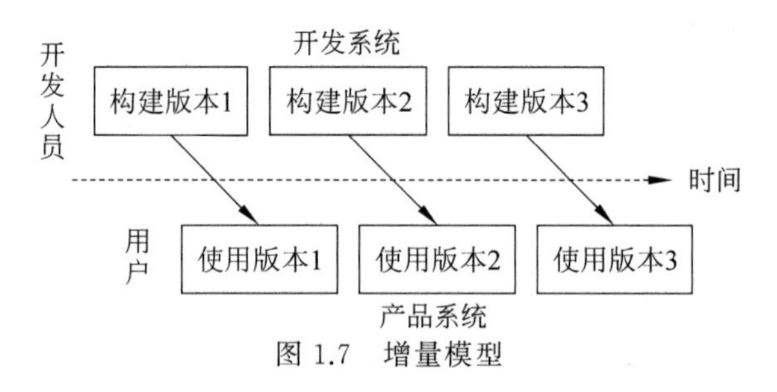

图1.7　增量模型

开发人员可以用多种方法组织开发过程，其中增量开发(incremental development)和迭代开发(iterative development)是两种最常用的方法。在增量开发中，需求文档中指定的系统按功能划分为子系统。定义版本时首先定义一个小的功能子系统，然后在每个新版本中增加新功能。而迭代开发是在一开始就提交一个完整的系统，然后在每个新版本中改变每个子系统的功能。二者的区别如图1.8所示。

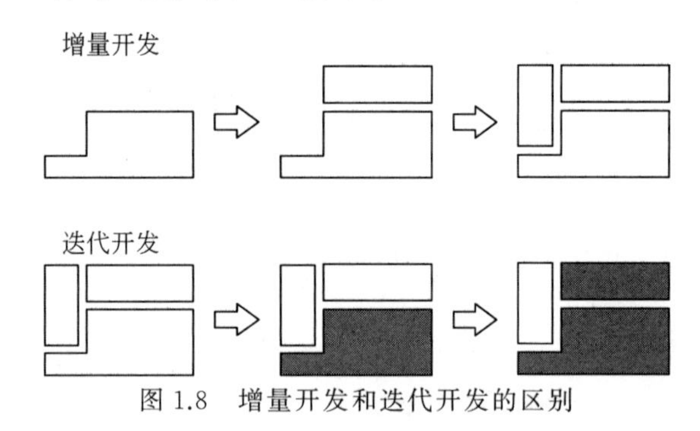

图1.8　增量开发和迭代开发的区别

实际上，迭代开发和增量开发方法通常都结合起来使用。一个新的发布版本不仅包含新的功能，并且还对已有功能做了改进。这种形式的阶段化开发方法的优势主要在于以下几点。

(1) 即使还缺少某些功能，也可以在早期的发布中开始培训。培训过程可以帮助开发人员观察某些功能是如何执行的，并为后面的发布提供改进的建议。这样，开发人员便能够很好地对用户的反馈做出反应。

(2) 可以及早为那些以前从未提供的功能开拓市场。

(3) 当运行系统出现未预料到的问题时，经常性的发布可以使开发人员能全面、快速地修复这些问题。

(4) 针对不同的发布版本，开发团队可将重点放在不同的专业领域技术上。例如，一个版本集中于改善图形用户界面，另外一个版本可集中于改进系统性能。

5. 螺旋模型

软件风险是任何软件开发项目中都普遍存在的实际问题，项目越大，软件越复杂，承担该项目所冒的风险也越大。螺旋模型强调了其他模型所忽视的风险分析，把开发活动和风险管理结合起来，以将风险减到最小并控制风险(Boehm，1988)。

螺旋模型也是一种迭代开发模型。它以需求和初始开发计划(包括预算、约束、人员安排、设计和开发环境)为起点，进行风险评估和可选原型的确定，再得到描述系统如何工作的操作文档，即第一次迭代的产品。第二次迭代得到软件的需求，第三次迭代产生系统设计，第四次迭代能够进行测试。如图1.9所示，沿着螺旋线每转一圈，表示一次迭代。如果开发风险过大，开发机构和客户无法接受，项目可能就此终止；多数情况下，将沿着螺旋线继续进行，自内向外逐渐延伸，最终得到满意的软件产品。

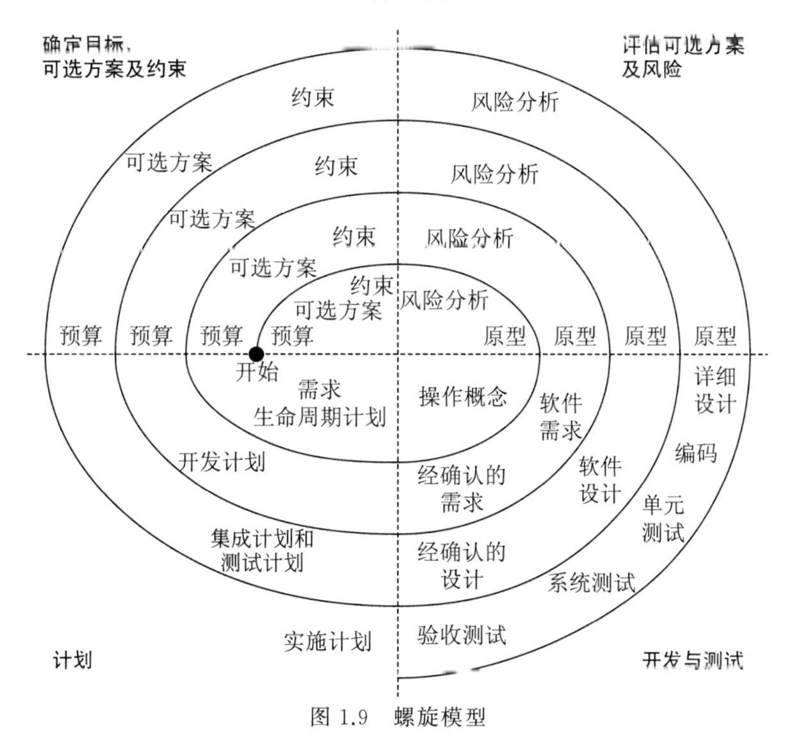

图1.9 螺旋模型

螺旋模型的每一次迭代都根据需求和约束进行风险分析，以权衡不同的选择，并且在确定某一特定选择之前，通过原型化验证可行性或期望度。当风险确认之后，项目经理必须决定如何消除风险或使风险降到最低。例如，设计人员不能确定用户是否更喜欢某种有可能阻碍高效率使用新系统的界面。为了把这种选择的风险最小化，设计人员可以原型化每个界面，并通过运行来检验用户更喜欢哪种界面。甚至可以在设计中选择包含两种不同的界面，这样用户能够在登录的时候选择其中一个。

螺旋模型的主要优势在于它是风险驱动的，可在造成危害之前，及时对风险进行识别及分析，决定采取何种对策，进而消除或减少风险的损害。但是采用螺旋模型需要具有相当丰富的风险评估经验和专门知识。在风险较大的项目开发中，如果未能够及时标识风险，势必造成重大损失。因此，螺旋模型适用于庞大、复杂并具有高风险的项目开发。

6. 喷泉模型

喷泉模型是 1990 年由 B.H.Sollers 和 J.M.Edwards 提出的，主要适用于利用面向对象技术的软件开发项目。在分析阶段，定义类和对象之间的关系，建立对象-关系和对象-行为模型；在设计阶段，从实现的角度对分析阶段模型进行修改或扩展；在编码阶段，使用面向对象的编程语言和方法实现设计模型，如图 1.10 所示。

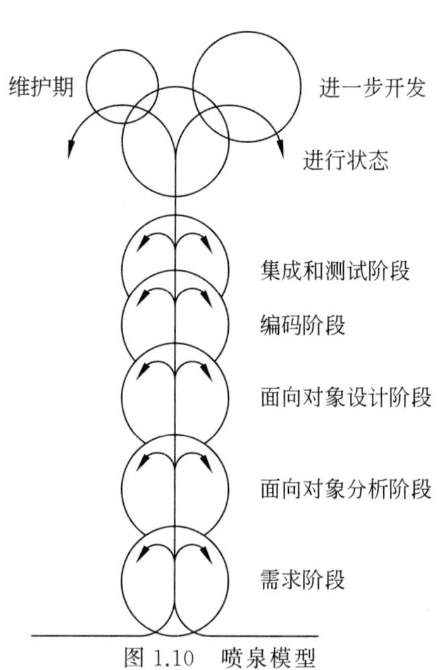

图 1.10　喷泉模型

“喷泉”一词体现了面向对象方法的迭代和无缝的特性。

迭代是指各阶段需要多次重复。迭代是软件开发过程中普遍存在的一种内在属性。经验表明，软件过程各个阶段之间的迭代或一个阶段内各个工作步骤之间的迭代，在面向对象范型中更常见。例如，分析和设计阶段常常需要多次、重复进行，以更好地实现需求。

无缝是指各个阶段之间没有明显的界限，并常常在时间上互相交叉，并行进行。在面向对象的方法中，分析模型和设计模型采用相同的符号标示体系，各阶段之间没有明显的界限，而且常常重复、迭代地进行。

7. Rational 统一过程模型

Rational 统一过程（Rational Unified Process，RUP）是由 Rational 软件公司推出的一种迭代的，以架构为中心的，用例驱动的过程模型。RUP 具有明确的定义和结构，明确地规定了人员的职责，如何完成各项工作以及何时完成各项工作。RUP 被广泛应用在不同工业领域的众多不同企业中。

RUP 的二维开发模型如图 1.11 所示。

RUP 模型包含 9 个核心工作流。

（1）业务建模。深入了解适用目标系统的机构及商业运作，评估系统对机构的影响。

（2）需求。捕获客户需求。

（3）分析与设计。分析模型与设计模型。

（4）实现。编写代码和单元测试。

（5）测试。检查子系统的交互和集成。

（6）部署。生成目标系统的可运行版本，并移交给用户。

（7）配置与变更管理。跟踪并维护产品的完整性和一致性。

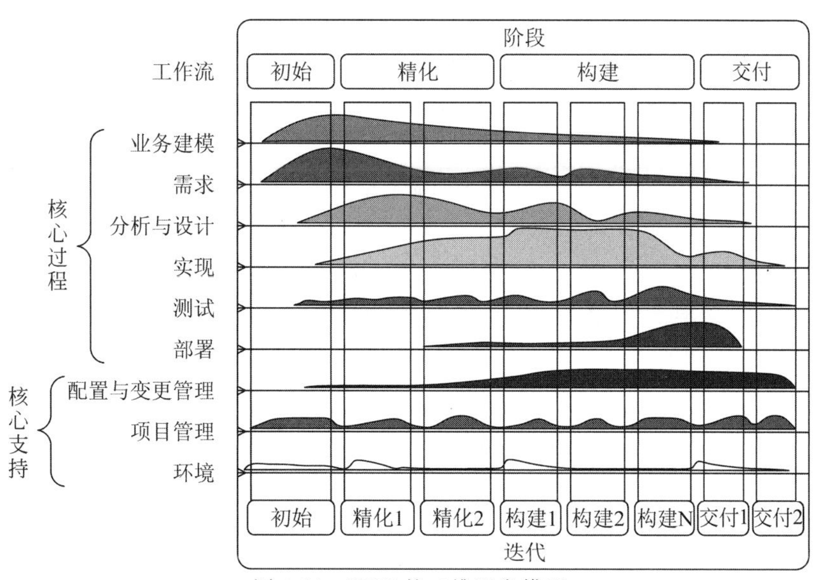

图 1.11 RUP 的二维开发模型

(8) 项目管理。提供项目管理框架。

(9) 环境。过程管理和工具支持。

RUP 开发过程分为 4 个阶段,每个阶段的结束时刻都是重要的里程碑。

(1) 初始阶段。为系统建立业务模型,划定项目领域。此阶段结束时是第 1 个重要的里程碑,即目标里程碑,它评价项目基本的生存能力。

(2) 精化阶段。分析问题领域,建立健全的体系结构基础,编制项目计划,淘汰项目中最高风险的元素。结束时是第 2 个重要的里程碑,即结构里程碑,它为系统的结构建立了管理基准并使项目小组能够在构建阶段中进行衡量。此刻,要检验详细的系统目标和范围、结构的选择。

(3) 构建阶段。开发所有其他的组件和应用部件,进行测试,并集成到产品中。结束时是第 3 个重要的里程碑,即功能里程碑,它决定了产品是否可以在测试环境中进行部署。此刻,要确定软件、环境、用户是否可以开始系统的运行。

(4) 交付阶段。将软件产品交付给用户群体。其终点是第 4 个重要的里程碑,即产品发布里程碑。此时,要确定目标是否实现,是否应该开始另一个开发周期。在一些情况下,这个里程碑可能与下一个周期的初始阶段的结束重合。

RUP 的迭代开发模式强调采用迭代和渐增的方式开发软件,每次给系统增加一些新功能,如此循环往复进行下去。为了加强软件开发过程管理,监控软件开发过程,RUP 将软件开发过程划分为多个循环,每个循环生成产品的一个新版本。每个循环都由初始、精化、构建和交付 4 个阶段组成。每个阶段都是一个小的瀑布模型,需要经过分析、设计、编码、集成和测试等阶段。统一过程通过反复多次地循环迭代,以达到预定的目的或完成确定的任务。每次迭代均增加尚未实现的用例,待所有用例建造完成后,系统便建造完成。每个生命周期都轮流访问核心工作流,不同的迭代过程以不同的工作重点和强度访问核心工作流。

8. 敏捷方法

从 20 世纪 70～90 年代提出并使用的许多软件开发方法都试图在软件构思、文档化、开发和测试的过程中强加某种形式的严格性。20 世纪 90 年代后期，一些抵制这种严格性的开发人员系统地阐述了自己的原则，试图强调灵活性在快速有效的软件生产中发挥的作用。他们将思想整理为“敏捷宣言”，概括为以不同的方式思考软件开发的 4 条原则（Agile Alliance，2001）。

（1）相对于过程和工具，更强调个人和交互的价值。这种观点包括为开发人员提供所需的资源，并相信其能够做好自己的工作。开发团队将人员组织起来进行面对面交互式沟通，而不是通过文档进行沟通。

（2）更喜欢在生产运行的软件上花费时间，而不是将时间花费在编写各种文档上。也就是说，对成功的主要测量指标是软件正确工作的程度。

（3）将精力集中在与客户的合作上，而不是合同谈判上，客户从而成为软件开发过程的一个关键方面。

（4）专注于对变化的反应，而不是创建一个计划而后遵循这个计划，因为不可能在开发的初始就能预测到所有的需求。

在目前的文献中，有很多敏捷过程的典型方法。每一种方法都基于一套原则，这些原则实现了敏捷方法所宣称的理念（敏捷宣言）。具体方法有极限编程（extreme programming，XP）、水晶法（crystal）、并列争球法（scrum）和自适应软件开发（adaptive software development，ASD）。其中，XP 是敏捷过程中最负盛名的一个，也是激发开发人员创造性、使管理负担最小的一组技术。

XP 的支持者强调敏捷方法的 4 个特性：交流、简单性、勇气以及反馈。交流是指客户与开发人员之间持续地交换看法；简单性鼓励开发人员选择最简单的设计或实现来处理客户的需求；勇气被描述为尽早和经常交付功能的承诺；反馈是指在软件开发过程的各种活动中，都包含反馈循环。这些特性都包含在 XP 的 12 个实践操作中。

（1）规划游戏。用户就系统应该如何运转来编写故事。开发人员估算实现该故事所必需的资源，明确需要什么、什么可测试、利用可用资源能够完成什么。计划人员生成发布图，将发布的内容和交付的时间记录在文档中。

（2）小的发布。系统的设计要能够尽可能早地交付。功能被分解为若干个小的部分，以尽早地交付一些功能。之后，在后面的版本中对这些功能加以改进和扩展。这些小的发布需要使用增量或迭代生命周期的阶段化开发方法。

（3）隐喻。开发团队对系统如何运行的设想取得一致意见。为了支持这个共同的设想，开发团队选取共同的名字，并就处理关键问题的共同方法达成一致意见。

（4）简单设计。只处理当前的需求，使设计保持简单。

（5）首先编写测试。为了确保客户的需要成为开发的驱动力，首先编写测试用例，这是一种强迫客户需求在软件构建之后可以被测试和验证的方法。

（6）重构。随着系统的构建，需求很可能会发生变化。新的需求迫使开发人员重新考虑现有的设计。重构（refactoring）是指重新审视需求和设计，重新明确地描述以符合新的现有的需要。重构是以一系列小的步骤完成的，辅之以单元测试和结对编程，用简单性指导工作。

(7) 结对编程。两个结成对的程序员,根据需求规格说明和设计开发系统,由一个人负责完成代码,另一个人负责检查程序的正确性和可读性。配对是灵活的,可动态调整。

(8) 集体所有权。在XP中,随着系统的开发,任何开发人员都能够对系统的任何部分进行改变。

(9) 持续集成。快速交付功能意味着可以按日为客户提供可运行的版本,有时甚至可以按小时提供。重点是多个小的增量或改进,而不是从一个修正到下一个修正这样的巨大跳跃。

(10) 可以忍受的步伐。疲劳可能产生错误。因此,XP的支持者提出每星期工作40h的目标。如果需要逼迫程序员投入很长的时间来满足最后期限,就表明最后期限不合理,或者是缺乏满足最后期限的资源。

(11) 客户在现场。理想情况下,客户应该在现场与开发人员一起工作以确定需求,并提供如何对它们进行测试的反馈。

(12) 代码标准。XP倡导清晰的代码标准定义,以便于团队改变和理解他人的工作。这些标准支持其他的实践,例如测试和重构。其结果应该是代码整体看起来就像是由一个人编写的,并且其方法和表述一致。

1.5.3 软件开发方法

软件开发方法是一种使用定义好的技术集及符号表示组织软件生产的过程,它的目标是在规定的时间和成本内,开发出符合用户需求的高质量的软件。因此,针对不同的软件开发项目和对应的软件过程,应该选择合适的软件开发方法。常见的软件开发方法有结构化方法、面向对象方法以及其他软件开发方法。

1. 结构化方法

面向功能的软件开发方法也称为结构化方法,主要采用结构化技术(包括结构化分析、结构化设计和结构化实现),按照软件的开发过程、结构和顺序完成开发任务。1978年,E. Yourdon和L.L.Constantine提出了结构化方法。1979年,Tom De Marco对此方法做了进一步完善。

结构化方法是20世纪80年代使用最广泛的软件开发方法。结构化方法采用自顶向下、逐步求精的指导思想,应用广泛,技术成熟。它首先用结构化分析方法对软件进行需求分析,然后用结构化设计方法进行总体设计,最后是结构化编程。这一方法不仅开发步骤明确,而且给出了两类典型的软件结构(变换型和事务型),便于参照,大大提高了软件开发的成功率,深受软件开发人员青睐,现在仍然用于自动化及过程控制等方面软件的开发。

2. 面向对象方法

面向对象方法(object-oriented method,OOM)是一种将面向对象的思想应用于软件开发过程,指导开发活动的系统方法。它是20世纪80年代推出的一种全新的软件开发方法,是软件技术的一次革命,在软件开发史上具有里程碑的意义。

面向对象方法将对象作为数据和对数据的操作相结合的软件构件,用对象分解取代传统方法的功能分解。该方法将所有对象都划分为类，将若干个相关的类组织成具有层次结构的系统，下层的子类继承上层父类的属性和操作，而对象之间通过发送消息相互联系。

面向对象方法由面向对象分析（OOA）、面向对象设计（OOD）和面向对象程序设计（OOP）3 部分组成。面向对象方法是多次反复、迭代开发的过程。面向对象方法在分析和设计时使用相同的概念和表示方法，二者之间没有明显的界限。最终产品由许多基本独立的对象组成，这些对象具有简单、易于理解、易于开发、易于维护的特点，并且具有可复用性。面向对象技术在需求分析、可维护性和可靠性这 3 个软件开发的关键环节和质量指标上有了实质性的突破，在很大程度上解决了在这些方面存在的严重问题。

面向对象方法有 Booch 方法、Goad 方法和 OMT（object modeling technology）方法等。为了统一各种面向对象方法的术语、概念和模型，1997 年推出了统一建模语言（UML），通过统一的语义和符号表示，将各种方法的建模过程和表示统一起来。

3. 其他软件开发方法

（1）面向数据结构的方法。

1975 年，M.A.Jackson 提出了一类软件开发方法。这一方法从目标系统的输入、输出数据结构入手，导出程序框架结构，再补充其他细节，就可得到完整的程序结构图。这一方法对输入、输出数据结构明确的中小型系统特别有效，如商业应用中的文件表格处理。该方法也可与其他方法结合，用于模块的详细设计。Jackson 方法有时也称为面向数据结构的软件设计方法。

1974 年，J.D.Warnier 提出的软件开发方法与 Jackson 方法类似。差别有 3 点：一是使用的图形工具不同，分别使用 Warnier 图和 Jackson 图；二是使用的伪代码不同；三是在构造程序框架时，Warnier 方法仅考虑输入数据结构，而 Jackson 方法不仅考虑输入数据结构，还考虑输出数据结构。

（2）形式化方法。

形式化方法（formal method）是建立在严格数学基础上的一种软件开发方法。软件开发的全过程中，从需求分析、规约、设计、编程、系统集成、测试、文档生成直至维护各个阶段均采用严格的数学语言，具有精确的数学语义。

形式化方法最早可追溯到 20 世纪 50 年代后期，经过多年的研究和应用，如今人们在形式化方法这一领域取得了大量重要的成果，从早期最简单的一阶谓词演算方法到现在应用于不同领域、不同阶段的基于逻辑、状态机、网络、进程代数、代数等的众多形式化方法，形式化方法的发展趋势逐渐融入软件开发过程的各个阶段。

形式化方法用严格的数学语言和语义描述功能规约和设计规约，通过数学的分析和推导，易于发现需求的歧义性、不完整性和不一致性，易于对分析模型、设计模型和程序进行验证。

（3）面向问题方法。

面向问题方法也称为问题分析法（problem analysis method，PAM），于 20 世纪 80 年代末由日立公司提出，在 Yourdon 方法、Jackson 方法和自底向上的软件开发方法的基础上扬长避短改进而成。其基本思想是：以输入、输出数据结构指导系统的问题分解，经过系统分析逐步综合。其步骤是：从输入、输出数据结构导出基本处理；分析这些处理之间的先后关系;按先后关系逐步综合处理框,直到画出整个系统的问题分析图。此方法成功率较高,曾在日本较为流行,但在输入、输出数据结构与整个系统之间仍然存在着难以解决的问题,因此只适用于中小型系统问题。

(4) 面向方面的开发方法。

面向方面的程序设计(aspect-oriented programming,AOP)是继面向对象技术之后全新的软件开发的研究方向。随着软件规模和复杂性的不断增加,各组件之间的相互影响越来越复杂,限制了软件的复用性和适应性,并导致验证系统的逻辑正确性更加困难。软件开发的传统方法,已无法从根本上解决系统复杂度带来的代码混乱及纠缠问题。面向方面系统是面向对象系统的扩展,在现有的AOP实现技术中,可通过创建Aspect库或专用Aspect语言实现面向方面的编程。

(5) 基于构件的开发方法。

基于构件的开发(component-based development)或基于构件的软件工程(component-based software engineering)方法是软件开发新范型。它是在一定构件模型的支持下,利用复用技术又好又快地构造应用软件的过程。以分布式对象为基础的构件实现技术日趋成熟,使得它成为软件复用实践有效的开发方法,并被认为是最具潜力的软件开发方法之一。

这里的软件复用是指将已有的软件构件用于构造新的软件系统的过程。该技术是有效提高软件生产率和质量、降低成本的好方法。软件复用方法采用的复用方式包括以下几种:复用分析,利用原有的需求分析结果,进一步深入分析比对查找异同及特性等;复用结构,主要复用系统模块的功能结构或数据结构等,并进行改进提高;复用设计,由于复用受环境影响小,设计结果比源程序的抽象级别高,因此可通过从现有系统中提取全部或不同粒度的设计构件,或独立于具体应用开发设计构件;复用程序,包括目标代码和源代码的复用,可通过链接、绑定、包含等功能,支持对象链接及嵌入(OLE)技术实现。

根据AT&T、Ericsson、HP公司的经验,有的软件复用率高达90%以上,产品上市时间可缩短为原来的$\frac{1}{2}$~$\frac{1}{5}$,错误率减少为原来的$\frac{1}{5}$~$\frac{1}{10}$,开发成本减少15%~75%。尽管这些结论出自一些较好的使用基于构件开发的实例,但毫无疑问,基于构件的开发模型对提高软件生产率、提高软件质量、降低成本、提早上市时间起到很大的促进作用。

此外,软件开发方法还有问题分析法、可视化开发方法等。接下来的章节主要详细和深入地介绍结构化方法和面向对象方法。

1.5.4 软件过程模型的选定

在应用软件的实际开发过程中,选定开发模型至关重要。不仅需要理解开发模型与开发方法和开发工具的关系,而且还要根据具体实际情况选取、裁剪、修改和确定具体的开发模型。

软件的开发方法多种多样,结构化方法和面向对象的方法是最常用、最基本的开发方法。采用不同的开发方法,软件的生命周期过程将相应表现为不同的过程模型。为减少开发工程中大量复杂的手工劳动,提高软件的开发效率,可采用计算机辅助软件工程开发工具来支持整个开发过程。软件的开发模型即生命周期中的开发过程模型、方法和工具之间的关系,如图1.12所示。

各种过程模型反映了软件生命周期表现形式的多样性。在瀑布模型中,软件的更新换

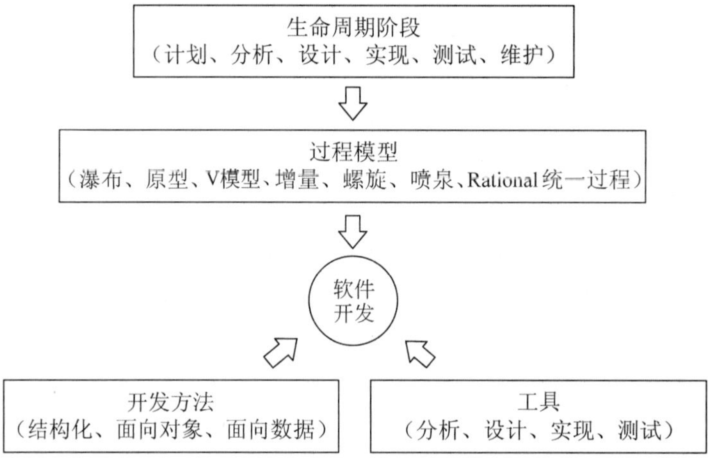

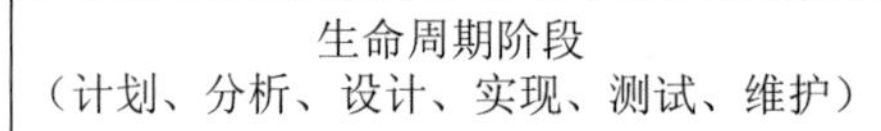

图 1.12　开发过程模型、方法和工具之间的关系

代是整体一次性的；在喷泉模型中，软件更新则表现为各个组成部分的独立迭代更新。需要注意，在生命周期的不同阶段也可采用不同的过程模型。在具体的软件项目开发过程中，可以选用某种生命周期模型，按照某种开发方法，使用相应的工具进行系统开发。

最常用的首先是瀑布模型和原型模型，其次是增量模型。各种模型都有其特点和优缺点，在具体选择模型时需要综合考虑以下 6 点。

（1）符合软件本身的性质，包括规模、复杂性等；

（2）满足软件应用系统整体开发进度要求；

（3）尽可能控制并消除软件开发风险；

（4）具有计算机辅助工具快速的支持，如快速原型工具；

（5）与用户和软件开发人员的知识和技能匹配；

（6）有利于软件开发的管理与控制。

通常情况下，面向过程方法可使用瀑布模型、增量模型和螺旋模型开发；面向对象方法可采用原型模型、增量模型、喷泉模型和 Rational 统一过程模型开发；面向数据方法一般采用瀑布模型和增量模型开发。

在实际软件开发过程中，开发模型的选定并非生搬硬套、一成不变，有时还需要根据实际开发目标要求进行裁剪、修改、确定和综合运用。针对具体开发的实际应用软件系统，成熟的软件企业和研发人员应根据各种实际应用软件开发的需求、性质、规模和特点，以及开发模型本身的特性，结合企业的开发经验和行业特点，制定适合本单位的开发模型选定流程，有针对性地对选定的软件开发模型中定义的生命周期进行适当裁剪和修改，使其完全适合开发的实际需求。其中的裁剪，主要是对原型模型中定义的内容进行增、改、删，去掉不适用的内容，同时进一步具体细化，从而构成完全适合开发目标要求的开发模型。

1.6　软件工程的相关规范

1.6.1　软件工程的标准化

解决软件危机的出路在于软件开发的工程化和标准化。软件工程的标准化主要关注的是软件过程的标准化，即在软件生命周期各个阶段的工作均建立标准或规范。

国家标准《软件工程标准分类法》(GB/T 15538—1995)给出了软件工程标准的分类，涉及过程管理、产品管理、资源管理，以及确认与验证等部分。

1. 软件工程标准的层次

软件工程标准规范分为国际标准、国家标准、行业标准、企业规范和项目规范等。

(1) 国际标准。

由国际联合机构制定和公布，并提供给各国参考的标准。国际标准化组织(International Organization for standardization，ISO)，在业界有着广泛的代表性和权威性，它所公布的标准在世界范围有较大的影响。

ISO 建立了"计算机与信息处理技术委员会"，简称 ISO/TC97，专门负责与计算机有关的标准化工作。这些标准通常冠有 ISO 字样，如《信息处理——程序构造及其表示法的约定》(ISO 8631-86)，该标准现已由我国收入国家标准。

(2) 国家标准。

由政府或国家级的机构制定或批准，适用于全国范围的标准。

- GB：中华人民共和国国家技术监督局公布实施的标准，简称"国标"，现已批准了若干软件工程标准。
- ANSI(American National Standards Institute)：美国国家标准协会，这是美国一些民间标准化组织的领导机构。
- FIPS(Federal Information Processing Standards)：美国商务部国家标准局(National Bureau of Standards，NBS)联邦信息处理标准。
- BS(British Standard)：英国国家标准。
- DIN(Deutsches Institut für Normung)：德国标准协会。
- JIS(Japanese Industrial Standard)：日本工业标准。

(3) 行业标准。

由行业机构、学术团体或国防机构制定，适用于某个业务领域的标准。

- IEEE：美国电气与电子工程师学会。该学会有一个软件标准分技术委员会，负责软件标准化活动。IEEE 公布的标准常冠有 ANSI 的字头，如《软件配置管理计划标准》(ANSI/IEEE Str 828-1983)。
- GJB：中华人民共和国国家军用标准。这是由中国国防科学技术工业委员会批准，适合于国防部门和军队使用的标准，如《军用软件开发规范》(GJB 437-88)。
- DOD-STD(Department of Defense-STanDards)：美国国防部标准。适用于美国国防部门。
- MIL-S(MILitary-Standard)：美国军用标准。适用于美军内部。

(4) 企业规范和项目规范。

一些大型企业或公司，出于软件工程工作的需要，制定适用于公司部门的规范。例如，美国 IBM 公司通用产品部 1984 年制定的《程序设计开发指南》，仅供该公司内部使用。我国一些大型企业也拥有自己的企业规范。

有时候，软件开发项目组织会针对一些特定的项目制定该项目专用的软件工程规范，又称项目规范。

2. 中国的软件标准

从 1983 年起,我国已陆续制定和发布了 20 多项软件工程相关的国家标准,这些标准可分为 3 类。

(1) 基础标准。基础标准主要是描述软件工程的一些概念、术语等。常见的基础标准有软件工程术语、软件生命周期过程、软件工程标准分类法、程序构造及其表示法的约定、计算机系统配置图符号及其约定、软件开发规范、软件维护指南等。

(2) 文档标准。文档标准主要是描述软件开发过程中产生的一些文档。常见的文档标准有计算机软件文档编制规范、软件文档管理指南等。

(3) 管理标准。管理标准主要是描述软件开发过程中用来控制软件质量等的一些文档。常见的文档标准有计算机软件配置管理计划规范、计算机软件质量保证计划规范、计算机软件可靠性和可维护性管理等。

3. ISO 9000 标准及软件质量认证

ISO 9000 国际标准发源于欧洲经济共同体,但很快被美国、日本及其他国家采纳。到目前为止,已有 70 多个国家在企业中采用和实施这一系列标准。我国对此也十分重视,确定对其等同采用,发布了与其相应的质量管理国家标准系列 GB/T 19000,同时积极组织实施和开展质量认证工作。

ISO 9000 系列标准适用领域广泛,涵盖硬件、软件、流程性材料和服务等。制定与实施 ISO 9000 系列标准的主导思想包括如下几方面。

(1) 强调质量并非在产品检验中得到,而是形成于生产的全过程。

(2) 为把握产品的质量,ISO 9000-3 要求"必须使影响产品质量的全部因素在生产全过程中始终处于受控状态"。

(3) ISO 9000 标准要求证实"企业具有持续提供符合要求产品的能力"。

(4) ISO 9000 标准强调"管理必须坚持进行质量改进"。

1.6.2 软件工程文档编制

软件文档是对需求、过程或结果进行描述、定义、规定或认证的图示信息,它描述或规定了软件设计和实现的细节。

软件开发过程中会产生和使用大量的信息。通常,文档用来表示软件生命周期中的活动、需求、过程或结果等信息,是对这些信息的描述、定义、规定、报告的任何文字或图形。从某种意义上说,软件文档是软件开发规范的体现。按规范要求生成一整套文档的过程,就是按照软件开发规范完成一个软件开发的过程。软件文档的编制在软件开发工作中占有突出的地位和相当的工作量。

软件文档在产品的开发过程中的重要作用主要体现在 3 方面。

(1) 提高软件开发过程的可见度。软件文档的编制,可以把开发过程中发生的事件以某种可阅读的形式记录在文档中。管理人员把这些记载下来的材料作为检查软件开发进度和开发质量的依据,实现对软件开发的过程管理。

(2) 提高开发效率。软件文档的编制可以帮助开发人员对各个阶段的工作进行周密思考、全盘权衡、减少返工,并且可在开发早期发现错误和不一致性,便于及时纠正。同时,还可作为开发人员在一定阶段的工作成果和里程碑,记录开发过程中有关信息,便于协调以后的软件开发、使用和维护。

(3) 提供运行、维护和培训等相关信息。软件文档的编制可便于管理人员、开发人员、用户之间的协作、交流和了解;使软件开发活动更科学、更有成效;便于潜在用户了解软件的功能、性能等各项指标,为他们选购符合自己需要的软件提供依据。

在使用工程化的原理和方法指导软件的开发和维护时,应当充分注意软件文档的编制和管理。国家标准局在1988年1月发布了《计算机软件开发规范》《软件产品开发文件编制指南》等,2006年重新修订发布了《计算机软件文档编制规范》(GB/T 8567—2006)。

按照文档产生和使用的范围,软件文档大致可分为管理文档、开发文档、维护文档和用户文档,如表1.4所示。

表1.4 软件工程文档

文档类型	具体文档
管理文档	可行性分析(研究)报告 项目开发计划 软件配置管理计划 软件质量保证计划 开发进度月报 项目开发总结报告
开发文档	可行性分析(研究)报告 项目开发计划 软件需求规格说明 接口需求规格说明 软件(结构)设计说明 接口设计说明书 数据库(顶层)设计说明 测试计划 测试报告
维护文档	软件需求规格说明 接口需求规格说明 软件(结构)设计说明 测试报告
用户文档	软件产品规格说明 软件版本说明 用户手册 操作手册

这些文档是软件开发人员工作的准则和规程。它们基于软件生命周期方法,规范了软件产品从形成概念开始,经过开发、使用和不断增补修订,直到最后被淘汰的整个过程应提交的文档。这些文档是在软件生命周期中,随着各个阶段工作的开展适时编制的。其中,有的仅反映某一个阶段的工作,有的则需跨越多个阶段。

合格的软件工程文档应该具备以下特征。

(1) 及时性。在一个阶段的工作完成后，此阶段的相关文档应该及时完成，而且应该根据工作的变更及时更改文档。

(2) 完整性。应该按有关标准或规范，将软件各个阶段的工作成果写入有关文档，竭力防止源代码与文档不一致的情况出现。

(3) 实用性。采用文字、图形等多种方式，语言准确、简洁、清晰、易懂。

(4) 规范性。采用统一的书写格式，包括各类图形、符号等的约定。

(5) 结构化。文档应该具有非常清晰的结构，内容上脉络要清楚，形式上要遵守标准，让人易读、易理解。

(6) 简洁性。充实的文档在于用简练的语言，深刻而全面地对问题展开论述，而不在于文档的字数多少。

文档编制是开发过程的有机组成部分，也是一个不断努力的工作过程，是一个从形成最初轮廓、经反复检查和修改，直至程序和文档正式交付使用的完整过程。其中每一步都要求工作人员做出很大努力。要保证文档编制的质量，要体现每个开发项目的特点，还要注意不要花太多的人力。

1.7 练 习 题

1. 单选题

(1) (　　)是计算机程序及其说明程序的各种文档。

A. 软件　　B. 文档　　C. 数据　　D. 程序

(2) 软件生产的复杂性和高成本性，致使大型软件的开发和生存出现危机。软件危机的主要表现包括下述(　　)方面。

①生产成本过高　②需求增长难以满足　③进度难以控制　④质量难以保证

A. ①②　　B. ②③　　C. ④　　D. 全部

(3) 软件工程是采用(　　)的概念、原理、技术方法指导计算机程序设计的工程学科。

A. 工程　　B. 系统工程

C. 体系结构　　D. 结构化设计

(4) 软件工程的三要素是(　　)。

A. 技术、方法和工具　　B. 方法、对象和类

C. 方法、工具和过程　　D. 过程、模型和方法

(5) 软件开发的生命周期方法将软件生命周期划分成(　　)。

A. 定义阶段、开发阶段、运行维护　　B. 定义阶段、编程阶段、测试阶段

C. 总体设计、详细设计、编程调试　　D. 需求分析、功能定义、系统设计

(6) 软件生命周期包括可行性分析和项目开发计划、需求分析、概要设计、详细设计、编码、(　　)、维护等活动。

A. 应用　　B. 测试

C. 检测　　D. 以上答案都不正确

(7) 目前存在多种软件生命周期模型,其中具有顺序性和依赖性的模型是(　　)。

A. 瀑布模型　　B. 增量模型　　C. 喷泉模型　　D. 螺旋模型

(8) 快速原型模型的主要特点之一是(　　)。

A. 开发完毕才能见到产品　　B. 能及早提供工作软件

C. 能及早提供全部完整软件　　D. 开发完毕才见到工作软件

(9) 增量模型本质上是一种(　　)。

A. 线性顺序模型　　B. 整体开发模型

C. 非整体开发模型　　D. 螺旋模型

(10) 螺旋模型综合了(　　)的优点,并增加了风险分析。

A. 增量模型和喷泉模型　　B. 瀑布模型和演化模型

C. 演化模型和喷泉模型　　D. 原型模型和喷泉模型

2. 简答题

(1) 软件就是程序吗？如何定义软件？

(2) 什么是软件危机？什么原因导致了软件危机？

(3) 请简述软件工程的概念。

(4) 软件生命周期如何划分？

(5) 什么是软件过程？有哪些常用的软件过程模型？

3. 思考题

(1) 如何理解软件工程的目标及其未来的发展？

(2) 假设在软件工程课程设计环节中,你是项目组组长,要带领团队开发一个图书馆管理系统,你将采用哪种软件过程模型来开发,为什么？

第2章 软件项目管理

软件工程学的主要内容是软件开发技术和软件工程管理技术。软件工程管理是通过软件开发成本控制、人员组织安排、软件工程开发计划制定、软件配置管理、软件质量保证、软件开发风险管理等一系列活动，合理地配置和使用各种资源，以保证软件质量的过程。

软件工程管理先于项目任何技术活动的开展，并且贯穿于整个软件生命周期。

2.1 工作量估算

项目管理的一个至关重要的方面是了解项目可能的成本。成本超出限度可能导致客户取消项目，而过低的成本估算又可能迫使项目小组投入产出比低。在项目生命周期的早期给出一个合理的成本估算，可以帮助项目经理了解需要多少开发人员以及如何安排合适的人员。

项目成本估算包括几种类型的成本：设施、人员、软件和工具。

设施包括硬件、场地、办公设备、电话、调制解调器、空调、电缆、磁盘、纸张、笔、复印机以及其他物品，用于为开发人员提供工作的物理环境。有些项目有现成的这种环境，因此很容易理解并估算这类成本。在其他还没有创建这种环境的项目中，即使暂时可以估算成本，但是随着环境的建造或改变，成本也很有可能偏离最初的估算。

其他的项目成本包括购买支持开发工作的软件和工具。除了对系统进行设计和编码的工具之外，项目可能还要购买获取需求、组织文档、测试代码、跟踪变化、产生测试数据、支持小组会议等用途的软件。这些工具被称为计算机辅助软件工程（computer aided software engineering，CASE）工具，客户有时会要求使用这些工具，或者公司要求将其作为标准软件开发过程的一部分。

大多数项目成本中最大的部分是人员工作量。必须确定完成这个项目需要多少人日（或人月）的工作量。毫无疑问，人员工作量在成本中的不确定性最高。

成本、进度和工作量估算必须在项目的生命周期中尽早进行，因为它影响资源分配和项目可行性。其中，成本估算应该在生命周期中反复进行。图2.1说明了项目早期的不确定性是如何影响成本和规模估算的精确性的。

图2.1中的星号表示实际项目的规模估算，加号是成本估算。向右渐渐变窄的漏斗形曲线说明：随着人们对一个项目了解得越来越多，估算变得越来越精确。当还不了解项目的规格说明时，估算可能与最终实际成本相差4倍之多。随着产品和过程决策的完善，这个倍数因子会降低。许多专家试图把估算偏差缩减到实际值的10％之内，但是数据表明，这

样的估算通常只有在大部分项目完成之后才能出现，对项目管理毫无用处。

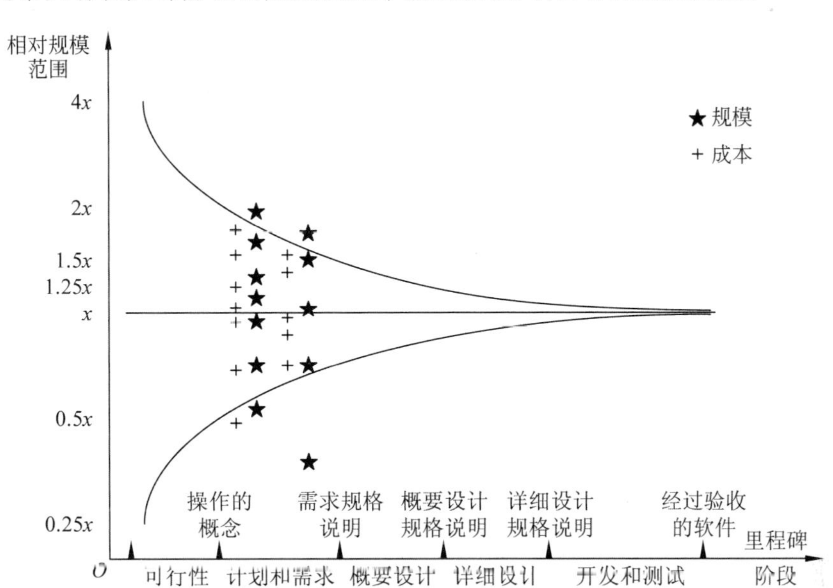

图2.1 成本和规模估算精确性的变化

2.1.1 估算软件规模

估算项目的工作量和完成期限之前，首先需要估算软件的规模。估算的方法主要有代码行技术和功能点技术。

1. 代码行技术

代码行技术是比较简单的定量估算软件规模的方法。这种方法依据以往开发类似产品的经验和历史数据，估计实现一个功能所需要的源程序行数。当有以往开发类似产品的历史数据可供参考时，用这种方法估计的数值比较准确。把实现每个功能所需要的源程序行数累加起来，就可得到实现整个软件所需要的源程序行数。

为了使程序规模的估计值更接近实际值，可以由多名有经验的软件工程师分别做出估计。每位专家都做出3种估计：最小规模(a)、最大规模(b)和最可能规模(m)，分别算出这3种规模的平均值，再用下式计算规模估计值。

$$L=\frac{\bar{a}+4\bar{m}+\bar{b}}{6}$$

用代码行技术估算软件规模时，当程序较小时常用的单位是代码行数(lines of code，LOC)，当程序较大时常用的单位是千行代码数(KLOC)。

代码行技术的优点如下。

- 代码是所有软件开发项目都有的“产品”，而且很容易计算代码行数。
- 许多现有的软件估算模型使用LOC或KLOC作为关键的输入数据。
- 有大量参考文献和数据。

代码行技术的缺点如下。

- 源程序仅是软件配置的一个成分，由源程序度量软件规模不太合理。

- 用不同语言实现同一个软件所需要的代码行数并不相同。
- 不适用于非过程性语言。

为了克服代码行技术的缺点,人们又提出了功能点技术。

2. 功能点技术

功能点技术依据对软件信息域特性和软件复杂性的评估结果,估算软件规模。这种方法用功能点(function points,FP)为单位度量软件规模。

功能点技术定义了信息域的5个特性。

- 输入项数(Inp):用户向软件输入的项数。这些输入为软件提供面向应用的数据。输入不同于查询,后者单独计数,不计入输入项数中。
- 输出项数(Out):软件向用户输出的项数。这些输出向用户提供面向应用的信息,例如,报表和出错信息等。报表内的数据项不单独计数。
- 查询数(Inq):查询的数目。查询即是联机输入,可导致软件以联机输出方式产生某种即时响应。
- 主文件数(Maf):逻辑主文件(即数据的一个逻辑组合,可能是大型数据库的一部分或是一个独立的文件)的数目。
- 外部接口数(Inf):机器可读的全部接口(如磁盘或磁带上的数据文件)的数量,这些接口用于把信息传送给另一个系统。

每个特征都分为简单级、平均级或复杂级。可根据等级为每个特性分配一个功能点数,即信息域特征系数 a_1,a_2,a_3,a_4,a_5,见表2.1。

表2.1 信息域特征系数

复杂级别/特征系数	简　单	平　均	复　杂
输入系数 a_1	3	4	6
输出系数 a_2	4	5	7
查询系数 a_3	3	4	6
文件系数 a_4	7	10	15
接口系数 a_5	5	7	10

估算功能点的步骤如下。

(1) 计算未调整的功能点数UFP。

$$\text{UFP}=a_1\times\text{Inp}+a_2\times\text{Out}+a_3\times\text{Inq}+a_4\times\text{Maf}+a_5\times\text{Inf}$$

(2) 计算技术复杂性因子TCF。

这一步骤度量14种技术因素对软件规模的影响程度。表2.2列出了全部技术因素,并用 $F_i(1\leqslant i\leqslant 14)$ 代表这些因素。根据软件的特点,为每个因素分配一个从0(不存在或对软件规模无影响)到5(有很大影响)的值。然后,用下式计算技术因素对软件规模的综合影响程度 DI。

$$DI=\sum_{i=1}^{14}F_i$$

技术复杂性因子 TCF 由下式计算。

$$\mathrm{TCF}=0.65+0.01\times DI$$

因为 DI 的值为 0～70，所以 TCF 的值为 0.65～1.35。

表 2.2 技术因素

序号	F_i	技术因素	序号	F_i	技术因素
1	F_1	数据通信	8	F_8	联机更新
2	F_2	分布式数据处理	9	F_9	复杂的计算
3	F_3	性能标准	10	F_{10}	可复用性
4	F_4	高负荷的硬件	11	F_{11}	安装方便
5	F_5	高处理率	12	F_{12}	操作方便
6	F_6	联机数据输入	13	F_{13}	可移植性
7	F_7	终端用户效率	14	F_{14}	可维护性

（3）计算功能点数 FP。

用下式计算功能点数 FP。

$$FP=\mathrm{UFP}\times\mathrm{TCF}$$

功能点技术与所用的编程语言无关，比代码行技术更合理。但是，在判断信息域特性复杂级别和技术因素的影响程度时受主观因素影响较大，对经验依赖性较强。

2.1.2 专家判断

很多工作量估算方法都依赖于专家判断。这是非正式的技术，基于管理人员具有的类似项目的经验。因此，预测的精确性基于估算者的能力、经验、客观性和洞察力。其最简单的形式是，对构建整个系统或其子系统所需要的工作量做出经验性的猜测。彻底的估算要根据自顶向下或自底向上的分析计算才能得出。

自顶向下估算由估算人员参照以前完成的项目所耗费的总成本或总工作量来推算将要开发的软件的总成本或总工作量，然后将其按阶段、步骤和工作单元进行分配。其主要优点是重视系统级工作，不会遗漏系统级工作的估算。例如，集成、用户手册和配置管理等工作，估算工作量小、速度快。但缺点是往往不清楚较低层次工作的技术性困难问题，而这些困难往往会使成本增加。

自底向上估算是将每一部分的估算工作交给负责该部分工作的人来做。它的优点是估算较为准确，缺点是往往缺少对软件开发系统级工作量的估算。通常采用自顶向下和自底向上相结合的方法来估算。

专家判断不仅受差异性和主观性的影响，还受对当前数据依赖性的影响。专家判断模型所依据的数据必须反映当前的实际情况，因此必须经常更新它。此外，大部分专家判断技术过于简单化，没有将大量可能影响项目所需工作量的因素考虑在内。正是出于这些原因，实践人员和研究人员更多地借助于算法方法来估算工作量。

2.1.3 算法方法

研究人员已经创建出表示工作量和影响工作量的因素之间关系的模型。这些模型通常用方程式描述,其中工作量是因变量,而其他因素(如经验、规模和应用类型)是自变量。大部分模型认为项目规模是方程式中影响最大的因素,表示工作量的方程如下。

$$E=(a+bS^c)m(X)$$

其中,S 是估算的系统规模,而 a、b 和 c 是常量。X 是从 x_1 到 x_n 的成本因素的向量,m 是基于这些因素的调整因子。换言之,工作量主要由要构造系统的规模决定,通过若干其他项目、过程、产品或资源的特性的结果对其进行调整。

支持大多数估算模型的经验数据,都是从有限个项目的样本集中总结出来的,因此,没有一个估算模型可以适用于所有类型的软件和开发环境。

1. Walston_Felix 模型

Walston 和 Felix 开发的模型是首批此类模型中的一个,方程式如下。

$$E=5.25S^{0.91}$$

他们从 IBM 的 60 个项目的数据中得出该方程式。提供数据的这些项目所构造的系统,其规模从 4 000 行代码到 467 000 行代码,在 66 台机器上用 28 种不同的高级语言编写,代表 12 人月到 11 758 人月的工作量。规模用代码行数来测量,其中还包括注释(一般注释不超过程序代码行总数的 50%)。

2. Bailey_Basili 模型

Bailey 和 Basili 提出了一种称为元模型的建模技术,用以构建反应自己组织机构特性的估算方程。他们用一个由 18 个科学性项目构成的数据库证明了该技术。首先,将标准误差估算降低到最小,产生一个非常精确的方程式。

$$E=5.5+0.73\times S^{1.16}$$

然后,根据误差比率调整这个初始估算。

很明显,上述两种模型的问题体现在模型对规模(作为关键变量)的依赖性。通常要求估算要尽早进行,这种估算是在得到精确的规模信息之前,当然肯定也在将系统表示成代码行之前。因此这些模型只是简单地把工作量估算问题转化为规模估算问题。Boehm 的构造成本模型(COCOMO)注意到这个问题,并在最新版本的 COCOMO Ⅱ 中加入了 3 种规模估算技术。

3. COCOMO Ⅱ 模型

Boehm 在 20 世纪 70 年代开发了最初的 COCOMO 模型,使用了 TRW(一家为许多不同的客户开发软件的公司)的项目数据库信息。同时从工程和经济两个方面考虑软件的开发,Boehm 将规模作为成本的主要决定因素,然后用 12 个以上的成本驱动因子调整初始估算,其中包括人员、项目、产品以及开发环境的属性。在 20 世纪 90 年代,Boehm 更新了最初的 COCOMO 模型,提出 COCOMO Ⅱ 模型,该模型反映了软件开发充分发展后的各个方面。

COCOMO Ⅱ模型的估算过程体现了任何项目开发都包含的3个主要阶段。最初的COCOMO模型使用交付的源代码行数作为关键输入,而新模型注意到在开发的早期,是不可能知道代码行数的。

COCOMO Ⅱ给出了3个阶段的软件开发工作量估算模型,这3个阶段的模型在估算工作量时,对软件细节考虑的详尽程度逐级增加。这些模型既可以用于不同类型的项目,也可以用于同一个项目的不同开发阶段。

(1) 应用组装阶段。

在阶段1,项目通常构建原型以解决包含用户界面、软件和系统交互、性能和技术成熟性等方面在内的高风险问题。这时,人们对正在创建的最终产品的可能规模知之甚少,因此COCOMO Ⅱ用"应用点"来估算规模。这种技术根据高层的工作量生成器(如窗口数量和报告数量、第3代语言构件数)来获取项目的规模。

(2) 早期设计阶段。

在阶段2,已经决定向前推进项目开发,但是设计人员必须研究几种可选的体系结构和操作的概念。同样,仍然没有足够的信息支持准确的工作量和工期估算,但是远比第1阶段知道的信息要多。在阶段2,COCOMO Ⅱ使用"功能点"对规模进行估算。与应用点相比,功能点提供了更为丰富的系统描述。

(3) 后体系结构阶段。

在阶段3,开发已经开始,知道的信息也相当多了。在这个阶段,可以根据功能点或代码行来估算规模,而且可以较为轻松地估算很多成本因素。

COCOMO Ⅱ基本模型的形式如下。

$$E = bS^c m(X)$$

其中,bS^c 是初始的基于规模的估算,通过关于成本驱动因子信息的向量 $m(X)$ 进行调整。表2.3描述了每个阶段的成本驱动因子以及为修改估算对其他模型的使用。

表2.3 COCOMO Ⅱ的3个阶段

模型方面	阶段1:应用组装	阶段2:早期设计	阶段3:后体系结构
规模	应用点	功能点(FP)和语言	FP和语言或源代码行数(SLOC)
复用	模型中隐含的	与其他变量功能等价的SLOC	与其他变量功能等价的SLOC
需求变化	模型中隐含的	表述为一个成本因素的变化百分比	表述为一个成本因素的变化百分比
维护	应用点 年变化量(ACT)	ACT的功能、软件理解、不熟悉	ACT的功能、软件理解、不熟悉
工作量方程中的比例 c	1.0	0.91到1.23,取决于先例、一致性、早期体系结构、风险化解、小组凝聚力和SEI过程成熟度	0.91到1.23,取决于先例、一致性、早期体系结构、风险化解、小组凝聚力和SEI过程成熟度
产品成本驱动因子	无	复杂性、必需的可复用性	可靠性、数据库规模、文档需求、必需的复用和产品复杂性
平台成本驱动因子	无	平台难度	执行时间约束、主存约束和虚拟机的易变化性

续表

模型方面	阶段 1：应用组装	阶段 2：早期设计	阶段 3：后体系结构
人员成本驱动因子	无	人员能力和经验	分析员能力、应用经验、程序员能力、程序员经验、语言和工具经验，以及人员持续性
项目成本驱动因子	无	必需的开发进度、开发环境	软件工具的使用、必需的开发进度、在多个地点开发

为了适应实际的组织机构和项目，可以对 COCOMO 模型的不同部分进行裁剪，也可以利用一些可用的实现 COCOMO Ⅱ的工具，根据所提供的项目特征进行工作量的估算。

2.1.4 机器学习方法

过去，大部分工作量和成本建模技术都依赖算法方法。也就是说，研究人员分析过去项目的数据，并用它们生成方程式以预测未来项目的工作量和成本。一些研究人员正在研究如何借用机器学习方法来帮助产生好的估算。例如，神经网络可以表示很多相互连接的、相互依赖的单元，因此能表示生产软件产品所包含的不同活动，是一种很有前景的工具。

在神经网络中，每个单元(称为一个神经元，表示为网络节点)均表示一个活动，每个活动又有输入和输出。网络中的每个单元都有相关联的计算方式，计算输入和加权和。如果总和超过了一个阈值，则单元产生一个输出。然后，这个输出又成为网络中其他相关单元的输入，直到网络产生一个最终的输出值。神经网络有许多种方式可用于产生输出。有些技术中会回溯其他节点发生的情况，这些技术被称为反向传播技术。另一些技术则是正向传播，可预测将来发生的情况。

神经网络需要用过去项目中的历史数据进行“训练”。通过识别数据中的模式，网络使用正向和反向算法来“学习”。例如，过去项目的历史数据可能会包含开发人员的有关经验，网络可以识别出经验级别与完成一个项目所需工作量之间的关系。

1997 年，Shepperd 提出了产生工作量估算的神经网络模型，如图 2.2 所示。该网络有 3 个层次，并且网络中没有环路。影响项目工作量的 4 个因素作为网络的输入，产生单个工作量输出。首先，用随机加权值对网络参数初始化。然后，根据过去的历史数据(训练集)计算新的加权值，并提供给网络。模型的用户指定一种解释如何使用训练数据的训练算法：这

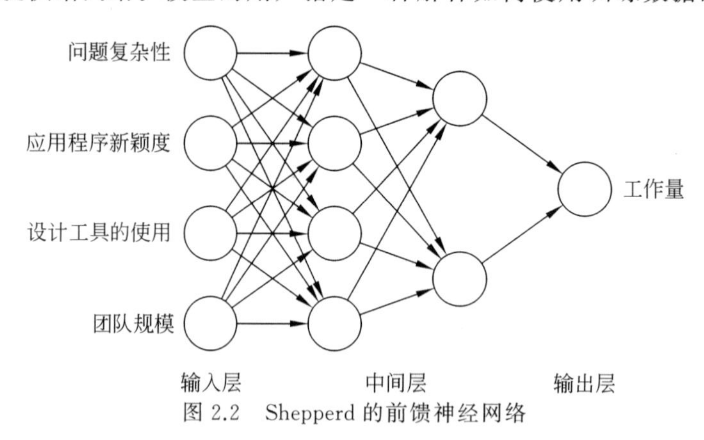

图 2.2 Shepperd 的前馈神经网络

个算法也基于过去的历史数据,并且通常是反向传播的。一旦网络训练完毕(即对网络值进行调整,使其反映过去的经验),就可以用它来估算新项目的工作量了。

研究人员已经在类似的神经网络上使用反向传播算法来预测开发工作量,包括对使用第4代语言项目的估算。这类模型的精确性似乎对神经网络的拓扑结构、学习阶段的数目和网络内神经元的初始随机加权值的相关决策很敏感。要给出好的预测,网络需要大的训练集,即必须基于大量的经验,而非少数具有代表性的项目。这类数据有时很难获得,尤其是持续、大量地收集数据,因此,数据缺乏限制了这种技术的使用。再者,用户往往很难理解神经网络。但是,一旦这种技术产生了更精确的估算,软件开发组织可能更愿意为这种网络收集数据。

还有一种称为基于案例的推理(case-based reasoning,CBR)的机器学习方法可被用来进行基于类推的估算。在项目估算中,CBR 基于项目中可能遇到的几种输入组合,构造一个判定算法。同样,CBR 也需要过去项目的相关数据。Shepperd 指出,CBR 具有两个明显的优点。首先,CBR 只处理实际发生的事件,而非所有可能情况的集合;其次,用户更易于理解特定实例,而不是把事件描述为规则链或神经网络。

2.2 进度计划

软件项目的进度安排通过把工作量分配给特定的软件工程任务,并规定完成各项任务的起止日期,从而将估算出的项目工作量分布于计划好的项目持续期内。

项目管理者的目标是定义全部项目任务,识别出关键任务,跟踪关键任务的进展状况,以保证能及时发现拖延进度的情况。为了做到这一点,管理者必须制订一个足够详细的进度表,以便监督项目进度,并控制整个项目。进度计划随着时间的流逝而不断演化。在项目计划的早期,首先制订一个宏观的进度安排表。然后随着项目的进展,再把宏观进度表中的每个条目都精化成一个详细进度表,标识出完成一个活动所必须实现的一组特定任务,并安排好实现这些任务的进度。

2.2.1 基本原则

指导软件项目进度安排的基本原则如下。

(1) 划分任务。必须把项目划分成若干个可以管理的活动和任务,这些活动和任务由所采用的软件过程模型定义。为了完成项目划分,需要对产品和过程都进行分解。

(2) 明确依赖性。必须确定划分出的各个活动或任务之间的相互依赖性。某些任务必须顺序完成,而其他的任务可以并发进行。有些活动只有在其他活动产生的工作产品完成之后才能开始,而其他的活动可以独立地进行。

(3) 分配时间。必须为每个任务都分配一定数量的工作单位(如若干人日的工作量)。必须为每个任务都指定开始日期和结束日期,在确定这些日期时既要考虑各个任务之间的相互依赖性,又要考虑开发人员每日工作时间的长短(全职还是兼职)。

(4) 分配工作量。每个项目都有指定数量的人员参与工作。在制订进度计划时,项目管理者必须确保在任意时段中被分配了任务的人员数量,不超过项目组中的人员数量。

(5) 定义责任。每个任务都应该指定具体的负责人。

(6) 定义结果。每个任务都应该有一个定义好的输出结果。软件项目的输出通常是一个工作产品(如一个模块的设计结果)或工作产品的一部分。通常把多个工作产品组合成一个"可交付产品"。

(7) 定义里程碑。应该为每个任务或每组任务指定一个项目里程碑。当一个或多个工作产品经过质量评审且得到确认时,就标志着一个里程碑的完成。

2.2.2 Gantt 图

Gantt 图,即甘特图,是一种能有效显示行动时间规划的方法,也叫横道图或条形图。Gantt 图把计划和进度安排两种职能结合在一起,纵向列出项目活动,横向列出时间跨度。每项活动计划或实际的完成情况用横道线表示。横道线还显示了每项活动的开始时间和终止时间。

【实例】 假设某软件开发项目的任务分解为 11 项活动,这些活动的时间安排可用 Gantt 图来表示,如图 2.3 所示。

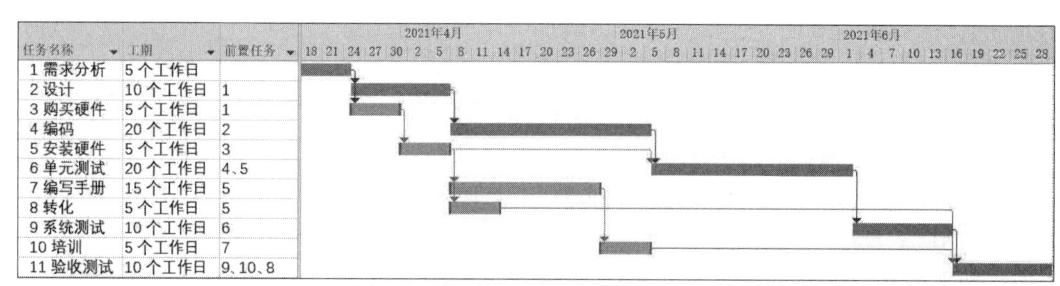

任务名称	工期	前置任务
1 需求分析	5 个工作日	
2 设计	10 个工作日	1
3 购买硬件	5 个工作日	1
4 编码	20 个工作日	2
5 安装硬件	5 个工作日	3
6 单元测试	20 个工作日	4、5
7 编写手册	15 个工作日	5
8 转化	5 个工作日	5
9 系统测试	10 个工作日	6
10 培训	5 个工作日	7
11 验收测试	10 个工作日	9、10、8

图 2.3 某项目进度计划的 Gantt 图

图 2.3 是利用 Project 软件绘制的 Gantt 图,图中左侧为项目包含的 11 项任务,可设置每项任务的工期、起止时间、前置任务、资源等信息。右侧为生成的 Gantt 图。可以看出,Gantt 图能形象地描绘任务分解情况,以及每个活动(子任务)的开始时间和结束时间,具有直观简明和容易掌握、容易绘制的优点。

2.2.3 PERT 图

PERT(program evaluation and review technique,PERT) 图也称为"计划评审技术",采用网络图来描述一个项目的任务网络。不仅可以表达子任务的计划安排,还可以在任务计划执行过程中估计任务完成的情况,分析某些活动对全局的影响,找出影响全局的区域和关键活动,以便及时采取措施,确保完成整个项目。

PERT 图是一个有向图。图中的有向边表示活动,活动会持续一段时间,可以在有向边上标识完成该活动所需的时间。图中的每个节点都表示一个事件,意味着前一个流入节点的活动结束,后一个流出节点的活动开始,节点仅表示某个时间点。只有当流入该节点的所有活动都结束时,节点表示的事件才出现,流出节点的活动才可以开始。图 2.3 中项目的进度计划用 PERT 图表示的效果如图 2.4 所示。图中的虚线表示虚拟活动,事实上并不存在,只是为了突出表示活动之间的依赖关系。

PERT 图不仅给出了每个活动所需的时间,还给出了活动之间的关系,即哪些活动完成后才能开始另外一些活动。另外,PERT 图中每个事件(节点)除了事件号以外,还标识出事

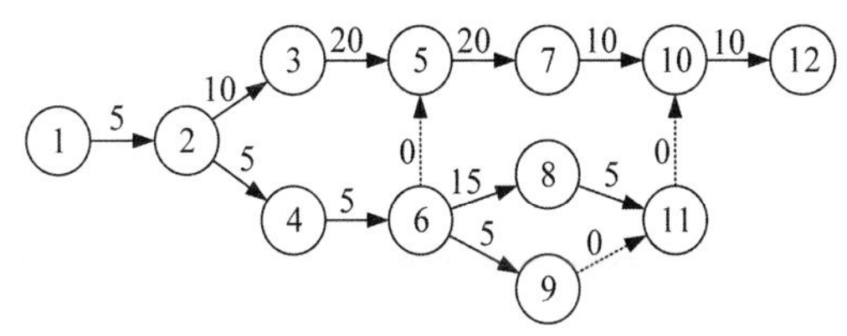

说明：1-2需求分析； 2-3设计； 2-4购买硬件； 3-5编码；
4-6安装硬件； 6-5虚拟活动； 5-7单元测试； 6-8编写手册；
6-9转化； 7-10系统测试； 8-11培训； 9-11虚拟活动；
11-10虚拟活动； 10-12验收测试

图 2.4 某项目的简易 PERT 图

件的最早时刻和最迟时刻。每个活动还有一个机动时间，表示在不影响整个工期的前提下，完成该活动有多少机动余地。机动时间为 0 的活动构成了完成整个工程的关键路径。

（1）最早时刻。

事件的最早时刻(EET)表示该事件可以发生的最早时间。通常第一个事件的最早时刻定义为 0，其他事件的最早时刻在工程网络上从左至右按事件发生顺序计算。

使用下述 3 条规则计算 EET。

- 考虑进入该事件的所有活动；
- 对于每个活动都计算它的持续时间与起始事件的 EET 之和；
- 选取上述和数中的最大值作为该事件的 EET。

（2）最迟时刻。

事件的最迟时刻(LET)是在不影响竣工时间的前提下，该事件最晚可以发生的时刻。最后一个事件(工程结束)的 LET 等于它的 EET。其他事件的 LET 从右至左按逆活动流的方向计算。

使用下述 3 条规则计算 LET。

- 考虑离开该事件的所有活动；
- 从每个活动的结束事件的 LET 中减去该活动的持续时间；
- 选取上述差数中的最小值作为该事件的 LET。

（3）机动时间。

某些作业有一定程度的机动余地，即实际开始时间可以比预定时间晚一些，或者实际持续时间可以比预定的持续时间长一些，且不影响工程的结束时间。机动时间可按下式计算。

$$机动时间 = LET_{结束} - EET_{开始} - 持续时间$$

在制订进度计划时仔细考虑和利用 PERT 图中的机动时间，往往能够安排出既节省资源又不影响最终竣工时间的进度表。

（4）关键路径。

LET 和 EET 相同的事件(机动时间为 0 的活动)定义了关键路径。关键路径上的事件必须准时发生，组成关键路径的活动的实际持续时间不能超过预计的持续时间，否则工程就不能准时结束。

工程项目的管理人员应该密切关注关键活动的进展情况，如果关键事件出现的时间比预计的时间晚，则会使最终完成项目的时间拖后；如果希望缩短工期，只有在关键活动中增加资源才会有效果。

图 2.5 中详细地标明了事件的 LET 和 EET，以及每项活动的机动时间，粗线箭头标识出整个项目的关键路径。

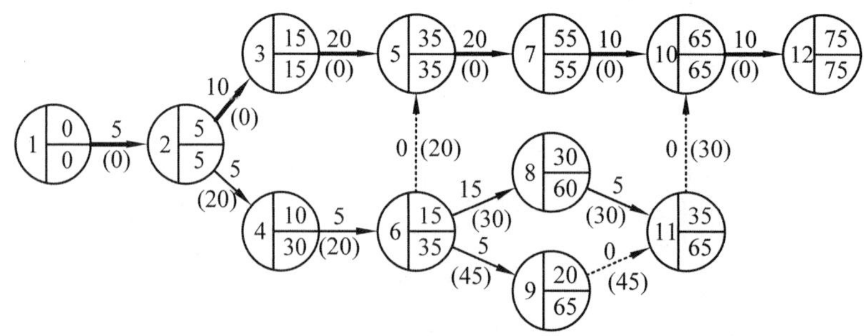

图 2.5　某项目的详细 PERT 图

PERT 图突出表示了事件及活动之间的依赖关系，而 Gantt 图只能隐含地表示出这种关系。Gantt 图的形式比 PERT 图更简单、更直观，为更多的人所熟悉。因此，应该同时使用这两种工具制订和管理进度计划，使它们互相补充、取长补短。

2.3　项目人员

为了确定项目进度和估算相关的工作量和成本，需要知道大概有多少人开发这个项目，分别执行什么任务，为使工作有效地进行各人必须具备什么能力和经验，以及如何组织人员。

2.3.1　人员角色和特性

软件项目成功的关键是有高素质的软件开发人员。然而，大多数软件的规模都很大，单个软件开发人员无法在给定期限内完成开发工作，因此，必须合理组织多名软件开发人员，有效分工并协同完成开发工作。

通常可以按照软件开发的不同任务来安排人员的角色，每项任务均由不同的人或小组来执行。为任务分配人员取决于项目的规模、人员的专长和经验。无论开发采用哪种软件过程模型，一般都会包括以下任务。

- 需求分析；
- 概要设计；
- 详细设计；
- 程序实现；
- 测试；
- 培训；
- 维护；
- 质量保证。

一旦决定了项目团队成员的角色，就必须为每种角色匹配相应类型的人员。项目人员可能在很多方面都不相同。

- 完成工作的能力；

- 对工作的兴趣；
- 开发类似项目的经验；
- 使用类似工具或语言的经验；
- 使用类似技术的经验；
- 使用类似开发环境的经验；
- 接受的培训积累；
- 与其他人交流的能力；
- 与其他人共同承担责任的能力；
- 管理能力。

上述每一种特性都可能影响个人有效完成工作的能力，对估算进度的项目的成功至关重要。若人员具备完成相应工作的能力，对此有信心，生产率就会更高。工作兴趣也能决定工作效果，因此应该选择对任务感兴趣的人。两个能力和兴趣相同的人，在应用、工具或技术上的相关经验和所受培训的积累也可能不同，这些也是需要考虑的因素。在软件的开发和维护中，开发团队成员之间或是与客户之间都需要相互交流，项目的进展不仅受交流程度的影响，也受个人交流能力的影响。在项目的团队合作过程中，小组成员必须信任其他成员，也必须共同承担完成一项或多项活动的责任。有的人擅长指导他人工作，具备更强的把控能力，更能胜任管理工作。

人员的以上方面都可能影响项目团队的质量。项目经理应该了解每个人的能力和兴趣，才能做出更合适的人员安排。

2.3.2　工作风格

不同的人在工作中与其他人进行交互时，以及在理解工作过程中出现的问题时，都有各自倾向的工作风格。可以从两个维度来考虑工作风格：交流思想和收集想法的方式和情感影响决策的程度(图 2.6 的水平轴表示交流风格，纵向轴表示决策风格)。交流风格偏外向的人在交流思想时，更愿意主动表达自己的想法；偏内向的人则更愿意先征求他人的建议。决策风格偏感性的人将决策建立在对问题的感觉和情感反应上；偏理性的人则将决策建立在对事实的分析上，并谨慎考虑所有可能的情况。

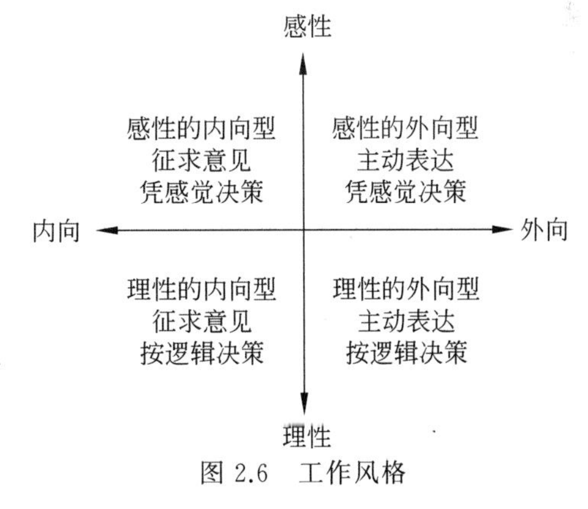

图 2.6　工作风格

图 2.6 中的 4 个象限描述了 4 种基本工作风格。

(1) 理性的外向型。

倾向于坚持自己的想法，不让“预感”影响决策；会告诉同事自己希望同事们了解什么，但是在这样做之前很少寻求更多的信息；会在推理时依靠逻辑而非情感。

(2) 理性的内向型。

同样会避免带情感色彩的决策，但是愿意花时间来考虑所有可能的行动路线；是信息收集者，在确信掌握了所有事实之前，不轻易做出决策。

（3）感性的外向型。

将很多决策建立在情感反应的基础之上，倾向于将决策告知他人，而非寻求建议；会创造性地使用直觉，并且通常会提出不同寻常的解决方法。

（4）感性的内向型。

同样是富有创造性的，但是只是在收集了决策所依据的足够信息之后才应用创造性。

实际上，所有人都不会完全匹配这 4 种类型中的某一类，不同的人会有不同的倾向。不同的工作风格决定了交流方式，理解工作风格有助于项目团队成员之间或者与客户之间的交流。

2.3.3 项目组织

为了成功完成软件开发工作，项目组成员间必须以一种有意义且有效的方式交互和通信。如何组织项目组是一个重要的管理问题，管理者应该合理地组织项目组，使项目组有较高生产率，按预定的进度计划完成所承担的工作。

除了追求更好的组织方式之外，管理者还将目标设为“建立有凝聚力的项目组”。一个有高度凝聚力的小组，由一批团结得非常紧密的人组成，他们的整体力量大于个体力量的总和。

现有软件项目组的组织方式很多。通常，组织软件开发人员的方法取决于下面几项。

- 项目组成员的背景和工作风格；
- 项目组成员的数目；
- 客户和开发人员的管理风格。

1. 主程序员组

一种流行的组织结构是主程序员组，IBM 首次使用了这种方法。在主程序员组中，有一个人总体负责系统的设计和开发，其他的小组成员向该主程序员汇报，主程序员对每一个决定有最终决策权。主程序员监督所有其他小组成员、设计所有程序、把代码开发分配给其他小组成员。副主程序员（也称后备程序员）是一名候补人员，其主要工作是在必要时替代主程序员。小组中有一名资料员，负责维护所有的项目文档。资料员还负责编译和连接代码，并对提交的所有模块进行初步测试。这种工作划分使得程序员能集中精力做他们最擅长的编程工作。为完成一项特定的任务，还可以将人员分成小组。例如，一名或多名小组成员可以组成一个管理小组，提供关于项目当前成本和进度的状态报告。

主程序员组的组织结构如图 2.7 所示。通过让主程序员负责所有决策，小组的结构将项目过程中需要的交流量减到最少。每名小组成员必须经常与主程序员交流，但是不必与其他小组成员交流。因此，如果小组由 $n-1$ 名程序员再加上主程序员组成，则这个小组中实际只需建立 $n-1$ 条交流途径（每名小组成员与主程序员之间是一条交流路径）。

2. 民主制程序员组

显然，主程序员必须擅长迅速做出决策，因此主程序员适宜选择一名外向型的人。但是，如果大多数小组成员是内向型的人，主程序员负责制可能并不是项目的最佳结构。另一种可选方案是根据 Weinberg 提出的“忘我”编程的思想（egoless approach）制定的民主制程

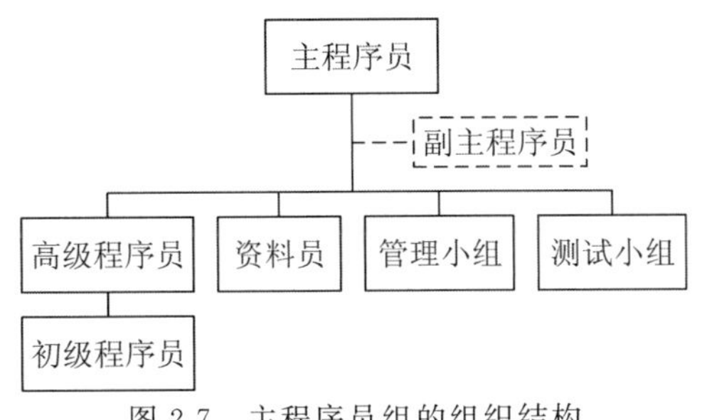

图 2.7 主程序员组的组织结构

序员组。

民主制程序员组不是把责任放在单个人身上，而是让每个人平等地担负责任，小组成员完全平等，享有充分民主，通过协商做出技术决策。而且，过程与个人是分开的，批评针对产品或结果，并不涉及个人。小组成员之间的交流是平行的，如果小组内有 n 个成员，则可能的交流途径共有 $n(n-1)/2$ 条。

程序设计小组的人数不能太多，否则组员间彼此通信的时间将多于程序设计时间。通常，程序设计小组的规模应该比较小，以 2～8 名成员为宜。如果项目规模很大，用一个小组不能在预定时间内完成开发任务，则应该使用多个程序设计小组，每个小组承担工程项目的一部分任务，在一定程度上独立自主地完成各自的任务。

民主制程序员组通常采用非正式的组织方式，也就是说，虽然名义上有一个组长，但是他和组内其他成员完成同样的任务。小组采用全体讨论和协商来决定应该完成的工作，并且根据每个人的能力和经验分配适当的任务。

3. 现代程序员组

上面介绍的两种组织结构代表两种极端的情况。主程序员组高度的结构化能保证项目的顺利实施，民主制程序员组松散的结构更容易激发小组成员的创造性。好的项目管理意味着要在结构化和创造性中找到一种平衡，因此可以把这两种类型的组织结构结合起来。

现代程序员组设置了两个负责人：一个技术负责人，负责小组的技术活动；另一个行政负责人，负责所有非技术性事务的管理决策。技术组长自然要参与全部代码审查工作，因为他要对代码的各方面质量负责。行政组长不参与代码审查工作，因为他的职责是对程序员的业绩进行评价。行政组长应该在常规调度会议上了解每名组员的技术能力和工作业绩。

由于程序员组人数不宜过多，因此在软件项目规模较大时，应该把程序员分成若干个小组，并在合适的时候采用分散做决定的方法，如图 2.8 所示。该图描绘的是技术管理组织结构，非技术管理组织结构与此类似。这样做有利于形成畅通的通信渠道，充分发挥每个程序员的积极性和主动性，集思广益攻克技术难关。

上述 3 种组织结构，哪种结构更可取呢？研究人员一直在研究项目团队结构如何影响最终产品以及在给定的情况下怎样选择最合适的结构。经过调查发现，一方面，在有着高度确定性、稳定性、一致性和重复性的项目中，使用像主程序员组这样的等级组织结构会更有效。这些项目需要成员之间的交流很少，因此很适合这样的组织结构，它强调规章、专业化、正式以及组织层次的清晰定义。另一方面，当项目中涉及大量的不确定性时，采用更民主的方法可能会更好。如果随着开发的进行需求可能发生改变，项目就会有一定程度的不确定

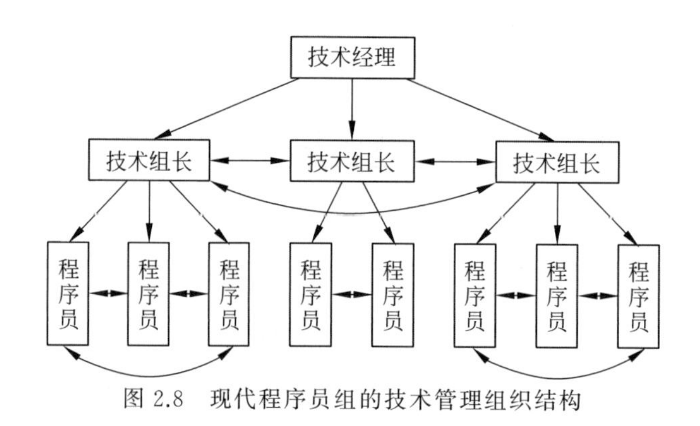

图 2.8　现代程序员组的技术管理组织结构

性，这时，参与决策、松散的组织层次和鼓励开放式交流可能会更为有效。

总之，一个具有高确定性和高重复性的大型项目，可能需要高度结构化的组织方式；而一个含有新技术和高度不确定性的小型项目，则需要更为松散的组织方式。

2.4 风险管理

风险是一种具有负面后果的，人们不希望发生的事件。项目经理必须进行风险管理，以了解和控制项目中的风险。

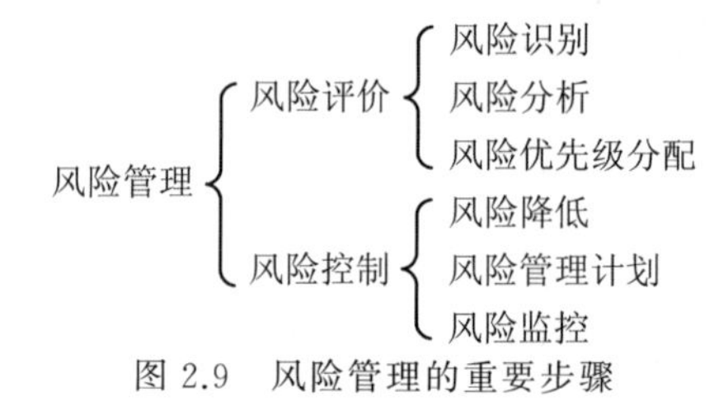

图 2.9　风险管理的重要步骤

软件项目的风险管理是指对软件项目可能出现的风险，进行识别、评估、预防、控制的过程。其目的是通过风险识别、风险分析来认识项目的风险，并在此基础上利用各种管理方法、技术和手段对风险进行有效的控制，及时解决风险事件和后果，以最低的成本保证该项目总体目标的实现。

风险管理包含几个重要的步骤，如图 2.9 所示。

2.4.1 风险评价

1. 风险识别

进行风险管理的首要任务是风险识别。风险识别是寻找可能影响项目的风险并确认风险特性的过程。风险的基本性质有客观性、不确定性、不利性、可变性、相对性和风险与利益的对称性。为了识别特定性风险，应检查项目计划（如预算、进度、资源分配）及软件范围说明，分析可能是影响因素的项目特性。风险按其影响的范围可分为项目风险、技术风险和商业风险 3 种。

（1）项目风险。项目风险是指可能出现的预算、进度、人力（人员及组织）、资源、客户、需求等方面问题，及其对软件项目的影响。它威胁着项目计划及实施，有可能拖延项目进度，增加项目成本。项目风险的因素还包括项目的复杂性，规模、结构的不确定性。

（2）技术风险。技术风险包括可能出现的设计、实现、接口、验证和维护等方面的问题。而且，规约的二义性、技术的不确定性、超新技术及方法的采用也是风险因素。技术风险主要威胁着开发项目的质量、进度、实施、成本和交付。

（3）商业风险。商业风险主要指与市场、商业和预算等有关的风险。商业风险主要威胁开发项目的生存及发展能力，危及项目产品及企业形象。

如果正在构建的系统在某些方面与以前曾经构建的系统类似，就会有一份关于可能发生的问题的检查单。可以对该清单进行检查，以确定新项目是否可能受到清单中风险的影响。对于不同以往系统的某些方面，可以对开发周期中的每个活动进行分析，以扩充检查单。通过把过程分解为小的部分，能够预测可能出现的问题。例如，可能断定在设计过程中有主设计人员离开的风险。同样，也可能对项目怎样进行、由谁进行、使用什么资源等做出的假设或决策进行分析。然后，对每个假设做出评价，以识别其中的风险。

2. 风险分析

分析已经识别的风险，尽可能多地了解它们将在什么时间、什么地方发生以及为什么发生。有很多技术可以用来增加对风险的了解，包括系统动力学模型、成本模型、性能模型、网络分析等。

对风险的分析可以从以下角度进行。

（1）风险类型。一般包括技术、人员、需求、测试环境、测试管理、项目协调管理等。

（2）发生概率。对风险出现的可能性进行评估，通常用概率表示。

（3）风险影响。对风险的严重性进行评估，可分为若干等级。

（4）发生时段。对风险可能发生的时间进行估计，一般包括近期、中期、远期。

3. 风险优先级分配

详细列举所有风险后，必须为这些风险分配优先级。优先级方案可帮助人们集中有限资源解决最有威胁的风险。通常，优先级是根据风险暴露分配的。风险暴露不仅考虑了可能的风险影响，还考虑了发生的概率。通常将风险可能导致的损失和风险发生的概率相乘得到风险暴露，从而量化风险造成的影响。

2.4.2 风险控制

1. 风险降低

风险控制的理念认为，不可能去除所有风险，而是可以通过采取行动以一种可接受的方式处理有害的结果，从而将风险降到最低或减小风险。可以用以下3种策略来降低风险。

（1）通过改变性能或功能需求，避免风险；

（2）通过把风险分配到其他系统中，或者购买保险以便在风险成为事实时弥补经济上的损失，从而转移风险；

（3）假设风险会发生，接受并用项目资源控制风险。

在某些情况下，可以选取原型化开发过程来帮助降低风险。原型可以改善对需求和设计的理解，选择原型化过程可以降低很多项目风险。

2. 风险管理计划

风险管理计划是设计如何进行风险管理活动的过程，实际是一个风险管理方案（预案）。

该计划包括界定项目组织及成员风险管理的行动方案，选择合适的风险管理方法，确定风险判断的依据。在整个项目实施中都应将管理风险的过程记录在方案中。除了记录风险识别和量化的结果，还应记录处理风险负责人，如何保留初步风险识别和风险量化的输出项，预防性计划如何实施等。

3. 风险监控

风险监控在项目实施过程中进行，可时刻监控风险过程及主要风险因素，及时掌握风险正在变高或变低的信息。主要监控 5 项因素。

- 项目组成员对项目压力的一般态度；
- 项目组的凝聚力，沟通交流情况；
- 项目组成员彼此之间的关系及和谐程度；
- 与报酬和利益相关的潜在问题及影响；
- 项目组成员在公司外兼职工作的可能性。

项目管理者还应监控风险降低的有效执行情况，并随着开发的进展，定期重新评估风险、风险出现的概率以及风险可能造成的影响。

2.5 质量保证

2.5.1 软件质量及特征

质量是产品的生命线，保证软件产品的质量是软件产品生产过程的关键。概括来说，软件质量就是“软件与规定的和隐含的需求相关特征或特性组合相一致的程度”。更具体地说，软件质量是软件与明确叙述的功能和性能需求、文档中明确描述的开发标准，以及任何专业软件产品都应该具有的隐含特征相一致的程度。上述定义强调了下述 3 个要点。

(1) 软件需求是度量软件质量的基础，与需求不一致就是质量不高。

(2) 指定的开发标准定义了一组指导软件开发的准则，如果没有遵守这些准则，那么几乎肯定软件质量不高。

(3) 通常，有一组没有显式描述的隐含需求(如软件应该是容易维护的)。如果软件满足明确描述的需求，但却不满足隐含的需求，那么软件的质量仍然值得怀疑。

软件质量由多种因素决定，其等价于软件产品的一系列质量特征。McCall 软件质量特征模型把这些质量因素分成 3 个方面，分别反映用户在使用软件产品时的不同倾向或观点。这 3 个方面分别是产品运行、产品修改和产品转移。每个方面都分别包含若干特征，其特征定义如表 2.4 所示。

表 2.4　McCall 软件质量特征模型

质量方面	质量特征	特征定义
产品运行	正确性	在预定环境下，软件满足设计规格说明及用户预期目标的程度
	可靠性	软件按照设计要求，在规定时间和条件下不出故障，持续运行的程度
	效率	为了完成预定功能，软件系统所需的时间、计算机资源等指标

续表

质量方面	质量特征	特征定义
产品运行	完整性	针对某一目的保护数据，避免其受到偶然的或有意的破坏、改动或遗失的能力
	可用性	用户学习、使用软件及为程序准备输入和解释输出的难易程度
产品修正	可维护性	为满足用户新的要求，或在环境发生变化，或运行中发现新的错误时，对一个已投入运行的软件进行相应诊断和修改的难易程度
	可测试性	测试软件以确保其能够执行预定功能的难易程度
	灵活性	修改或改进一个已投入运行的软件的难易程度
产品转移	可移植性	把软件系统从一个计算机系统或环境移植到另一个计算机系统或环境中运行的难易程度
	可复用性	软件或软件的部件能再次用于其他软件的难易程度
	互连性	连接一个软件系统和其他软件系统的难易程度

2.5.2 软件质量保证措施

软件质量保证(software quality assurance，SQA)的措施主要有基于非执行的测试、基于执行的测试和程序正确性证明。

1. 基于非执行的测试

非执行的测试是指不具体执行程序的测试工作，也称为软件评审。非执行的测试需要贯穿于整个软件开发过程。在项目开发前期，软件开发人员需要制订详细的开发计划以及评审计划，标识各阶段的检查重点以及阶段工作的预期输出，为以后的阶段评审做准备。在项目的阶段评审工作中，要保证评审工作的严格性和规范性。首先，评审人员要具备相应的资格和能力，评审团队的规模及任务分配要合理。每次评审都需要做详细的评审记录，并给出明确的评审结果。对于不合规范的工作成果还要给出修改意见。软件评审的具体实施方法包括设计评审、审查、走查、个人评审等。

2. 基于执行的测试

基于执行的测试是指通过具体地执行程序，观察实际输出和预期输出的差异来发现软件产品错误的方法。软件开发人员通常使用一种或几种自动测试工具对系统进行测试。但是，由于手工测试灵活性高，手工测试也是必需的。

基于执行的测试需要在程序编写出来之后进行，它是保证软件质量的最后一道防线。测试人员可以使用黑盒测试或白盒测试的方法设计测试用例进行测试。软件测试有利于及早发现软件缺陷。

3. 程序正确性证明

测试可以暴露程序中的错误，是保证软件可靠性的重要手段；但是，测试只能证明程序中有错误，并不能证明程序中没有错误。因此，对于保证软件可靠性来说，测试是一种不完善的技术,人们自然希望研究出完善的正确性证明技术。程序正确性证明使用数学方法严格验证程序是否与对它的说明完全一致。一旦研究出实用的正确性证明程序,软件可靠性将更有保证,测试工作量将大大减少。

20 世纪 60 年代初期,人们已经开始研究程序正确性证明的技术,提出了许多不同的技术方法。目前已经研究出证明 Pascal 和 Lisp 程序正确性的程序系统,正在对这些系统进行评价和改进。现在,这些系统还只能对较小的程序进行评价。毫无疑问还需要做许多工作,这样的系统才能实际用于大型程序的正确性证明。

2.6 配置管理

任何软件开发都是迭代过程,因此,在开发软件的过程中,变化既是必要的,又是不可避免的。但是,变化也很容易失去控制,如果不能适当地控制和管理变化,势必造成混乱并产生许多严重的错误。

软件配置管理(software configuration management,SCM)是在软件的整个生命周期内管理变化的一组活动。具体地说,这组活动用于标识变化、控制变化、确保适当地实现变化、向需要知道这类信息的人报告变化。

软件配置管理的目标是,使变化更正确且更容易被适应,在必须变化时减少所需花费的工作量。

2.6.1 软件配置要素

1. 软件配置项

GB/T 11457—1995《软件工程术语》中对配置项的定义为:为了配置管理目的而作为一个单位来看待的硬件或软件成分,满足最终应用功能并被指明用于配置管理的硬件或软件及其集合。

软件配置管理的对象是软件配置项,它们是在软件工程过程中产生的信息项。在 ISO 9000-3 中,配置项定义为以下信息的集合。

(1) 与合同、过程、计划和产品有关的文档和数据;

(2) 源代码、目标代码和可执行代码;

(3) 相关产品,包括软件工具、库内的可复用软件或构件、外购软件及用户提供的软件。

上述信息的集合构成软件配置,其中每一项都可称为一个软件配置项,这是配置管理的基本单位。

软件配置项可以分为基准和非基准两种状态。经过正式评审和认可的一组软件配置项被称为基准配置项,作为下一步的软件开发工作基础。只有通过正式的变更控制规程,才能更改基准。而非基准配置项是指没有正式评审或认可的一组软件配置项。

2. 基线

IEEE 把基线定义为:已经通过了正式复审的配置项(规格说明或中间产品),它可以作为进一步开发的基础,并且只有通过正式的变化控制过程才能改变它。也可以说,基线是软件生命周期中各开发阶段末尾的特定点，也常称为里程碑。所有成为基线的软件配置项协议和软件配置的正式文本必须经过正式的技术审核。

通过基线，各阶段的任务划分更加清晰，本来连续的工作在这些点上断开，作为阶段性的成果。基线的作用就是控制质量，是开发进度表上的参考点与度量点，是后续开发的稳定基础。基线的形成实际上就是冻结某些配置项。

一般情况下，不允许跨越基线修改另一阶段的文档。例如，一旦完成系统设计，经过正式审核之后，设计规格说明就成为基线，在之后的编码和测试等阶段，一般不允许修改设计文档；如果存在重大的设计变更，则必须通过正式的流程由系统设计人员修正系统设计，并重新生成基线。

2.6.2 配置管理过程

配置管理是指监视和管理配置管理过程中的各个对象，如标识配置项的功能特性和物理特性并写成文档，控制这些特性的更改，记录和报告更改处理过程和实施状态，以及验证是否符合规定需求等。

具体来说，软件配置管理主要有5项任务。

(1) 制订配置管理计划。

配置管理员制订配置管理计划，主要内容包括配置管理软硬件资源、配置项计划、基线计划、交付计划、备份计划等。由变更控制委员会审批该计划。

(2) 配置库管理。

配置管理员为项目创建配置库，并给每个项目成员分配权限。各项目成员根据自己的权限操作配置库。配置管理员定期维护配置库，例如清除垃圾文件，备份配置库等。

(3) 版本控制。

在项目开发过程中，绝大部分的配置项都要经过多次的修改才能最终确定下来。对配置项的任何修改都将产生新的版本。由于不能保证新版本一定比老版本“好”，因此不能抛弃老版本。版本控制联合使用规程和工具，以管理在软件工程过程中所创建的配置对象的不同版本。

版本控制的目的是按照一定的规则保存配置项的所有版本，避免发生版本丢失或混淆等现象，并且可以快速准确地查找到配置项的任何版本。配置项的状态一般有3种：“草稿”“正式发布”“正在修改”，配置计划中需要制定配置项状态变迁与版本号的规则。借助于版本控制技术，用户能够通过选择适当的版本来指定软件系统的配置。

(4) 变更控制。

在项目开发过程中，配置项发生变更不可避免。变更控制的目的就是为了防止配置项被随意修改而导致混乱。修改处于“草稿”状态的配置项不算是“变更”，无须变更控制委员会的批准，修改者按照版本控制规则执行即可。当配置项的状态成为“正式发布”，或者被“冻结”后，任何人都不能随意修改，必须依据“申请—审批—执行变更—再评审—结束”的规则执行。

(5) 配置审计。

为了保证所有人员(包括项目成员、配置管理员和变更控制委员会)都遵守配置管理规范，质量保证人员要定期审计配置管理工作。配置审计是一种“过程质量检查”活动，是质量保证人员的工作职责之一。

为了确保适当地实现所需要的变化，通常从下述两方面采取措施。

- 正式的技术复审。关注被修改后的配置对象的技术正确性，复审者审查该对象以确定它与其他软件配置项的一致性，并检查是否有遗漏或副作用。
- 软件配置审计。通过评估配置对象的那些通常不在复审过程中考虑的特征，而成为对正式技术复审的补充。

2.7 练习题

1. 单选题

(1) 以下不属于软件项目工作量估算方法的是(　　)。

A. Gantt 图　　B. LOC 技术

C. 机器学习方法　　D. COCOMO 模型

(2) 项目管理工具中，将网络方法用于工作计划安排的评审和检查的是(　　)。

A. Gantt 图　　B. PERT 图

C. 因果分析图　　D. 流程图

(3) 项目人员组织方式中，既有高度的结构化特性，又能激发出小组成员的创造性的方式是(　　)。

A. 主程序员组　　B. 民主制程序员组

C. 现代程序员组　　D. 分权程序员组

(4) 软件质量由多种因素决定，McCall 软件质量特征模型把这些质量因素分成(　　)3 个方面，分别反映用户在使用软件产品时的不同倾向或观点。

A. 产品运行、修改和转移　　B. 产品设计、修改和转移

C. 产品运行、开发和转移　　D. 产品运行、修改和维护

(5) 按照软件配置管理的原始指导思想，受控制的对象应是(　　)。

A. 软件过程　　B. 软件项目　　C. 软件配置项　　D. 软件元素

2. 简答题

(1) 什么是软件项目管理?

(2) 软件项目进度安排的基本原则包括哪些?

(3) 目前项目开发时常用的小组组织方法有哪些?

(4) 软件项目风险管理的主要步骤包括哪些?

(5) 请简述软件质量的定义。

(6) 软件质量保证的措施主要有哪些?

(7) 什么是软件配置管理?

3. 应用题

假设一项工程分解成 9 个子任务，试根据表 2.5 给出的信息，画出 PERT 图，计算每个

事件的最早时刻和最迟时刻，找出关键路径。

表 2.5 子任务信息

子任务标识	完成任务时间	依赖关系
a	8	—
b	10	—
c	8	a，b
d	9	a
e	5	b
f	3	c，d
g	2	d
h	4	f，g
i	3	e，f

第3章 可行性与计划研究

凡事预则立,不预则废。在确定立项前,需要对拟研发软件进行可行性研究,并对经过分析论证确定可行且必要的软件项目进行立项审批和计划方案准备,以便于软件项目研发"有的放矢",获得成功,避免软件项目研发的盲目性,减少研发失败风险,节省人力物力和资金,简化后续软件需求分析与设计。

3.1 可行性研究

3.1.1 可行性研究的目的

可行性研究是对拟研发软件项目或拟研发立项问题,调研分析论证其可行性和必要性的过程。该过程将对拟研发项目进行软件业务处理需求的调研分析、专家评审论证,确定正式立项研发的可行性和必要性,并预测可能取得的经济效益和社会效益。系统分析员需要进行一次大的压缩和简化的系统分析和设计过程。主要从技术、经济、社会等方面分析其可行性,并根据软件运行环境、软硬件及数据资源与处理要求、研发能力和效益等情况,确定立项开发的必要性,并在确定可行性和必要性后提出初步方案,形成"可行性研究报告",之后还需要进行立项并制订研发计划,以便于进行有效研发。可行性研究具有预见性、公正性、可靠性、科学性等特点。

可行性研究是软件项目开发前非常重要的一个关键环节,决定整个软件项目是否立项及研发的成败,对于避免研发机构的重大经济损失及信誉危机,减少软件研发的盲目性、立项失误,节省人力、物力和资金等资源,提高软件研发后续的需求分析与设计工作效率,减少软件研发重大失误的风险都具有极其重要的经济意义和现实意义。

可行性研究的目的是围绕影响软件项目研发的各种因素的可行性进行全面、系统的知识拓展和分析论证;以尽可能小的成本在较短时间和特定条件下确定软件项目是否值得研发,是否可行;分析在当前条件下,开发新软件项目需要具备的必要资源和其他条件情况、关键问题和技术难点、问题能否得到解决、技术路线和方法等。

可行性研究的结论,主要有3种情况。

(1) 可行。可以按初步方案和计划进行立项并开发。

(2) 基本可行。对软件项目内容或方案进行必要修改后,可以进行开发。

(3) 不可行。软件项目不能进行立项或确定终止。

3.1.2 可行性研究的内容

可行性研究主要决定软件项目是否可行，以及可行项目的初步方案。主要工作由系统分析员或软件分析员负责，最后邀请有关专家进行评审论证。由于可行性研究只是决策软件项目是否可行，因此可行性研究阶段不宜花费过多时间和精力，所需时间取决于软件的规模，一般可行性研究的成本只占预期总成本的5%～8%。

可行性研究的主要内容是定义问题，经过调研与初步概要分析，初步确定软件项目的规模和目标，明确项目的约束和限制，并导出软件系统的逻辑模型；然后从此模型出发，确定若干可供选择的主要软件系统初步研发方案。

可行性研究主要包括5个方面的研究：技术可行性、经济可行性、运行可行性、社会可行性和开发方案可行性。

1. 技术可行性

技术可行性(technical feasibility)主要分析在特定条件下，技术资源、能力、方法等方面的可用性及其用于解决软件问题的可能性和现实性。技术可行性是可行性研究中最关键和最难决断的问题。根据用户提出的软件功能、性能及各项需求与约束条件，从技术方面分析软件实现的可行性，是软件开发过程中最重要且难度最大的一项工作。由于初步的系统需求分析和问题定义过程与系统技术可行性评估过程时常同时进行，因此，软件系统目标、功能和性能的不确定性给技术可行性研究与论证增加了很多困难。

应从项目研发与维护的技术角度，合理设计技术方案，并进行分析比较和评价。确定使用现有技术开发实现新软件项目的可行性，需要对拟开发软件项目的功能、性能、可靠性和限制条件进行技术方面的分析。技术可行性研究的内容包括对新软件功能的具体指标、运行环境及条件、响应时间、存储速度及容量、安全性和可靠性等的要求，对网络通信功能的要求，确定在现有资源条件下的技术风险及项目能否实现等。其中的资源包括已有的或可以取得的硬件、软件和其他资源，现有技术人员的技术水平和已有的工作基础。

2. 经济可行性

经济可行性(economic feasibility)分析也称为成本效益分析或投资效益分析，主要从资源配置的角度衡量软件项目的实际价值，分析拟研发软件项目所需成本和项目开发成功后所带来的经济效益。分析软件的经济可行性实际就是分析软件项目的有效价值，一方面是市场经济、竞争实力及投资分析，另一方面是新软件开发成功后所带来的经济效益分析与预测。

软件的总成本包括开发总费用和运行管理维护等费用，通常有4个组成部分。

(1) 购置并安装软硬件及有关网络等设备的费用。考虑服务器、主机和外围设备等硬件费用，并注意软件及隐性和潜在的费用。

(2) 软件系统开发费用。考虑研发软件所需要的一次性投资，可以参考2.1节中介绍的代码行或任务分解方法，将开发过程分解为若干相对独立的任务，分别估计每个独立任务的成本，从而得到软件开发项目的总成本。估计每个任务的成本时，应先估计完成该项任务所需的人力费用,以“人月”为单位,再乘以每人每月的平均工资得出每项任务的成本。除一次性投资外,还需要考虑日常研发及文档等方面的其他费用,如耗材、人工、调研、测试、调试和鉴定等费用。

(3) 软件的安装、管理、配置、运行和维护等费用。

(4) 推广及用户使用与人员培训等费用。

软件的效益包括直接效益和间接效益,分析软件开发对其他产品或利润所带来的效益和影响,相当于因使用新系统而增加的收入加上使用新系统可以节省的运行费用。进行成本效益分析时,投资是现在进行的,效益是将来获得的,将来的收益和现在已经投入耗费的成本不宜直接比较,应在考虑货币的时间价值后,才能进行准确的分析。通常用利率的形式表示货币的时间价值。

软件的成本效益分析需要比较新系统的开发成本和经济效益,以便从经济角度判断这个项目是否值得投资,通常需要分析计算以下几个量。

(1) 投入产出比。软件投资项目的“投入产出比”可以理解为“项目投入资金与产出资金之比,即项目投入 1 个单位资金能产出多少单位收益”。其数量常用 $1:N$ 的形式表达,N 值越大,经济效果越好。对于这个静态指标,当项目建设期和运行周期确定之后,投入产出比与内部收益率之间就确立了一一对应关系,可根据基准内部收益评估基准投入产出比。通常,基准投入产出比为 1∶3,小型项目可略低,大型项目可略高。

(2) 货币的时间价值。可以用利率来估算货币的时间价值。假设年利率为 i,若项目开发所需经费即投资为 P 元,则 n 年后可得资金数为 F 元,如下式所示。

$$F=P(1+i)^n$$

反之,若 n 年后可得效益为 F 元,则其资金现有价值可由下式计算。

$$P=\frac{F}{(1+i)^n}$$

(3) 投资回收期。投资回收期是指使累计的经济效益等于最初的投资费用所需的时间。投资回收期越短,利润获得越大、越快,项目就越值得开发。

(4) 纯利润。纯利润是在整个生存周期内的累计经济效益(折合成现在的价值)与投资之差。相当于把投资开发一个软件系统与把钱存在银行(或其他投资)进行比较,从而评估该项目是否值得投资。

【实例】 假设某企业拟开发一套汽车租赁管理系统,需要投资 10 万元。其中 2.5 万元用于购买硬件设备;人力费用按照 8 人月,每人月 8 000 元计算;另外还需要软件的安装、管理、运行等费用 5 000 元,用户的培训费 6 000 元。预计 5 年内每年可产生直接经济效益 4.8 万元。设年利率为 5%,试对该项目进行成本效益分析。

如果考虑货币的时间价值,将来的收入要折算成现在的价值,各项数据的计算如图 3.1 所示。

其中,新软件项目的投入产出比为 10∶20.7814=1∶2.078;2 年后收入 8.9251 万元,差 1.0749 万元收回成本,这些将在第 3 年收回,因此还需要的时间为 1.0749/4.1464≈0.259(年),因此投资回收期为 2.259 年;5 年的纯利润为 20.7814−10=10.7814(万元)。

<table>
<tr><td colspan="3">开发成本</td><td colspan="2">10 万元</td></tr>
<tr><td colspan="3">硬件设备</td><td colspan="2">2.5 万元</td></tr>
<tr><td colspan="3">人力</td><td colspan="2">6.4 万元</td></tr>
<tr><td colspan="3">安装运行</td><td colspan="2">0.5 万元</td></tr>
<tr><td colspan="3">培训</td><td colspan="2">0.6 万元</td></tr>
<tr><td colspan="3">经济效益/年</td><td colspan="2">4.8 万元</td></tr>
<tr><td>年</td><td>将来收益</td><td>$(1+i)^n$</td><td>当前收益</td><td>累计当前收益</td></tr>
<tr><td>1</td><td>4.8</td><td>1.0500</td><td>4.5714</td><td>4.5714</td></tr>
<tr><td>2</td><td>4.8</td><td>1.1025</td><td>4.3537</td><td>8.9251</td></tr>
<tr><td>3</td><td>4.8</td><td>1.1576</td><td>4.1464</td><td>13.0715</td></tr>
<tr><td>4</td><td>4.8</td><td>1.2155</td><td>3.9490</td><td>17.0205</td></tr>
<tr><td>5</td><td>4.8</td><td>1.2763</td><td>3.7609</td><td>20.7814</td></tr>
<tr><td colspan="3">投入产出比</td><td colspan="2">1∶2.078</td></tr>
<tr><td colspan="3">投资回收期</td><td colspan="2">2.259 年</td></tr>
<tr><td colspan="3">纯利润</td><td colspan="2">10.7814</td></tr>
</table>

图 3.1 软件项目成本/效益分析(单位：万元)

3. 运行可行性

软件运行可行性主要分析和测定软件在确定环境中，有效进行业务处理并被用户方便使用的程度和能力。分析新软件项目规定的运行方式可行性，主要包括 5 方面。

(1) 原业务与新软件功能及流程的相近程度和差异；

(2) 业务处理的专业化程度、功能、性能、安全性、可靠性及接口等；

(3) 对各种用户操作方式及具体使用的要求；

(4) 新软件界面的接受程度和操作的便捷程度；

(5) 用户的具体实际应用能力及存在的问题等。

4. 社会可行性

开发新软件项目之前，还应当兼顾对法律、经济发展变化、应用机构规章制度、用户要求等各种社会因素的约束和要求以及可能带来的影响。由于新软件系统要在社会环境中运行并进行实际应用，因此，除了之前提到的各种技术因素与经济因素之外，还有较多的社会因素(业务应用及用户等约束要求)对软件项目的研发及应用起着很大的制约作用。

5. 开发方案可行性

对提出的新软件研发的各种初步方案进一步分析、比较和论证后，即可从中选择出一个最佳方案。经过可行性研究，其结果可以作为整个软件工程文档的一项内容。

开发方案可行性研究，包括资源和时间等可行性研究，具体表现在如下 4 方面。

（1）以正常的运作方式，开发软件项目并投入市场的可行性；

（2）需要人力资源、财力资源等预算情况；

（3）软件、硬件及研发设备等物品资源的预算情况；

（4）组织保障及时间进度保障分析等。

3.1.3 可行性研究的步骤

可行性研究是抽象和简化的系统分析和设计的全过程，其目标是用最小的代价尽快地确定问题是否能够解决，以避免盲目投资带来的巨大浪费。可行性研究的具体实施过程如下。

（1）明确系统规模和目标。

通过调研或访问用户的主要人员，对项目的规模和目标进行定义并复查确认，搞准模糊不清的描述。准确了解用户对项目的想法和实际需求，对系统目标进行具体限制和约束，确保准确有效地解决需求问题。了解软件的市场需求，调查市场上同类软件的功能、性能、价格等情况。

（2）研究现有系统。

认真分析、研究用户现有业务系统的基本功能、业务及处理流程、文档资料等情况。并通过现有系统情况进一步了解用户对新软件项目的确切想法和具体要求，以保证研发的新软件切实满足用户需求，解决现有系统中存在的不足。

（3）确定系统高层逻辑模型。

通常，人们会从现有系统的物理模型出发，导出现有系统的逻辑模型，再参考现有系统的逻辑模型，加以改进，设想目标系统的逻辑模型，最后根据目标系统的逻辑模型构造新系统的物理模型。物理模型可用系统流程图描述，逻辑模型采用数据流图。高层逻辑模型对应上层数据流图，更具概括性，不涉及细节部分。

（4）制定并推荐技术方案。

可以从系统的逻辑模型出发提出几个较抽象的物理模型，然后根据技术可行性、经济可行性、运行可行性等方面的分析，对可行的几个方案进行分析比较和优化筛选，并提出推荐的初步方案和修改完善等建议。推荐的方案应明确提出3方面的意见：本项目的开发价值、推荐方案的主要依据和理由、初步的开发计划，包括实现新软件开发的具体时间及进度安排，以及估计软件生命周期各阶段的工作量。还应较详细地分析开发此项目的成本效益情况及其他可行性研究，以便用户负责人根据经济实力等决定是否投资该项目。

（5）编写可行性研究报告。

经过对可行性研究过程的分析汇总，编写可行性研究报告。该报告实际上是项目初期策划的结果，主要分析项目的要求、目标和环境，提出几种可供选择的方案，并从技术、经济和法律等方面进行可行性研究，可作为项目决策的依据，也可以作为项目建议书、投标书等文件的基础。

可行性研究报告的文档格式可参考国家标准GB/T 8567—2006《计算机软件文档编制规范》中的“可行性分析（研究）报告（FAR）”，详细内容参见附录A的A.1节。

（6）评审论证。

评审论证“可行性研究报告”是关键环节，只有在对项目目标和可行性问题的认识与用户、领导和管理人员取得完全一致情况下，才能进行评审论证。

通常采用论证会方式进行评审。评审应邀请用户技术主管、使用部门负责人及有关方面专家（尤其是参加过类似研发工作的第三方专家）参加，以利于对项目和可行性做出准确的表达、判断与论证。最后由评审专家签署意见，决定其是否通过。“可行性研究报告”通过后，项目就可立项并进入实质性的研发阶段。

3.1.4 软件项目的立项

经过可行性研究并确定可以研发的软件项目应做好项目研发前的立项工作，主要包括申请、投标、合同和任务书等重要准备工作。IT 企业的各层次管理和技术人员在软件立项中起着重要作用：高层决策者负责是否立项的决策；中层人员负责申请、投标、合同和任务书的具体组织工作；基层人员主要负责申报书、合同、任务书的起草、修改和实施，并联系实际落实到后续的“需求分析、设计、编码、测试”等工作中。

1. 项目申报和审批

在调研和可行性研究的基础上，确定研发项目的必要性和可能性，填写立项申报书，完成申报及审批手续。

软件项目特别是重大项目（工程）关系研发机构的生存与发展，其立项至关重要，是研发项目的重大决策，应按照科学和民主决策的程序进行。履行立项申报与审批手续，可以形成开发合同或用户需求报告，从而指导软件项目研发，为经费使用和验收提供重要的依据，同时也是软件计划的基础。相对而言，软件公司的市场销售人员更能及时掌握市场行情及客户的实际需求，因此可以由市场销售人员独立或辅助软件开发人员共同完成立项申报书。

软件项目立项申报书的编写格式不尽相同，可以查阅相关文献及网络资料。立项文档编写参考指南的具体条款和内容基本都以国内外大型 IT 企业的参考指南为模板，按照软件工程规范经过整理得来，非常实用。

立项申报书需要进行论证评审，评审通过后该项目方才正式立项。

2. 招标

大中型软件项目一般由软件项目开发组织责成的发标单位公开招标。软件企业获取招标信息后，会立即反馈给企业销售服务中心和软件研发中心人员，迅速进行调研和可行性分析。假如该软件项目研发可行，市场销售服务人员将抓紧准备并开展公关活动，技术支持人员会马上组织有关的人员，按照投标书的要求，参照招标书的内容，制定并提交投标书，参与竞标。

投标书的篇幅一般较长，由几十页到数百页不等。讲标时应简练、突出重点、抓住关键，力求赢得用户和专家评委的认可。在竞标中，讲标方法非常重要，讲标效果直接影响中标与否。中标后还需经过技术谈判和商务交流，才能正式签订合同。小型软件项目的开发或产品实施则可由项目主管、项目负责人或其他代表直接签订项目合同。

3. 签订合同

合同是软件项目确定和启动的重要标志。正规的软件开发企业都有自行规定的规范

“项目合同”文本格式。一般合同的文档有两份：一份是主文件，即合同正文；另一份是合同附件，即技术性的文件，其格式和内容与立项申报书的主体部分基本相同，且具有同等效力。

合同正文的主要内容包括合同名称、甲方单位名称、乙方单位名称、合同内容条款、甲乙双方责任、交付产品方式、交付产品日期、用户培训办法、产品维护办法、付款方式、联系人和联系方式、违约规定、合同份数、双方代表签字、签字日期等。附件内容包括系统的具体功能点列表、性能点列表、接口列表、资源需求列表、开发进度列表等主要事项。

项目合同与立项申报书是该项目的第一份管理文档。在项目管理中，二者作用相同，都需要由专职人员负责保管，以便随时查阅取用。

4. 下达软件开发任务

在软件项目的立项申报书或指令性计划通过审批，或软件企业签订项目合同后，会以任务书的形式下达软件开发任务。

任务书的主要内容包括任务下达的对象、内容、要求、完成日期、决定投入的资源、任命项目经理(技术经理和产品经理)、其他保障及奖惩措施等。任务书的长短可视合同或立项申报书的具体情况而定，若合同或立项申报书很详细，则任务书可简略，反之则应详细些。

任务书的附件。一般为软件开发合同、立项申报书或指令性计划，附件内容应覆盖系统的功能点列表、性能点列表、接口列表、资源需求列表、开发进度列表、阶段评审列表等。

3.2 软件开发计划

软件开发计划也称为软件项目计划，是指在正式进行软件开发之前，制订的具体指导软件开发的实施计划，是指导软件开发工作的纲领。软件开发计划主要涉及软件开发阶段划分、各阶段的工作任务、软件开发涉及的要素以及软件开发的进度安排等。

3.2.1 软件开发计划的内容

为了与客户就风险分析和管理、项目成本估算、进度和组织结构进行交流，需要编写软件开发计划。此计划包含客户的需要以及如何来满足这些需要。

客户可以查阅计划，以了解开发过程中活动的信息，从而便于在开发过程中跟踪项目的进展。还可以利用计划让客户认可做出的假设，尤其是有关成本和进度的假设。

一个好的软件开发计划包括下面几方面的内容。

(1) 项目范围。定义系统的边界，解释系统将包含什么和不包含什么。可帮助客户确认开发人员理解了自己的需要。

(2) 项目进度。使用工作分解结构、可交付产品和时间线来表示进度，以说明项目生命周期的每一刻将发生什么。例如，甘特图可有效展示某些开发任务的并行性。

(3) 项目团队组织结构。列出开发团队的成员、组织方式以及每个人的分工。通常包含一个资源分配图表，以说明不同时间的人员安排层次。

(4) 打算构建的系统的技术描述。即回答如何进行开发和处理问题，需要列出硬件和软件，包括编译器、接口和专用设备或专用软件，还包括对布线、执行时间、响应时间、安全性以及功能或性能的特殊限制。

(5) 项目标准、过程和提议的技术及工具。列出必须使用的标准或方法,例如算法、工具、评审或评审技术、设计语言或表示、编码语言、测试技术。

(6) 质量保证计划。为大型项目做出单独的质量保证计划可能更合适。该计划用来描述评审、审查、测试和其他技术将如何帮助评估质量并确保质量满足客户需要。

(7) 配置管理计划。大型项目需要有一个配置管理计划,尤其是当系统有多个版本和发布时。配置管理有助于控制软件的多个版本。配置管理计划包含如何跟踪需求变化、设计、代码、测试和文档。

(8) 文档计划。在开发的过程,(尤其是大型项目)中会产生许多文档,其中与设计有关的信息必须对项目团队成员是可用的。项目计划需要列出将要产生的文档、解释谁以及将在何时编写这些文档,还必须与配置管理计划相呼应以描述文档是如何被改变的。

(9) 数据管理计划。由于每个软件系统都包括输入、计算和输出的数据,因此项目计划必须解释怎样搜集、存储、操纵和归档数据。

(10) 资源管理计划。解释怎样使用资源。例如,如果硬件配置包括磁盘,那么项目计划的资源管理部分应该解释每个磁盘上有什么数据、怎样分配和备份磁盘组或软盘。

(11) 测试计划。需要描述项目测试的总体方法,还应该规定如何收集测试数据,如何测试每个程序模块(如测试所有路径还是所有语句),程序模块之间如何集成和测试,如何测试整个系统,以及由谁进行哪个类型的测试。有时,系统是分阶段生产的,测试计划应该解释如何测试每个阶段。当在各阶段中向系统添加新功能时,测试计划必须强调回归测试以保证已有的功能仍能正确运行。

(12) 培训计划。通常是在开发的过程中,而非系统完成以后准备各类培训和文档。因此,一旦系统准备就绪(有时在这之前),就可以开始培训。项目计划解释如何进行培训,并介绍每个培训课程、支持软件和文档以及培训对象所需的专业技能。

(13) 安全计划。当系统有安全性需求时,可能需要单独的安全性计划。安全性计划强调系统保护数据、用户和硬件的方法。由于安全性涉及机密性、可用性和完整性,因此,安全计划必须解释安全性的每个方面是如何影响系统开发的。例如,如果需要用密码来限制对系统的访问,那么计划就必须描述由谁来提出和维护密码、由谁开发密码处理软件以及将采用什么样的加密方案。

(14) 风险管理计划。需要分析可能存在的风险和所采取的对策。当系统规模较大或风险较高时,可能需要单独的风险管理计划。

(15) 维护计划。如果项目团队在系统交付给用户之后还要对其进行维护,则项目计划应讨论改变代码、修理硬件以及更新支持文档和培训材料的责任。

项目开发计划的科学制订应着重考虑项目规模、类型、特点、复杂度、熟悉程度等。特别是在时间计划上,需要注意人数与工作日不可简单互换,如 3 个人工作 5 个月不能简单地用 5 个人工作 3 个月来替换。这是因为人员的增加与流动必然会增加培训时间,交流沟通所占用的时间和资源,自然会影响项目的进度,所以计划时应当将其考虑在内。一般在安排进度时,由于对即将要做的事情不够了解,因此应留有缓冲时间用于不确定的工作。

3.2.2 软件开发计划文档

软件开发计划是研发机构指导组织、实施、协调和控制软件研发与建设的重要文件,也是软件工程中一种重要的管理文档。其主要作用是使软件项目成员有明确的分工及工作目标,并对拟开发项目的费用、时间、进度、人员组织、硬件设备的配置、软件开发环境和运行环境的配置等进行说明和计划,是对软件项目进行运作和管理及解决客户与研发团队间冲突的依据。依此对项目的费用、进度和资源进行管理控制,有助于项目成员之间的交流沟通,也可作为对软件项目过程控制和工作考核的基准。

软件开发计划的文档格式可参考国家标准 GB/T 8567—2006《计算机软件文档编制规范》中的"软件开发计划(SDP)",详细内容参见附录 A 的 A.2 节。

软件开发计划中"软件开发"一词涵盖了新开发、修改、复用、再工程、维护和由软件产品引起的其他所有的活动。它向需求方提供了解和监督软件开发过程、所使用的方法、每项活动的途径、项目的安排、组织及资源的一种手段。计划的某些部分可视实际需要单独编制成册,例如,软件配置管理计划、软件质量保证计划和文档编制计划等。

3.3 练 习 题

1. 单选题

(1) 在需求分析之前有必要进行(　　)工作。

A. 程序设计　　B. 可行性分析　　C. E-R 分析　　D. 2NF 分析

(2) 可行性研究要进行的需求分析和设计是(　　)。

A. 详细的　　B. 全面的　　C. 简化、压缩的　　D. 彻底的

(3) 技术可行性研究要解决(　　)。

A. 存在侵权否　　B. 成本效益问题　　C. 运行方式可行　　D. 技术风险问题

(4) 研究开发资源的有效性是进行(　　)可行性研究的一方面。

A. 技术　　B. 经济　　C. 社会　　D. 操作

(5) 系统定义明确之后,应对系统的可行性进行研究。可行性研究包括(　　)。

A. 软件环境可行性、技术可行性、经济可行性、社会可行性

B. 经济可行性、技术可行性、社会可行性

C. 经济可行性、社会可行性、系统可行性

D. 经济可行性、实用性、社会可行性

2. 简答题

(1) 为什么要进行可行性研究?

(2) 可行性研究的内容包括哪些方面?

(3) 可行性研究的基本步骤有哪些?

(4) 请简述软件项目的立项过程。

第4章 结构化分析

4.1 需求分析概述

4.1.1 需求的概念

IEEE 将需求定义如下。

(1) 用户解决问题或达成目标所需的条件或能力。

(2) 系统或系统部件要满足合同、标准、规范或其他正式规定文档所需具备的条件或能力。

(3) 一种反映(1)或(2)所描述的条件或能力的文档说明。

通俗地讲,"需求"就是用户的需要,包括用户要解决的问题、达成的目标以及实现这些目标所需要的条件,是一个程序或系统开发工作的说明,表现形式一般为文档。需求是产品特性的源头,需求工作的优劣对产品影响最大。

大部分人都认为需求是需要的功能:应该提供什么样的服务?应该执行什么操作?对某些刺激应做何反应?随着时间的推移和对历史事件的反应,系统行为如何变化?功能需求定义问题解决方案空间的边界。解决方案空间是使软件满足需求的设计方式的集合。但是,在实践中,就一个软件产品而言,仅仅计算正确的输出是不够的。还有其他类型的需求,将可接受的产品和不可接受的产品区分开来。因此可以将需求分为 4 个类型。

(1) 功能需求(functional requirement)根据要求的活动来描述需要的行为,如对输入的反应、活动发生时每个实体之前的状态和之后的状态等。

(2) 质量需求(quality requirement)或非功能需求(nonfunctional requirement),描述软件解决方案必须拥有的质量特性,如快速的响应时间、易使用性、高可靠性或低维护代价。

(3) 设计约束(design constraint)是已经做出的设计决策或限制问题解决方案集的设计决策,如平台或构件接口的选择。

(4) 过程约束(process constraint)是对用于构建系统的技术和资源的限制。例如,客户可能坚持使用敏捷方法,以便在继续增加新特征时能够使用早期版本。

质量需求、设计约束以及过程约束通过将可接受的、喜欢的解决方案与无用的产品加以区分,进一步限制了解决方案空间。

4.1.2 需求分析的重要性

1994 年,Standish Group 调查了 350 多家公司的 8 000 多个软件项目,了解它们的进展情况。调查结果让人吃惊，31%的软件项目在完成之前就取消了。另外，在大公司中，只有9%的项目按时在预算内交付，而在小公司中，满足这些标准的有16%。从那时起，一直有报告称开发人员难以按时在预算内交付正确的系统。

经过 Standish 的调查发现，项目失败的主要原因如下。

(1) 不完整的需求(13.1%)。

(2) 缺少用户的参与(12.4%)。

(3) 缺乏资源(10.6%)。

(4) 不切实际的期望(9.9%)。

(5) 缺乏行政支持(9.3%)。

(6) 需求和规格说明的变更(8.7%)。

(7) 缺乏计划(8.1%)。

(8) 不再需要该系统(7.5%)。

通过分析发现几乎所有这些因素都涉及需求获取、定义和管理过程。因此如果缺乏对需求理解、文档化和管理的关注，就可能会导致各种严重问题。如果所构建的系统解决的是错误的需求，则系统无法像预期的那样运行，或者用户难以理解和使用系统，这是最严重的问题。

此外，如果在开发过程的早期没有检测到并且修复需求错误，那么，这些需求错误的代价可能会很高昂。Boehm 和 Papaccio 的报告指出，如果在需求定义过程中找出并修复一个基于需求的问题只需花费 1 美元，那么，在设计过程中做这些工作就要花费 5 美元，在编码过程中就要花费 10 美元，在单元测试过程中就要花费 20 美元，而在系统交付后要花费 200 美元之多！因此，花时间理解需求问题及其背景，然后在第一时间内修复需求问题是值得的。

由上述内容可见需求分析的重要性。需求分析绝不仅仅是记下客户想要什么，而是应该在客户和开发人员之间达成一致，在能够构建测试过程的基础上发现需求。

4.1.3 需求分析的过程

通常由需求分析员或系统分析员完成系统的需求分析。需求分析的过程是获取、建模、规格说明和确认的过程，如图 4.1 所示。

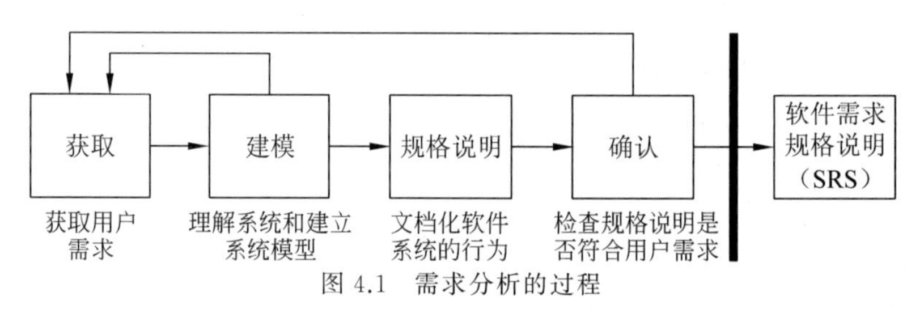

图 4.1　需求分析的过程

(1) 获取。需求分析员通过提出问题、检查当前过程或类似系统等各种途径，与用户一起获取需求。

(2) 建模。为了更好地理解问题，人们常采用建立模型的方法来表述系统。

(3) 规格说明。写出准确的软件需求规格说明，从而进一步定义准确无误的产品需求。

(4) 确认。对需求规格说明进行评审,检查用户需求的正确性、一致性、完备性和可测试性等。

1. 需求获取

需求获取是需求分析过程中极为关键的一部分。必须使用各种技术来确定用户和客户到底想要什么。在项目的早期阶段,需求对每个人来讲都是含糊且混乱的。客户并不总是擅长准确描述自己想要什么或要干什么,并且开发人员也并不总是擅长理解他人的业务含义。客户了解自己的业务,但是并不总是能够向其组织外的人描述业务问题。他们的描述充满了术语,并且假定一些内容是理所当然的,而开发人员可能对此并不熟悉。同样,作为软件开发人员,虽然熟知计算机解决方案,但并不总是知道可能的解决方案将会对客户的业务活动产生怎样的影响。开发人员也使用术语,并做出假设,并且有时认为所有人都说同样的语言,而实际上,人们对同样的词有不同的理解。只有同每个与系统成败相关的人讨论需求,将不同的观点合并成一致的一组需求,并且与风险承担者一起评审这些文档,才能使所有人对需求是什么达成一致。如果开发人员与用户不能就需求达成一致,那么项目注定失败。

项目的参与者可分为如下几种不同的角色,这些角色会对新系统的需求产生不同程度的影响。

(1) 委托人。为软件开发支付费用的人。从某种程度上讲,委托人是最终的风险承担者,并且对软件做什么具有最终的话语权。

(2) 客户。购买软件的人。有时,客户和用户是同一个人;有时,客户是希望提高其雇员生产率的业务管理人员。开发人员必须完全理解客户的需要,构建客户认为有用且愿意购买的产品。

(3) 用户。熟悉当前系统,并将使用最终系统的人。他们熟悉当前系统的运转方式,熟悉系统的哪些特征是最有用的,哪些方面需要改进,有时,用户还可能是一些特殊人群,例如不熟悉或不便使用计算机的残疾人用户、专家用户等,他们往往会有一些特殊的需要。

(4) 领域专家。熟知软件必须自动化的问题的人。例如,如果要构建一个金融软件,就需要向金融专家请教;如果软件要模拟天气,就需要向气象学家请教。这些人可以对需求做出贡献,或者知道产品将面临什么样的环境。

(5) 市场研究人员。进行调查以确定将来的趋势以及潜在客户需要的人。如果正在开发的软件面向巨大的市场,并且还没有确定具体的客户,市场研究人员便会假设一些客户的角色。

(6) 律师或审计人员。对政府、安全性以及法律的需求熟悉的人。例如,请教税收专家以确保工资软件符合税法;就产品功能相关的标准请教专家。

(7) 软件工程师或其他技术专家。这些专家确保产品在技术上和经济上是可行的。他们不但可以向客户讲授新的硬件或软件技术,并推荐采用这些技术的新功能,还可以估算产品的成本和开发时间。

每个项目参与者都以各自不同的观点看待系统以及系统该如何运转,这些观点通常相互冲突。需求分析员应该具备获取不同方面需求的能力,理解每个参与者的关注点,并且针对其关注点获取相应方面的需求。此外,不同的参与者还可能期望需求文档具备不同的详细程度,因此需要针对不同的人员以不同的方式打包需求。

表 4.1 给出了获取各种类型的需求时需要考虑的问题。

表 4.1　获取各种类型需求的问题

需求类型	方　面	问　　题
功能需求	功能	系统将做什么？ 系统什么时候做？ 有多种操作模式吗？ 必须执行什么种类的计算或数据转换？ 对可能刺激的合适反应是什么？
	数据	输入、输出数据的格式应该是什么？ 在任何时间都必须保留任何数据吗？
质量需求	性能	有没有执行速度、响应时间或吞吐量的约束？ 使用什么效率测量方法测量资源使用和响应时间？ 多少数据将流经系统？ 数据接收和发送的时间间隔是多少？
	可用性和人的因素	每类用户需要什么类型的培训？ 用户理解并使用系统的难易程度如何？ 就一个系统而言，应在多大程度上防止用户误用系统？
	安全性	必须控制对系统或信息的访问吗？ 应该将每个用户的数据和其他用户的数据隔离开吗？ 应该将用户的程序和其他程序以及操作系统隔离开吗？ 要采取预防措施以防止盗窃或蓄意破坏吗？
	可靠性和可用性	系统需要检测并隔离故障吗？ 规定的平均失效间隔时间是多长？ 失效后重新启动系统允许的最大时长是多少？ 系统多久备份一次？ 备份副本要存放在不同的地方吗？ 要采取预防措施以防止水灾、火灾吗？
	可维护性	维护仅仅是修正错误？还是包括改进系统？ 系统可能会在将来的什么时候以什么方式被改变？ 为系统增加特征的难易程度如何？ 从一个平台(计算机/操作系统)向另一个平台移植系统容易吗？
	精度和精确性	数据计算的准确度要求有多高？ 计算的精度要达到什么程度？
	交付时间/成本	有预先规定的开发时间表吗？ 花费在硬件、软件或开发上的资金量有限制吗？
设计约束	物理环境	设备安放在哪儿？ 在一个地方还是多个地方使用？ 是否有任何环境的限制，例如温度、湿度或者电磁干扰？ 是否对系统的规模有所限制？ 是否在电源、供热或空调上有所限制？ 是否会因为现有的软件构件而对程序设计语言有所限制？
	接口	输入是来自一个还是多个其他系统？ 输出是否传送到一个或多个其他系统？ 输入/输出数据的格式是否预先规定？ 数据是否必须使用规定的介质？

续表

需求类型	方面	问题
设计约束	用户	谁将使用系统？ 将会有几种类型的用户？ 每类用户的技术水平如何？
过程约束	资源	构造系统需要哪些材料、人员或其他资源？ 开发人员应该具有怎样的技能？
	文档	需要多少文档？ 文档是联机的，还是印刷的，还是两种都要？ 每种文档针对哪些读者？

在需求获取阶段，人与人之间的交流起到了关键作用，优秀的系统分析员除了需要具备较强的人际交往能力，还需要扎实的需求分析技术和技能。

需求获取的技术手段主要包括以下几种。

(1) 访谈。访谈是最早开始使用的获取用户需求的技术，也是迄今为止仍然广泛使用的需求分析技术。访谈可以是正式的(即，由系统分析员提出一些事先准备好的具体问题)，也可以是非正式的访谈(分析员提出一些用户可以自由回答的开放性问题，以鼓励被访问人员说出自己的想法)。当需要调查大量人员的意见时，向被调查人分发调查表是一个十分有效的做法，经过仔细考虑写出的书面回答可能比被访者对问题的口头回答更准确。分析员可先仔细阅读收回的调查表，然后再有针对性地访问一些用户，以便继续询问在分析调查表时发现的新问题。在访问用户的过程中使用情景分析技术往往非常有效，所谓情景分析就是对用户将来使用目标系统解决某个具体问题的方法和结果进行分析。

(2) 快速原型。快速建立软件原型是最准确、最有效、最强大的需求分析技术。快速原型就是快速建立起来的旨在演示目标系统主要功能的可运行程序。构建原型的要点是，实现用户看得见的功能(如屏幕显示或打印报表)，省略目标系统的隐含功能(如修改文件)。

(3) 其他手段。

- 评审可用文档，例如，记录的手工任务的过程，自动化系统的规格说明和用户手册等；
- 观察当前系统(如果存在)，当前系统能提供容易被忽视的一些关键功能，收集关于用户如何执行任务的客观信息，有助于更好地理解新系统；
- 向用户学习，在用户执行任务的时候，详细地进行学习；
- 以小组的方式与项目其他参与者进行交谈，以便相互启发；
- 使用特定领域的策略，例如，联合应用设计，或者针对信息系统的PIECES，确保考虑与特殊情形相关的特定类型的需求；
- 就如何改进打算要构建的产品，与当前的和潜在的用户一起集体讨论。

2. 分析建模

为了更好地理解问题，人们常常采用建立模型的方法。所谓模型就是为了理解事物而对事物做出的一种抽象，是对事物的一种无歧义的书面描述。通常，模型由一组图形符号和组织这些符号的规则组成。在技术层次上，软件工程是从一系列建模活动开始的，通过建模活动可以得到对所要开发软件的完整的需求规格说明和全面的设计表示。

需求分析阶段建立起来的模型，在软件开发过程中有许多重要作用。模型能帮助分析员更好地理解软件系统的信息、功能和行为，从而使需求分析工作更容易完成，使需求分析的结果更系统化。模型是确认需求分析成果时的焦点，因此，也是验证规格说明的完整性、一致性和准确性的重要依据。模型是设计的基础，为设计者提供了软件的实质性表示，设计者将通过设计工作把这些表示转化成软件实现。

目前，有多种建模方法，每种方法都从不同角度描述或理解软件系统，而且用多种不同的建模工具来表达。其中，结构化分析建模和面向对象分析建模是比较常用的建模方法。结构化分析需要建立 3 种模型，分别是数据模型、功能模型和行为模型，建模方法和工具将在 4.2 节中介绍。面向对象分析需要建立对象模型、功能模型和动态模型，主要采用 UML 建模语言来建模，具体内容将在第 5 章介绍。

3. 需求规格说明

在需求分析阶段内，由系统分析人员对设计的软件系统进行需求分析，确定该软件的各项功能、性能需求和设计约束，确定文档编制要求，并编写出软件需求分析文档(即需求规格说明，需求分析阶段得出的最主要的文档)作为该阶段工作的成果。需求分析文档通常采用自然语言完整、准确、具体地描述系统的数据要求、功能需求、性能需求、可靠性和可用性要求、出错处理需求、接口需求、约束、逆向需求以及将来可能提出的要求，其对不同软件规模和复杂情况等要求有所不同。

系统软件或规模大且复杂的软件项目需要较完整的文档，通常由系统工程师编写“系统/子系统需求规格说明(SSS)”。该文档是针对整个软件系统/子系统的需求分析的说明性文档，主要介绍整个软件项目必须提供的系统总体功能和业务结构，软硬件系统的功能、性能、接口、适应性、安全性、操作需求、系统环境和资源需求等，以及要考虑的限制条件，不仅是系统测试和用户文档的基础，也是所有子系列项目规划、设计和编码的基础。应尽可能完整地描述系统预期的外部行为和用户可视化行为。必要时，该文档还需要用“接口需求规格说明(IRS)”加以补充。

中小规模且不太复杂的应用软件项目通常编写“软件需求规格说明(SRS)”，主要说明需求内容，描述对计算机软件配置项的需求，以及确保每个要求得以满足而使用的方法。外部接口的需求可在本文档中给出，或者用单独的“接口需求规格说明(IRS)”加以补充。

软件需求规格说明的文档格式可参考国家标准 GB/T 8567—2006《计算机软件文档编制规范》中的“软件需求规格说明(SRS)”，详细内容参见附录 A 的 A.3 节。

4. 需求确认

需求确认(requirements validation)就是检查需求定义是否准确地反映了客户的需要。要确保最终的产品是成功的，高质量的需求非常重要，下面列出应该检查的需求特性。

(1) 正确性。开发人员和客户都应该评审需求文档，确保其符合对需求的理解。

(2) 一致性。检查需求之间有没有冲突。一般来讲，如果不可能同时满足两个需求，那么这两个需求就是不一致的。

(3) 无二义性。如果需求的多个阅读者能够一致、有效地解释需求，那么需求便无二义性。

(4) 完备性。如果需求指定了所有约束下、所有状态下、所有可能的输入的输出以及必需的行为,那么这组需求就是完备的。

(5) 可行性。关于客户需要的解决方案确实存在吗?当客户要求两个或更多的质量需求时,常常会出现可行性问题,例如,要求一个廉价的系统能够分析海量数据并在数秒内输出分析结果。

(6) 相关性。有时,某个需求会不必要地限制开发人员,或者会包含与客户需要没有直接关系的功能。开发人员应该尽力使这种"特征爆炸"可控,并努力使风险承担者集中于必要的需求。

(7) 可测试性。如果需求能够提示验收测试(明确证明最终系统是否满足需求),需求就是可测试的。例如,测试"系统应该对查询提供实时响应"的需求。"实时响应"并不明确,如果给出适配标准,说系统应该在两秒内做出响应,那就能够确切地知道如何测试系统对查询的反应。

(8) 可跟踪性。是否对需求进行精心组织并唯一标记,以达到易于引用的目的?需求定义中的每一条是否都在需求规格说明中存在对应?反之亦然吗?

用于需求确认的技术包括走查、阅读、会谈、评审、检查单、检查功能和关系的模型、场景、原型、模拟、正式审查。

走查是最简单有效的方法,文档的作者之一向其余风险承担者介绍需求,并要求反馈。当风险承担者人数较多时,走查是最有效的。

需求评审是最常用的方法,在评审中,来自开发人员的代表和来自客户的代表各自检查需求文档,然后开会讨论识别出来的问题。客户的代表包含将操作系统的人、准备系统输入的人、将使用系统输出的人,或者他们的管理者。开发人员的代表包括设计小组、测试小组和过程小组的相关人员。

正式审查是最规范的方法,评审人员扮演特定的角色(如介绍者、协调者),并且遵循预先制定的规则(如如何检查需求、什么时候开会、什么时候休息、是否安排进一步审查等),按流程进行审查。

4.2 结构化分析建模

结构化开发方法(structured developing method)是软件开发方法中最成熟、应用最广泛的方法,主要特点是快速、自然和便捷。结构化开发方法由结构化分析方法(SA 法)、结构化设计方法(SD 法)及结构化程序设计方法(SP 法)构成。

结构化分析(structured analysis,SA)方法是面向数据流的需求分析方法,是 20 世纪 70 年代末由 Yourdon、Constaintine 及 DeMarco 等人提出并发展的。结构化分析根据软件内部的数据传递、变换关系,自顶向下、逐层分解,绘制出满足功能要求的模型。总的指导思想是"自顶向下、逐步求精",其基本原则是抽象与分解。

4.2.1 结构化分析模型

结构化分析实质上是一种创建模型的活动,需要建立 3 种模型:数据模型、功能模型和行为模型，如图 4.2 所示。

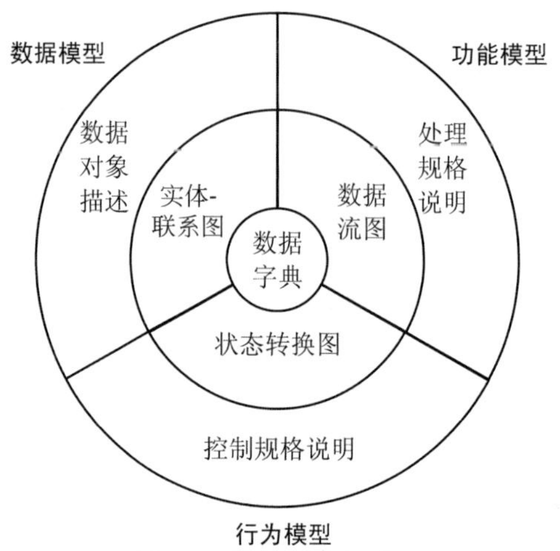

图 4.2　结构化分析模型

数据字典是分析模型的核心，描述软件使用或产生的所有数据对象；数据模型描绘数据对象以及数据对象之间的关系，用实体-联系图表示；功能模型描绘当数据在软件系统中移动时被变换的逻辑过程，指明系统具有的变换数据的功能，用数据流图表示；行为模型描绘系统的各种行为模式(称为“状态”)和在不同状态间转换的方式，用状态转换图表示。

4.2.2　数据建模

在需求阶段的早期，构建问题的概念模型比较方便。该模型用于确定涉及的对象和实体，它们是什么样的(通过定义属性)，它们之间的相互关系如何。概念性数据模型是一种面向问题的数据模型，是按照用户的观点对数据建立的模型。它描述从用户角度看到的数据，反映了用户的现实环境，而且与在软件系统中的实现方法无关。

实体-联系(entity-relationship，E-R)图是一种流行的表示概念模型的图形表示法。它用于建模问题描述中对象之间的联系，或者用于建模软件应用的结构。这种表示法还广泛用于描述数据库模式(即描述数据库中数据存储的逻辑结构)。

E-R 图有 3 个核心结构：实体、属性和联系，这些结构合在一起说明问题的元素和它们之间的相互联系。

- 实体(entity)代表具有共同性质和行为的现实世界对象构成的集合。
- 属性(attribute)是实体上的注释，描述与实体相关的数据或性质。
- 联系(relationship)表示两个实体之间的联系。

E-R 图使用的符号如表 4.2 所示。

表 4.2　E-R 图使用的符号

元素	符　号	说　明
实体	▭	系统的数据对象
联系	◇	实体之间的相互联系

续表

元素	符　　号	说　　明
属性	或	实体的性质
连线		用于连接存在关联的元素
		实体端连线的变种,表示对应多个实体

【实例 4.1】 某高校图书馆管理系统包含基本的图书管理、读者管理以及借书还书功能,该系统的 E-R 图如图 4.3 所示。

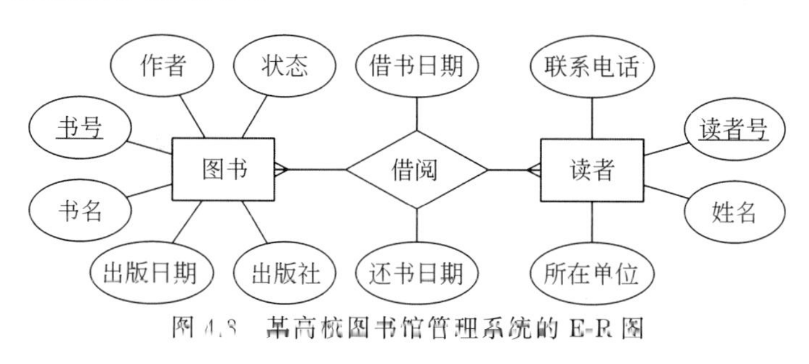

图 4.3 某高校图书馆管理系统的 E-R 图

1. 实体

实体是对软件系统必须理解的复合信息的抽象。复合信息是指具有一系列不同性质或属性的事物,仅有单个值的事物(如宽度)不是实体。实体可以是人(角色),也可以是事物,还可以是抽象概念。

图书馆管理系统中,图书和读者都是实体。

2. 属性

属性定义了实体某方面的性质。一个实体通常有多个属性值,例如,图 4.3 中的读者实体有读者号、姓名、所在单位、联系电话等属性。

必须把一个或多个属性定义为"标识符",在希望找到数据对象的一个实例时,用标识符属性作为"关键字"(通常简称为"键")。例如,图 4.3 中的带下画线的书号和读者号。

实体的属性应该根据对所要解决问题的理解来确定。例如,在图书馆管理系统中,图书实体的属性,除了描述这是什么书以外,还应显示图书可否被借阅的状态。而在图书销售系统中,则更加关心书的进价、售价、数量等。

3. 联系

实体之间相互连接的方式称为联系,也称为关系。例如,图 4.3 中的读者和图书之间存在借阅关系。

联系可以分为以下 3 种类型。

(1) 一对一联系(1∶1)。例如,一个部门有一个经理,每个经理只在一个部门任职,部门与经理的联系就是一对一。

(2) 一对多联系(1∶N)。例如,一个班级有多名学生,一名学生只能属于一个班级,班级和学生的联系就是一对多。

(3) 多对多联系(M∶N)。例如,一个学生可以学多门课程,每门课程可以有多个学生来学,学生与课程间的联系就是多对多。

联系也可能有属性。例如,图 4.3 中的借阅关系存在借书日期和还书日期两个属性。这两个属性既不是读者的属性,也不是图书的属性,而是读者借阅图书后才出现的,因此应该作为联系的属性。

因为 E-R 图提供了要解决问题的总体概况,而且在问题的需求发生变化时相对稳定,所以 E-R 图被广泛用于需求过程早期的建模。

4.2.3 功能建模

数据流图(data-flow diagram,DFD)描绘系统内部的数据流程,形象准确地表达了信息流和数据从输入移动到输出的过程中所经受的变换。DFD 提供了两方面的直观信息,一方面是关于所要开发系统的高层功能,另一方面是各种加工之间的数据依赖关系。

DFD 是结构化分析的基本工具,其描述符号主要有 4 种:源点/终点、加工/处理、数据存储、数据流。DFD 的主要符号和附加符号如表 4.3 和表 4.4 所示。

表 4.3 数据流图的主要符号

元素	符号	说明
源点/终点		数据流的源点或终点,通常是人或部门
加工/处理	 或	对数据的加工或处理
数据存储	 或	处于静止状态的数据,可以是文件、文件的一部分,数据库元素或记录的一部分
数据流		处于流动过程中的数据

表 4.4 数据流图的附加符号

元素	符号	说明
* “与”关系	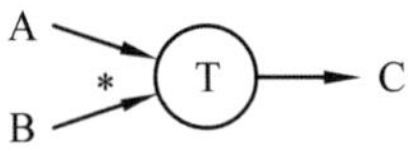 A B * T C	数据 A 和 B 同时输入才能变换成 C
	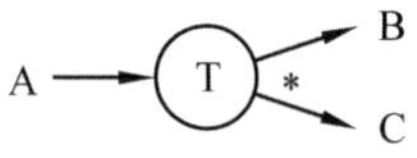 A T * B C	数据 A 变换成 B 和 C
+ “或”关系	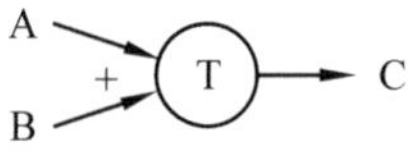 A B + T C	数据 A 或 B 输入,或 A 和 B 同时输入才能变换成 C
	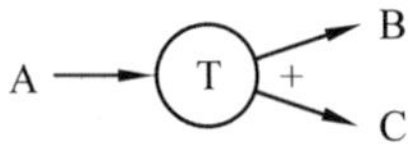 A T + B C	数据 A 变换成 B 或 C,或同时变换成 B 和 C

续表

元素	符　　号	说　　明
⊕ 互斥关系	A、B ⊕ → T → C	只有数据 A 或只有数据 B(不能 A、B 同时)输入时变换成 C
	A → T ⊕ → B、C	数据 A 变换成 B 或 C,但不能同时变换成 B 和 C

【实例 4.2】 某储蓄管理系统中,储户填写的存款信息或取款信息由业务员键入系统。如果是存款则系统记录存款信息,并印出存款单给储户;如果是取款而且存款时留有密码,则系统首先核对储户密码,若密码正确,则系统计算利息并印出利息清单给储户。该系统的 DFD 如图 4.4 所示。

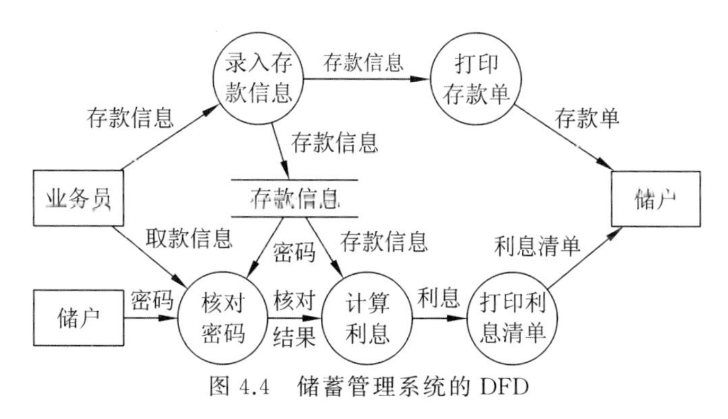

图 4.4　储蓄管理系统的 DFD

其中,“存款信息”既是数据存储又是数据流,表示同一个数据的不同状态。DFD 中用数据存储表示静态的数据,用数据流表示动态的数据。密码是存款信息的数据项之一。

根据结构化分析“自顶向下,逐步求精”的指导思想,复杂系统的 DFD 要按照问题的层次结构,自顶向下分层绘制,用多个 DFD 来表示整个系统,如图 4.5 所示。

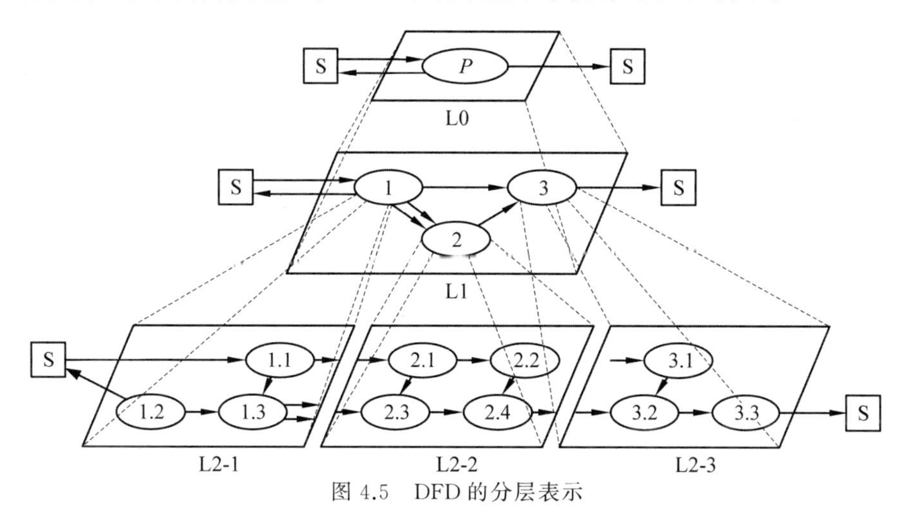

图 4.5　DFD 的分层表示

绘制 DFD 要遵循的原则如下。

(1) 顶层 DFD(L0)将系统描述为一个处理和若干个数据源点/终点,突出系统与外界的数据联系;

(2) 一层 DFD(L1)描绘系统的主要功能,并描述数据存储;

(3) 二层 DFD(L2)对系统的主要功能逐一进行分解细化,必要时可增加层次,继续细化;

(4) 分解度适当,一般每个子图的处理数量不超过 7±2,分解到基本的加工为止;

(5) 不同层次间必须保持信息流的连续性,细化前后对应处理的输入输出数据要一致;

(6) 使用有意义的、恰当的名称命名各项元素;

(7) 对处理要进行分层编号,编号规则如图 4.5 所示;

(8) 对于复杂的系统,图中的各元素应加以编号,通常编号前加以字母区分元素,如用 P 表示处理、D 表示数据流、F 表示数据存储、S 表示外部实体。

【实例 4.3】 某高校图书馆管理系统中,管理员负责日常的图书信息、读者信息和借阅信息的维护,包括这些信息的添加、修改、删除和查询操作。读者可以自行查阅图书信息和借阅信息。借书和还书时,由管理员负责操作。借书时先验证读者的借阅权限(借书数量已超限或超期未还者不得借阅),验证通过后录入图书信息,验证图书是否可借,确认借阅后系统记录借阅信息,并修改图书信息。还书时输入读者和图书的信息,系统先查找借阅信息,确认归还后,系统在借阅文件中记录还书日期,如果超期则按超期天数计算罚款金额。

(1) 绘制顶层 DFD。

将系统视为一个整体,用一个处理符号表示。分析系统与外界的联系,从外界获取的数据,即为系统输入;向外界提供的数据,即为系统输出。向系统提供数据或从系统获取数据的相关人员、部门或其他系统,即为数据源点或终点。图书馆管理系统中,系统的使用者为管理员和读者,他们与系统交互时向系统输入的数据和从系统获取的数据如图 4.6 所示。

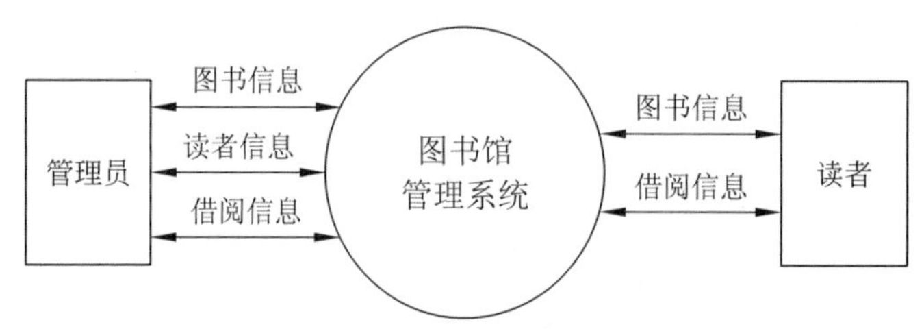

图 4.6　图书馆管理系统顶层 DFD

(2) 绘制一层 DFD。

一层 DFD 要描绘出系统的主要功能。图书馆管理系统的主要功能可分为管理员操作的维护图书信息、维护读者信息、维护借阅信息、借书和还书功能,读者操作的查询图书信息和查询借阅信息功能。这些处理都涉及与数据存储的交互,系统主要的数据存储有图书信息、读者信息、借阅信息,如图 4.7 所示。

(3) 绘制二层 DFD。

二层 DFD 将对一层 DFD 中的主要功能进行分解细化。维护图书信息、维护读者信息和维护借阅信息 3 个功能类似,都可以细化为添加、修改、删除、查询操作。下面以维护图书

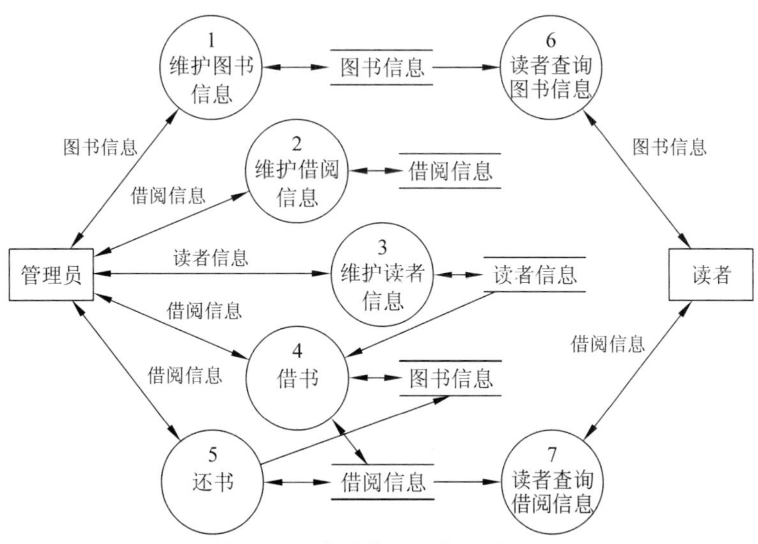

图 4.7 图书馆管理系统一层 DFD

信息为例，给出其细化后的 DFD，如图 4.8(a)所示，另外两个维护功能与此类似，不再赘述。借书和还书功能根据具体的操作流程分解为多个操作，如图 4.8(b)和(c)所示。处理 6 和 7 描述的读者查询功能相对简单明确，本实例不再对其进行细化。

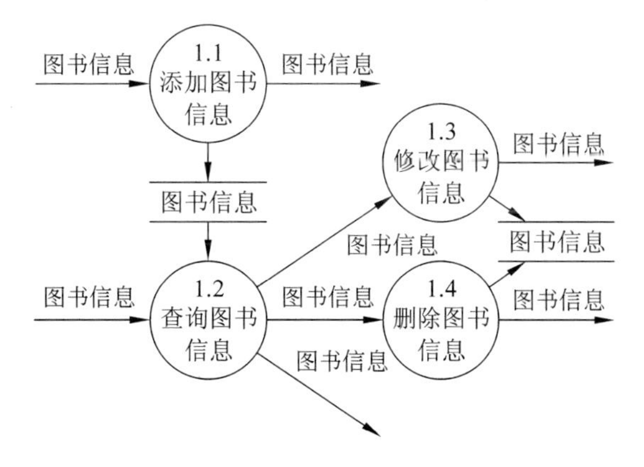

(a) 处理1“维护图书信息”子图

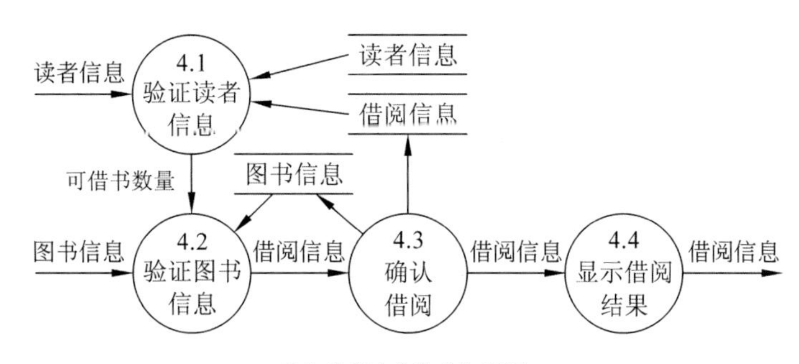

(b) 处理4“借书”子图
图 4.8 图书馆管理系统二层 DFD

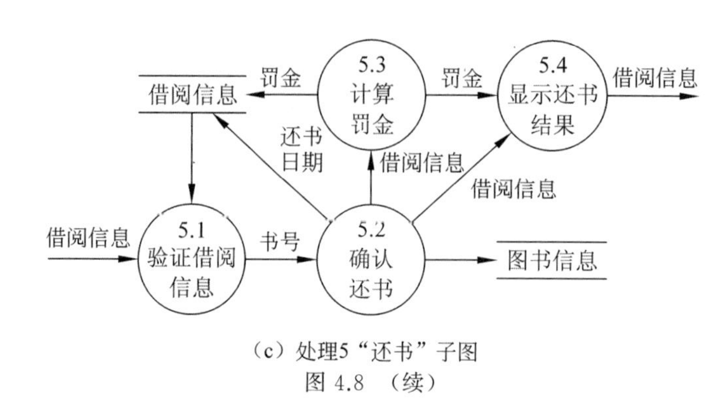

（c）处理5“还书”子图

图 4.8 （续）

（4）进一步细化。

通常，根据实际情况进行更进一步的细化。原则是当进一步细化涉及如何具体地实现一个功能时，就不再进行了。本实例中，二层 DFD 中的处理已经相当明确，不能分解出更多的步骤，因此不用再次细化。

4.2.4 行为建模

状态转换图(state transition diagram，STD)通过描绘系统的状态及引起系统状态转换的事件，来表示系统的行为。此外，状态图还指明了作为特定事件的结果系统将做哪些动作。

状态转换图的基本符号如表 4.5 所示。

表 4.5 状态转换图的基本符号

元　素	符　号	说　明
初态	●	表示系统的启动，只能有 1 个
终态	◉	表示系统运行结束，可以有 0 个或多个
中间状态	状态名 / 状态变量 / 活动表	表示系统启动后的任意状态
事件	事件表达式 →	引起系统转换状态的控制信息

1. 状态

状态是任何可以被观察到的系统行为模式，一个状态代表系统的一种行为模式。状态规定了系统对事件的响应方式。系统对事件的响应，既可以是做一个(或一系列)动作，也可以是仅仅改变系统本身的状态，还可以是既改变状态又做动作。状态主要有初态(即初始状态)、终态(即最终状态)和中间状态。

中间状态分成上、中、下 3 部分。

(1) 上面部分为状态的名称;

(2) 中间部分为状态变量,若有的话,描述相关变量的名字和值;

(3) 下面部分是活动表,若有的话,描述进入(entry)、退出(exit)或在该状态下(do)需要执行的动作,活动表的语法格式如下。

entry(参数表)/动作表达式

exit(参数表)/动作表达式

do(参数表)/动作表达式

其中,参数表可根据需要来指定,动作表达式描述应做的具体动作。

2. 事件

事件是在某个特定时刻发生的事情,是对引起系统做动作或(和)从一个状态转换到另一个状态的外界事件的抽象。简言之,事件就是引起系统做动作或(和)转换状态的控制信息。

状态转换通常是由事件触发的,在这种情况下应在表示状态转换的箭头线上标出触发转换的事件表达式;如果在箭头线上未标明事件,则表示在源状态的内部活动执行完之后自动触发转换。

事件表达式的语法格式如下。

事件名(参数表)[守卫条件]/动作表达式

其中,守卫条件是一个布尔表达式,如果有守卫条件的话,则当且仅当事件发生且布尔表达式为真时,状态转换才发生。

【实例 4.4】 某高校图书馆管理系统中,借书和还书过程的状态转换图分别如图 4.9 和图 4.10 所示。

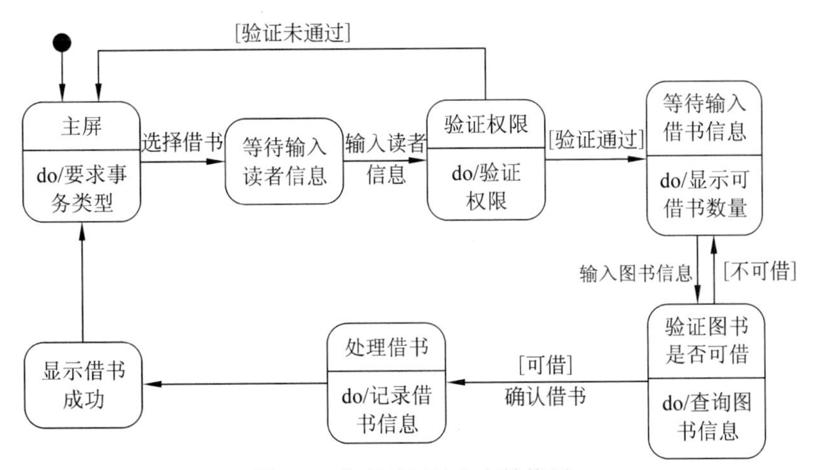

图 4.9 借书过程的状态转换图

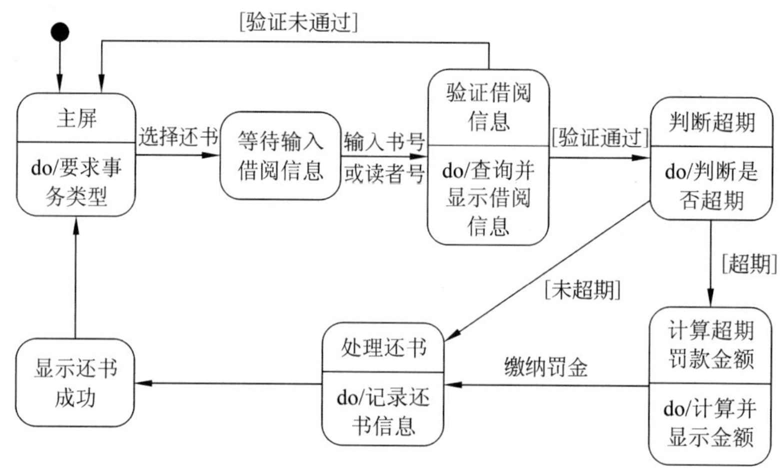

图 4.10　还书过程的状态转换图

4.2.5　数据字典

在结构化分析模型中，数据对象或控制信息都具有重要作用，因此，需要有一种系统化的方式来表示每个数据对象和控制信息的特性，数据字典正是用来完成这项任务的。

数据字典(data dictionary，DD)是所有与系统相关的数据元素的有组织的列表，并且包含了对这些数据元素的精确、严格的定义，从而使得用户和系统分析员双方对输入、输出、存储的成分甚至中间计算结果有共同的理解。简言之，数据字典是描述数据的信息的集合，是对系统中使用的所有数据元素的定义的集合。

在开发大型软件系统的过程中，数据字典的规模和复杂程度相当可观，人工维护数据字典几乎是不可能的，通常依赖数据字典工具来实现。不同工具中的数据字典形式不同，但是绝大多数数据字典都包含下列信息。

- 名字：数据、控制项、数据存储或外部实体的主要名称。
- 别名：第一项中对象的其他名字。
- 使用地点与方式：使用数据或控制项的处理的列表，以及使用这些对象的方式(如作为处理的输入，从处理输出，作为数据存储，作为外部实体)。
- 内容描述：描述数据或控制项内容的符号。
- 补充信息：关于数据类型、预置值、限制等的其他信息。

其中，在“内容描述”中使用的符号就是数据定义的方法。数据的定义就是对数据自顶向下的分解。当分解到不需要进一步定义，且每个和工程有关的人都清楚其含义的元素时，这种分解过程就完成了。由数据元素组成数据的方式只有下述 3 种基本类型。

- 顺序，即以确定次序连接两个或多个分量；
- 选择，即从两个或多个可能的元素中选取一个；
- 重复，即把指定的分量重复零次或多次。

数据定义的符号如表 4.6 所示。

表 4.6 数据定义的符号

符　　号	含　　义	举例和说明
=	被定义为	$x=a+b$,表示 x 由 a 和 b 组成
+	与	
[⋯|⋯]	或	$x=[a\|b]$,表示 x 为 a 或者 b
{⋯}或 m{⋯}n	重复	$x=m\{a\}n$,表示 a 重复多次,最少 m 次,最多 n 次
(⋯)	可选	$x=a+(b)$,表示 b 可以出现,也可不出现
"⋯"	基本数据元素	x="a",表示 x 的取值为字符串"a"

【实例 4.5】 某高校图书馆管理系统中对数据存储"图书信息"的数据定义,如表 4.7 所示。

表 4.7 "图书信息"的数据定义

数据名	简述	数 据 定 义
图书信息	馆藏图书需要记录的信息	图书信息=书号+书名+作者+出版社+出版日期+状态 书号=2位字母+3位数字+"."+3位数字+"/"+3位数字 书名=1{字符}50 作者=1{字符}20 出版社=1{字符}20 出版日期=年+月 状态=["在库"|"借出"|"废弃"] 2位字母=1{字母}2 3位数字=1{数字}3 年=0000..9999 月=1..12

4.3 汽车租赁系统结构化分析

本节以汽车租赁管理系统为例,介绍结构化分析的过程,重点围绕结构化分析模型的建立。

4.3.1 系统需求描述

汽车租赁又称为车辆以租代购,是汽车金融的一种业态。汽车租赁作为交通运输服务业的一种形式,是满足人民群众个性化出行、商务活动需求和保障重大社会活动的重要交通方式,是综合运输体系的重要组成部分。同时,汽车租赁行业对于传统运输业、旅游业以及汽车工业、汽车流通业等相关行业起到十分显著的带动作用。

对于汽车租赁公司来讲,增长的业务量带来的是更高的信息处理要求,以人工为主的传统汽车租赁管理重复劳动多,劳动强度大,而且容易出错,已不适应现今汽车租赁业务的需求多样化。为规范经营管理,降低运营成本,提高工作效率,汽车租赁管理系统软件的开发是必要的。

汽车租赁管理系统主要包括前台用户操作功能和后台管理员管理功能。系统中有游客、会员和管理员3种角色，其中前台的权限提供给游客和会员，后台的权限提供给管理员。前台主要包括浏览车辆信息、查询车辆信息、选择汽车租赁、续租、还车、对车辆使用情况进行评价、异常情况确认等功能。后台主要包括车辆信息管理、会员管理、租赁订单管理、评价管理、统计等功能。

3种角色具体的功能需求如下。

(1) 游客的功能需求。

- 查看车辆信息；
- 注册成为会员。

(2) 会员的功能需求。

- 查看个人信息；
- 查看车辆信息；
- 查看车辆租赁信息；
- 申请租车、续租、还车；
- 事故和违章等异常情况确认；
- 评价车辆使用情况。

(3) 管理员的功能需求。

- 管理车辆信息；
- 管理会员信息；
- 管理租赁订单信息；
- 处理事故和违章等异常情况；
- 统计天/月租赁信息。

4.3.2 建立数据模型

在确定了汽车租赁管理系统的上述需求后，可分析得到系统的E-R图，如图4.11所示。系统主要对会员、车辆、租赁订单、异常情况、管理员等实体的信息进行相应的存储和处理。

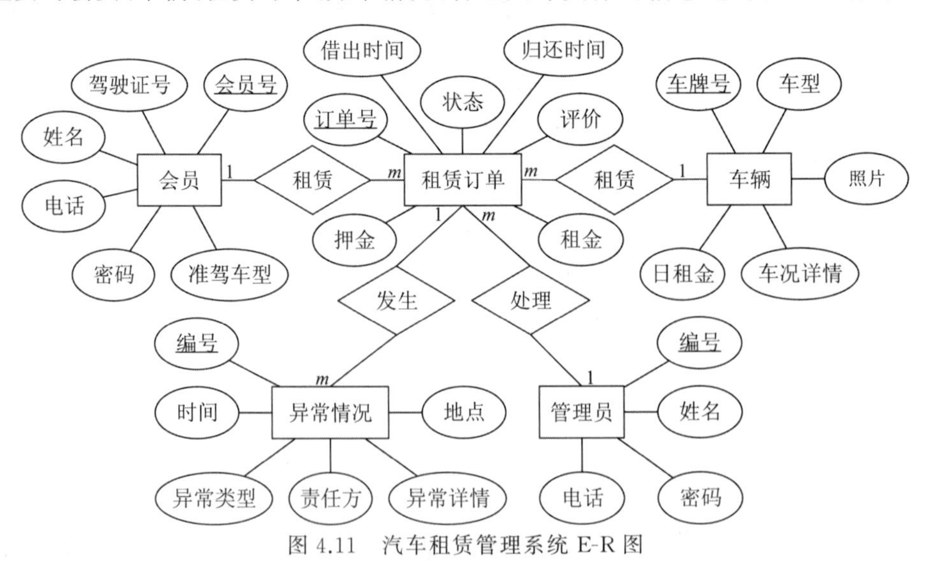

图4.11 汽车租赁管理系统E-R图

会员、车辆和异常情况信息都与租赁订单相关联，一个订单对应一个会员、一辆车和多个异常情况，每个租赁订单都由一位管理员负责处理。图中表示出各个实体的属性，其中带下画线的是该实体的关键字(即主键)。

4.3.3 建立功能模型

按照结构化分析的思想，汽车租赁管理系统的功能模型采用分层表示的方法。

1. L0 层 DFD

图 4.12 是系统的顶层数据流图，描绘了系统和外部的数据源/终点，以及它们之间交互的数据流。

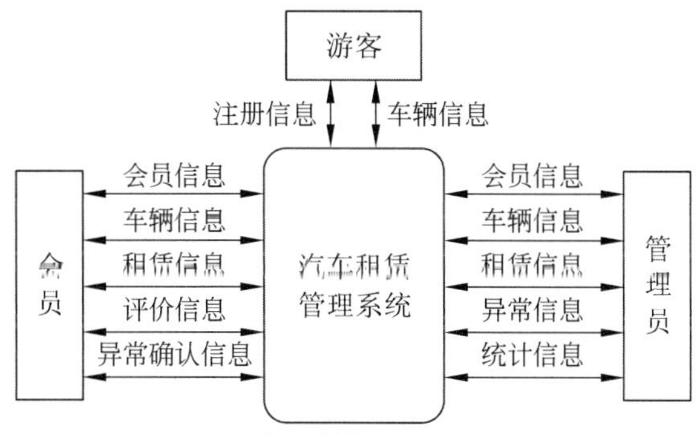

图 4.12 汽车租赁管理系统 L0 层 DFD

2. L1 层 DFD

先按照不同的角色将系统的主要功能分为游客功能、会员功能和管理员功能 3 部分，并且在图中表示出系统的各个数据存储，如图 4.13 所示。

3. L2 层 DFD

在 L2 层对 L1 层表示的主要功能作进一步细化。为了保证数据流图的简洁性和清晰性，L2 层分 3 个图，分别表示对 P1、P2 和 P3 这 3 个处理的细化。图中省略了数据源点和终点，其内容与 L1 层数据流图一致。

游客功能细化为注册和查询车辆信息；会员功能细化为登录、处理个人会员信息、查询车辆信息、处理租赁信息、确认异常信息、评价等；管理员功能细化为对会员信息、车辆信息、租赁信息等各类信息的处理和对系统数据的统计分析。具体内容如图 4.14～图 4.16 所示。

4. L3 层 DFD

细化的数据流图较为清晰地表示了系统的功能需求，对于其中较为复杂的处理，可以对其进行更进一步的细化。对系统中各类信息的处理包括增、删、改、查等常规操作，本例不再对常规操作进行细化。图 4.15 中的 P2.5 租赁，可进一步细分为租车、续租和还车功能，如图 4.17 所示。

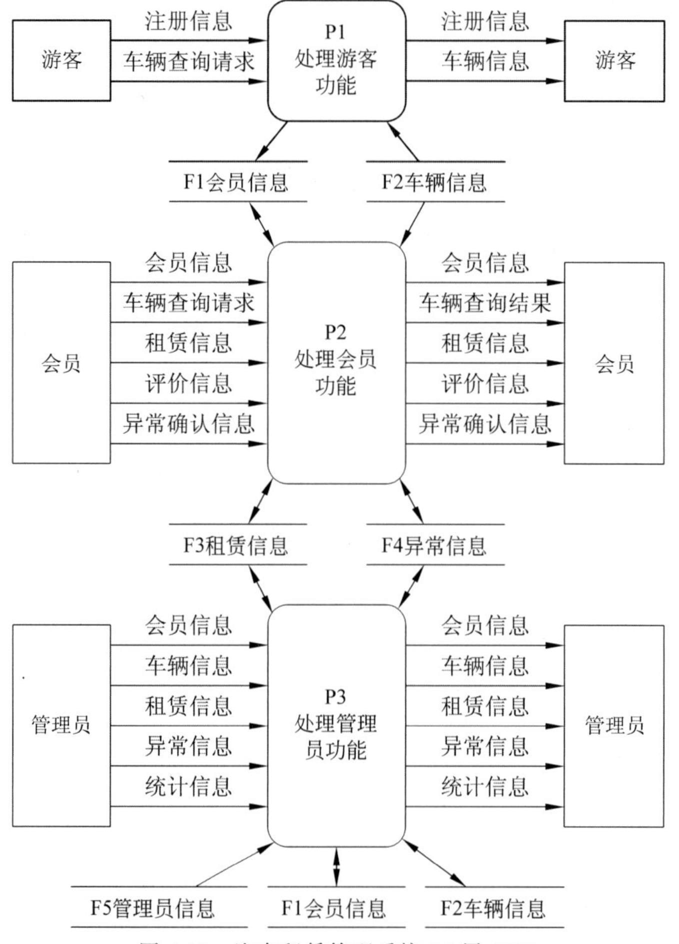

图 4.13　汽车租赁管理系统 L1 层 DFD

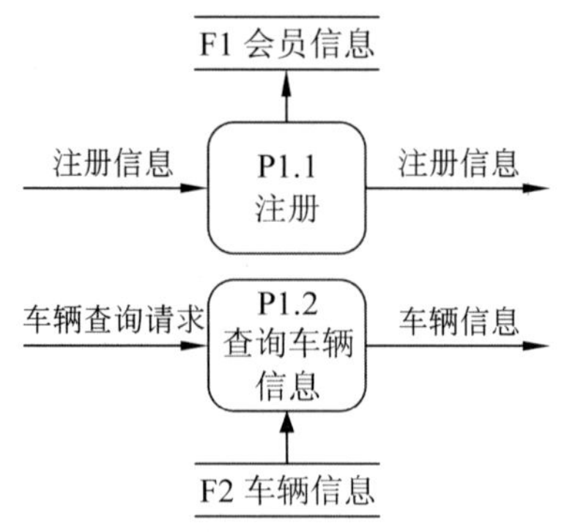

图 4.14　游客功能 P1 的 L2 层 DFD

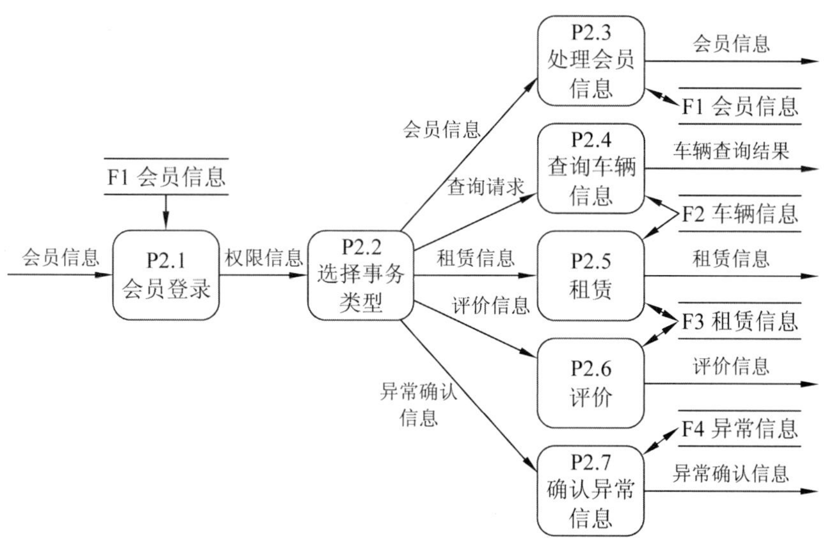

图 4.15　会员功能 P2 的 L2 层 DFD

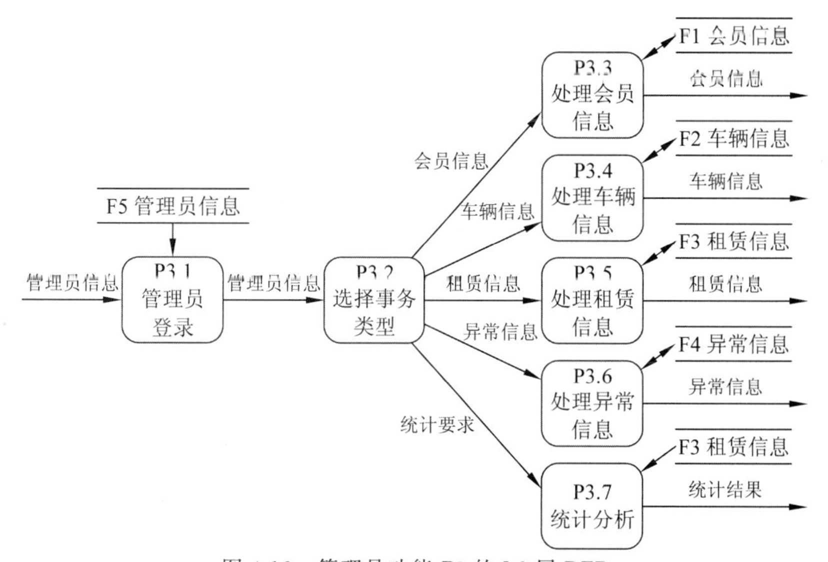

图 4.16　管理员功能 P3 的 L2 层 DFD

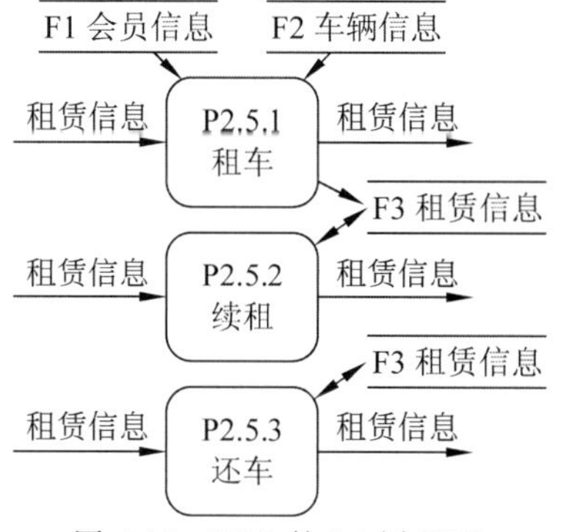

图 4.17　P2.5 的 L3 层 DFD

4.3.4 建立行为模型

汽车租赁管理系统中最为主要的功能是车辆租赁管理，因此就这个功能进行了行为分析和建模，围绕租车、续租、还车等过程描述了系统的行为模型，如图 4.18 所示。

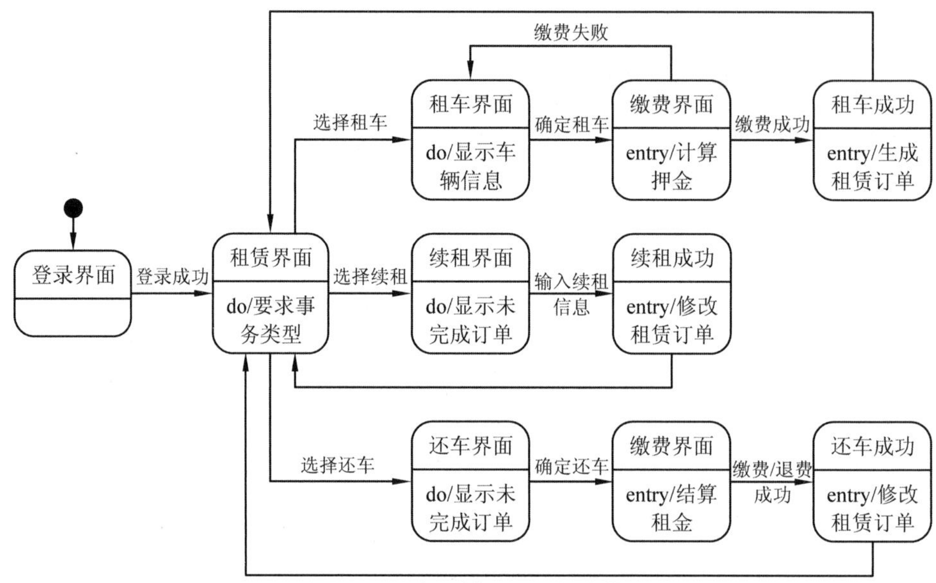

图 4.18 汽车租赁过程的行为模型

4.3.5 系统数据字典

数据字典通常包括数据的名称、使用地点与方式、内容描述和需要的补充信息等。一个系统中数据字典的规模较大，通常依赖数据字典工具来实现。表 4.8 给出了汽车租赁管理系统中数据存储及其数据项的定义。

表 4.8 汽车租赁管理系统中数据存储及其数据项的定义

编号	数据名	简　述	数 据 定 义
F1	会员信息	会员的个人基本信息	会员信息＝会员号＋姓名＋电话＋驾驶证号＋准驾车型＋密码 会员号＝字母＋7{数字}7 姓名＝1{字符}20 电话＝11{数字}11 驾驶证号＝18{字符}18 准驾车型＝字母＋数字 密码＝1{字符}12
F2	车辆信息	车辆的基本信息	车辆信息＝车牌号＋车型＋车况详情＋照片＋日租金 车牌号＝汉字＋字母＋“·”＋5{字符}5 车型＝1{字符}20 车况详情＝1{字符}500 照片＝1{字符}50 日租金＝1..5000

续表

编号	数据名	简　　述	数据定义
F3	租赁信息	租赁订单的信息	租赁信息＝订单号＋状态＋借出时间＋归还时间＋押金＋评价 订单号＝12{数字}12 状态＝["借出"|"续借"|"完成"] 借出时间＝日期＋时间 归还时间＝日期＋时间 押金＝1..10000 租金＝1..10000 评价＝1{字符}500
F4	异常信息	车辆租赁期间发生的事故信息或违章信息	异常信息＝编号＋时间＋地点＋责任方＋异常类型＋异常详情 编号＝12{数字}12 地点＝1{字符}50 责任方＝["我方"|"对方"] 异常类型＝["事故"|"违章"] 异常详情＝1{字符}500
F5	管理员信息	管理员的账户信息	管理员信息＝管理员编号＋姓名＋电话＋密码 管理员编号＝6{数字}6 姓名＝1{字符}20 电话＝11{数字}11 密码＝1{字符}12

4.4 练　习　题

1. 单选题

(1) 软件开发的需求活动，其主要任务是(　　)。

A. 给出软件解决方案　　B. 给出系统模块结构
C. 定义模块算法　　D. 定义需求并建立系统模型

(2) 软件需求分析阶段的工作，可以分为以下4个方面：对问题的识别、分析与综合、编写需求分析文档以及(　　)。

A. 总结　　B. 阶段性报告
C. 需求分析评审　　D. 以上答案都不正确

(3) 开发人员在进行需求分析时要从用户那里了解(　　)。

A. 软件做什么　　B. 用户使用界面
C. 输入的信息　　D. 软件的规模

(4) 进行需求分析可使用多种工具，但(　　)是不适用的。

A. 数据流图　　B. PAD图
C. 状态转换图　　D. 数据字典

(5) 结构化分析方法是一种面向(　　)的需求分析方法。

A. 对象　　B. 数据结构　　C. 数据流　　D. 结构图

(6) 数据流图是用于软件需求分析的工具，下列元素中(　　)是其基本元素。

①数据流　②处理　③数据存储　④外部实体

A. ①②和③　B. ①和③　C. 全部　D. ①③和④

(7) 在结构化分析方法中，与数据流图配合使用的是(　　)。

A. 网络图　B. 实体-联系图

C. 数据字典　D. 程序流程图

(8) 在E-R模型中，包含以下基本成分(　　)。

A. 数据、对象、实体　B. 控制、关系、对象

C. 实体、关系、控制　D. 实体、属性、关系

(9) 行为模型的描述工具是(　　)。

A. 对象图　B. 结构图　C. 状态图　D. 设计图

(10) 数据元素的组成方式有(　　)。

A. 顺序　B. 选择　C. 重复　D. 以上全是

2. 简答题

(1) 请简述需求分析的过程。

(2) 请简述需求分析的重要性。

(3) 怎样与用户有效地沟通以获取用户的真实需求?

(4) 结构化分析建模的3种模型分别是什么，有什么作用，用什么工具描述?

3. 应用题

(1) 某校教务系统具备以下功能：①用户登录，教师、学生和管理员根据ID号和密码成功登录系统后可进行其他操作；②录入成绩，教师将单科成绩存入成绩表；③统计成绩，管理员根据学生总成绩排出名次并存入名次表；④查询成绩，学生从成绩表中查询成绩，从名次表中查询名次。请画出该系统的数据流图和E-R图。

(2) 某个信息管理系统的用户登录模块会在开始时，显示欢迎界面；在用户提出使用该管理系统的请求，进入登录界面时，提示用户输入用户名和密码；在输入完成后进入核对状态(若用户名称或密码不正确，则提示错误并回到登录界面；若正确，则进入系统主界面)。请用状态图描述上述过程。

(3) 某旅馆的电话可以拨分机号和外线号码。分机号可直拨，号码为7201至7299。外线号码需要先拨9，再拨市话号码或长话号码。长话号码由区号和市话号码组成。区号是从100到300的任意数字串。市话号码由局号和分局号组成。局号可以是455、466、888、552中的任意一个号码。分局号是任意长度为4的数字串。请写出数据字典中的电话号码数据条目的定义。

面向对象分析

5.1 面向对象方法学概述

传统的软件工程方法学部分地缓解了软件危机，许多中小规模软件项目都获得了成功。但是，人们也注意到当把这种方法学应用于大型软件产品的开发时，似乎很少取得成功。

自20世纪80年代中期起，人们开始注重面向对象分析和设计的研究，逐步形成了面向对象方法学。到了20世纪90年代，面向对象方法学已经成为人们在开发软件时首选的范型。该方法采用人类认识客观世界过程中习惯的思维方式，更加直观、自然地描述客观事物，成为一种快速高效的软件开发方法，已广泛应用于数据库系统、分布式系统、网络管理系统、人工智能等领域软件的开发。

5.1.1 面向对象的概念

1. 对象(object)

应用领域中有意义的、与所要解决的问题有关系的任何事物都可以作为对象。对象既可以是具体的物理实体的抽象，也可以是人为的概念，或者是任何有明确边界和意义的东西。面向对象方法学中的对象是由描述该对象属性的数据以及可以对这些数据施加的所有操作封装在一起构成的统一体。

对象以数据为中心，操作围绕对其数据所需要做的处理来设置，为了完成某个操作必须通过它的公有接口向对象发消息，请求它执行它的某个操作，处理它的私有数据。对象实现了数据封装，它的私有数据完全被封装在盒子内部，对外是隐藏的、不可见的，对私有数据的访问或处理只能通过公有操作进行。不同对象各自独立地处理自身的数据，彼此通过传递信息完成通信，本质上具有并行性。对象内部各种元素彼此结合得很紧密，内聚性相当强，而对象之间的耦合通常比较松，因此模块独立性好。

2. 类(class)

类就是对具有相同数据和相同操作的一组相似对象的定义。类的概念来自于人们认识自然、认识社会的过程。在这一过程中，人们主要使用两种方法：由特殊到一般的归纳法和由一般到特殊的演绎法。在归纳的过程中，从一个个具体的事物中把共同的特征抽取出来，形成一个一般的概念，这就是“归类”。在演绎的过程中又把同类的事物，根据不同的特征分成不同的小类，这就是“分类”。类的内部状态是指类集合中对象的共同状态，类的运动规律是指类集合中对象的共同运动规律。

3. **实例**(instance)

一个特定的类有许多具体的对象,这些对象都被称为实例。当使用“对象”这个术语时,既可以指一个具体的对象,也可以泛指一般的对象,但是,当使用“实例”这个术语时,必然是指一个具体的对象。

4. **消息**(message)

消息是向对象发出的服务请求,通常包含接收消息的对象、消息选择符(消息名)、消息的变元(零个或多个)。消息通信与对象的封装原则密切相关。封装使对象成为各司其职、互不干扰的独立单位;消息通信则为其提供唯一合法的动态联系途径,使其行为可以互相配合,构成一个有机的系统。

5. **方法**(method)

方法就是对象能执行的操作,即类中定义的服务。方法描述了对象执行操作的算法,响应消息的方法。

6. **属性**(attribute)

属性就是类中定义的数据。它是对客观世界实体所具有的性质的抽象。类的每个实例都有自己特有的属性值。

7. **封装**(encapsulation)

封装是在面向对象的程序中,把数据和实现操作的代码集中起来放在对象内部。一个对象好像是一个不透明的黑盒子,表示对象状态的数据和实现操作的代码与局部数据都被封装在黑盒子里面,从外面是看不见的,更不能从外面直接访问或修改这些数据和代码。

封装也就是信息隐藏,通过封装对外界隐藏了对象的实现细节。对象类实质上是抽象数据类型。类把数据说明和操作说明与数据表达和操作实现分离开了,使用者仅需要知道它的说明(值域及可对数据施加的操作)就可以使用它。

8. **继承**(inheritance)

继承是父类和子类之间共享数据结构和方法的一种机制,是以现存的定义内容为基础,建立新定义内容的技术,是类之间的一种关系。

继承性通常表示父类与子类的关系,继承有两种:单继承,指子类只继承一个父类的数据结构和方法;多重继承,指子类继承了多个父类的数据结构和方法。子类的公共属性和操作归属于父类,并为每个子类共享,子类继承了父类的特性。

9. **多态**(polymorphism)

多态性是指多种类型的对象在相同的操作或函数、过程中取得不同结果的特性。利用多态技术,用户可发送一个通用的消息,而实现的细节则由接收对象自行决定,这样同一消息就可调用不同的方法。多态性不仅增加了面向对象软件的灵活性，进一步减少了信息冗余，而且显著提高了软件的可复用性和可扩充性。

当扩充系统功能增加新的实体类型时，只需要派生出与新实体类相应的新的子类，并在新派生出的子类中定义符合该类需要的虚函数，完全不需要修改原有的程序代码，甚至不需要重新编译原有的程序。

10. **重载**(overloading)

重载有函数重载和运算符重载两种。函数重载是指在同一作用域内的若干个参数特征不同的函数可以使用相同的函数名字；运算符重载是指同一个运算符可以施加于不同类型的操作数之上。当然，当参数特征不同或被操作数的类型不同时，实现函数的算法或运算符的语义是不相同的。重载进一步提高了面向对象系统的灵活性和可读性。

5.1.2 面向对象方法的要点

面向对象方法有4个要点。

(1) 对象。客观世界由各种对象组成，任何事物都是对象，复杂的对象可以由比较简单的对象以某种方式组合而成。因此，面向对象的软件系统是由对象组成的，软件中的任何元素都是对象，复杂的软件对象由比较简单的对象组合而成。面向对象方法用对象分解取代了传统方法的功能分解。

(2) 类。把所有对象都划分成各种对象类(简称为类)，每个对象类都定义了一组数据和一组方法。数据用于表示对象的静态属性，是对象的状态信息。类中定义的方法，是允许施加于该类对象上的操作，是该类所有对象共享的。

(3) 继承。按照子类(或称为派生类)与父类(或称为基类)的关系，把若干个对象类组成一个层次结构的系统(也称为类等级)。在这种层次结构中，通常下层的派生类具有和上层的基类相同的特性(包括数据和方法)，这种现象称为继承。

(4) 传递消息。对象彼此之间仅能通过传递消息互相联系。对象与传统的数据有本质区别，对象不是被动地等待外界对自己施加操作，而是进行处理的主体，必须发消息请求它执行它的某个操作，处理它的私有数据，不能从外界直接对它的私有数据进行操作。

5.1.3 面向对象方法学的优点

面向对象方法学的基本思想是尽可能按照人类认识世界的方法和思维方式分析和解决问题。该方法可提供更加清晰的需求分析和设计，是指导软件开发的系统方法，其优点主要表现在以下几方面。

(1) 与人类习惯的思维方法一致。

面向对象的软件技术以对象为核心，软件系统由对象组成。对象之间通过传递消息互相联系，以模拟现实世界中不同事物彼此之间的联系。面向对象的设计方法强调模拟现实世界中的概念而非算法。

面向对象方法学符合人类分析问题、解决问题的习惯思维方式。面向对象的环境提供了强有力的抽象机制，便于用户在利用计算机软件系统解决复杂问题时使用习惯的抽象思维工具，使问题空间与解空间一致，利于对开发过程各阶段综合考虑，有效地降低开发复杂度，提高软件质量。

(2) 稳定性好。

面向对象的软件系统的结构是根据问题领域的模型建立起来的，而不是基于对系统应完成的功能的分解，因此，当对系统的功能需求变化时并不会引起软件结构的整体变化，往往仅需要做一些局部性的修改。以对象为中心构造的软件系统比较稳定。

(3) 可复用性好。

在面向对象方法所使用的对象中，数据和操作正是作为平等伙伴出现的。因此，对象具有很强的自含性。此外，对象固有的封装性和信息隐藏机制，使得对象的内部实现与外界隔离，具有较强的独立性。由此可见，对象是比较理想的可复用模块和软件成分。

(4) 较易开发大型软件产品。

用面向对象方法学开发软件时，构成软件系统的每个对象就像一个微型程序，有自己的数据、操作、功能和用途。因此，可以把一个大型软件产品分解成一系列本质上相互独立的小产品来处理，这不仅降低了开发的技术难度，而且也使得对开发工作的管理变得容易多了。

(5) 可维护性好。

当对软件的功能或性能的要求发生变化时，通常不会引起软件的整体变化，往往只需对局部做一些修改，自然比较容易实现。

类是理想的模块机制，它的独立性好，修改一个类通常很少会牵扯其他类。面向对象软件技术特有的继承机制，使得对软件的修改和扩充比较容易实现，通常只需要从已有类派生出一些新类，无须修改软件原有成分。面向对象软件技术的多态性机制，使得当扩充软件功能时，需要对原有代码所做的修改进一步减少，需要增加的新代码也有所减少。

面向对象的软件技术符合人们习惯的思维方式，用这种方法建立的软件系统的结构与问题空间的结构基本一致。因此，面向对象的软件系统比较容易理解。

对面向对象的软件的维护主要通过从已有类派生出一些新类来实现。因此，维护后的测试和调试工作也主要围绕这些新类进行。类是独立性很强的模块，对类的测试通常比较容易实现，如果发现错误也往往集中在类的内部，比较容易调试。

5.1.4 面向对象开发方法

目前，面向对象开发方法的研究已日趋成熟，且已有很多面向对象产品问世。开发方法有 Booch 方法、Coad 方法、OMT 方法和 UML 语言等。

(1) Booch 方法。Booch 最先描述了面向对象的软件开发方法的基础问题，指出面向对象开发是一种根本不同于传统的功能分解的设计方法。面向对象的软件分解更接近人对客观事物的理解，而功能分解只通过问题空间的转换获得。

(2) Coad 方法。Coad 方法是 Coad 和 Yourdon 于 1989 年提出的面向对象开发方法。该方法的主要优点是通过多年来大系统开发的经验与面向对象概念的有机结合，在对象、结构、属性和操作的认定方面，提出了一套系统的原则。该方法完成了从需求角度进一步进行类和类层次结构的认定。尽管 Coad 方法没有引入类和类层次结构的术语，但事实上已经在分类结构、属性、操作、消息关联等概念中体现了类和类层次结构的特征类。

(3) OMT 方法。对象建模技术(object modeling technique，OMT)是美国通用电气公司提出的一套系统开发技术。它以面向对象的思想为基础，通过对问题进行抽象，构造出一组相关的模型,从而能够全面地捕捉问题空间的信息。该方法是一种新兴的面向对象的开发方法,开发工作的基础是对真实世界的对象建模,然后围绕这些对象使用分析模型来进行独立于语言的设计,面向对象的建模和设计促进了对需求的理解,有利于开发出更清晰、更容易维护的软件系统。该方法为大多数应用领域的软件开发提供了一种实际的、高效的保证。

(4) UML 语言。1995 年至 1997 年,软件工程领域取得重大进展,其成果超过软件工程领域过去 10 多年的总和,最重要的成果之一是统一建模语言(Unified Modeling Language,UML)的出现。UML 成为面向对象技术领域内占主导地位的标准建模语言,是一种定义良好、易于表达、功能强大且普遍适用的建模技术和方法,融入了软件工程领域的新思想、新方法和新技术。不仅支持面向对象的分析与设计,还支持从需求分析开始的软件开发全过程。不仅统一了 Booch 方法、OMT 方法、OOSE 方法的表示方法,而且对其做了进一步的发展,最终成为大众接受的标准建模语言。

5.2 统一建模语言 UML

5.2.1 UML 简介

统一建模语言是一种通用的可视化建模语言,可以用来描述、可视化、构造和文档化软件密集型系统的各种工件。它由信息系统和面向对象领域的 3 位著名的方法学家 Grady Booch、James Rumbaugh 和 Ivar Jacobson 提出,记录了与被构建系统有关的决策和理解,可用于对系统的理解、设计、浏览、配置、维护以及控制系统的信息。这种建模语言已经得到了广泛的支持和应用,并且已被 ISO 组织发布为国际标准。

UML 用来捕获系统静态结构和动态行为的信息。其中,静态结构定义了系统中对象的属性和方法,以及这些对象间的关系。动态行为则定义了对象在不同时间、状态下的变化以及对象间的相互通信。此外,UML 可以将模型组织为包的结构组件,使得大型系统可被分解成易于处理的单元。

UML 是独立于过程的,适用于各种软件开发方法、软件生命周期的各个阶段、各种应用领域以及各种开发工具。UML 规范没有定义一种标准的开发过程,但更适用于迭代式的开发过程。它是为支持现今大部分面向对象的开发过程而设计的。

UML 不是一种程序设计语言,但用 UML 描述的模型可以和各种编程语言相联系。可以使用代码生成器将 UML 模型转换为多种程序设计语言代码,或者使用逆向工程将程序代码转换成 UML。把正向代码生成和逆向工程这两种方式结合起来就可以产生双向工程,使得既可以在图形视图下工作,也可以在文本视图下工作。

1996 年 6 月,Booch、Rumbaugh 和 Jacobson 将 UM 更名为 UML,并发布 UML 0.9。在当时,UML 就获得了工业界、科技界和用户的广泛支持。1996 年底,UML 已经占领了面向对象技术市场 85%的份额,成为事实上的可视化建模语言的工业标准。1997 年 11 月,UML 1.1 规范被 OMG 全体成员通过,并被采纳为规范,OMG 也承担了进一步完善 UML 的工作。

在 1997—2002 年,OMG 成立的 UML 修订任务组对 UML 进行修订,陆续开发了

UML 的 1.3、1.4 和 1.5 版本。在有了若干年对 UML 的使用经验后，OMG 提出了升级 UML 的建议方案，以修正使用中发现的问题，并扩充一部分应用领域中所需的额外功能。2005 年 7 月发布了 UML 2.0 规范。在 2007—2011 年，UML 陆续发布了几个版本的规范。其中，2011 年 8 月发布的 UML 2.4.1 在 2012 年被 ISO 正式定为国际标准。2017 年 12 月，OMG 组织发布 UML 2.5.1 版本。

5.2.2 UML 的概念模型

UML 的概念模型主要包括基本构造块、运用于构造块的通用机制和用于组织 UML 视图的架构，如图 5.1 所示。UML 的概念模型支撑起了 UML 语法的整体架构和分析思想。对于普通建模用户而言，从 UML 概念模型入手能够快速掌握 UML 建模的基本思想，读懂并建立一些基本模型；在有了丰富的使用 UML 的经验后，就可以在这些概念模型之上理解 UML 的结构，使用更深层次的语言特征开展建模工作。

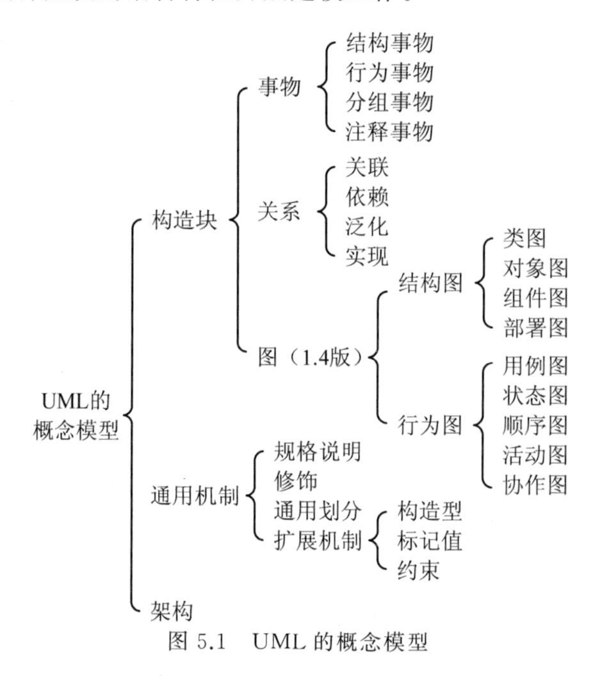

图 5.1 UML 的概念模型

1. UML 构造块

构造块（building block）指的是 UML 的基本建模元素，是 UML 中用于表达的语言元素，是来自现实世界中的概念的抽象描述方法。构造块包括事物（thing）、关系（relationship）和图（diagram）3 方面的内容。事物是对模型中关键元素的抽象体现，关系是事物和事物间联系的方式，图是相关的事物及其关系的聚合表现。

（1）事物。

在 UML 中，事物是构成模型图的主要构造块，代表了一些面向对象的基本概念。事物被分为以下 4 种类型。

① 结构事物（structural thing）通常作为 UML 模型的静态部分，用于描述概念元素或物理元素。结构事物总称为类元（classifier）。常见的结构事物有类、接口、用例、协作、组

件、节点等。

② 行为事物(behavioral thing)也称为动作事物,是 UML 模型的动态部分,用于描述 UML 模型中的动态元素,主要是静态元素之间产生的时间和空间上的行为动作,类似于句子中动词的作用。常见的行为事物有交互、状态机、活动等。

③ 分组事物(grouping thing)又称组织事物,是 UML 模型的组织部分,是用来组织系统设计的事物。主要的分组事物是包。另外,其他基于包的扩展事物(如子系统、层等)也可作为分组事物。

④ 注释事物(annotation thing)又称辅助事物,是 UML 模型的解释部分。这些注释事物用来描述、说明和标注模型的任何元素,简言之就是对 UML 中元素的注释。最主要的注释事物就是注解(note),是依附于一个元素或一组元素之上对其进行约束或解释的简单符号,内容是对元素的进一步解释文本。这些解释文本在 UML 图中可以附加到任何模型的任意位置上,连接被解释的元素。几乎所有的 UML 图形元素都可以用注解来说明。

(2) 关系。

关系是模型元素之间具体化的语义连接,负责联系 UML 的各类事物,构造出结构良好的 UML 模型。UML 中有 4 种主要的关系。

① 关联(association)描述不同类元的实例之间的连接。它是一种结构化的关系,指一种对象和另一种对象之间存在联系,即"从一个对象可以访问另一个对象"。两个对象之间互相可以访问,那么这是一个双向关联,否则称为单向关联。关联中还有一种特殊情况,称为聚合/组合关系,聚合/组合表示两个类元的实例具有整体和部分的关系,表示整体的模型元素可能是多个表示部分的模型元素的聚合。

② 依赖(dependency)描述一对模型元素之间的内在联系(语义关系),若一个元素的某些特性随某一个独立元素的特性的改变而改变,则这个元素不是独立的,它依赖于该独立元素。

③ 泛化(generalization)类似于面向对象方法中的继承关系,是特殊到一般的归纳和分类关系。泛化可以添加约束条件,说明该泛化关系的使用方法或扩充方法,此类泛化称为受限泛化。

④ 实现(realization)描述规格说明和其实现的元素之间的连接的关系。其中规格说明定义了行为的说明,真正的实现由后一个模型元素来完成。实现关系一般用于两种情况:接口和实现接口的类和组件之间;用例和实现它们的协作之间。

(3) 图(1.4 版)。

当用户选择了模型所需的事物和关系之后,就需要将模型展示出来;这种展示通过 UML 的图实现。图是一组模型元素的图形表示,是模型的展示效果。多数的 UML 图由通过路径连接的图形构成。信息主要通过拓扑结构表示,而不依赖于符号的大小或者位置(有一些例外,如顺序图)。

根据 UML 图的基本功能和作用,可以将其划分为两大类:结构图(structure diagrams)和行为图(behaviour diagrams)。结构图捕获事物与事物之间的静态关系,用来描述系统的静态结构模型;行为图则捕获事物的交互过程如何产生系统的行为,用来描述系统的动态行为模型。

UML 1.4 共包含 9 种图,见图 5.1。另外,尽管 UML 1.4 使用包图说明规范的组织结构,但是没有对包图进行明确定义。随着软件工程技术的变迁,人们对图有不同的分类方法和解释方式。在升级到 UML 2.0 规范后,共包含 14 种图,大部分与之前版本相同,表示法上略有区别,对部分图的功能进行了细分,增加了几个新的图,如图 5.2 所示。UML 2.0 中增加了包图、组合结构图、时间图以及交互概览图。另外,状态机图是由原来的状态图改名而来的,通信图是由原来的协作图改名而来的。

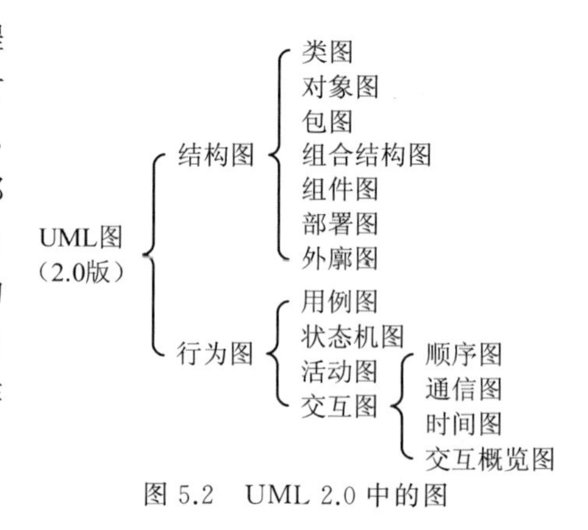

图 5.2　UML 2.0 中的图

2. 通用机制

UML 提供了 4 种通用机制,并在 UML 的不同语境下被反复运用,使得 UML 更简单并易于使用。

(1) 规格说明(specifications)。

UML 不仅仅是一个图形化的语言,而且在每个图形符号后面都有一段描述用来说明构建模块的语法和语义。规格说明用来对系统的细节进行描述,在增加模型的规格说明时可以确定系统的更多性质,细化对系统的描述。通过规格说明,可以构建出一个可增量的模型,即首先分析确定 UML 图形,然后不断对该元素添加规格说明来完善其语义。

(2) 修饰(adornments)。

UML 中大多数的元素都有唯一的和直接的图形符号,用来给元素的最重要的方面提供一个可视的表达方式。修饰是对规格说明的文字的或图形的表示。在 UML 中的每个元素符号都以一个基本的符号开始,在其上添加一些具有独特性的修饰。

(3) 通用划分(common divisions)。

在面向对象系统建模中,通常有几种划分方法,其中最常见的两种划分是类型-实例与接口-实现。

类型-实例(type-instance)是通用描述与某个特定元素的对应。通用描述符称为类型,特定元素称为实例,一个类型可以有多个实例。类和对象就是一种典型的类型-实例划分。

接口是一个系统或对象的行为规范。通过接口,使用者可以启动该系统或对象的某个行为。实现是接口的具体行为,它负责执行接口的全部语义,是具体的服务兑现过程。许多 UML 的构造块都有像接口-实现这样的二分法。例如,接口与实现它的类或组件、用例与实现它的协作、操作与实现它的方法等。

(4) 扩展机制(extensibility mechanisms)。

为了扩充在某些细节方面的描述能力,UML 允许建模者在不改变整体语言风格的基础上定义一些通用性的扩展。UML 所提供的扩展很可能无法满足出现的所有要求,但是它以一种易于实现的简单方式容纳了建模者需要对 UML 所做的大部分剪裁。UML 中的扩展机制包括构造型、标记值和约束 3 种。

① 构造型(stereotype)是将一个已有的元素模型进行修改或精化,创造出一种新的模型元素。构造型的信息内容和形式与已存在的基本模型元素相同,但拥有不同的含义与用法。UML 中预定义了一些构造型(如接口)供建模者使用,用户也可以根据自己的需要自

行定义。

② 标记值(tagged value)是关于模型元素本身的一个属性的定义,即一个元属性的定义。标记值所定义的是用户模型中元素的特性而非运行时对象的特性。标记值定义被构造型所拥有。

③ 约束(constraint)是使用某种文本语言中的陈述句表达的语义条件或者限制。通常约束可以附加在任何一个或一组模型元素上,它表达了附加在元素上的额外语义信息。每个约束包括一个约束体与一种解释语言。这里的解释语言可以是自然语言,也可以是形式化语言。

3. 架构

UML标准只是提出了这些图形的语法模型和语义模型,并没有针对这些图形的使用提供很好的支持。为了有效地利用这些模型,需要结合不同的软件工程过程,定义组织图形的架构。

一种被大家广泛接受的UML架构源自Rational统一过程(参见1.5节)提供的"4+1"视图架构模型。"4+1"视图架构模型是由Philippe Kruchten于1995年在*IEEE Software*的一篇名为*The 4+1 View Model of Architecture*的论文中提出的。在这个模型中,软件开发者从5个不同视角描述软件体系结构的一组视图模型。它们包括逻辑视图、实现视图、进程视图、部署视图和用例视图。每个视图只反映系统的某一部分,5个视图结合起来才可以描述整个系统的结构,5个视图之间的关系如图5.3所示。

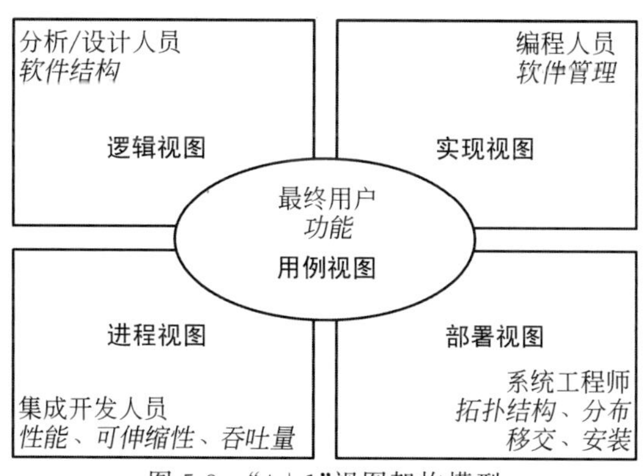

图5.3 "4+1"视图架构模型

(1) 用例视图(use-case view)是建模过程的起点和依据,面向最终用户,描述系统的功能性需求。所有其他视图都是从用例视图派生而来的,该视图把系统的基本需求捕获为用例并提供构造其他视图的基础。

(2) 逻辑视图(logical view)面向系统分析和设计人员,描述软件结构。它来自功能需求,用于描述问题域的结构。作为类和对象的集合,它的重点是展示对象和类是如何组成系统、实现所需系统行为的。

(3) 进程视图(process view)面向系统集成人员,描述系统性能、可伸缩性、吞吐量等信息。其目标是为系统中的可执行线程和进程建模,使它们作为活动类。事实上,它是逻辑视图面向进程的变体,包含所有相同的工件。

(4) 实现视图(implementation view)面向编码人员,描述系统的组装和配置管理。其目标是对组成基于系统的物理代码的文件和构件进行建模。

(5) 部署视图(deployment view)面向系统工程师,描述系统的拓扑结构、分布、移交、安装等信息。建模的目标是把组件物理地部署到一组物理的、可计算的结点(如计算机)上。

软件项目和传统的工程项目的首要问题是一致的,都是用户的需求。如果没有需求,整个项目就没有进行下去的目标和驱动力。因此在"4+1"的5种视图中最先被使用的是用例视图。用例视图是根据用户的需求可以直接产生和描述的,因此是与需求关系最紧密的视图,可以在项目第一步获取需求之后立刻被使用。同样因为它代表顶层的软件产品目标,所以软件工程过程中一直通过分析各个用例来寻找功能和非功能点、检验系统是否满足要求。

当输出了用例视图之后,可以进一步使用逻辑视图来细化场景。这一步的细化包括3个方面:找到用例中的所有关键交互;使用软件术语描述交互逻辑;设计更下层的元素。逻辑视图是架构设计师和项目实际开发人员的通用交流语言,是一个低于用例、高于详细设计的视图。逻辑视图是静态、注重问题分化、关注用户使用流程的。它更多地在尝试使用编程术语描述问题,而不是解决问题。

进程视图、实现视图和部署视图不太容易分出先后顺序。虽然在"4+1"视图中它们是不同的模块,但是它们的内容却是紧密相关的。实现视图关注各种程序包的使用,进程视图关注运行时概念,部署视图关注程序和运行库、系统软件对物理机器的要求和配合方式。这3个视图需要合理地并用,负责每个视图的开发小组需要经常交流以确保3个视图间的内容一致。

对绝大多数面向对象软件开发过程来说,上述"4+1"视图软件架构设计方法都是适用的。

5.2.3 UML的应用范围

UML以面向对象的方式来描述系统。最广泛的应用是对软件系统进行建模,但它同样适用于许多非软件领域的系统。从理论上说,任何具有静态结构和动态行为的系统都可以使用UML进行建模。从软件生命周期来看,UML适用于系统开发的全过程,它的应用贯穿于从需求分析到系统建成后测试的各个阶段。

- 需求分析阶段。可以用用例捕获用户的需求。通过用例建模,可以描述对系统感兴趣的外部角色及其对系统的功能要求(用例)。
- 分析阶段。分析阶段主要关心问题域中的基本概念(如抽象、类和对象等)和机制,需要识别这些类以及它们相互间的关系,可以用UML的逻辑视图和动态视图来描述。类图描述系统的静态结构,协作图、顺序图、活动图和状态图描述系统的动态行为。
- 设计阶段。把分析阶段的结果扩展成技术解决方案,加入新的类来定义软件系统的技术方案细节。设计阶段使用与分析阶段类似的方式使用UML。
- 构造(编码)阶段。把来自设计阶段的类转换成某种面向对象程序设计语言的代码,指导并减轻编码工作。
- 测试阶段。作为测试阶段的依据,不同测试小组使用不同的UML图作为他们工作的依据。其中,类图指导单元测试;构件图和协作图指导集成测试;用例图指导系统测试,验证系统的行为。

总之,统一建模语言 UML 适用于以面向对象方法来描述任何类型的系统,而且适用于系统开发的全过程,从需求规格描述直到系统建成后的测试和维护阶段。

5.2.4 UML 建模工具

所谓"工欲善其事,必先利其器",有了好的建模方法就需要有好的建模工具提供支持。经过多年的发展,目前已经出现了很多 UML 建模工具。本节主要介绍几个常用的 UML 建模工具。

1. Enterprise Architect

Enterprise Architect(EA)是 Sparx Systems 公司的旗舰产品,它为用户提供一个直观的高性能工作界面,联合 UML 2.X 最新规范,为台式机工作人员、开发和应用团队打造先进的软件建模方案。利用 EA,设计人员可以充分利用所有 UML 2.X 中的图表的功能。EA 具备源代码的前向和反向工程能力,支持多种通用语言(包括 C++、C#、Java、Delphi、VB.Net、Visual Basic 和 PHP),可从源代码中获取完整框架。

2. Rational Rose

Rational Rose 是由 Rational 公司研发的一种面向对象的可视化建模工具。Rose 为用许多程序设计语言(包括 Ada、ANSI C++、C++、CORBA、Java、Java EE、Visual C++ 和 Visual Basic 等)开发应用程序提供了一系列的模型驱动功能。Rational Rose 可以满足绝大多数建模环境的需求,是国际知名的建模工具。Rose 有很强的校验功能,可以方便地检查出模型中的许多逻辑错误,还支持多种语言的双向工程,可以自动维护 C++、Java、VB、PB、Oracle 等语言和系统的代码。

由于 UML 是在 Rational 公司诞生的,这样的渊源使得 Rational Rose 力挫当前市场上很多基于 UML 的可视化建模工具。Rational Rose 自推出以来就受到了业界的瞩目,并一直引领着可视化建模工具的发展,是比较经典的 UML 建模工具。Rational Rose 的最新一次版本发布于 2003 年,因此不支持 UML 2.X 规范。后来 Rational 公司被 IBM 收购,又推出了新的 Rational 系列产品用于建模。

3. Rational Software Architect

IBM Rational Software Architect(RSA)是 IBM 在 2003 年 2 月并购 Rational 以后,首次发布的 Rational 产品。RSA 是 Rose 的升级替代品,因此支持使用 UML 来确保软件开发项目中的众多相关者不断沟通,并使用定义的规范来启动开发,支持最新的 UML 2.X 规范。RSA 支持 Java、C++、C#、EJB、WSDL、XSD、CORBA 和 SQL 等语言的正向工程和 Java、C++ 和.NET 的逆向工程。

4. StarUML

StarUML 是由 MKLab 开发的一款开源 UML 工具。该工具曾被遗弃过一段时间,直到 2014 年发布了重新编写的 2.0.0 版本。该项目的目标是取代较大型的商业应用,如

Rational Rose。StarUML 目前支持大多数在 UML 2.X 中指定的图类型，暂时缺少时序图和交互概览图。

5.2.5 使用 UML 的准则

使用 UML 作为建模语言进行分析和设计的时候，要遵循以下几点准则。

(1) 不要试图使用所有的图形和符号。

应该根据项目的特点，选用最适用的图形和符号。通常，应该优先选用简单的图形和符号，例如，用例、类、关联、属性和继承等概念是最常用的。

(2) 不要为每个事物都画一个模型。

应该把精力集中于关键的领域。最好只画几张关键的图，并经常使用并不断更新、修改。

(3) 应该分层次地画模型图。

在项目进展的不同阶段使用正确的观点画模型图。如果处于分析阶段，应该画概念层模型图；当开始着手进行软件设计时，应该画说明层模型图；当考察某个特定的实现方案时，则应画实现层模型图。

使用 UML 的最大危险是过早地陷入实现细节。为了避免这一危险，应该把重点放在概念层和说明层。

(4) 模型应该具有协调性。

模型必须在每个抽象层次内和不同的抽象层次之间协调。

(5) 模型和模型元素的大小应该适中。

过于复杂的模型和模型元素难于理解、也难于使用，这样的模型和模型元素很难生存下去。

如果要建模的问题相当复杂，则可以把该问题分解成若干个子问题，分别为每个子问题建模，每个子模型构成原模型中的一个包，以降低建模的难度和模型的复杂性。

5.3 面向对象分析建模

面向对象分析(OOA)的目标是获取用户需求并建立一系列问题域的精确模型，描述满足用户需要的软件。面向对象分析所建立的模型应表示出系统的功能、对象或类和行为 3 方面的基本模型。先要进行调研分析，在理解需求的基础上建立并验证模型。对复杂问题的建模，需要反复迭代构造模型，先构造子集，后构造整体模型。

5.3.1 面向对象分析方法

1. 面向对象分析的任务

面向对象分析的关键是定义所有与待解决问题相关的类，包括类的操作和属性、类与类之间的关系以及它们表现出的行为，主要完成以下任务。

(1) 全面深入地进行调研分析，掌握用户各项业务需求细节及来龙去脉；

(2) 准确标识类，包括定义其属性和操作；

(3) 认真分析定义类的层次关系；

(4) 明确表达对象与对象之间的关系，即对象的连接；

(5) 具体确定模型化对象的行为；

(6) 建立系统模型。

重复前面的过程，通过分析，建立系统的 3 种模型。

- 描述系统功能的功能模型；
- 描述系统数据结构的对象模型；
- 描述系统控制结构的动态模型。

这 3 种模型都涉及数据、控制和操作等共同的概念，只不过每种模型描述的侧重点不同。模型从 3 个不同但又密切相关的角度模拟目标系统，它们各自从不同侧面反映了系统的实质性内容，综合起来则全面地反映了对目标系统的需求。

在整个开发过程中，3 种模型一直都在发展、完善。在面向对象分析过程中，构造出完全独立于实现的应用域模型；在面向对象设计过程中，把求解域的结构逐渐加入模型中；在实现阶段，把应用域和求解域的结构编成程序代码，并进行严格的测试验证。

2. 面向对象分析的过程

不论采用哪种方法开发软件，分析的过程都是提取系统需求的过程。分析工作主要包括 3 项内容，即理解、表达和验证。

- 理解。系统分析员通过与用户及领域专家的充分交流，力求完全理解用户需求和该应用领域中的关键性的背景知识。
- 表达。用某种无二义性的方式把这种理解表达成文档资料，是建模的过程。分析过程得出的最重要的文档资料是软件需求规格说明。
- 验证。上述理解过程通常不能一次就达到理想的效果。因此，还必须进一步验证软件需求规格说明的正确性、完整性和有效性。

上述过程通常反复迭代，而且往往需要利用原型系统作为辅助工具。

在面向对象的 3 个模型中，对象模型是关键。复杂问题的对象模型通常可以分为 5 个层次：主题层、类与对象层、结构层、属性层、服务层。这 5 个层次像叠在一起的 5 张透明塑料片，它们一层比一层显现出对象模型的更多细节。在概念上，这 5 个层次是整个模型的 5 张水平切片，如图 5.4 所示。

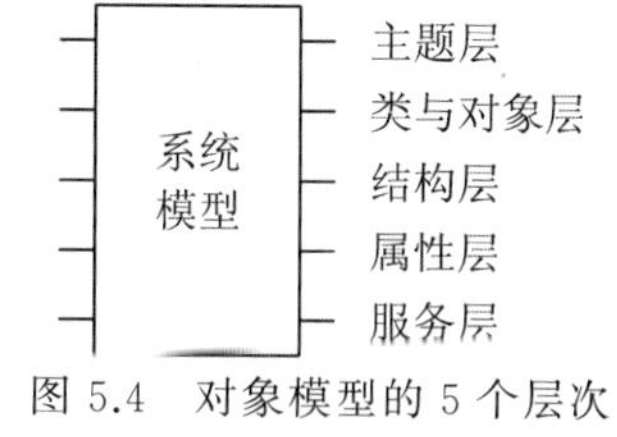

图 5.4　对象模型的 5 个层次

5 个层次对应着面向对象分析过程中建立对象模型的 5 项主要活动：识别主题、寻找类与对象、识别结构、定义属性、定义服务。

必须指出的是，虽然这 5 项活动的抽象层次不同，但是在进行面向对象分析时并不需要严格地按照预定顺序进行。当分析员找出一个类或对象，想到在这个类中应该包含的一个服务，就可以把这个服务的名字写在服务层，然后再返回类或对象层，继续寻找问题域中的另一个类或对象。通常在完整地定义每个类中的服务之前，已经建立了功能模型和动态模型，通过对这些模型的研究，能够更正确、更合理地确定每个类应提供的服务。

系统规模较小时，不需要引入主题；含有较多对象的系统往往需要先识别出类或对象和关联，然后划分主题，并用其作为指导开发者和用户观察整个模型的一种机制；规模极大的系统则首先应由高级分析员粗略地识别对象和关联，然后初步划分主题，经进一步分析，对系统结构有更深入的了解之后，再进一步修改和精练主题。

综上所述，在概念上可以认为，面向对象分析大体上按照下列顺序进行。

(1) 建立功能模型；

(2) 寻找类或对象；

(3) 识别结构；

(4) 识别主题；

(5) 定义属性；

(6) 建立动态模型；

(7) 定义服务。

但是，正如前面多次强调过的，分析不可能严格地按照预定顺序进行，初始的分析模型通常都是不准确、不完整甚至包含错误的，必须在随后的反复分析中加以扩充和更正。大型、复杂系统的模型需要反复构造多遍才能建成。通常，先构造出模型的子集，然后再逐渐扩充，直到完全、充分地理解了整个问题，才能最终把模型建立起来。

5.3.2 功能模型

功能模型表示变化系统的“功能”性质。它指明了系统应该“做什么”，因此更直接地反映了用户对目标系统的需求。在面向对象方法学中，UML 提供的用例图是进行需求分析和建立功能模型的强有力工具。UML 把用用例图建立起来的系统模型称为用例模型。

用例图(Use Case Diagram)是表示系统中用例与参与者之间关系的图。它描述了系统中相关的用户和系统对不同用户提供的功能和服务。用例图是 UML 中对系统的动态建模图之一，是对系统、子系统和类的行为进行建模的核心。

用户最关心的是系统具有的功能与呈现的外部特性，他们并不十分关注实现过程以及实现方法本身。用例图相当于从用户的视角来描述和建模整个系统，分析系统的功能与行为。用例图通过呈现元素在语境中如何被使用的外部视图，使得系统、子系统和类等概念更易于探讨和理解。

在 UML 中，用例图中的主要元素包括参与者、用例以及元素之间的关系。此外，用例图还可以包括注释和约束，也可以使用包将图中的元素组合成模块，用例图的符号如表 5.1 所示。

表 5.1 用例图的符号

结构元素	符　号	关系元素	符　号
用例		关联	
参与者		扩展	<<extend>>
系统边界	系统名称	包含	<<include>>

续表

结构元素	符　号	关系元素	符　号
注释		泛化	

1. 系统

系统被看作一个提供用例的黑盒子。内部如何工作、用例如何实现对于建立用例模型来说都不重要。代表系统的方框的边线表示系统的边界,用于划定系统的功能范围,定义了系统所具有的功能。

2. 参与者

参与者代表了以某种方式与系统交互的人或事。更直观地说,参与者是指在系统之外通过系统边界与系统进行有意义交互的任何事物。根据该定义,参与者应该满足以下要点。

- 系统外。参与者不是系统的组成部分,处于系统的外部。
- 系统边界。参与者通过边界直接与系统交互,参与者的确定代表系统边界的确定。
- 系统角色。参与者是一个参与系统交互的角色,与使用系统的人和职务没有关系。
- 与系统交互。参与者与系统交互的过程是系统需要处理的,即系统职责。
- 任何事物。参与者通常是一个使用系统的人,但有时也可以是一个外部系统或外部因素、时间等外部事物。

掌握这些要点后,就可以从原始需求中查找所需的参与者,由于参与者必须与系统进行交互,因此可以从这个角度去获取那些候选的参与者。把系统看成一个黑盒子,哪些人、哪些物与该黑盒子存在交互,这些人或物就可能成为一个参与者。

具体来说,识别参与者的思路有以下几个。

- 系统在哪些部门使用。这些部门的用户会作为一个参与者与系统进行交互。
- 谁向系统提供信息以及使用和删除信息。对这些信息进行管理的人员也将与系统进行交互。
- 谁与系统的需求有关联。这些人也会使用系统中相关的功能。
- 谁对系统进行维护。日常的维护业务也需要与系统进行交互。
- 与外部系统是否有关联。这些外部系统往往会成为参与者。
- 时间参与者。这是一种习惯用法,用于激活那些系统定期的、自动执行的用例。

由于识别参与者的过程也是一个抽象的过程,因此有必要把这个抽象过程记录下来。参与者的文档没有固定的格式,但至少应该包含如下信息。

- 描述。为每一个参与者提供一个简要的描述,项目相关人员能够从该描述中准确地获得该参与者所扮演的角色和职责。
- 基本特征。参与者的特征可能会影响到系统的实现细节,如影响到界面设计的风格等。因此,开发人员要对参与者的职责范围、物理环境、使用习惯、用户数量和类型、使用系统的频率等特征进行系统说明。当然,对于不同的项目、不同的参与者,特征可能会有所不同,要根据具体情况灵活处理。

• 相关的涉众和典型用户。参与者一般是从具体用户抽象出来的,因此,对一个系统参与者而言,可能涉及不同的涉众,这些内容应该体现到参与者文档中,以便在后续开发、测试中使用。

【实例 5.1】 图书馆管理系统中,管理员和读者是使用系统的两种角色,即,两个参与者,如图 5.5 所示。

图 5.5　图书馆管理系统的参与者

3. 用例

用例是可以被行为者感受到的、系统的一个完整的功能。UML 把用例定义成系统完成的一系列动作,动作的结果能被特定的行为者察觉到。这些动作除了完成系统内部的计算与工作外,还包括与一些行为者的通信。用例通过关联与行为者连接,关联指出一个用例与哪些行为者交互,这种交互是双向的。用例应该包含以下要点。

• 可观测。用例描述的是参与者与系统的交互,而不是系统内在的活动。因此用例的定义也应该只关注系统对外体现的行为,或者说用例止于系统边界。
• 结果值。每个用例都会对外界参与者产生一个有价值的结果。
• 系统执行。用例产生的结果值是由目标系统生成的。
• 由参与者执行。用例的识别和定义都是从参与者角度出发的,以参与者的视角获取和命名用例。

掌握这些要点后,就可以从参与者的角度入手,通过分析参与者使用系统实现的目标来获取相应的用例。具体来说,识别用例的思路有以下几个。

• 参与者的日常工作是什么? 这些业务可能作为用例而存在。
• 参与者在业务中承担什么样的作用? 所承担的这些作用可能也需要用例来支持。
• 参与者是否会生成、使用或删除与系统相关的信息? 系统需要提供相应的用例来对这些信息进行管理和维护。
• 参与者是否需要把外部变更通知给系统? 通知系统的过程也需要用例来支持。
• 系统是否需要把内部事情通知给参与者? 通知参与者的过程就是系统用例的行为。
• 是否存在进行系统维护的用例? 相关的维护用例也会在系统中存在。

确定了这些用例后就需要对用例进行命名,用例的命名也需要遵循前面介绍的要点,即从参与者的角度描述参与者所要达到的目标。典型的用例名称应该是这样的结构"(状语)动词+(形容词)宾语",即是一个动宾结构,动词前面可以加上适当的状语进行修饰,而宾语前面也可以加上定语。有了这样一个结构的用例,就可以将该用例与其相关的参与者联系起来,构成一个完整的需求项。

有关用例的定义还有一个非常容易陷入的误区,就是用例粒度问题。严格来说,用例并不存在所谓的粒度问题。出现这种误解更多的原因是使用者误用了用例的概念。这种问题最主要的表现是系统分析师由于担心会遗漏掉系统中的各个功能细节,而在定义用例时过分地细化,从而陷入了功能分解中;这样用例也就不是用例了,而变成了系统的各个功能单元。这显然违背了用例提出的初衷,也不是面向对象的方法所提倡的抽象和封装思想。因此严格把握评价用例的标准来定义用例是避免犯用例粒度错误的关键,这条原则就是"用例是参与者所要实现的最终目标，并为参与者产生所需要的价值”。

图书馆管理系统中，管理员登录系统可完成5个方面的工作，包括维护图书信息、维护读者信息、维护借阅信息以及借书和还书操作。读者只能通过系统查询图书信息和查询借阅信息。参与者和用例之间的关系如图5.6所示。

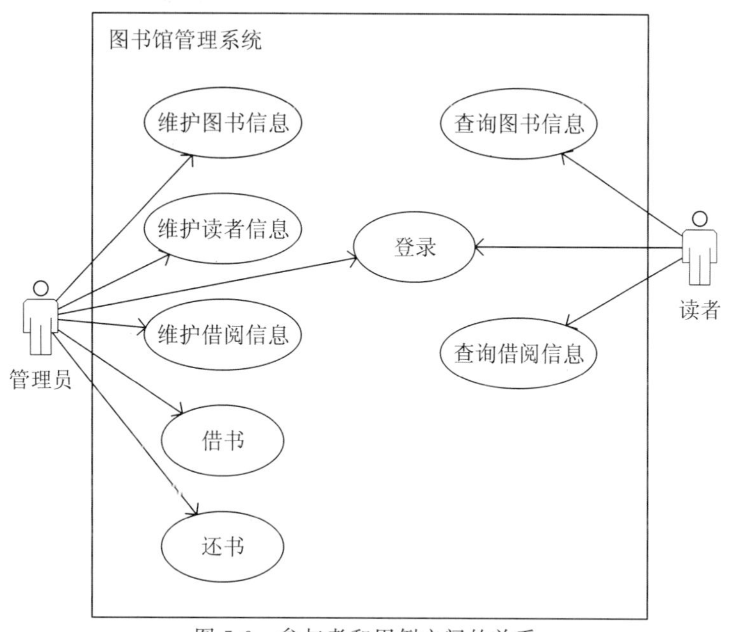

图5.6　参与者和用例之间的关系

4. 用例图中的关系

由于用例图中的主要元素是参与者和用例，因此用例图中包含参与者之间的关系、用例之间的关系以及参与者与用例之间的关系。

(1) 参与者间的泛化关系。

一个系统可以具有多个参与者。当系统中的几个参与者既扮演自身的角色，同时也有更一般化的角色时，可以通过建立泛化关系来进行描述。对参与者建立泛化关系，可以将这些具有共同行为的一般角色抽象为父参与者，子参与者则可以继承父参与者的行为和含义，并能拥有自己特有的行为和含义。在泛化关系中，父参与者也可以是抽象的，即不能创建一个父参与者的直接实例，这就要求属于抽象父参与者的外部对象一定能够属于其子参与者之一。

例如，如图5.7所示，高级会员拥有普通会员的权限，也拥有一些普通会员没有权限的操作，因此二者之间可以建立泛化关系。读者分为学生读者和教师读者，这里读者就是一个抽象参与者(斜体字表示抽象)，如果系统外部的一个参与者对象属于“读者”，那么它必然为学生读者或教师读者。

(2) 参与者与用例的关联关系。

在用例图中，参与者与用例之间存在关联关系，即参与者实例通过与用例实例传递消息实例(信号与调用)来与系统进行通信。在用例执行过程中，一个用例实例不一定仅仅对应于一个参与者实例，一旦出现了多个参与者实例共同参与一个用例实例的发起和执行，参与

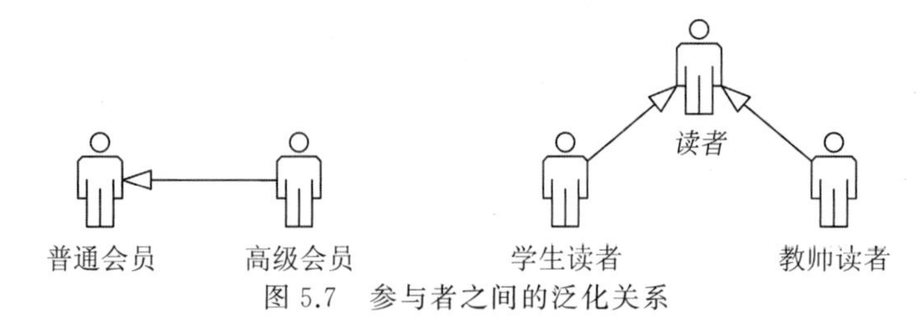

图 5.7　参与者之间的泛化关系

者们就有了主次之分。行为对应的被满足的那个参与者称为这个用例的主参与者，而其他仅仅是和系统有通信的参与者们称为次参与者。通常，主参与者是用例的重要服务对象，而次参与者处于一种协作地位。

在 UML 中，如果箭头指向用例，则表明由参与者发起用例，其是用例的主参与者；如果没有箭头或箭头指向参与者，则表示用例与外部服务参与者或外部接受参与者之间有交互，其是用例的次参与者。图 5.6 中的所有用例都是由参与者主动发起的，管理员和读者都是用例的主参与者。

(3) 用例间的泛化关系。

与参与者的泛化关系相似，用例的泛化关系将特化的用例与一般化的用例联系起来。子用例继承了父用例的属性、操作和行为序列，并且可以增加属于自己的附加属性和操作。例如，图 5.8 中的评价教师和评价职工用例功能类似，但面对的对象不同，评价的方式有差异。可以设计一个"评价教职工"用例，与另外两个特殊评价用例构成泛化关系。"评价教职工"用斜体表示，表示抽象用例，即这一用例不能被实例化，而只能创建其非抽象的子用例的实例。

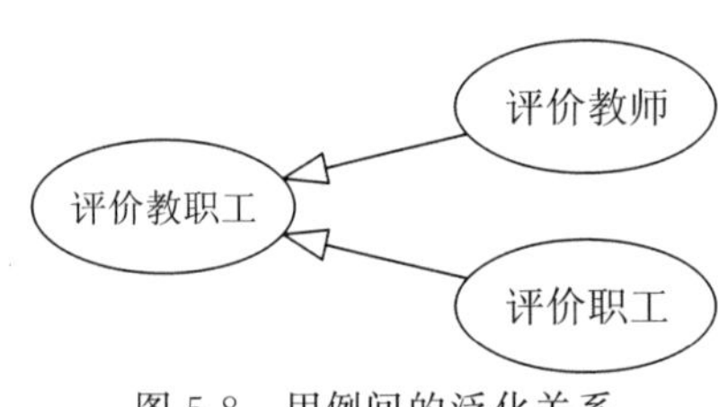

图 5.8　用例间的泛化关系

用例之间的泛化关系往往令人困惑。由于在用例图中很难显式地表达泛化出来的子用例到底"继承"了基本用例的哪些部分，并且子用例继承父用例的动作序列很有可能会导致高耦合的产生，因此建议尽量不使用用例的泛化关系，更不应该使用多层的泛化。

(4) 用例间的依赖关系。

在用例图中，除泛化关系外，用例之间还存在多种依赖关系。依赖关系通过附加不同的构造型来表示不同的关系，用户也可以自己定义带有新构造型的依赖关系。

用例图中最常见的两种依赖关系是：包含和扩展。

① 包含指的是一个用例(基用例)可以包含其他用例(包含用例)具有的行为，其中包含用例中定义的行为将被插入基用例定义的行为中。使用包含关系需要遵循以下两个约束：基用例可以看到包含用例，并需要依赖包含用例的执行结果，但是它对包含用例的内部结构没有了解；基用例一定会要求包含用例执行，即对包含用例的使用是无条件的。一般情况下，当某个动作片段在多个用例中都出现时，可以将其分离出来从而形成一个单独的用例，将其作为多个用例的包含用例，以此来达到复用的效果。

例如，图书馆管理系统中，管理员登录后才能进行其他操作，因此管理员操作的用例都包含"登录"用例。同样，读者查询借阅信息也要求登录，因此也包含"登录"用例。当借书时，管理员需要知道读者能借阅的数量，以及是否有超期未还的情况，因此需要查询借阅信息；当还书时，管理员也需要查找到借阅记录。而且读者也可以查询借阅信息，因此把“查询借阅信息”作为一个单独的用例，而且作为“借书”和“还书”用例的包含用例，以达到复用的效果，如图 5.9 所示。

② 扩展指的是一个用例(扩展用例)对另一个用例(基用例)行为的增强。在这一关系中，扩展用例包含了一个或多个片段，每个片段都可以插入基用例中的一个单独的位置上，而基用例对于扩展的存在毫不知情。使用扩展用例，可以在不改变基用例的同时，根据需要自由地向用例中添加行为。

例如，图书馆管理系统中，当读者还书时，发现超期了，则需要对读者进行罚款。系统有“超期罚款”这个用例，它是对“还书”用例行为的增强，其执行是有条件的，因此二者之间构成扩展关系。对管理员来说，对图书信息的维护就是日常的增、删、改、查这 4 项操作，其中查询图书信息有复用性，读者也可以查询图书信息，因此可以考虑把这部分独立出来，这两个用例之间的关系可表示为扩展。类似地，“维护借阅信息”和“查询借阅信息”之间也是扩展关系，如图 5.9 所示。

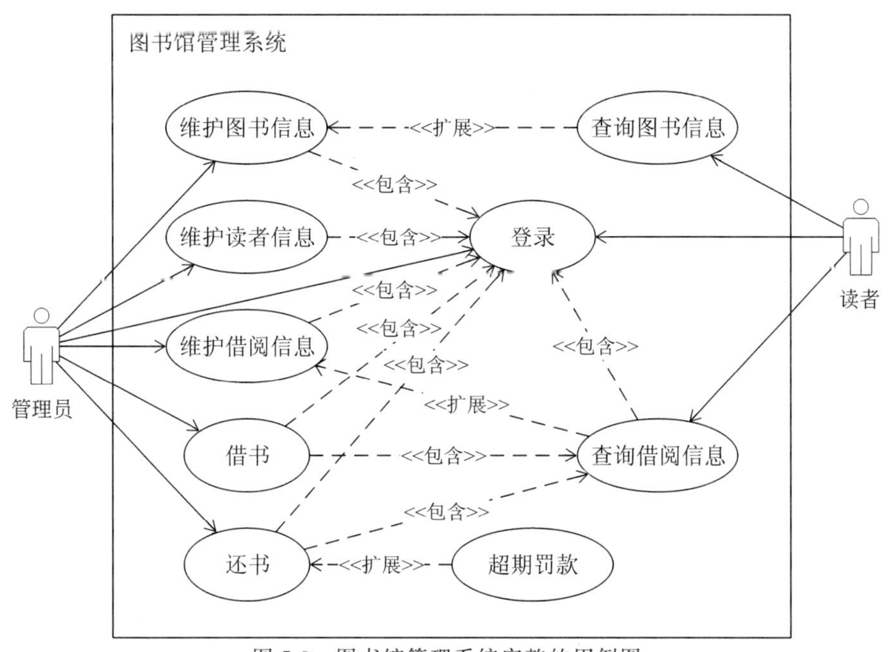

图 5.9 图书馆管理系统完整的用例图

表 5.2 详细说明了包含和扩展这两种关系的区别。

表 5.2 包含与扩展这两种关系的区别

特　　性	包　　含	扩　　展
作用	增强基用例的行为	增强基用例的行为
执行过程	包含用例一定会执行	扩展用例可能被执行
对基用例的要求	在没有包含用例的情况下，基用例可以是，也可以不是良构的	在没有扩展用例的情况下，基用例一定是良构的

续表

特　　性	包　　含	扩　　展
表示法	箭头指向包含用例	箭头指向基用例
基用例对增强行为的可见性	基用例可以看到包含用例，并决定包含用例的执行	基用例对扩展用例一无所知
基用例每执行一次，增强行为的执行次数	只执行一次	取决于条件(0 到多次)

5. 用例描述

用例图可帮助人们查看系统的外貌，但系统拥有什么功能，这些功能可以达到什么目的，用例图并不知道，更无法解释系统将如何去实现和完成其功能。若希望以外部的视角真正了解系统，还需要通过阅读用例的描述和详细文档来实现。

一个完整的用例模型应该不仅仅包括用例图部分，还要有完整的用例描述部分。一般的用例描述主要包括以下几部分内容。

- 用例名称。描述用例的图或实现的目标，一般为动词或动宾短语。
- 用例编号。用例的唯一标识符，在其他位置可以使用该标识符来引用用例。
- 用例描述。对用例的一段简单的概括描述。
- 参与者。描述用例的参与者，包括主要参与者和其他参与者。
- 涉众。与该用例相关的其他用户或部门，该用例的执行会对这些用户产生影响。
- 前置条件。用例执行前必须满足的条件。
- 后置条件。用例执行后系统所达到的状态。
- 基本事件流。描述用例的常规活动序列，包括参与者发起的动作与系统执行的响应活动。
- 备选事件流。描述基本流程可能出现的分支事件或异常事件，即典型过程以外的其他活动步骤。
- 补充约束。描述与该用例相关的约束，包括数据需求、业务规则、非功能需求、设计约束等信息。

例如，图书馆管理系统中“借书”用例的用例文档示例如表 5.3 所示。

表 5.3　“借书”用例的用例文档示例

用例名称	借　　书
用例编号	UC04
用例描述	管理员根据读者的要求，利用该用例完成借书过程
参与者	管理员
涉众	管理员：为读者完成借书过程 读者：借到所需图书
前置条件	管理员登录系统
后置条件	借书成功后，将借书信息存入数据库

续表

用例名称	借 书
基本事件流	(1) 管理员输入读者信息，系统查询读者的借阅信息，确定是否具有借阅资格(A-1) (2) 管理员输入图书信息(A-2) (3) 确定借阅后，系统记录读者信息、图书信息以及借阅日期等信息 (4) 系统提示借阅成功
备选事件流	A-1 如果该读者借阅额度为0或有超期未还情况，系统提示该读者无法借阅 A-2 如果输入图书的数量超过读者借阅额度，系统提示数量超限
补充约束	无

5.3.3 对象模型

对象模型表示静态的、结构化的系统的"数据"性质。它是对模拟客观世界实体的对象以及对象彼此间的关系的映射，描述了系统的静态结构。面向对象方法强调围绕对象而非功能来构造系统。对象模型为建立动态模型和功能模型，提供了实质性的框架。

UML提供了类图和对象图来描述对象模型，类图(Class Diagram)是软件的蓝图，用于详细描述系统内各个对象的相关类，以及这些类之间的静态关系；对象图(Object Diagram)用于表示在某一时刻，类的对象的静态结构和行为。对象图的作用十分有限，主要用于说明系统在某一特定时刻的具体运行状态，一般在论证类模型的设计时使用。下面主要介绍类图。

1. 类的符号

UML中类的图形符号如图5.10所示。3个区域分别描述类名、属性和操作，属性和操作可以省略。

类名
属性
操作

图5.10 UML中类的图形符号

(1) 类名。

每个类都必须有一个区别于其他类的名称。类名是一个文本串，在实际应用中，类名应该来自系统的问题域，选择从系统的词汇表中提取出来的名词或名词短语，明确而无歧义，便于理解交流。总之，名字应该是富于描述性的、简洁的而且无二义性的。

(2) 属性。

属性是已被命名的类的特性，它描述了该特性实例可以取值的范围。类可以有任意数量的属性，也可以没有任何属性。属性描述了类的所有对象所共有的一些特性。例如，每一面墙都有高度、宽度和厚度3个属性。因此，一个属性是对类的一个对象可能包含的一种数据或状态的抽象。在一个给定的时刻，类的一个对象将对该类属性的每一个属性具有特定值。

UML描述属性的语法格式如下。

可见性 属性名:类型名=初值{特性}

- 可见性(即可访问性)通常有下述3种："+"表示公有的(Public)，表示该元素可以被其他类访问；"-"表示私有的(Private)，表示该元素只能对本类可见，不能被其他类访问；“#”表示保护的(Protected)，表示该元素仅能被本类及其派生类访问。

- 属性名是属性的标识符。在描述属性时，属性名是必需的，其他部分可选。
- 类型名表示该属性的数据类型，可以是基本数据类型，也可以是用户自定义的类型。
- 在创建类的实例时应为其属性赋值，如果为某个属性定义了初值，则该初值可作为创建实例时这个属性的默认值。
- 特性明确地列出该属性所有可能的取值。枚举类型的属性往往用性质串列出可以选用的枚举值，不同枚举值之间用逗号分隔。也可以用性质串说明属性的其他性质，例如，约束说明{只读}表明该属性是只读属性。

(3) 操作。

操作是一个可以由类的对象请求以影响其行为的服务的实现，也即是对一个对象所做的事情的抽象，并且由这个类的所有对象共享。操作是类的行为特征或动态特征。一个类可以有任意数量的操作，也可以没有操作。调用对象的操作会改变该对象的数据或状态或者为服务的请求者以返回值为承载提供某些信息。

UML对操作和方法做了区别。操作详述了一个可以由类的任何一个对象请求以影响行为的服务；方法是操作的实现。类的每一个非抽象操作必须有一个方法，这个方法的主体是一个可执行的算法(一般用某种编程语言或结构化文本描述)。在一个继承网格结构中，同一个操作可能有很多方法，在运行时可多态地选择其中一个方法来调用。

UML描述操作的语法格式如下。

可见性 操作名(参数表) ：返回值类型{特性}

- 操作可见性的定义方法与属性相同。
- 操作名是必需的，其他部分可选。在实际建模中，操作名一般是用来描述该操作行为的动词或动词短语，命名规则与属性相同。
- 参数表是用逗号分隔的形式参数的序列，定义了操作的输入。参数列表的表示方式与C++、Java等编程语言相同，可以有零到多个参数。描述一个参数的语法如下。

  参数名：类型名＝默认值

  当操作的调用者未提供实际参数时，该参数就使用默认值。
- 特性是对操作性质的约束说明。在UML中可用于操作的特性包括：叶子(leaf)、查询(isQuery)、顺序(sequential)、监护(guarded)、并发(concurrent)。

2. 关系的符号

在类图中，很少有类是独立为系统发挥作用的，大部分的类以某些方式彼此协作进行工作。因此，在进行系统建模时，不仅要抽象出形成系统词汇的事物，还必须对这些事物之间的关系进行建模。类图中涉及了UML中最常用的4种关系，即关联关系、泛化关系、依赖关系和实现关系。

(1) 关联关系。

关联关系是两个或多个类元之间的关系，表示存在某种语义上的联系。

① 关联名。只要在两个类之间存在连接关系就可以用关联表示。关联的图示符号是连接两个类之间的直线。关联可以有一个名称，用以描述该关系的含义。关联名一般采用动词或动词短语，放置在关联的中央。如果关系本身比较好理解，可以省略关联名。例如，

读者借阅图书可以表示成图 5.11。

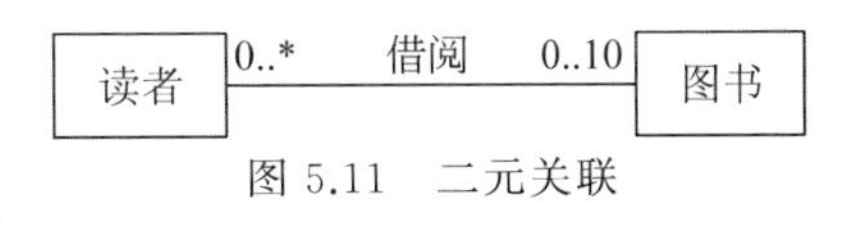

图 5.11 二元关联

② 多重性。图 5.11 中,关联两端的数字表示关联的多重性。关联表示了对象间的结构关系,然而一个类可以生成多个对象,这也意味着由一个关联可能生成若干个链接实例,或者说一个类的对象可能链接到所关联的类的多个对象上,这种"多少"即为关联角色的多重性,它表示一个整数的范围,通过多重性表达式来指明一组相关对象的可能个数。多重性的表示方法通常有如下几种。

- 0..1,表示 0 到 1 个对象。
- 0..*或*,表示 0 到多个对象。
- 1..*,表示 1 到多个对象。
- 1..15,表示 1 到 15 个对象。
- 3,表示 3 个对象。

③ 端点名(角色)。在任何关联中都会涉及参与此关联的对象所扮演的角色,或者说发挥的作用,在某些情况下显式标明角色名有助于别人理解类图,UML 2.X 中称之为端点名。角色名放在靠近关联端的部分,表示该关联端连接的类在这一关联关系中担任的角色。具体来说,角色就是关联关系中一个类对另一个类所表现的职责。例如,表示人在室内工作所产生的关联,"房间"类就可以用"办公室"作为角色名,"人"类可以用"工作者"作为角色名,如图 5.12 所示。另外,角色名也可使用可见性修饰符号+、# 和-来表示角色的可见性。

④ 导航性。导航性(navigation)是一个布尔值,用来说明运行时刻是否可能穿越一个关联。当对二元关联的一个关联端(目标端)设置了导航性就意味着:可以从另一端(源端)指定类型的一个值得到目标端的一个或一组值(取决于关联端的多重性)。对于二元关联,只有一个关联端上具有导航性的关联关系称为单向关联(unidirectional association),通过在关联路径的一侧添加箭头来表示;在两个关联端上都具有导航性的关联关系称为双向关联(bidirectional association),关联路径上不加箭头。使用导航性可以降低类间的耦合度,这也是好的面向对象分析与设计的目标之一。例如,一个订单可以获取到该订单的一份产品列表,但一个产品却无法获取到哪些订单包括了该产品,在这样的场景下可以使用导航性,如图 5.13 所示。

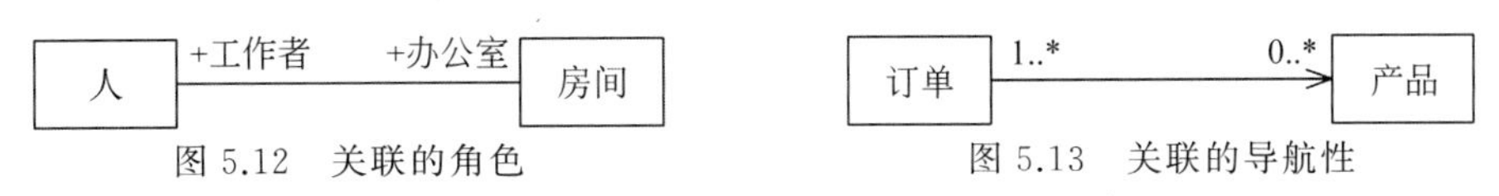

图 5.12 关联的角色　　图 5.13 关联的导航性

⑤ 自关联。一个类自身之间的关联,称为自关联。例如,经理和职员同为一家公司的员工,经理可以管理员工,在这个关联中,"经理"和"职员"是员工的两种不同的角色,如图 5.14 所示。

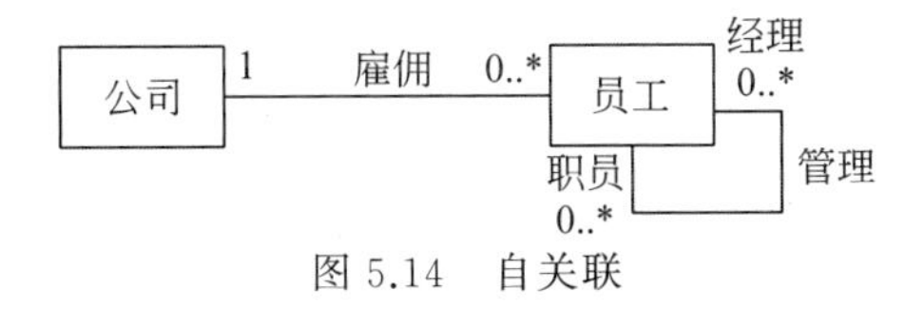

图 5.14 自关联

⑥ 关联类。关联关系代表了类之间的语义联系,而这种语义联系也可能存在一些属性信息,UML 用关联类来表示这些信息。关联类是一种被附加到关联关系上的类,用来描述该关联关系自身所拥有的一些属性和行为。当某些属于关联关系自身的特征信息无法被附加到关联两端的类时,就需要为该关联关系定义关联类。关联中的每个连接与关联类的一个对象相联系。关联类通过一条虚线与关联连接。例如,读者借阅图书时,借阅这个关联就存在一些属性信息,包括借书日期,还书日期等,这时可以用关联类来表示,如图 5.15 所示。

⑦ 三元关联。当 3 个或者更多的类之间存在关联关系,此时称为 n 元关联。例如教师、学生和课程之间的关联,如图 5.16 所示。不过这种关联在实际项目中很少使用,大多数 n 元关联都可以分解成二元关联,或者通过提取关联类将其转换为多个二元关联。常见的编程语言通常都不支持这种 n 元关联的实现,因此到项目设计阶段都应该考虑转换为二元关联。

图 5.15　关联类　　图 5.16　三元关联

⑧ 限定关联。存在限定符的关联称为限定关联(qualified association)。限定符是二元关联上的属性组成的列表的插槽,其中的属性值用来从整个对象集合里选择一个唯一的关联对象或者关联对象的集合。一个对象连同一个限定符一起,决定一个唯一的关联对象或对象的子集(比较少见)。被限定符选中的对象称为目标对象。限定符总是作用于目标方向上多重性为“多”的关联中。在最简单也是最常见的情况下,每个限定符只从目标关联对象集合中选择一个对象,这样就将关联对象方向上的多重性从多个降到了一个。也就是说,一个受限定对象和一个限定值映射到一个唯一的关联对象。例如,一个团体包含多名成员,这种关系就可以建模成一个受限定的关联。团体是受限定对象,成员编号是限定符,成员就是目标对象,由成员编号就可以确定唯一的一名成员,如图 5.17 所示。

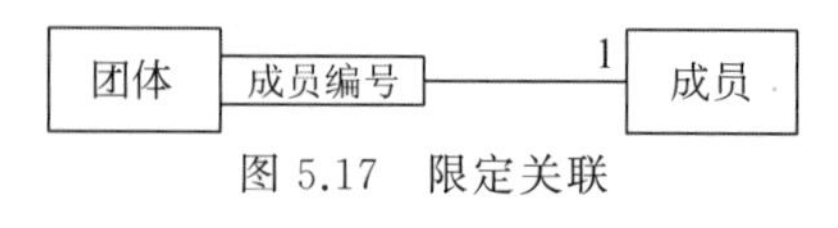

图 5.17　限定关联

⑨ 聚合与组合。对于普通的关联关系而言,关联两端的类在当前关系中处于平等地位。然而,在实际应用中,两个关联的类可能还存在一种整体和部分的含义,即作为整体的对象包含部分对象。这种存在整体和部分含义的关联可以进一步表示成聚合/组合关系。

聚合(aggregation)关系是一种特殊形式的关联关系,用来表示一个整体和部分的关系。如果处于部分方的对象可同时参与多个处于整体方对象的构成,则称为聚合。例如,教室类与课桌类、椅子类之间构成一个聚合关系,即教室中有许多课桌和椅子,当教室对象不存在时,课桌和椅子同样可以作为其他用途,二者是独立存在的。在 UML 中,通过在关联路径上靠近表示“整体”的类的一端上使用一个小空心菱形来表示,如图 5.18 所示。

组合(composition)关系描述的也是整体与部分的关系,它是一种更强形式的聚合关系,又被称为强聚合。如果部分类完全隶属于整体类,部分与整体共存,整体不存在了,部分也会随之消失(或失去存在价值),则称为组合。例如,在屏幕上打开一个窗口,它由文本框、列表框、按钮和菜单组成,一旦关闭了窗口,各个组成部分也同时消失,窗口和它的组成部分之间存在着组合关系。组合关系用实心菱形表示,如图 5.19 所示。

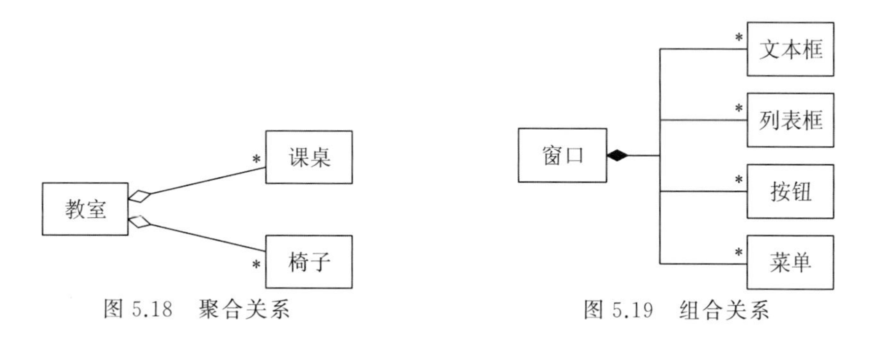

图 5.18 聚合关系

图 5.19 组合关系

(2) 泛化关系。

泛化关系是通用元素和具体元素之间的一种分类关系。具体元素完全拥有通用元素的信息,并且还可以附加一些其他信息。在 UML 中,用一端为空心三角形的连线表示泛化关系,三角形的顶角紧挨着通用元素。

分析阶段的泛化关系主要来自业务对象模型。针对实体类,结合业务领域的需求,从两方面来提取泛化关系。

- 自顶向下,演绎思维过程。检查单个实体类是否存在一些不同类别的结构和行为,从而可以将这些不同类别的结构抽取出来构成不同的子类。例如,公司人员中有些人有股份,有些人没有,因此可以分成股东和职员两个子类,如图 5.20 所示。
- 自底向上,归纳思维过程。检查是否有类似结构和行为的类,从而可以抽取出通用的结构(属性)和行为(操作)构成父类。例如,汽车和船具有类似的行为,可以抽象出父类交通工具,如图 5.21 所示。

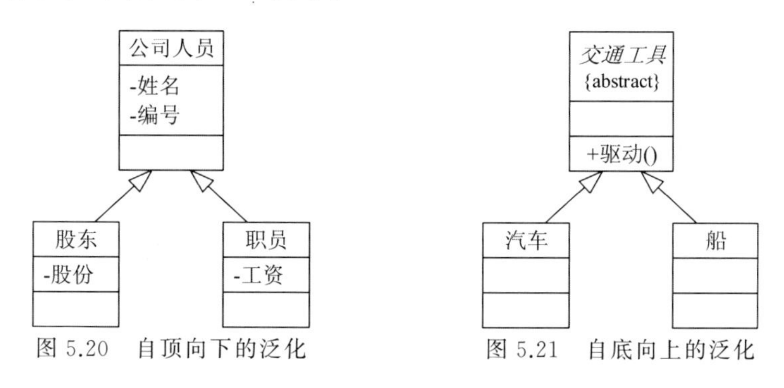

图 5.20 自顶向下的泛化

图 5.21 自底向上的泛化

注意,泛化针对类而不针对实例,一个类可以继承另一个类,但一个对象不能继承另一个对象。实际上,泛化关系指出在类与类之间存在"一般-特殊"关系。

在简单的情况下,每个类只拥有一个父类,这称为单继承。而在更复杂的情况中,子类可以有多个父类并继承所有父类的结构、行为和约束。这被称为多重继承(或多重泛化)。例如,在职研究生兼具研究生和职工的结构和行为,如图 5.22 所示。

不同的编程语言对于多重继承的支持性各有不同。例如,C++ 支持多重继承,而 Java、C# 则不支持。并且,使用多重继承容易出现子类中某些属性或操作的二义性问题,因此不建议使用多重继承。可以参考 Java 或 C# 中的解决方法,即子类继承于唯一的父类,并可

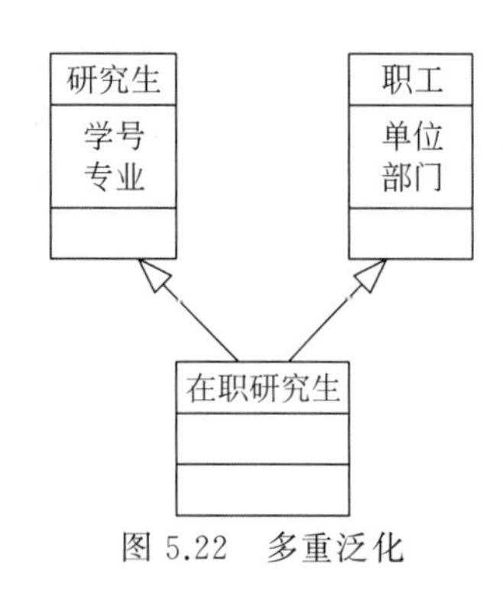

图 5.22 多重泛化

以实现多个接口，来达到多重继承的效果。

(3) 依赖关系。

依赖关系描述两个模型元素(如类、用例等)之间的语义连接关系。其中一个模型元素是独立的，另一个模型元素不是独立的，后者依赖前者。如果独立的模型元素改变了，将影响依赖它的模型元素。

假设有两个元素 X 和 Y，如果元素 X 的变化会引起对另一个元素 Y 的变化，则称元素 Y 依赖 X。其中，X 被称为提供者，Y 被称为客户。依赖关系使用一个指向提供者的虚线箭头来表示。虚线上可以带一个版类标签，具体说明依赖的种类。

类图主要有以下需要使用依赖的情况。

- 客户类向提供者类发送消息；
- 提供者类是客户类的属性；
- 提供者类是客户类操作的参数类型。

UML 2.X 中定义了 5 种基本的依赖类型。

- 使用依赖，包括使用(use)、调用(call)、参数(parameter)、实例化(instantiate)、发送(send)；
- 抽象依赖，包括跟踪(trace)、精化(refinement)、派生(derive)；
- 授权依赖，包括访问(access)、导入(import)、友元(friend)；
- 绑定(bind)依赖；
- 替代(substitute)依赖。

例如，图 5.23 中的使用依赖关系使得课程计划类可以使用课程类，从而实现其功能。

(4) 实现关系。

实现指定了两个实例之间的契约，一个实体定义契约，另一个实体保证履行该契约。实现关系通常用在以下两种情况下。

- 在接口和实现它们的类或构件之间；
- 在用例和它们的协作之间。

在 UML 类图中，实现关系使用三角箭头的虚线来表示，箭头指向接口，即被实现元素。例如，图 5.24 中给出了一个实现关系的例子，其中圆类实现了图形接口。

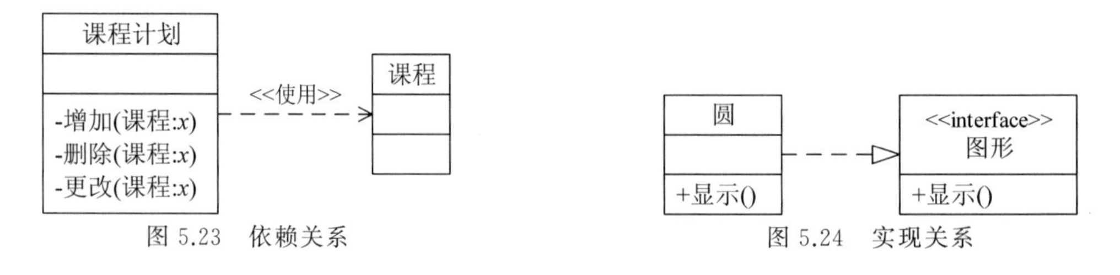

图 5.23 依赖关系　　图 5.24 实现关系

【实例 5.2】 大自然中包含动物，动物的生存离不开水和氧气。可以将动物分为多种类型，例如鸟类、爬行类和其他动物类等。而鸟类又可以包含多种，例如，大雁、鸭和企鹅等。大雁属于雁群的成员，企鹅需要气候条件到了才会进行迁移，唐老鸭不仅是鸭类的一种，还可以讲人话。图 5.25 是根据大自然中动物的关系构造的类图，较为完整地展现了类图中的各种元素。

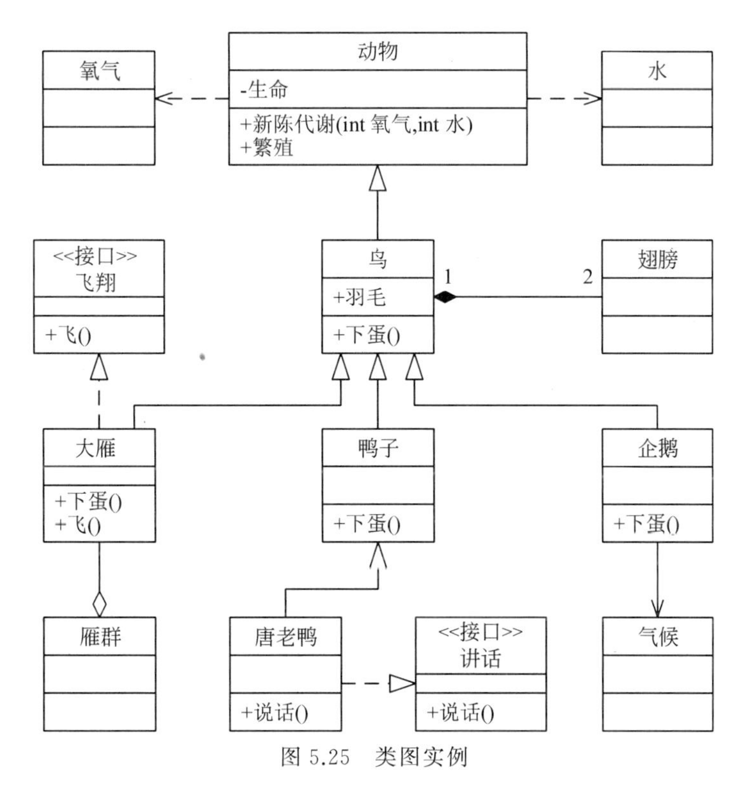

图 5.25 类图实例

3. 分析类

在面向对象系统中，系统所有的功能都是通过相应的类来实现的。面向对象的分析首先需要从用例文档中找出这些可用的类，再将其描述的系统行为分配到这些类中。分析阶段所定义的类被称为分析类。

分析类代表了系统中具备职责和行为的事物的早期概念模型，这些概念模型最终会转换为设计模型中的类或子系统。分析类关注系统的核心功能需求，用来建模问题域对象。

系统中的类相应地对应 3 个层次，即边界类(boundary)、控制类(control)和实体类(entity)，其符号如表 5.4 所示。

表 5.4 分析类的符号

分析类	图标形式	构造型形式
边界类		<<boundary>> 类名称
控制类		<<control>> 类名称

续表

分 析 类	图标形式	构造型形式
实体类		<<entity>> 类名称

识别分析类的过程就是从用例文档中来定义这 3 类分析类的过程。分析类在从业务需求向系统设计的转化过程中起到重要的作用，它们在高层次抽象出系统实现业务需求的原型，业务需求通过分析类逻辑化，被计算机所理解。

边界类是一种用于对系统外部环境与其内部运作之间的交互进行建模的类。这种交互包括转换事件，并记录系统表示方式中的变更。通常，边界类的实例可以是窗口、通信协议、外部设备接口、传感器、终端等。总之，在两个有交互的关键对象之间都应当考虑建立边界类。在建模过程中，边界类有下列几种常用场景。

- 参与者与用例之间应当建立边界类。用例可以提供给参与者完成业务目标的操作只能通过边界类表现出来。例如，参与者通过一组网页、一系列窗口、一个命令行终端等才能使用用例的功能。
- 用例与用例之间如果有交互，应当为其建立边界类。如果一个用例需要访问另一个用例，直接访问用例内部对象不是个良好的做法，因为这将导致紧耦合的发生。使用边界类可以使这种直接访问变为间接访问。在实现时，这种边界类可以表现为一组 API、一组 JMS 或一组代理类。
- 如果用例与系统边界之外的第三方系统等对象有交互，那么应当为其建立边界类，以起到中介的作用。

控制类是一种对一个或多个用例所特有的控制行为进行建模的类。控制类的实例称为控制对象，用来控制其他对象，体现出应用程序的执行逻辑。在 UML 中，控制类被认为主要起到协调对象的作用，例如，从边界类通过控制类访问实体类，协调两个对象之间的行为。在建模过程中，一般由一个用例拥有一个控制类或者多个用例共享同一个控制类，由控制类向其他类发送消息，进而协调各个类的行为来完成整个用例的功能。

实体类是用于对必须存储的信息和相关行为建模的类。简单来说，实体类就是对来自现实世界的具体事物的抽象。实体类的主要职责是存储和管理系统内部的信息，它也可以有行为，甚至很复杂的行为，但这些行为必须与它所代表的实体对象密切相关。实体类的实例称为实体对象，用于保存和更新一些现象的有关信息。实体类具有的属性和关系一般都是被长期需要的，有时甚至在系统整个生存周期内都需要。

【实例 5.3】 图书馆管理系统的类元素如图 5.26 所示，类图如图 5.27 所示。

图 5.27 中显示了系统中最重要的 3 个实体类，借书控制和还书控制两个控制类，以及借书界面和还书界面两个边界类。为了保持图形的清晰和有效性，类的属性和操作没有完全显示出来，主要展示了与借书和还书用例相关的部分。

5.3.4 动态模型

动态模型表示瞬时的、行为化的系统的“控制”性质，它规定了对象模型中的对象的合法

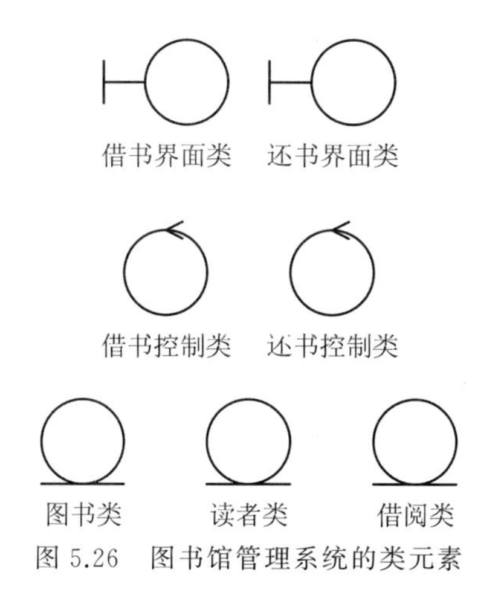

图 5.26 图书馆管理系统的类元素

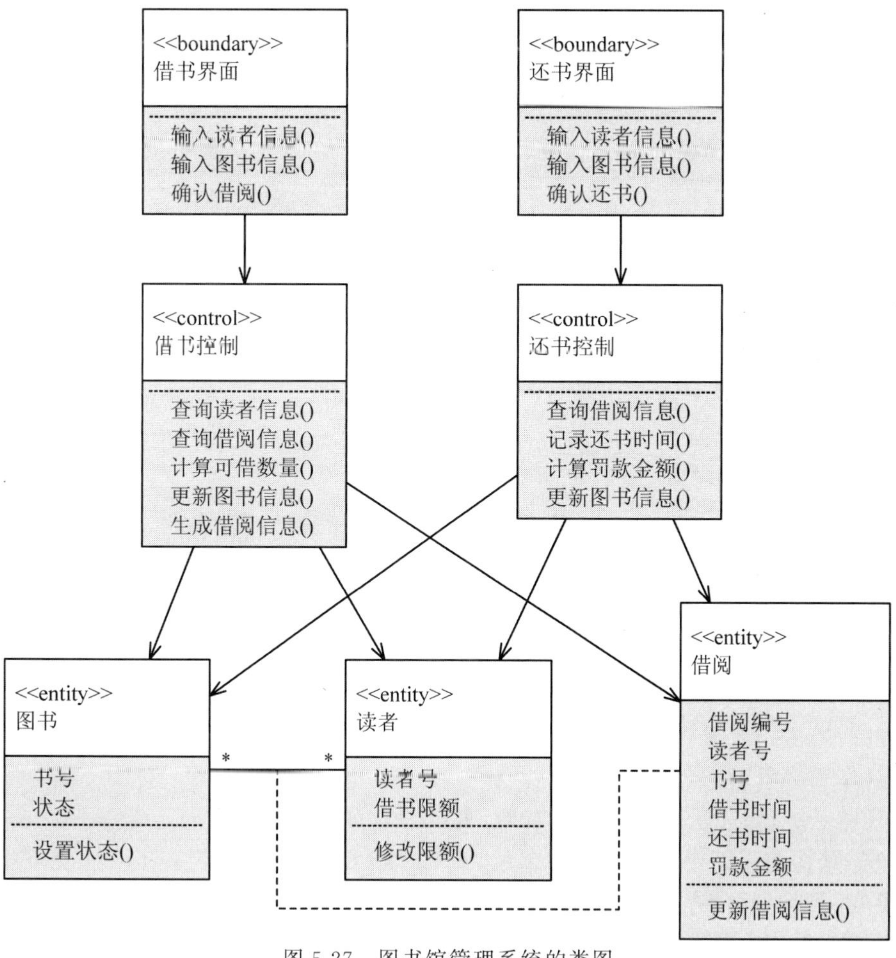

图 5.27 图书馆管理系统的类图

变化序列。完整、正确的应用场景为建立动态模型奠定了必要的基础，动态模型对于功能的完成起着至关重要的作用。下面介绍 UML 中两个常用的动态模型建模图，顺序图和状态机图。

1. 顺序图

UML 对用例所概括的参与者与系统之间的交互行为提供了表达方式，顺序图就是其中的一种。顺序图(sequence diagram)是按时间顺序显示对象交互的图。具体来说，它显示了参与交互的对象和所交换信息的先后顺序，用来表示用例中的行为，并将这些行为建模成信息交换。

当执行一个用例行为时，顺序图中的每一条消息都对应了一个类的操作或状态机中引起转换的触发事件。也就是说，顺序图在一个编程人员可以理解的模型基础上对用例进行了翻译，把抽象的各个步骤转化成大致的消息传递序列，供程序员们按图索骥。并且，图非常适合用来表达一些序列，这也使得顺序图成为描述过程的强有力的工具。

顺序图是按时间顺序描述交互及消息传递的一种方式，顺序图主要有以下 3 种作用。

- 细化用例的表达。本章前面曾提到，顺序图的一个用途，就是将用例所描述的需求与功能转化为更加正式、层次更加分明的细化表达。
- 有效地描述类职责的分配方式。可以根据顺序图中各对象之间的交互关系和发送的消息来进一步明确对象所属类的职责。
- 丰富系统使用语境的逻辑表达。系统的使用语境即为系统可能的使用方式和使用环境。

顺序图主要包括 4 个元素：对象(object)、生命线(lifeline)、激活(activation)和消息(message)。对象是系统参与交互的参与者和系统元素；生命线即为纵轴，是时间的延续；消息描述各元素交互的详细信息；激活期显示对象在当前时间所处的激活状态。

(1) 对象与生命线。

顺序图中的对象并不是系统类的对象，而是系统中存在交互的元素，可以是类、参与者或组件。面向对象程序中，行为的执行通常由对象而非类完成，因此顺序图通常描述的是对象层次的类元素。

顺序图中的对象分为两种。一种是在程序运行初始就已经存在的。另一种是在程序的运行过程中创建的，例如，向系统添加用户信息，相当于创建新的用户对象；又如，在程序运行中，为了给用户提示或提供用户选项而生成弹出式对话框对象。

对象的名称由用户命名，在顺序图中由拖着生命线的矩形表示。对象名称放在头部矩形内部，名称的命名规则如下。

- 包括类名和对象名，表示为“对象名：类名”；
- 只显示对象名；
- 只显示类名，表示该类的任何对象，表示为“：类名”。

对象与其在顺序图中的生命周期表示为一条生命线。生命线代表了一次交互中的一个参与对象在一段时间内存在。具体地说，在生命线所代表的时间内，对象一直是可以被访问的，也就是说可以随时发送消息给它。顺序图中的生命线位于每个对象的底部中心位置，显示为一条垂直的虚线，与时间轴平行，带有一个显示对象的头符号。顺序图中的大部分对象存在于整个交互过程，即对象创建于顺序图顶部，其生命线一直延伸至底部。

在顺序图中，由于生命线由上向下延续，初始对象在一开始就存在，因此初始对象放在顺序图中的顶部。但执行中的新建对象是在被创建之后才开始自己的生命期的，因此执行中的新建对象可以放在顺序图时间轴方向的中间。对象的创建即发送一个创建消息到该对象,创建后的对象格式与其他对象一样,可以发送和接收消息。但这种表示方法并不绝对,大多数建模工具统一将对象放在顺序图的顶端。

对象可以创建,也可以删除。对象的删除通常针对在程序执行过程中创建的对象。对象的删除与对象创建格式类似,由删除对象发送删除消息到需要被删除的对象,此时还需要在被删除对象的生命线最下端放置一个×符号。该对象生命线不再延续。在实际的程序运行中,多种情况需要创建和删除对象,如创建新订单、删除弹出对话框对象等。对象的创建和删除可以由不同的对象完成。例如,图 5.28 中的邮箱系统在验证用户密码之后,由于密码有误,产生了提示对话框,并由用户确认删除。

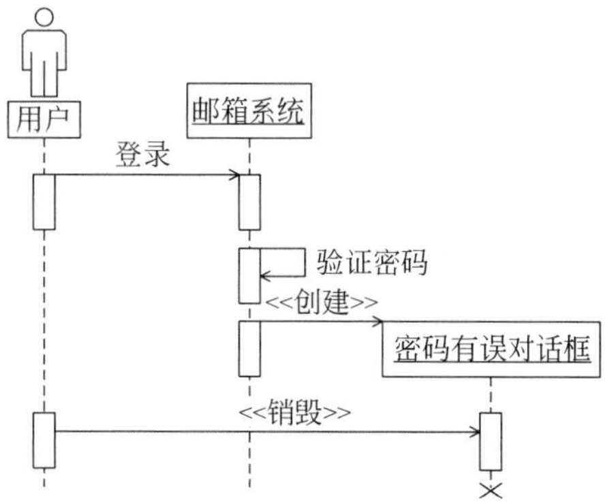

图 5.28 创建和删除对象

(2) 激活。

激活,又称为控制焦点,表示一个对象执行一个动作所经历的时间段,既可以直接执行,也可以通过安排下级过程来执行。同时,激活也可以表示对应对象在这段时间内不是空闲的,它正在完成某个任务,或正被占用。通常,一个激活的开始应该是收到了其他对象传来的消息,这段激活会处理该消息,执行一些相关的操作,然后反馈或者进行下一步消息传递,而一个激活结束的时候应该伴有一个消息的发出。

激活在 UML 中用一个细长的矩形表示,显示在生命线上。矩形的顶部表示对象所执行动作的开始,底部表示动作的结束,或控制交回消息发送的对象。激活的垂直长度表示信息交互持续的时间(粗略的时间)。

图 5.28 中,邮箱系统有 3 个连续的激活期,但这 3 个激活期由不同的程序处理。同一个激活期也是可以由不同的程序处理的。

(3) 消息。

顺序图中的消息连接了顺序图中的对象,包括系统对象和参与者。对象、生命线和激活描述了对象的交互状态,而消息是对交互的解释说明。每两个对象的交互中都会有消息存在,如参与者发送消息到系统,有了系统的激活状态。

每一种交互都有信息的传递。正是因为有了消息的传递,才有了对象间的交互和激活。消息描述了对象间的通信,包括信息的传递、激发操作、创建和删除对象等。

为了提高可读性,顺序图的第一个消息总是从顶端开始,并且一般位于图的左边。之后将继发的消息加入图中。消息的高度决定了消息产生的时间顺序,在顺序图中,消息使用带箭头的直线来表示,由一个对象的生命线指向另一个对象的生命线。但不同的消息使用不同的直线和箭头。

UML 中有 4 种类型的消息。

- 同步消息。同步消息是同步进行、需要返回消息的消息,通常成对出现。操作的调用是一种典型的同步消息。调用者发出消息后必须等待消息返回,只有当处理消息的操作执行完毕后,调用者才可以继续执行自己的操作。例如,顾客查询商品信息,交互过程中需要顾客和系统相互不断传递信息。

- 异步消息。异步消息是不需要返回消息的消息，通常单独出现。发送者发出消息后不用等待消息处理完就可以继续执行自己的操作。异步消息主要用于描述实时系统中的并发行为。例如，顾客选中并确认商品，该过程不需要系统返回信息。
- 简单消息。简单消息只是表示控制从一个对象传给另一个对象，而没有描述通信的任何细节。简单消息是不必要区分同步、异步的消息，用于概括消息的传递。例如，顾客打开系统，不需要区分同步还是异步。
- 返回消息。对象间返回的信息消息，用于信息的传递。例如，返回查询信息。

表 5.5 中显示了 4 种消息的表示符号。简单消息是不区分同步和异步的消息，可以代表同步消息或异步消息。有时，消息并不用分清是同步还是异步，或者不确定是同步还是异步，此时使用简单消息代替同步消息和异步消息，既能表达意思，又能很好地被接受。

表 5.5　消息的符号

消息类型	符号
简单消息 异步消息	————→
同步消息	————▸
返回消息	- - - - - - ->
创建	<<创建>> ————→
销毁	<<销毁>> ————→

在 UML 中，顺序图将交互关系表示为一张二维图。其中，纵向代表时间维度，时间向下延伸，按时间依次列出各个对象发出和接收的消息；横向代表对象的维度，排列着参与交互的各个独立的对象。一般，主要参与者放在最左边，次要参与者放在最右边。放置对象的基本顺序是 ABCE(Actor、Boundary、Control、Entity)，表示首先在顺序图中放置该用例的外部参与者，然后放入边界对象，接着放入控制对象，最后放入实体对象。由于每个用例都是由一个外部参与者触发的，因此最先放置参与者；其次，参与者需要通过边界对象与系统进行交互，因此下一个就是该边界对象；而边界对象接收到用户行为后，交由控制对象进行后续处理；控制对象将按照用例约定的业务规则和流程来操作相应的实体对象；最后，根据用例的复杂程度，可能会有若干个实体对象。

【实例 5.4】 图书馆管理系统中，借书过程的顺序图如图 5.29 所示。

借书时，管理员首先在借书界面录入读者信息，界面类根据读者信息向控制类申请查询读者信息，控制类执行查询请求，向读者实体类查询并验证读者是否具有借阅权限，界面类显示验证结果。然后管理员输入图书信息，类似地，界面类向控制类申请查询图书信息，控制器执行该请求，向图书实体类查询并验证该图书是否可借，界面类显示验证结果。如果读者和图书的验证都成功，管理员在界面单击确认借阅按钮，向控制类请求借阅操作，控制类创建借阅信息实体，对该实体保存借阅信息，同时修改图书实体信息，操作完成后界面类显示借阅成功信息。

2. 状态机图

有时候对象本身也很复杂，可能涉及不同的状态和行为，此时需要通过状态机图来表示。状态机图(state machine diagram)，就是 UML 1.X 中的状态图(statechart diagram)，利用状态和事件描述对象本身的行为。它是一种非常重要的行为图，强调事件导致的对象状态的变化。

本节介绍的 UML 状态机图的符号与 4.2 节介绍过的状态转换图的符号基本一致，不再赘述。

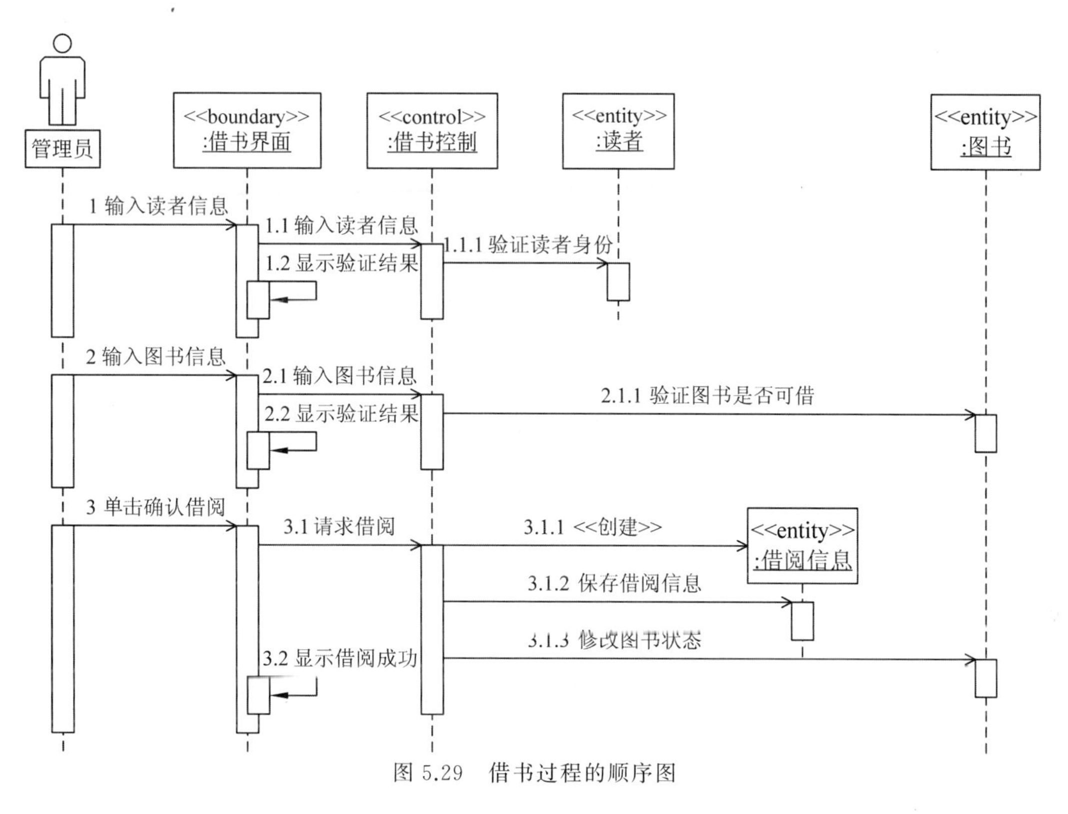

图 5.29 借书过程的顺序图

UML 中的状态机模型主要来源于对 David Harel 工作成果的扩展，由对象的各个状态和连接这些状态的转换组成。状态机常用于对模型元素的动态行为建模，更具体地说，就是对系统行为中受事件驱动的方面建模。一般情况下，一个状态机依附于一个类，用来描述这个类的实例的状态及其转换，和对接收到的事件所做出的响应。此外，状态机也可以依附在用例、操作、协作等元素上，描述它们的执行过程。使用状态机考虑问题时习惯将对象与外部世界分离，将外部影响都抽象为事件，因此适合对局部、细节进行建模。

从某种意义上说，状态机是一个对象的局部视图，用来精确地描述一个单个对象的行为。状态机从对象的初始状态开始，响应事件并执行某些动作，从而引起状态的转换；在新状态下又继续响应事件并执行动作，如此循环直到对象的终结状态。

状态机图主要由状态和转换（事件）两种元素组成。

(1) 状态（State）。

状态描述了对象的生命周期中所处的某种条件或状况；在此期间对象将满足某些条件、执行某些活动或等待某些事件的发生。在 UML 中，状态表示为一个圆角矩形，矩形内的文字代表状态的名称。除了名称外，对于复杂状态，还可以进一步描述其内部结构，这些内部结构可能包括以下内容。

- 入口动作（entry action）。表示进入该状态之前需要自动执行的动作，是在转移发生之后、内部活动之前所要执行的原子操作。用“entry/动作名”的格式表示。
- 出口动作（exit action）。表示转出该状态之前需要自动执行的动作，是在内部活动之后、转移发生之前所要执行的原子操作。用“exit/动作名”的格式表示。
- 状态活动（do activity）。表示处于当前状态下正在进行的活动，在入口动作之后、出口动作之前执行的活动，在状态内部可以多次执行，也可以被中断。用"do/活动名"的格式表示。

- 内部转移(internal transition)。相当于普通的转移，但该转移没有目标状态，也不会导致状态的改变。与普通的转移一样，内部转移也可以说明事件、条件、动作等细节。
- 延迟事件(deferred Event)。指在当前状态下暂不处理，将其推迟到该对象的另一个状态下排队处理的事件列表中。用"事件名/defer"的格式表示。
- 子状态机(submachine)。在一个状态机中可以引用另一个状态机，被引用的状态机称为子状态机。通过子状态机可以形成状态的嵌套结构。子状态机可以通过独立的状态机图描述，也可以在当前状态机中利用复合状态(Composite State)表示。子状态机可以由一个或多个区间组成，每个区间有一组互斥的子状态和对应的转移。

在状态机中，包括两个特殊的状态：初态和终态。初态表示状态机或子状态的默认开始位置；终态表示该状态机或外围状态的执行已经完成。其符号与4.2节中介绍的一致。

(2) 转换。

转移(transition)是两个状态之间的有向关系，表示对象在某个特定事件发生且满足特定条件时将在第一个状态中执行一定的动作，并进入第二个状态。一个转移由5部分组成。

- 源状态(source state)。受转移影响的状态。当对象处于源状态时，可以激活该转移。
- 事件触发器(event trigger)。引起转移发生的事件。当源状态中的对象识别到该事件后，在守卫条件满足的情况下激活转移。
- 守卫条件(guard condition)。一个布尔表达式。当事件发生时，检测该布尔表达式的值，如果表达式为真，则激活当前转移；如果没有其他的转移能被该事件触发，则该事件将丢失。
- 动作(action)。一个可执行的原子行为，当转移激活后，执行该动作。它可以直接作用于拥有状态机的对象，也可以通过该对象间接作用于可见的其他对象。
- 目标状态(target state)。转移完成后的活动状态。

状态机图用于对系统的动态方面进行建模，适合描述一个对象在其生命周期中的各种状态及状态的转换。状态机图的作用主要体现在以下几点。

- 状态机图描述了状态转换时所需的触发事件和监护条件等因素，有利于开发人员捕捉程序中需要的事件。
- 状态机图清楚地描述了状态之间的转换及其顺序，这样就可以方便地看出事件的执行顺序，状态机图的使用节省了大量的描述文字。
- 清晰的事件顺序有利于开发人员在开发程序时避免出现事件错序的情况。
- 状态机图通过判定可以更好地描述工作流在不同的条件下出现的分支。

状态建模可以针对一个完整的系统(或子系统)，也可以针对单个类对象或用例(或用例的某个交互片段)，其目标是关注在其内部哪些事件导致状态改变及如何改变。在类设计期间，针对那些受状态影响的对象进行状态建模，从而可以描述该对象所能够响应的事件、对这些事件的响应及以往行为对当前行为的影响等方面的问题。状态建模过程需要从以下几个方面展开。

- 哪些对象有重要的状态,需要进行状态建模。
- 针对需要进行状态建模的对象,如何确定该对象可能的状态,并分析状态之间的转移,完成状态机模型。
- 如何将状态模型中的状态和事件信息映射到模型的其他部分。

【实例5.5】 在图书馆管理系统中,图书涉及不同的状态;新采购的图书处于“待入库状态”,当工作人员完成新书入库的操作(如登记图书信息等)后,该图书的状态就转为“待借状态”,图书借出后即转为“借出状态”,归还后又转为“待借状态”,如此循环;如果图书损坏或丢失,则转为“废弃状态”。图5.30展示了整个状态演变过程,而这些状态同时会影响它的行为,如在“借出状态”的图书就不允许再借出了。

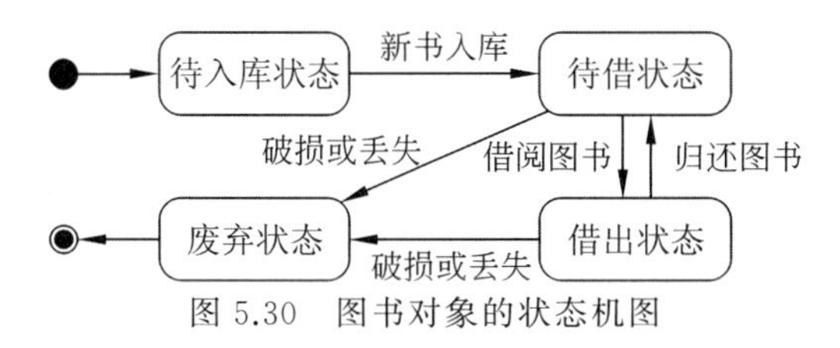

图5.30 图书对象的状态机图

并不是所有的对象都需要进行状态建模,只有当状态的变化影响到对象的行为时才需要进行状态建模。为状态建模的过程中,首先应该明确需要针对哪些对象建模。在确定需要对对象进行状态建模后,下一步就是要明确该对象所有可能的状态。从对象的初态出发,建立该对象创建时的第一个状态,然后分析该状态下可能触发的事件及后续的状态,沿着这些状态变化过程逐步进行分析,直到对象的终态,从而构造出该对象的状态模型。

5.4 校园招聘系统面向对象分析

本节以校园招聘服务系统为例,介绍面向对象分析的过程,采用UML建模工具来表示面向对象分析模型。

5.4.1 需求描述

1. 需求概述

校园招聘服务系统主要面向3类用户进行服务:高校学生、企业客户以及管理员。管理员创建与管理账号、发布与审核招聘职位等。系统除了线上投递简历外,还开设线下宣讲会功能。管理员安排时间地点,审批企业申请宣讲会。企业可以发布招聘职位信息和申请宣讲会以及查看学生投递的简历。学生能够查看企业发布的招聘信息、投递简历等。

(1) 学生用户主要功能。

- 查询职位信息。学生用户可在网站上直接浏览招聘职位信息。
- 投递简历。学生登录后可以上传简历文档并投递到所求职位。

(2) 企业用户主要功能。

- 发布职位信息。企业发布的招聘职业需由管理员进行审核。
- 查看学生简历。已投递的简历会呈现给企业用户,待企业用户查看后可与学生进行进一步应聘沟通。
- 申请宣讲会。企业用户可申请宣讲会活动,活动的审批由管理员进行协调确定。

(3) 管理员功能。

- 用户信息管理。所有用户的信息均由管理员进行审批维护。
- 招聘职位管理。企业发布的招聘职业需由管理员进行审核。
- 简历信息管理。学生的简历信息由管理员进行相应的管理。
- 宣讲会管理。企业提出宣讲会申请,由管理员进行审核和确认。

2. 业务模型

为了定义系统模型,通常先进行业务建模。业务模型可以为系统模型中的用例视图和逻辑视图提供输入,还可以为系统架构提供一些重要的架构机制,是定义系统模型的辅助手段。

校园招聘服务系统的主要业务包括企业发布职位信息、学生投递简历和举办宣讲会。

企业发布职位信息的流程如下:企业用户登录系统,之后创建职位,编写相关信息上传到系统;管理员登录系统后审核企业用户发布的职位信息,审核通过则在数据库中保存相关数据,若审核不通过,则发送失败信息。该业务流程的活动图如图 5.31 所示。

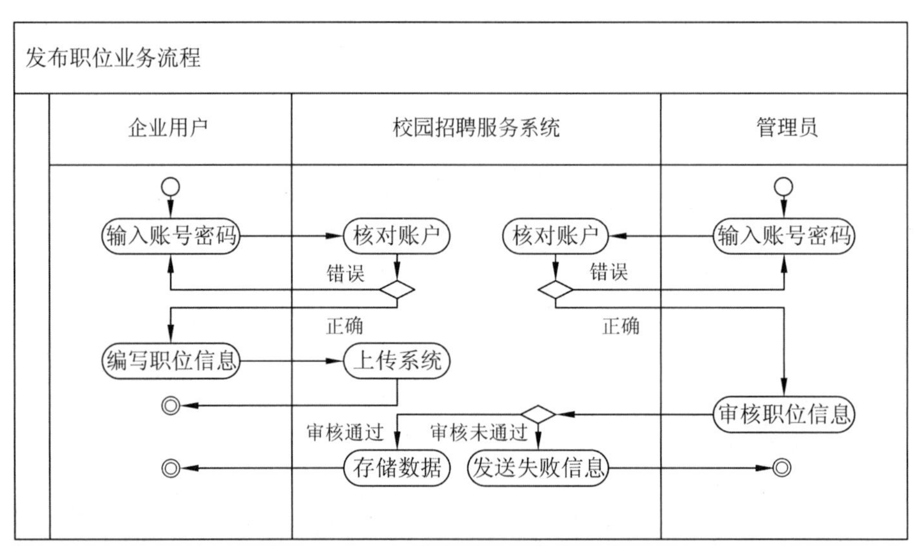

图 5.31 发布职位业务流程的活动图

学生投递简历的流程如下:学生登录系统,然后浏览企业发布的职位信息,对心仪职位投递简历,投递记录将存储在数据库中。该业务流程的活动图如图 5.32 所示。

举办宣讲会的业务流程如下:企业用户登录成功后,编辑相关信息进行宣讲会申请,申请记录上传至系统。管理员登录后,对企业用户的宣讲会申请信息进行审核,审核通过则系统将宣讲会信息存储在数据库中,并在前端招聘网站界面展示相关信息;审核未通过则返回失败信息。该业务流程的活动图如图 5.33 所示。

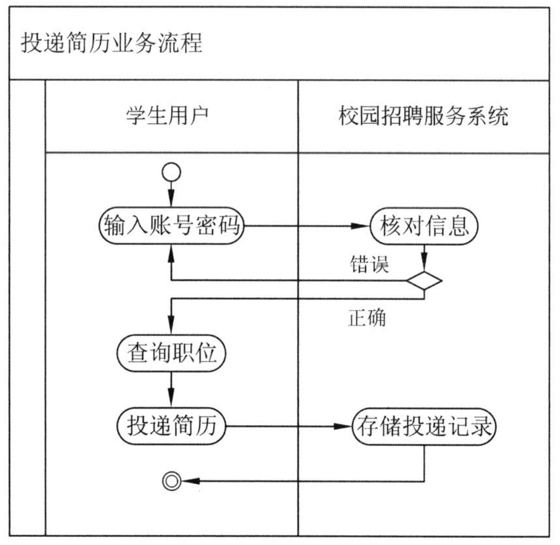

图 5.32 投递简历业务流程的活动图

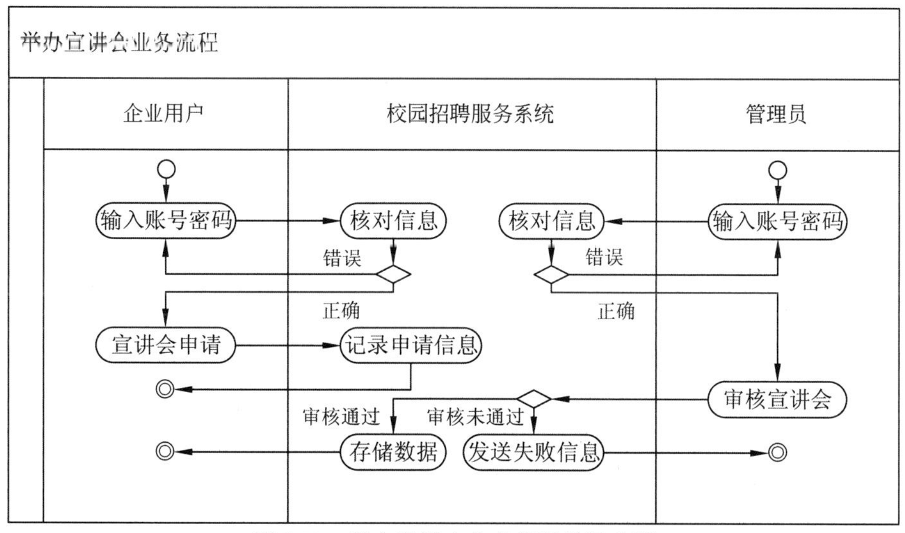

图 5.33 举办宣讲会业务流程的活动图

5.4.2 用例分析

1. 用例图

根据校园招聘服务系统的需求描述和主要业务流程的分析,可描述出系统的用例模型,用 UML 中的用例图来表示。其中,系统的参与者包括学生、企业和管理员 3 种角色,主要用例包括发布职位、投递简历和申请宣讲会等,另外还需要登录以及常规的信息管理功能。因此,系统的用例图如图 5.34 所示。

2. 用例文档

绘制出系统的初始用例图后,更主要的工作是描述用例内部的处理细节。需求作为

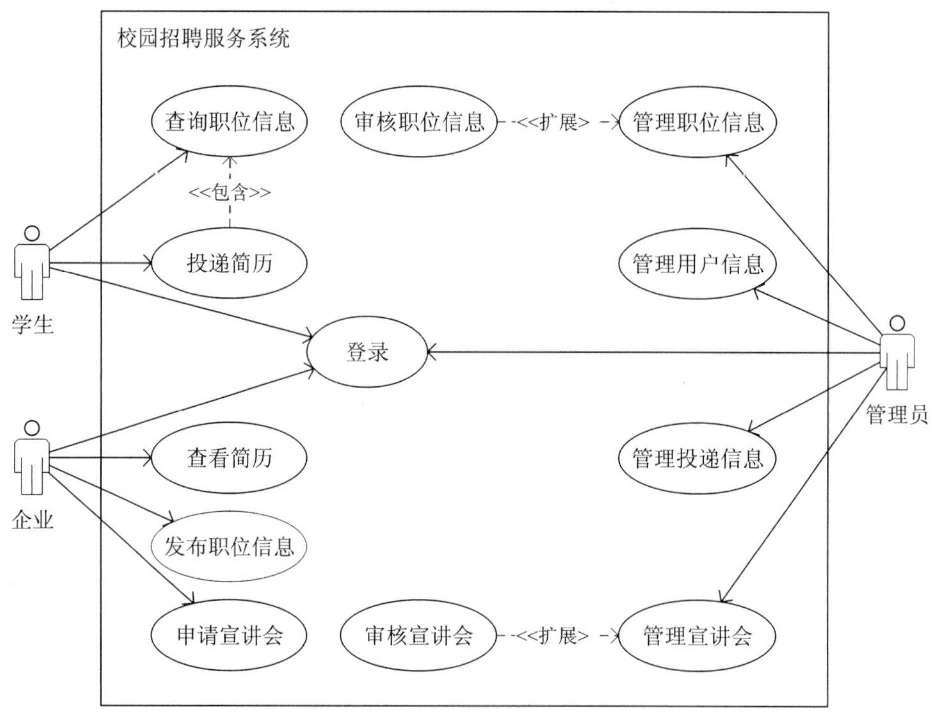

图 5.34 招聘系统的用例图

开发方和用户所达成的契约，必须要定义得非常具体且准确，仅仅通过一幅图形显然是无法满足要求的。为此，在完成用例图后，需要对图中的每一个用例进行详细描述，这个描述过程就是编写用例文档。通过文档的方式将用户与系统交互的过程一一记录下来，从而为以后的分析和设计提供一个基础。用例图是整个需求的骨架，而用例文档则是需求的肉。也就是说，通过用例图建立了需求模型的基本结构后，还需要通过用例文档来表示需求的内容。此外，用例文档是与单个用例关联的，需要为每个用例编写一份独立的文档。

系统中用例较多，下面以发布职位信息、投递简历、申请宣讲会这 3 个关键用例为例，给出用例文档，如表 5.6～表 5.8 所示。

表 5.6 “发布职位信息”用例文档

用例名称	**发布职位信息**
用例编号	UC01
用例描述	企业用户编辑职位信息，发布职位
参与者	企业
涉众	企业：成功发布职位信息 管理员：职位信息需要管理员审核
前置条件	用户单击新增职位
后置条件	企业用户成功发布职位

续表

用例名称	发布职位信息
基本事件流	(1) 用户选择新增职位 (2) 系统进入职位编辑界面 (3) 用户填写职位信息并确认(A-1) (4) 系统创建职位信息,存入数据库 (5) 系统显示发布成功
备选事件流	A-1 若填写的信息不合法,则系统提醒用户重新填写
补充约束	无

表 5.7 "投递简历"用例文档

用例名称	投递简历
用例编号	UC02
用例描述	学生用户对心仪的职位投递简历
参与者	学生
涉众	学生:成功投递简历 企业:查阅到求职者的简历
前置条件	学生单击投递
后置条件	学生成功投递简历
基本事件流	(1) 学生查询职位信息 (2) 系统显示查询结果 (3) 学生单击投递简历 (4) 系统查询投递记录(A-1) (5) 系统创建投递信息 (6) 系统提示投递成功
备选事件流	A-1 若已经投递过,则系统提示已投递
补充约束	无

表 5.8 "申请宣讲会"用例文档

用例名称	申请宣讲会
用例编号	UC03
用例描述	企业用户申请举办线下宣讲会
参与者	企业
涉众	企业:成功申请宣讲会 管理员:对宣讲会信息审核并做出相应安排
前置条件	企业用户单击申请宣讲会
后置条件	企业用户成功申请宣讲会

续表

用例名称	申请宣讲会
基本事件流	(1) 用户单击申请宣讲会 (2) 系统进入申请界面 (3) 用户填写宣讲会信息并确认(A-1) (4) 系统创建宣讲会信息,存入数据库 (5) 系统显示保存成功
备选事件流	A-1 若填写的信息不合法,则系统提醒用户重新填写
补充约束	无

5.4.3 识别分析类

为了识别系统中的类,首先需要从用例文档进行分析,再将其所描述的系统行为分配到这些类中。分析阶段所定义的类被称为分析类。分析类关注系统的核心功能需求,主要用来表现"系统应该提供哪些对象来满足需求",而不关注具体的软硬件实现的细节。系统中的类相应地对应 3 个层次,即边界类、控制类和实体类。识别分析类的过程就是从用例文档中来定义这 3 个分析类的过程。

1. 识别边界类

边界类处于系统的最上层,它从系统和外界进行交互的对象中归纳和抽象出来,代表系统与外部参与者交互的边界。边界类分为两种:用户界面类和系统/设备接口类。

在分析阶段,对边界类识别的基本原则是,为每一对参与者或用例确定一个边界类。分析阶段的边界类数量不多,且并不一定对应最终系统的交互界面,因为在设计阶段会进一步分解。

招聘系统的边界类主要是界面类,如图 5.35 所示。

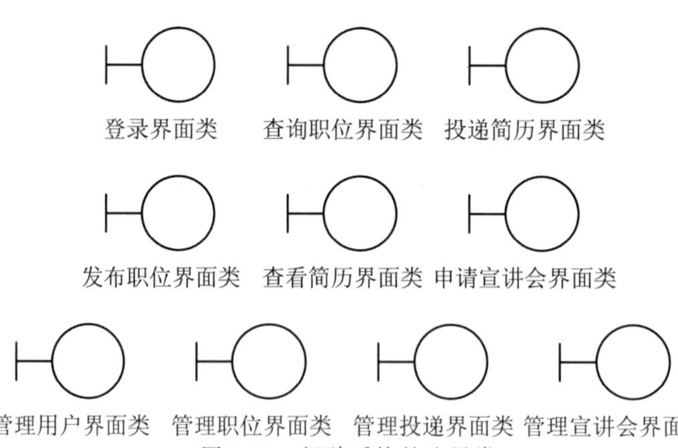

图 5.35 招聘系统的边界类

2. 识别控制类

控制类处于中间层,封装了控制系统上层的边界类和下层的实体类之间的交互行为,是整个用例行为的协调器。控制类能够有效地将边界对象和实体对象分开，让系统更适应其边界对象内发生的变更；还可以将用例所特有的行为与实体对象分开，使实体对象在用例和系统中具有更高的复用性。

在分析阶段，对控制类识别的基本原则是，为每个用例确定一个控制类。在实际应用中也可以灵活处理，例如，对于包含多个复杂分支流程或子流程的用例，可以定义多个控制类来处理不同的业务逻辑。

招聘系统的控制类如图 5.36 所示。

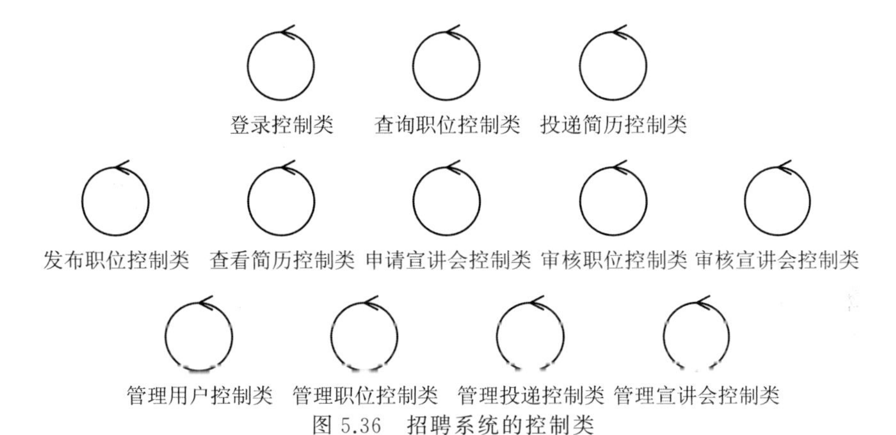

图 5.36 招聘系统的控制类

3. 识别实体类

实体类代表系统的核心概念，来自对业务中的实体对象的归纳和抽象，用于记录系统所需要维护的数据和对这些数据的处理行为。

实体类是用来表示业务信息的名词，因此识别实体类的基本思路是分析用例事件流中的名词、名词短语，找出所需的实体信息。不过与边界类和控制类不同，实体类通常并不是某个用例实现所特有的，即可能跨越多个用例，甚至可能跨越多个系统。

一种最常用的方法就是名词筛选法，基本思路如下所示。

- 将用例事件流作为输入，找出事件流中的名词或名词性短语，这些名词形成了实体类的初始候选列表。
- 合并那些含义相同的名词。因为事件流描述可能不准确，所以相同的概念可能采用了不同的名词，需要将这些不同的名词进行统一定义，并重新确定合适的名称。
- 删除那些系统不需要处理的名词。有些名词可能只是用例中的描述信息，并不需要处理，这些名词也不会作为实体类存在。
- 删除作为参与者的名词。因为参与者是在系统范围外的，所以在当前用例中不作为实体类被定义。不过，由于大部分系统都会维护那些用户类型的参与者，因此这些用户信息将会在其他的用例（如登录、管理用户等用例）中被定义为实体类。
- 删除与实现相关的名词。分析阶段不考虑系统实现方案，因此与实现相关的内容也不会作为实体类存在。
- 删除那些作为其他实体类属性的名词。有些名词可能只简单地描述一个值，这些单一的值一般也不作为类存在，而会作为其他类的属性。

- 综合考虑剩余的名词在当前用例及整个系统中的含义、作用和职责，并基于此确定合适的名称，从而将这些名词作为初始的实体类。

名词筛选法是一种最原始，也是最有效的识别实体类的方法，不过相对来说效率比较低。此外，由于该方法的输入是用自然语言描述的用例文档，自然语言的不精确及一些名词词性的活用（如名词动词化、动词名词化等）也会给实体类的识别带来麻烦，因此，这种方法一般用于分析初期。此时，缺乏对系统的理解，只能通过这种方法来获取实体信息。有经验的分析人员更多地依赖于类似项目的经验和对业务及系统的理解，来获取系统的关键抽象——这些关键抽象构成了系统中最重要的那些实体类，再辅以名词筛选法等其他方法补充完善实体类。此外，并不能指望在此阶段就能够发现所有的实体类，在分析交互和后续的迭代中也可能发现一些新的实体类。

通过名词筛选法对招聘系统中的实体类进行识别，系统的实体类如图 5.37 所示。

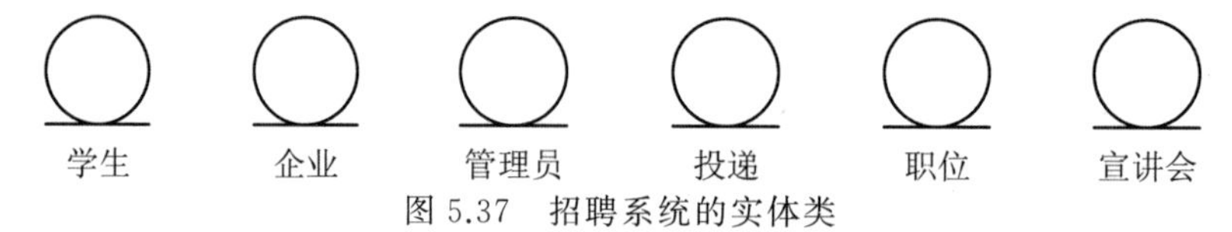

图 5.37　招聘系统的实体类

5.4.4　分析交互

目前识别的分析类都是静态的描述，而为了确认其是否达成用例实现的目标，必须分析由这些类所产生的对象的动态行为，这就是分析交互的过程。

在面向对象系统中，系统提供的所有行为都通过对象间的交互来完成。分析交互的过程就是利用 UML 相关模型来描述对象间的交互，以表示用例实现是如何达到用例目标的。在 UML 模型中，通过交互图来表示对象间的交互，交互图由一组对象和它们之间的消息传递组成。

顺序图是强调消息时间顺序的交互图，下面用顺序图来表示校园招聘服务系统中 3 个主要的交互过程：发布职位、投递简历和申请宣讲会。顺序图中消息交互的步骤与表 5.6～表 5.8 用例文档中的基本事件流相对应。

企业发布职位时，在发布职位界面输入职位信息，界面类根据这些信息向控制类申请操作，控制类创建职位对象并保存职位信息，将职位信息存入实体类，操作完成后在界面显示发布成功。该过程的顺序图如图 5.38 所示。图中采用注释的形式对用例文档中的备选事件流进行了说明。针对简单的备选流，这种方式是可行的，如果需要表达复杂一些的备选流，则应该考虑重新绘制相应的顺序图来分析。消息 1.1.1 是一个创建消息，其对象的生命线应该从此消息后开始。

学生投递简历时，首先查询职位信息，当找到感兴趣的职位后，再在该职位的投递简历界面单击投递按钮，之后界面类向控制类请求投递操作。控制类首先向实体类请求查询操作，验证用户是否已投递过简历，若已经投递过则返回已投递信息，若未投递过则新建投递信息并显示投递成功。该过程的顺序图如图 5.39 所示。类似地，注释信息说明了备选事件流。

企业申请宣讲会时，在申请宣讲会界面输入宣讲会相关信息，界面类根据这些信息向控制类申请操作，控制类执行新建宣讲会信息操作，将信息存入实体类，操作完成后在界面显

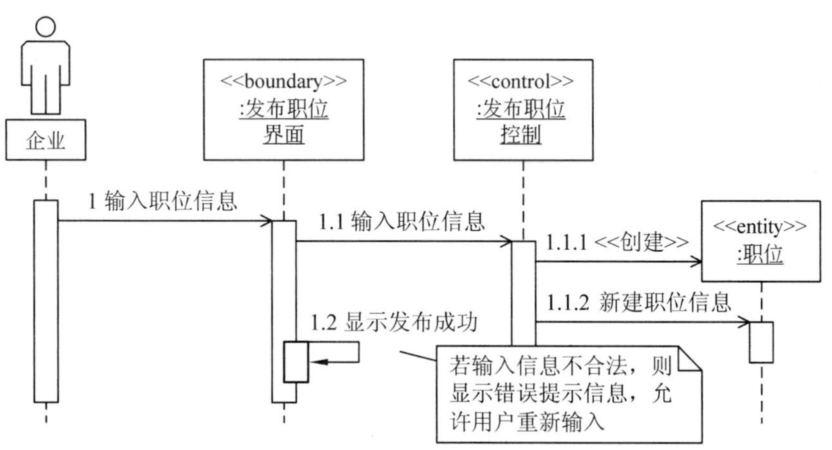

图 5.38 “发布职位”分析阶段顺序图

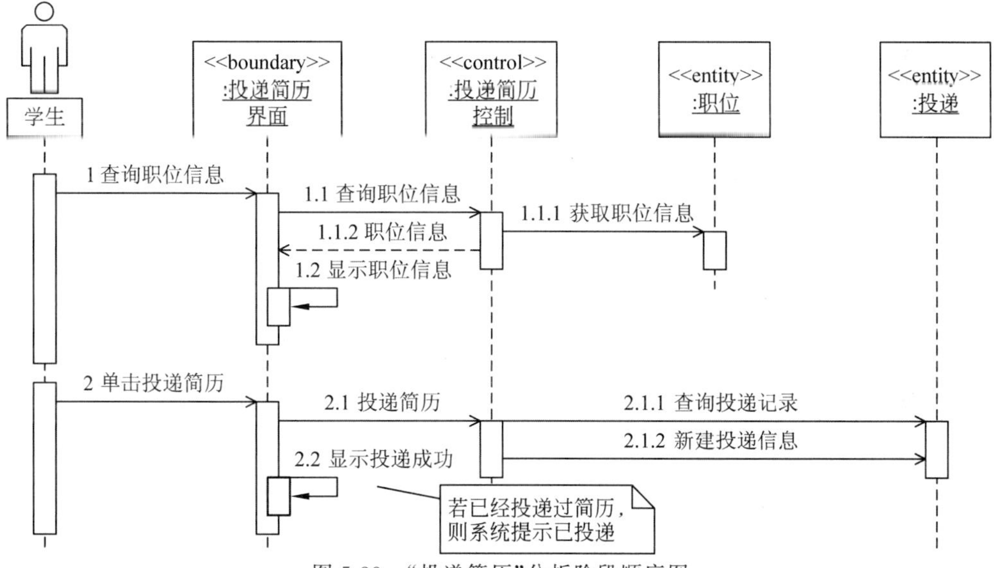

图 5.39 “投递简历”分析阶段顺序图

示保存成功。该过程的顺序图如图 5.40 所示。

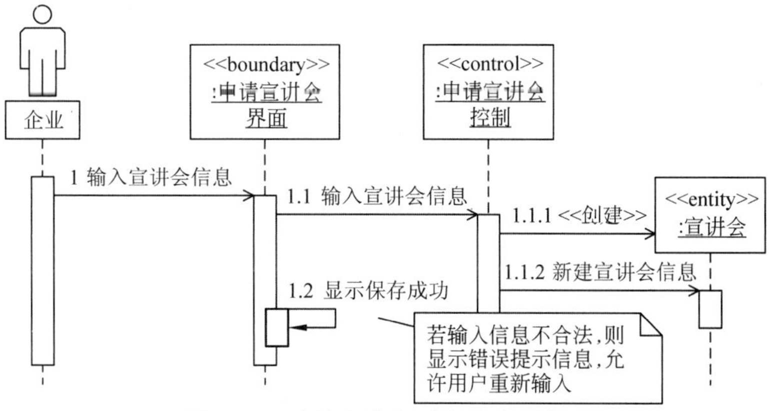

图 5.40 “申请宣讲会”分析阶段顺序图

5.4.5 统一分析类

统一分析类工作的主要内容是评估已定义的分析类和用例实现，从而确保每个分析类表示单一的、明确定义的概念，并且不会出现职责重叠。要从系统全局角度确保创建了最小数量的分析类。还要通过统一分析类的过程，验证分析类满足系统的功能需求，验证分析类及其职责与它们支持的协作是一致的。通过统一分析类，可以得出对系统全部分析类的定义。此时，可以构造出反应系统类关系的类图。

招聘系统共有 10 个界面类、12 个控制类、6 个实体类。随着系统规模的增大，分析类图将更加复杂。因此，为了保持图形的清晰性和有效性，可以考虑只显示重要的、全局范围内的类。图 5.41 展示了招聘系统的实体类类图，图中只包含实体类，系统的边界类和控制类都隐藏了，类的属性和操作也没有完全显示，只表示其中一些主要部分。

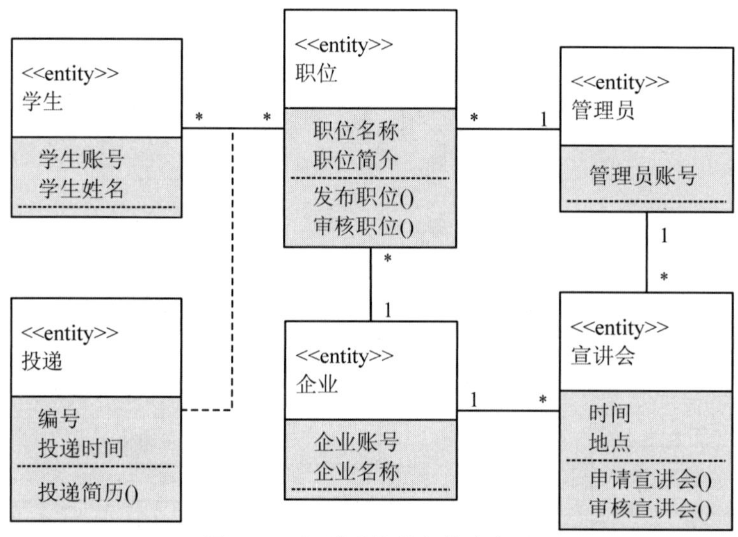

图 5.41　招聘系统的实体类类图

整个分析阶段的重点就在于，找出体现系统核心业务所需数据的实体类，而界面和业务逻辑细节分别由边界类和控制类隐藏，这些实体类构成了系统概念模型这一最主要的分析成果。

5.5 练　习　题

1. **单选题**

(1) 面向对象的主要特征除对象唯一性、封装、继承外，还有(　　)。

A. 多态性　　B. 完整性　　C. 可移植性　　D. 兼容性

(2) 下列概念中，不属于面向对象方法的是(　　)。

A. 对象　　B. 继承　　C. 类　　D. 过程调用

(3) 面向对象方法有许多特征，如软件系统是由对象组成的；(　　)；对象彼此之间仅能通过传递消息互相联系等。

A. 开发过程基于功能分析和功能分解

B. 强调需求分析重要性

C. 把对象划分成类,每个对象类都定义一组数据和方法

D. 对已有类进行调整

(4) 对象是面向对象方法学的基本成分,每个对象可用它本身的一组(　　)和它可以执行的一组操作来定义。

A. 服务　　B. 参数　　C. 调用　　D. 属性

(5) 面向对象技术把类组织成一个层次结构,一个类的上层可以有父类,下层可以有子类。这种层次结构系统的一个重要性质是(　　)。

A. 兼容性　　B. 继承性　　C. 复用性　　D. 多态性

(6) 消息连接的定义是(　　)。

A. 消息连接是OOA模型中对对象之间行为依赖关系的表示

B. 两种消息连接符号来表示对象之间的消息传送关系

C. 表示同一个控制线程内部的消息连接

D. 表示不同控制线程之间的消息连接

(7) UML是软件开发中的一个重要工具,它主要应用于(　　)。

A. 基于螺旋模型的结构化方法　　B. 基于需求动态定义的原型化方法

C. 基于数据的数据流开发方法　　D. 基于对象的面向对象的方法

(8) (　　)是表达系统类及其相互联系的图示,是面向对象设计的核心,是建立状态图、协作图和其他图的基础。

A. 类图　　B. 状态图　　C. 对象图　　D. 部署图

(9) (　　)是从用户使用系统的角度描述系统功能的图形表达方法。

A. 类图　　B. 活动图　　C. 用例图　　D. 状态图

(10) 状态图包括(　　)。

A. 类的状态和状态之间的转换　　B. 触发类动作的事件

C. 类执行的动作　　D. 所有以上选项

2. 简答题

(1) 请简述面向对象方法学要点。

(2) 面向对象方法学有哪些优点?

(3) 请解释面向对象方法学中类和继承的概念。

(4) 面向对象分析模型所包含的3个模型是什么,有什么作用,分别用UML的哪些图来描述?

(5) 请简述面向对象分析的大体顺序。

3. 应用题

(1) 某校教务管理系统的用户分为教师、学生和管理员,用户成功登录系统后才可进行其他操作。教师可以录入成绩、管理员可以统计成绩、学生可以查询成绩。请画出该系统的

用例图。

(2) 假设某网上商城系统功能如下：顾客的每次交易产生一张订单，每张订单有唯一的订单号，并记录下订单的时间；一张订单可包含多种商品，记录各商品的订购数量；能随时查询商品号、名称、单价和折扣；根据顾客在数据库中登记的地址、姓名、电话等信息为顾客送货，且顾客有唯一的顾客号。请画出系统的类图。

软件体系结构

开发过程接下来的步骤是对系统进行设计，说明系统是如何构造的。如果构建的是一个规模相对小的系统，可能能够直接从需求规格说明进入到数据结构和算法的设计。但是，如果构建的是一个规模较大的系统，在关注数据或代码的相关细节之前，则应将系统分解为规模可管理的单元，如子系统或模块。

软件体系结构就是要将系统进行这种分解。本章介绍各种类型的分解。通常，可以用多种方法来设计一个体系结构，因此，需要探讨如何对几种各有优势的设计进行比较以及如何选择最符合需求的设计。

6.1　软件体系结构概述

6.1.1　软件体系结构的组成

体系结构是研究系统各部分组成及相互关系的技术学科。每一个建筑物都有体系结构，体系结构就相当于一个系统的整体框架的草图，描述系统组成的骨架。同样，软件系统也具有自己的体系结构。软件体系结构对软件系统具有至关重要的作用，它的好坏直接决定软件系统是否能合理高效地运行。可以说，软件体系结构既决定系统的框架和主体结构，又决定系统的基本功能及某些细节特征。软件体系结构是构建计算机软件实践的基础。

具体来说，软件体系结构表达的是系统的一个或多个结构关系，包括3部分。

- 软件的组成元素(组件)；
- 组件的外部可见特性；
- 组件之间的相互关系。

软件体系结构不仅指定了系统的组织结构和拓扑结构，也显示了系统需求和构成系统的元素之间的对应关系，提供了一些设计决策的基本原理。

在软件设计中，开发人员经常用各种视图来描述目标系统，如功能视图、逻辑视图、结构视图、过程视图、物理视图、部署视图等。目前，UML已经提供了一套软件体系结构视图的标准。

软件体系结构描述的对象是直接构成系统的抽象组件。它由功能各异、相互作用的组件按照层次构成，包含了系统的基础构成单元、单元之间的相互作用关系、在构成系统时单元的合成方法以及对合成约束的描述。

具体来说，组件包括客户端、服务器、数据库、程序包、过程、子程序等一切软件的组成部分。相互作用的关系可以是过程调用、消息传递、共享内存变量、客户端/服务器的访问协议、数据库的访问协议等。

6.1.2 软件体系结构建模

1. 系统分解

软件设计人员过去往往将分解作为重要工具，把一个大的系统分解成更小的部分（这些部分的目标更容易实现）来使问题变得更易于处理。这种方法称为“自顶向下”的方法。不过，如今很多设计人员自底向上地设计体系结构，将小的模块以及小的构件打包成一个更大的整体。一些专家认为，这种自底向上的方法设计出的系统更加易于维护。

分解是一种传统的方法，可帮助设计人员理解和隔离系统的关键问题。对系统分解的深入理解也有助于得到最好的测试、增强和维护现有系统的方法。采用分解的方法设计系统时，首先从对系统关键元素的高层描述开始，然后将系统的关键元素分解成若干部分且描述其各自的接口，再按照以上步骤，迭代地定义设计。当进一步细化会导致分解后的部分不再需要接口时，分解工作就完成了。

下面是几个应用较普遍的分解方法的简单描述。

（1）功能性分解（functional decomposition）。

这种方法把功能或需求分解成模块。设计人员首先从需求规格说明书中列出的功能开始，这些功能是系统级别的，会随着系统环境改变输入和输出。更低层次的设计将这些功能分解成子功能，再将它们被指派给更小的模块，该级别的设计也会描述模块（子功能）间互相调用的情形。

（2）面向特征的设计（feature-oriented design）。

这种方法也是功能性分解的一种，只是它为各个模块指定了各自的特征。该方法的高层设计描述了具有某个服务和特征集的系统。而低层设计则描述了各个特征如何扩展服务，以及确定特征之间如何进行交互。

（3）面向数据的分解（data-oriented decomposition）。

这种方法关注的是如何将数据分解成模块。该方法的高层设计描述了概念上的数据结构，而低层设计则提供了它们的细节，包括数据如何在模块中分配，以及分配好的数据如何实现概念上的模型。

（4）面向进程的分解（process-oriented decomposition）。

这种方法将系统分解成一系列并发的进程。该方法的高层设计完成以下工作：确定系统的主要任务，这些任务绝大部分都是彼此独立的；为执行进程指派任务；解释任务之间是如何协调工作的。低层设计则描述这些进程的细节。

（5）面向事件的分解（event-oriented decomposition）。

这种方法关注系统必须处理的事件，并将事件的责任分配给不同的模块。高层设计将系统预期的输入事件编成目录，低层设计将系统分解为状态，并描述事件是如何触发状态转移的。

（6）面向对象的设计（object-oriented design）。

这种方法将对象分配给模块。该方法的高层设计定义了系统对象的类型，解释了对象之间是如何关联的。低层设计则细化了对象的属性和操作。

如何选择要使用的方法取决于所要开发的系统。考虑系统规格说明中最主要的方面是什么(如功能、对象和特征)?系统的接口是如何描述的(如输入事件和数据流)?对于许多系统来说,从多个视角去分解,或者在不同的抽象层次上使用不同的设计模型可能会更合适。有时,设计方法的选择又不是那么重要,而且很有可能只是基于设计人员的个人喜好。

不管使用的是哪种设计方法,最终的设计结果很可能涉及若干种软件单元,如构件(component)、子系统(subsystem)、运行时进程(runtime process)、模块(module)、类(class)、包(package)、库(library)或者过程(procedure),这些不同的术语分别描述了设计的不同方面。例如,可以使用模块来指软件代码的结构化单元,一个模块可能是一个原子单元,像一个Java类,或者也可能是另外其他一些模块的聚合。

2. 建模步骤

软件体系结构建模可分为4个步骤。

(1) 软件体系结构核心元模型。软件体系结构模型由哪些元素组成,这些组成元素之间按照何种原则组织。

(2) 软件体系结构模型的多视图表示。从不同的视角描述特定系统的体系结构,从而得到多个视图,并将这些视图组织起来以描述整体的软件体系结构模型。

(3) 软件体系结构描述语言。在软件体系结构基本概念的基础上,选取适当的形式化或半形式化的方法来描述一个特定的体系结构。

(4) 软件体系结构文档化。记录和整理上述3个层次的描述内容。

6.1.3 软件体系结构的作用

软件体系结构设计在设计阶段非常重要。软件体系结构就好比软件系统的骨骼,骨骼确定了,软件系统的框架就确定了。在设计软件体系结构的过程中,应当完成的工作至少包括以下几项。

- 定义软件系统的基本构件、构件的打包方式以及相互作用的方式;
- 明确系统如何实现功能、性能、可靠性、安全性等各个方面的需求;
- 尽量使用已有的构件,提高软件的可复用性。

软件体系结构在软件开发过程中的作用如下。

(1) 规范软件开发的基本架构。

体系结构一般与需求密切相关。明确的需求可以制定明确的软件规格,越明确的规格设计出来的软件架构越清晰。必须考虑需求的变更,明确的变更趋势可以更早地在设计中体现出来。在制定软件规格时要考虑一些核心的技术是否可用。

几乎所有的软件开发都需要借鉴别人或组织中其他项目拥有的经验。一个良好的软件体系结构可以给开发者很多的帮助和参考。良好的体系结构可以规范软件开发过程,使开发人员少走弯路,取得事半功倍的效果。

(2) 便于开发人员与用户沟通。

开发人员与系统设计人员、用户以及其他有关人员之间进行有效的沟通和交流,可以达成对某些事物的一致性认识。如果有明确的需求和规格,就应该进行详细的结构设计,包括用例图、类图、关键部分的顺序图、活动图等，越详细越好。尽可能多地交流，尽量让更多的人了解项目的需求与现实环境，为设计提出建议。

结构设计注重体系的灵活性，更多地考虑各种变更的可能性，是最关键的阶段。但这通常是理想状态，一般来说客户不会给出太明确的需求。应用软件体系结构的思想和方法可以较好地划分范围、确定时间、规划成本、保证质量。

(3) 模块化、层次化设计，有利于减少返工，提高效率。

设计架构上要注意模块的划分，模块越独立越好。尽量把有明确需求的应用划分为独立的模块，模块与模块之间减少交集，即使某个模块出现问题，也不至于影响其他的模块。

层次化设计就是一层一层地分割、一目了然地处理。层次体系结构利用分层的处理方式来处理复杂的功能。在层次系统中，上层子系统使用下层子系统的功能，下层子系统不能够使用上层子系统的功能，下层每个程序接口执行当前的一个简单的功能，上层通过调用不同的下层子程序，并按不同的顺序来执行这些下层程序，有效杜绝了不同层次之间不该有的交集，从而减少了错误的发生，也便于检错。

(4) 便于系统开发前期、后期的筹备与服务。

利用体系结构的思想开发产品不仅可以规范流程、节省时间，而且能留下大量的开发文档、产品类型框架、软件开发标准流程等资料，为今后的售前咨询和售后服务提供参考和依据。

6.2 软件体系结构风格

软件体系结构风格(architectural style)是已建立的、大规模的系统结构模式，是描述某一特定应用领域中系统组织方式的惯用模式。如同建筑风格一样，软件体系结构风格也有一系列定义好了的规则、元素和技术，它们使得设计具有可辨别的结构以及易于理解的性质。软件体系结构风格反映了领域中众多系统共有的结构和语义特性，并指导如何将各个模块和子系统有效地组织成一个完整的系统。但是，风格并不是完整的、细节化的解决方案，而是用于提供各种将构件组合起来的方法模板。具体来说，体系结构风格关注的是构件间各种不同的通信、同步或共享数据的方式。

在软件开发的早期，体系结构风格在研究和开发已有方法来组织、协同访问数据及函数方面有很大作用。总体来说，通过限定构件间的交互，体系结构风格可以帮助系统最终实现指定的性质，如数据安全性(通过限制数据流实现)和可维护性(通过简化通信接口实现)。目前，研究人员还在继续分析优良的软件设计方法，探寻可以被更加广泛地使用的、有效的体系结构风格。

软件开发中常用的 6 种体系结构风格是：管道和过滤器、客户-服务器、对等网络、发布-订阅、信息库、分层。

6.2.1 管道和过滤器

在管道和过滤器风格的体系结构中，将数据输入到称作过滤器(filter)的数据转换构件后将得到输出数据。管道(pipe)是简单地将数据从一个过滤器传输到下一个过滤器的连接器，不对数据做任何改变。在这种类型的系统中，每个过滤器都是独立的，它们都不需要知道系统中其他过滤器的存在或功能，因此，在建立系统时，可以把不同的过滤器连接起来以形成各种结构，如图 6.1 所示。

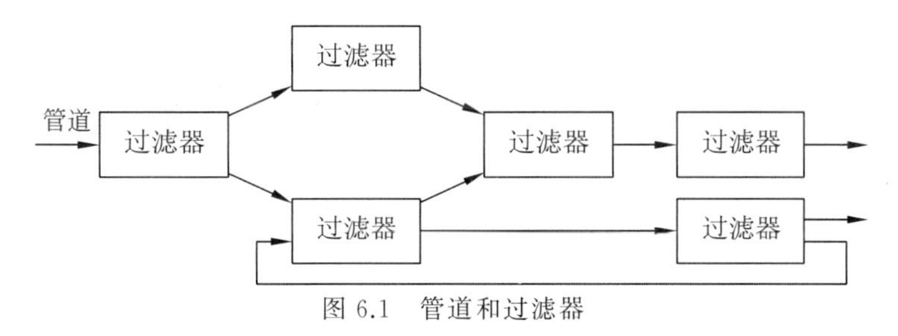

图 6.1 管道和过滤器

如果数据的结构是给定的，也就是说，所有的过滤器和管道传输的数据都具有公共的表达形式，那么，在任何结构中都可以将过滤器连接起来，因而系统将会有如下重要的特性。

- 设计人员能够理解整个系统对输入和输出的影响(输入和输出作为过滤器的组成)。
- 当输入输出数据拥有相同的格式时，可以很容易地将管道和过滤器风格的程序复用到其他系统中。例如，图像处理系统和 UNIX 命令解释程序。
- 系统的演化比较简单，因为增加新的过滤器以及去除旧的过滤器都相对简单，而且不会影响系统的其他部分。
- 由于过滤器具有独立性，因此设计人员可以进行某些类型的分析，如吞吐量分析。
- 当使用管道和过滤器风格的体系结构时，系统会有一些性能上的损耗。在数据传输过程中，为了支持特定格式的数据，每个过滤器在执行计算之前都要解析输入的数据，并且在输出结果之前将数据转换回原来的格式。这种重复的解析与反解析阻碍了系统的性能，也可能使得各独立的过滤器的结构更加复杂。

在一些管道和过滤器风格的系统中，过滤器只发挥数据转换的功能，而传输的数据格式却不是固定的。例如，过去使用的管道和过滤器风格的编译器中，各个过滤器(如词法分析器和语法分析器)的输出会直接传送给下一个过滤器。因为这些系统中，过滤器间彼此独立，且拥有精确的输入和输出格式，所以对这些过滤器进行替换和改良很容易，而引进新过滤器和去除旧过滤器却比较困难。例如，为了去除某个过滤器，很可能需要替换掉某个原来用以转换输出格式的单元。

6.2.2 客户-服务器

在客户-服务器风格的体系结构中，设计被分为两种构件：客户和服务器。服务器(server)提供服务，客户(client)通过请求/应答协议(request/reply protocol)访问服务。这些构件都是现时运行且分布在若干台机器上的，可能包括一台中心服务器和几台分布在若干机器上的提供相同或者不同服务的服务器。

在该体系中，客户和服务器间的关系是不对称的：客户知道它们是向哪台服务器请求服务，而服务器却不知道它们正在为哪个客户提供服务，甚至不知道正在为多少客户提供服务。客户通过发送一个请求作为通信的开始，例如，发送一个消息或者发起一次远程调用，然后，服务器做出响应执行该请求，并把结果回复给客户。正常来说，服务器都是简单地对客户请求被动做出反应的构件，但是在某些情况下，服务器也会代表客户发起一系列动作，例如，客户向服务器发送一个可执行的函数，称作回调(callback)，随后在特定情况下服务器调用这些回调函数。

由于这种体系结构风格把客户代码和服务器代码分离在两种不同的构件中，因此转移计算机进程可能会使得系统的性能得到提高，例如，客户代码可以在客户的个人计算机上本地运行，也可以在一个更强大的服务器上远程执行。在一个多层系统中，如图 6.2 中范例所示，服务器的结构是层次化的，专用服务器（中间层）使用更一般化的服务器（底层）（Clements ct al.2003）。这种体系结构提高了系统的模块化，并且在为进程分配活动上赋予了设计人员更大的灵活性。另外，因为提供公共服务的服务器可能在很多应用中也同样适用，所以客户-服务器风格也支持构件复用。

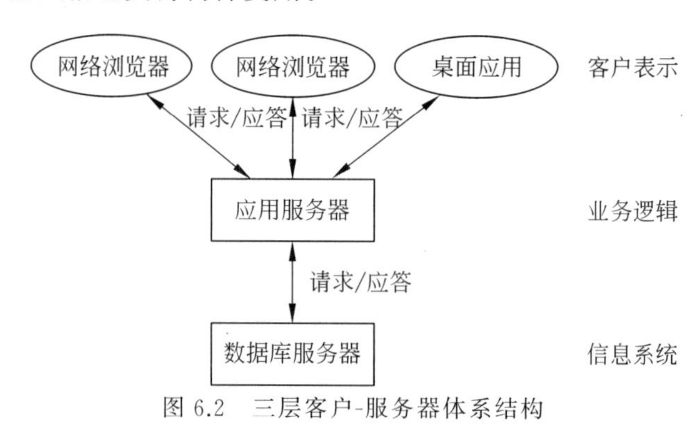

图 6.2　三层客户-服务器体系结构

6.2.3　对等网络

从技术上讲，对等网络（peer-to-peer，P2P）体系结构中，每一个构件都只执行自己的进程，并且对于其他同级构件，每个构件本身既是客户端又是服务器。每个构件都有一个接口，该接口不仅指定了该构件所提供的服务，而且指定了它向其他同级构件所请求的服务。端与端之间通过彼此发送请求的方式来实现通信。这样看来，P2P 的通信方式很类似于客户-服务器体系结构中的请求/应答方式，但不同的是，在 P2P 中任意一个构件都可以向其他同级构件发送请求。

最广为人知的 P2P 体系结构就是文件共享网络，如 Napster 和 Freenet。在这些网络中，构件之间彼此提供相似的服务，而各构件之间不同之处在于本地存储数据的不同。因此，系统的数据是分布在所有构件之中的。如果一个构件需要一些本地没有存储的信息，就可以从存储该数据的同级构件中获取。

P2P 网络很具有吸引力，是因为它的规模很易于扩展。虽然每增加一个构件都要以请求的形式增加对系统的要求，但是同时也增加了系统的容量，因为它为系统增加了新的（或者也可能是重复的）数据，所以就增加了它作为服务器的容量。另外，因为数据被很多同级构件复制并且分布在其间，所以 P2P 网络对于构件和网络的故障也有很好的容错性。

6.2.4　发布-订阅

在发布-订阅的体系结构中，构件之间通过对事件的广播和反应实现交互。如果一个构件对某个事件感兴趣则可订阅该事件，一旦该事件发生了，另一个构件则进行发布来通知订阅者。发布-订阅所隐含的基础结构负责注册订阅事件以及向合适的构件传达发布的内容。

隐含调用(implicit invocation)就是一种常见的发布-订阅体系结构,订阅者将自己的某个过程与感兴趣的事件建立关联(称为注册该过程)。在这种情况下,当事件发生时,发布-订阅的基础结构就调用该事件的所有注册过程。和客户-服务器以及 P2P 的构件相比,发布-订阅构件对其他构件的存在一无所知,相反,发布者只是简单地宣布事件,然后等待反应;订阅者只是简单地对事件通知做出反应,而不管事件是如何发布的。在这种体系结构模型中,隐含的基础结构通常表现为连接所有发布-订阅构件的事件总线。

发布-订阅系统有如下优点和缺点。

- 这种系统为系统演化和可定制性提供了强有力的支持。因为所有的交互都是通过事件来配合实现的,所以任何的发布-订阅构件都能添加到系统中去,并且能够在注册的时候不影响其他构件。
- 能够在其他事件驱动的系统中轻松地复用发布-订阅系统的构件。
- 在宣布事件时,构件能够传输数据,但如果构件需要共享固定不变的数据,则系统必须包含一个信息库来支持这种交互,而这种共享可能会减弱系统的可扩展性和可复用性。
- 发布-订阅系统不易于测试。因为发布构件的行为取决于监视事件的订阅者,所以不能独立地测试这种系统的构件,而要在一个集成系统中才能推断出构件的正确性。

6.2.5 信息库

信息库(repository)风格的体系结构由两类构件组成:中心数据存储以及与其相关联的访问构件。共享数据存放于数据存储之中,而数据存取器是一个计算单元,负责存储、检索以及更新信息。设计这样的系统是一个挑战,因为必须决定这两种类型的构件如何进行交互。在传统数据库中,数据存储扮演的角色就像是一个服务器构件,需要访问这些数据的客户向这个数据存储发送请求信息,然后进行计算,再发送请求将计算结果写回到数据存储。在这种系统中,访问数据的构件是主动的,因为是它们触发了系统的构件。

然而,在黑板(blackboard)类型的信息库系统(见图 6.3)中,访问数据的构件却是被动的,它们的执行是对当前数据存储器的内容做出反应。典型情况下,黑板包含了当前系统的执行状态,该状态可以触发各独立的数据存取器执行进程,这种数据存取器被称为知识源(knowledge source)。例如,黑板存储了一些计算任务,一个空闲的知识源检查某个任务并在本地执行计算,然后确认结果后写回到黑板中。更常见的情况是,黑板存储了当前系统的计算状态,知识源去检测那些未解决的问题。比方说,在基于规则的系统中,黑板上存储了问题的当前解决状态,知识源使用重写规则迭代地修改优化解决方案。这种风格类似于真实世界中在黑板上进行的计算或证明过程,人们(知识源)一遍一遍地走到黑板前面去优化解答,擦掉黑板上的某些内容,然后用新的内容代替。

这种体系结构一个很重要的特性就是对系统关键数据的中心式管理。在数据存储中,可以将一些职责本地化,例如,存储固定数据、管理当前的数据访问情况、保障安全和隐私,以及保护数据(如通过备份实现)。也应当考虑一个重要的设计决策,是否要将数据映射到多个数据存储中。虽然分布或复制数据可能会提高系统的性能,但是往往也要付出代价,如系统复杂度增加、数据存储器固定化,以及安全性降低。

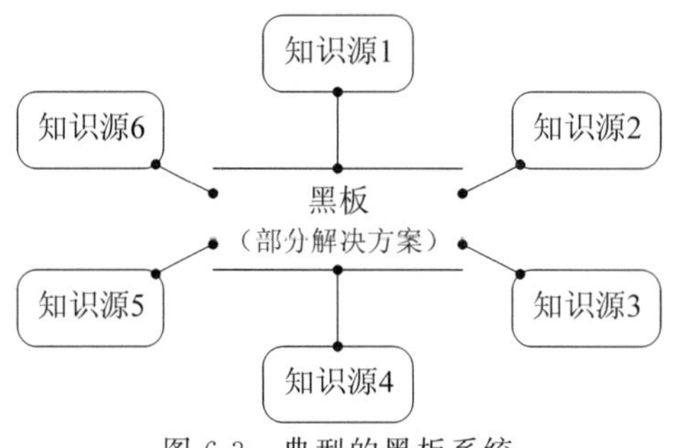

图 6.3　典型的黑板系统

6.2.6　分层

分层系统(layered system)将系统的软件单元按层次化组织，每一层为它的上层提供服务，同时又作为下层的客户。在一个“纯粹的”分层系统中，各层中的软件单元只能访问同层中的其他单元和相邻低层的接口所提供的服务。但是为了提高性能，在一些情况下这些条件也可能会放宽，可允许一个给定层访问所有低层的服务，这称为层次桥接(layer bridging)。不过，如果设计中包含了太多的层次桥接，那么分层风格本身具有的可移植性和可维护性就会大打折扣。但可以肯定的是，在任何情况下任何层都不能访问它上面的层次，否则将不再称为分层的体系结构。

为了充分理解分层系统的工作机制，可以参照网络通信中开放式系统互联(Open System Interconnection，OSI)参考模型。系统的最底层提供了在物理连接中传输位数据的设备，如电缆。接下来是数据链路层，它提供了更复杂的设备。它传输固定大小的数据帧，将数据帧发送到本地可寻址的机器中，并且可以从简单的传输错误中进行恢复。因为机器之间的连接是物理上的连接，所以数据链路层必须使用底部的物理层设备才能完成按位传输的功能，它将数据包分解成固定大小的数据帧，然后使用数据链路层传输它们。此外，网络层还可把数据包传输到非本地的机器上，传输层为系统增加了可靠性，它可以从传输错误中恢复。会话层使用了传输层提供的可靠的数据传输服务，从而建立起长时间的通信连接，此连接可以实现大型数据的交换。表示层提供了不同数据表示之间的转换功能，支持具有不同数据格式的构件之间的数据交换。应用层提供具体应用的功能，例如，文件传输程序提供文件传输功能。

在 OSI 示例中，每一层都将相邻低层提供的通信服务抽象化，并且隐藏它们的实现细节。大体上讲，任何时候只要能将系统功能分解成若干步骤，且每个步骤都建立在之前步骤的基础之上，那么分层系统都可以派上用场。如果系统的最底层封装了软件和平台的交互方式，那么设计将更易于移植到其他平台上。此外，由于每层都只能和它的相邻层交互，因此每层都相对比较容易修改，而变动最多只会影响到它邻近的上下层。

6.2.7　组合风格

实际中的软件体系结构很少只有单个风格，相反地，构造体系结构时会将不同风格的体系结构组合使用，选择并调整该风格中的某些部分以解决设计中的特定问题。

体系结构风格有若干种组合方式。

(1) 在系统分解的不同级别使用不同的风格。

例如,将系统视为客户-服务器的结构,但是随后将服务器构件分解为若干层;或者某抽象层上构件之间的简单连接在更低层上却是若干构件和连接器的集合。例如,可以对发布-订阅体系结构的交互进行分解,详细体现用以管理事件订阅、事件发布的通知机制。

(2) 体系结构可以使用一个混合的风格来为不同的构件或者构件间不同类型的交互建模。

例如,在图6.4中,客户构件之间使用发布-订阅的通信方式进行交互;这些相同的构件都通过请求/应答协议来使用服务器构件,这些服务器构件又和一个共享数据信息库进行交互。在这个例子中,通过允许一个构件担任多种角色(如客户、发布者和订阅者)、可以有多种交互方式,该体系结构将发布-订阅、客户-服务器、信息库3种风格集成为单个的模型。

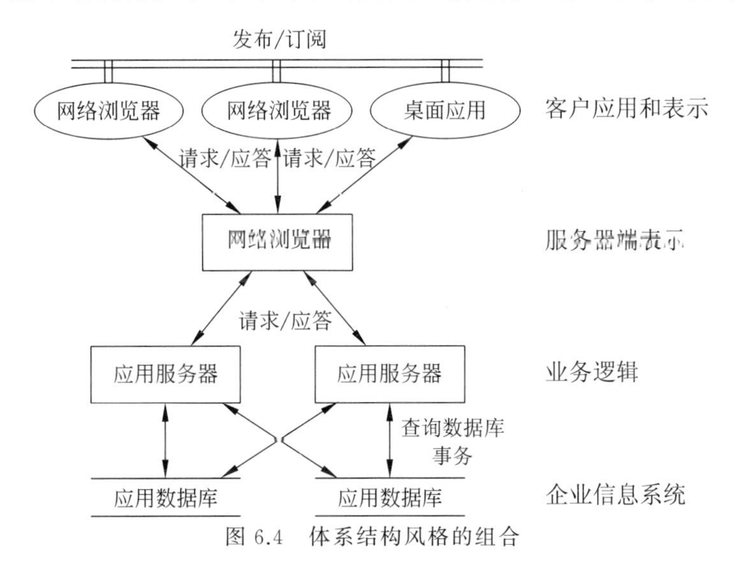

图6.4 体系结构风格的组合

(3) 当体系结构风格之间可以互相兼容时,风格的集成将会更加容易。

例如,所有要组合的风格都和运行时构件或代码单元有关。可以创建以及维护不同体系结构的视图,这和建筑工程师所做的有异曲同工之处(如布线视图、管道视图、供暖和通风视图等)。在如下情况下这种方法会非常合适:各种视图集成后过度复杂,构件之间有多种交互方式(如构件之间同时使用隐含调用和显式方法调用),或者各视图构件之间的映射过于混乱(即,形成了多对多的关系)。

6.3 质量属性和策略

软件需求不仅仅包括提议的系统功能性需求,还要详细说明其他一些属性,用来反映出用户希望在构造的产品中看到的特点,如性能、可靠性和易使用性。

在设计系统时,希望选择那些能够提高必需的质量属性的体系结构风格,但体系结构风格仅提供了粗粒度的解决方案,只能实现一般意义上良好的性质,而不能确保指定的质量属性会得到提高。为了确保对特定属性的支持,将使用一些策略,它是更精细的设计决策,能够帮助改进设计,达到指定的质量目标。

6.3.1 可修改性

可修改性是绝大部分体系结构风格的基础。当首个软件版本的开发和发行结束时，系统的生命周期已经过去了一大半。也就是说，首先希望设计能够便于修改。不同的体系结构风格展现了可修改性的不同方面，因此必须知道如何选择体系结构风格才能实现指定的可修改性目标。

当对系统做出一个特定的改变时，可将软件单元分为受直接影响的和受间接影响的软件单元。受直接影响的软件单元是指那些为了适应系统改变而改变自身职责的单元，可以通过调整代码结构来使需要变动的单元数目降到最少；受间接影响的软件单元是指那些不需要改变自身职责，而只需要修改它的实现来适应受直接影响的单元产生的变化。其间的差别极其细微。这二者的目标都是要尽量减少被改变单元的数量，但各自使用的策略不尽相同。

为使受直接影响的软件单元数量最少，使用的策略主要关注将设计中的预期改变集中在一起。

- 预测预期改变：确定最可能变动的设计决策，然后将它们分别封装在各自的软件单元中。预期改变不仅仅包括用户将来可能想要的实现，任何服务、功能或系统执行的内部检验在将来都有可能需要改进或更新，它们都是未来变化的候选项。
- 内聚性：如果一个软件单元的构成部分、数据和功能都是为了实现该单元的目标和职责，那么该软件单元就是内聚的。通过保持软件单元的高内聚性，很可能将改变限定在为数不多的单元中，让这些单元分担执行改变的系统职责。
- 通用性：软件单元越是通用，就越能通过修改单元的输入来适应变化，而不需要修改单元本身。这种特性对于服务器来说特别适用，因为只有具备足够高的通用性，服务器才能处理各种类型的请求。例如，若对象封装了数据结构，那么它应该提供足够多的访问方法，其他对象才能使用这些方法获取和更新它的数值。

相比之下，为了使受间接影响的单元数量最少，可使用主要关注减少单元之间的依赖关系的策略。这些策略的目标就是降低受直接影响的单元对其他单元的影响程度。

- 耦合性。软件单元之间的耦合度是指单元之间彼此依赖的程度，通过降低耦合度，可以降低一个单元的变动波及其他单元的可能性。
- 接口。软件单元的接口展示了它公开的要求和职责，并且隐藏了该单元内部的设计决策。如果一个单元和另一个单元只通过接口进行交互（如调用公共访问方法），那么其中一个单元的改变不会越过它本身的边界，除非它的接口（如方法特征符、前置条件或后置条件）改变了。
- 多重接口。当修改单元提供新的数据或服务时，可在该单元上为它们增加新的接口，而不影响现存的任何接口。这样，现存接口上的依赖关系就不会受到该变化的影响。

6.3.2 性能

性能属性描述了系统速度和容量上的特点，它包括响应时间、吞吐量和负载。为了提高系统性能，一种很明显的策略就是增加计算资源，也就是说，可以购买更快的计算机、更充足的内存,或者额外的通信带宽。然而,也可以用软件设计的策略来帮助提高系统性能。

(1) 提高资源的利用率。例如,可以增加软件并行的程度,从而增加可以同时处理的请求数目。当某些资源被阻塞或者空闲等待其他计算完成时,这种方法非常有效。

(2) 有效地管理资源分配。也就是说,要仔细为竞争的请求分配可利用的资源。分配资源的准则有:响应时间最小化,吞吐量最大化,资源利用率最大化,高优先级或紧急的请求优先,以及公平最大化。下面列出了一些常见的调度策略。

- 先到/先服务:按接收到的顺序来处理请求。这种策略保证了所有请求都能得到处理。但这也意味着具有高优先级的请求可能会被阻塞,而先处理其他先到的低优先级请求。
- 显式优先级:按具有的优先级高低来处理请求。这种策略保证了重要的请求能够被快速处理。然而,有可能由于总是优先处理优先级较高的请求,一些先到的低优先级的请求永远被搁置。一种改良的方法是动态增加被搁置的请求的优先级,以保证它们最终能够被处理。
- 最早时限优先:按时限长短的顺序来处理请求。这种策略保证了紧急的请求能够被快速处理,因此可帮助系统满足它的实时期限要求。

(3) 降低对资源的需求。初看上去,这种方法似乎并不是那么有用,因为不能够控制软件的输入。但有时可以编写更有效的代码来减少对资源的需求。更好的情况是,在某些系统中,只需处理输入的一小部分。例如,如果系统的输入数据是传感数据,软件可以在不丢失重要环境传感数据的前提下,以较低的频率对输入数据进行采样。

6.3.3 安全性

体系结构风格的选择会对系统的安全性产生重要影响。大多数的安全性需求阐述了什么是需要被保护的以及谁不可以访问它。保护性需求往往都表现为威胁模型,该模型把那些可能的威胁放在系统和资源中来考虑,这就形成了描述如何实现安全性的体系结构。

体系结构有两个和安全性联系十分紧密的重要的特点。

- 如果系统能够阻挡攻击企图,那么它就是具有高免疫力的;
- 如果系统能够快速容易地从成功的攻击中恢复,那么它就是具有高弹性的。

体系结构有若干种方式来支持高免疫力。

- 在设计中保证包含了所有的安全性特征;
- 将可能被攻击者利用的安全性弱点最小化。

类似地,体系结构通过以下方式支持高弹性。

- 把功能分段,这样攻击造成的影响只会存在于系统的很小一部分之中;
- 使系统能够在一小段时间里快速恢复功能和性能。

因此,一些更一般性的性质特征也会对体系结构的安全性有影响,如冗余度。

然而,不管是对于什么应用,诸如分层之类的体系结构风格对任意一种安全性都很合适,因为它们本身固有的性质保证了一些对象和过程不能与其他一些对象和过程交互。而其他一些体系结构风格(如 P2P),就很难有安全性保障。尽管 P2P 网络有其优势(如复制和冗余),但它的设计本身始终鼓励数据共享,即使是在数据没有打算被共享时。

6.3.4 可靠性

设计的目标是通过在设计过程中建立故障防范和恢复机制，尽可能地构建一个没有故障的系统。如果一个软件系统可以在假设的环境下正确地实现所要求的功能，就说这个软件系统是可靠的。可靠性与软件本身内部是否有错误有关。

通常通过预防或容忍故障来使得所创建的软件更加可靠，换言之，不是等待软件失效后再修复该问题，而是主动地预测可能会发生的情况，然后再根据这些情况以可接受的方式构建系统。

1. 主动故障检测

如果周期性地检查故障症状，或者试着预测什么时候会发生失效，那么进行的就是主动故障检测。主动故障检测的方法包括以下两种。

- 识别出已知的异常，即引起系统偏离正常行为的环境条件。将异常处理加入设计工作，这样系统就能很好地描述每个异常，然后返回到一个可接受的状态。对于每个期望的系统服务，都可先确定它可能的失效方式以及检测失效的方法。
- 使用某种形式的冗余，然后检查这两种技术是否相符合。这种方法背后隐含了一种理论，称为 n 版本编程，即如果两个功能相同的系统是由两个不同的团队、在不同的时间、使用不同的技术开发而成的，那么这两种实现出现同样的故障的概率十分小。遗憾的是，n 版本编程被证明并没有所设想的那样可靠，这是因为很多设计人员学习设计的方法是类似的，都使用类似的设计模式和设计原则。

2. 故障恢复

一旦发现故障就应该立即处理，而不要等到整个进程结束。立即处理故障有助于减少破坏性，不让故障变成失效，引发一连串的破坏。在保证系统随时做好恢复的准备的同时，故障恢复技术往往也带来了额外的系统开销。

- 撤销事务：系统将一系列的行为看成一个单独的事务，并将该事务作为一个整体来执行。如果在事务执行过程中发生失效，那么可以很简单地撤销掉它的部分影响。
- 检验点/回退：软件周期性地或者在某特定操作之后记录当前状态的一个检验点。如果系统接下来遇到了问题，那么它的执行将会回退到这个记录中的状态，然后制动那些在检验点之后已记录了的事务。
- 备份：系统自动用备份单元来替换故障单元。在安全要求很高的系统中，备份单元和活动单元并行，同时处理事件和事务，因此，备份单元在任意时刻都可以接管活动单元。还有另一种选择，备份单元可以只在失效发生的时候联机，这就意味着备份单元必须了解系统的当前状态，这可能会通过检验点和记录事务来实现。
- 服务降级：系统可能使用检验点和回退技术回到先前的状态，然后再提供某种降级版本的服务。
- 修正和继续：当监视软件检测到了数据一致性的问题或者进程暂停时，处理症状本身会比修复故障更加容易。
- 报告：系统回到它的上一个状态并把问题报告给异常处理单元。作为另外一个选择,系统可能会简单地提醒存在失效,并记录下失效时系统的状态。开发人员或维护人员可以自行决定事后回来修复这些问题。

系统的重要程度决定了应当使用哪种决策。有时,当错误以某种方式影响到系统时,只要将系统停止就可以了。这样处理更容易发现错误的原因。而继续让系统执行下去可能会产生其他影响而覆盖了要处理的故障,也可能改写了关键的数据和程序状态信息,从而无法定位故障。其他一些情况下,立即停止系统来处理故障则是高代价、高风险或者不方便的,如医疗设备或者航空系统。相反地,软件必须使故障造成的损失最小化,然后在对用户造成较少干扰的前提下继续执行其职能。

6.3.5 健壮性

应该防御地设计软件系统,试着去预测那些可能会导致软件问题的外部因素。如果系统包含了适应环境以及从环境中或者其他单元中的问题中恢复的机制,那么就称该系统是健壮的。

防御地设计系统并不容易,需要遵循一个名为互相怀疑策略,在该策略中,每个软件单元都假设其他软件单元中含有故障。在该模式下,每个单元都要检查它的输入以保证正确性和一致性,并且还要测试输入是否满足单元的前置条件。

例如,一个工资表程序在计算一名职员的工资之前应该保证工作时间是非负的。在分布式系统中,周期性地发送 ping 检测进程是否在可接受的时间范围内有回应,据此可以得知远程进程和通信网络的状况。在有些分布式系统中,多个计算机执行相同的计算。航天飞机就是采取这样的方式进行操作的,它使用 5 台相同的计算机同时来决定下一个操作。这种方法和 n 版本编程不同,所有计算机都运行相同的软件,因此这种冗余不会发现软件中的逻辑错误,但是可以克服硬件故障和由辐射引起的暂时性错误。

在检测故障时,健壮性策略和可靠性策略不同,这是因为引发问题的原因不同,也就是说,健壮性的问题存在于软件环境而非软件本身。但是,健壮性策略和恢复策略基本类似:软件可以回退到系统的检查点状态、放弃事务、初始化备份单元、提供降级的服务、处理症状后继续执行进程,或者触发一个异常。

6.3.6 易使用性

易使用性属性反映了用户操作系统的容易程度。用户界面设计大部分都是有关于信息该如何展示给用户以及该如何从用户处收集信息的。这些设计决策往往不是体系结构级别上的,但是,用户界面设计中确实有一些决策会显著影响到软件体系结构。

首先,用户界面需要放置于自己的软件单元中,或者是自己的体系结构层次中。这种分离使得为不同受众(如拥有不同国籍、不同能力的客户)定制不同用户界面变得更加容易。

其次,一些用户发起的命令需要体系结构的支持,包括一些一般的命令,如取消、撤销、聚合和展示多重视图。至少,系统需要一个进程来监听这些命令,因为它们可能在任意时刻产生,这和用户输入命令来应答系统提示有所不同。另外,对于其中的一些命令,系统需要做好准备以后才能接收和执行。例如,对于撤销命令,系统必须维护一个过去状态的链表,然后将它返回给该命令。对于展示多重视图命令,系统必须能够具有多种表现方式,而且要随着日期的改变保持最新性和一致性。总体来说,设计应该能够检测和响应任何预期的用户输入。

最后,一些系统发起的活动要求系统维护一个环境模型。最明显的一个例子就是在定义好的时间间隔内或特定的日期里由时间触发的活动。例如,心脏起搏器可以被设置成一分钟触发 50、60 或 70 次心脏跳动;一个记账系统可以设置自动生成月度账单。这些系统必须记录时间或者天数,才可以实现对时间敏感的任务。如果封装了该模型,则将来可能更好地替换该软件单元,或者可以为不同的应用或客户调整该模型。

6.3.7 商业目标

客户除了希望系统可以体现出某些质量属性外,还可能有相关的重要商业目标需要实现。这些目标中最普遍的就是将开发成本和产品上市时间最小化。这些目标对设计决策也会产生重要影响。

- 购买与开发。如今,越来越有可能购买到所需要的主要构件。除了可以节省开发时间以外,实际上还可能节省资金。购买来的构件可能会更加可靠,尤其是在它已经存在了一段较长的时间而且通过了很多其他用户的测试的情况下。但也有可能为设计增添约束、使系统更易受构件供应商的攻击,出现构件不能与硬件、软件或要求兼容的情况。
- 最初的开发成本与维护成本。很多有良好可修改性的体系结构风格和策略也会使设计的复杂度增加,从而增加开发系统的成本。复杂度增加可能会推迟系统的发行,也可能会把市场交到竞争者手中,甚至还有名誉遭受影响的风险。因此对于开发的每个系统,都要在提早交付和易于维护之间做出权衡。
- 新的技术与已知的技术。新的技术、体系结构风格和构件可能需要新的专业知识。掌握专业知识需要资金,此外,当学习使用新技术或者雇用掌握相关知识的新人员时,产品的发行都会被推迟。但是对于一个给定的项目,在使用新技术时,必须决定付出和收回成本的时间以及方式。

6.4 体系结构框架

6.4.1 MVC 框架

模型-视图-控制器(Model-View-Controller,MVC)模型由 Trygve Reenskaug 博士在 20 世纪 70 年代提出并最早在面向对象编程语言 Smalltalk-80 中实现。

MVC 强调将用户的输入、数据模型和数据表示方式分开设计,一个交互式应用系统由模型、视图、控制器 3 部分组成,分别对应内部数据、数据表示和输入输出控制部分。

(1) 模型。模型对象代表应用领域中的业务实体和业务逻辑规则,是整个模型的核心,独立于外在的显示内容和显示形式。模型对象的变化通过事件通知视图和控制器对象。模型对象采用发布者-订阅者方式,模型是发布者,视图和控制器是订阅者。模型并不知道自己对应的视图控制器;但控制器可以通过模型提供的接口改变模型对象,接口内封装了业务数据和行为。

(2) 视图。视图对象代表 GUI 对象,以用户熟悉和需要的格式表现模型信息,是系统与外界的交互接口。视图订阅模型可以感知模型的数据变化，并更新自己的显示。视图对象也可以包含子视图，用于显示模型的不同部分。在多数的 MVC 实现技术中，视图和控制器常常是一一对应的。

(3) 控制器。控制器对象处理用户的输入，并为模型发送业务事件，再将业务事件解析为模型应执行的动作；同时，模型的更新与修改也通过控制器来通知视图，保持视图与模型的一致。

MVC 模型处理流程如图 6.5 所示。

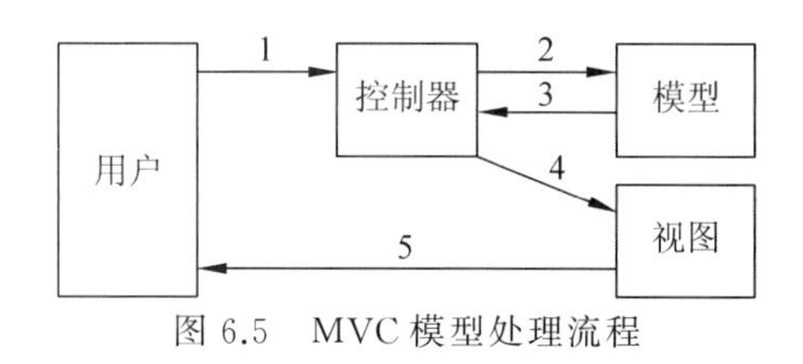

图 6.5　MVC 模型处理流程

- 步骤 1：系统拦截到用户请求，根据相应规则(多数采用路由技术)，将用户请求交给控制器。
- 步骤 2：控制器决定哪个模型处理用户的请求。
- 步骤 3：模型根据业务逻辑处理完毕后将结果返回给控制器。
- 步骤 4：控制器将数据提交给视图。
- 步骤 5：视图把数据组装之后，呈现给用户。

其中，模型处理所有的业务逻辑和规则，视图只负责显示数据，控制器负责用户的请求，这样将业务和表现层分离，以便业务代码可以用于任何相似的业务中，视图代码也可以根据需要随意替换。相比于传统将业务逻辑和视图混合在一起的实现方式，MVC 可以最大化地复用代码，且灵活性极高。

自 1978 年以后，MVC 模式逐渐发展成为计算机科学中最受欢迎的应用程序模式之一。这种减少复杂度以及分割应用程序责任的能力极大地支持开发人员构建可维护性更高的应用程序。这正是希望通过 ASP.NET MVC 发展并构建的能力。

MVC 应用非常广泛，既可以应用于本地系统，也可以用于分布式系统，但 MVC 的最大用武之处在当今的 Web 应用上。尤其是 2004 年美国人 David 使用 Ruby 语言构建使用 MVC 模式的 Rails 开发框架以来，越来越多的基于 MVC 的框架涌现。

如今，主流的 MVC 框架有基于 Ruby 的 Rails，基于 Python 的 Django，基于 Java 的 Structs、Spring 和 JSF，基于 PHP 的 Zend，基于.NET 的 MonoRail，以及另一个被视为最具潜力的微软架构 ASP.NET MVC。

6.4.2 MVP 框架

模型-视图-表示器(Model-View-Presenter，MVP)是近年来流行起来的一种体系结构。从名字上就可以看出，MVP 与 MVC 十分类似，主要差异体现在“请求在何处访问系统”以及“各部分如何联系在一起”。

MVP 的处理流程如图 6.6 所示。

- 步骤 1：用户直接与视图进行交互。

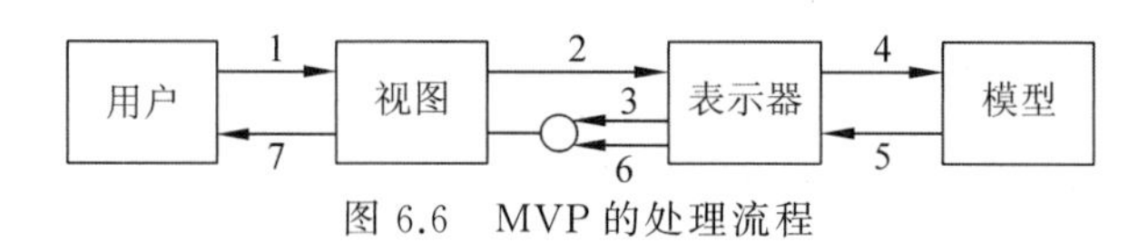

图 6.6　MVP 的处理流程

- 步骤 2：视图通过引发一个事件，通知表示器有事件发生。
- 步骤 3：表示器访问视图以其 IView 接口所公开的属性，这些属性是视图实际 UI 元素的包装器。
- 步骤 4：表示器调用模型。
- 步骤 5：模型向表示器返回结果。
- 步骤 6：表示器转换数据，然后设置 UI 的值，该操作通过 IView 接口完成。
- 步骤 7：视图将最终页面显示给用户。

MVP 中的视图比 MVC 中的更加"被动"，视图引发事件，但是由表示器读取并设置 UI 的值。事实上，MVP 模式设计的目的就是增强 MVC 模式，以尝试使视图更加被动，以便更换视图更加容易。

但 MVP 模式存在的问题是视图和表示器之间的联系比 MVC 模式中的更加复杂，每个视图都有自己的接口，并且视图的接口特定于页面的内容，因此难以委托框架来创建视图，而必须由程序员手工完成创建。这也是微软等公司采用 MVC 实现框架而非 MVP 的原因。

6.4.3　J2EE 框架

MVC 是很多现代体系结构框架的基础，主要应用于企业和电子商务系统中。J2EE 的核心体系结构在 MVC 框架的基础上扩展得到。J2EE 模型是分层结构，中间 3 层(表示层、业务层和集成层)包含应用构件，客户层和资源层处于应用的外围，如图 6.7 所示。

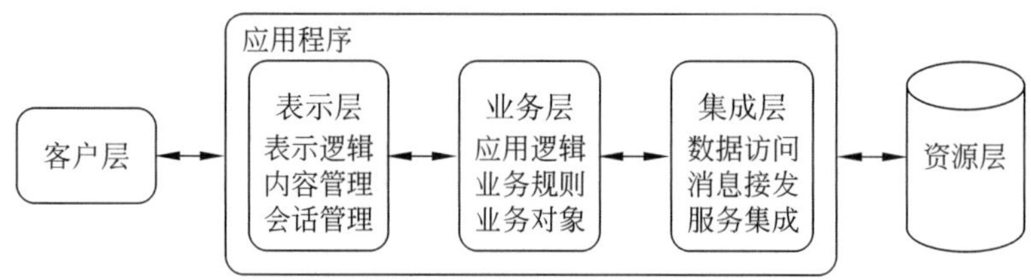

图 6.7　J2EE 核心体系结构框架

(1) 客户层。客户层是用户与系统交互的入口。该层可以是各种类型的客户端，如 C/S 客户端、浏览器、移动设备等。

(2) 资源层。资源层可以是企业的数据库、电子商务解决方案中的外部系统或者 SOA 服务。数据可以采用分布式方式部署在多个服务器上。

(3) 表示层。表示层也称为 Web 层或服务器端表示层，是用户和应用之间的桥梁。在基于 Web 的应用系统中，表示层由用户界面代码和运行在 Web 服务器或应用服务器上的应用程序组成。参考 MVC 框架，表示层包括视图和控制器部分。

(4) 业务层。业务层包含业务逻辑和应用逻辑，负责确认和执行企业范围内的业务规则和事务，并管理从资源层加载到应用程序中的业务对象。参考 MVC 框架，业务层包括模型部分。

(5) 集成层。集成层负责建立和维护与数据源的连接。例如,通过 JDBC 与数据库通信,利用 Java 消息服务(JMS)与外部系统联合,等等。

在企业与电子商务系统的开发和集成中,产生了多种经过较大调整、关注不同复杂度的 J2EE 技术。这些技术支持 MVC 的实现,如 Struts。有些技术还扩展了企业服务:Spring 框架技术和应用服务器(如 JBoss、Websphere 应用服务器)。在应用服务器中,与 JMS 实现集成则将应用领域扩展到了电子商务。

6.4.4 PCMEF 框架

表示-控制-中介-实体-基础(Presentation-Control-Mediator-Entity-Foundation,PCMEF)是一个垂直层次的分层体系结构框架。每一层都是可以包含子包的包。PCMEF 框架包含 4 层:表示层、控制层、领域层和基础层。领域层包含 2 个预定义的包:实体和中介。参考 MVC 框架,表示层对应 MVC 中的视图,控制层对应 MVC 中的控制器,领域层的实体对应 MVC 中的模型。MVC 中没有与中介和基础层对应的部分,因为 MVC 本身只是上层框架,中介和基础层多使用底层框架实现,如图 6.8 所示。

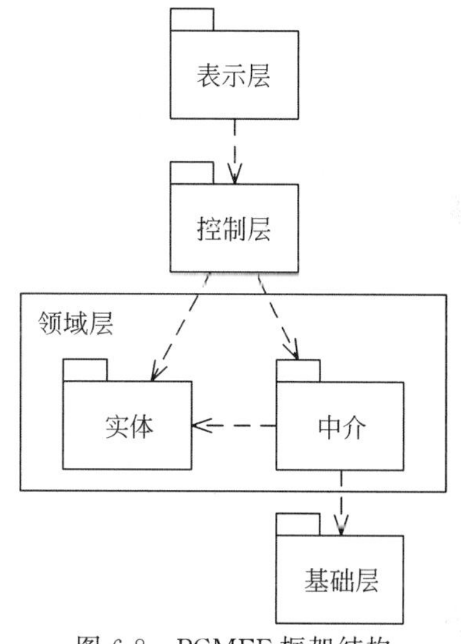

图 6.8 PCMEF 框架结构

PCMEF 框架中包的依赖性主要是向下依赖,表示层依赖于控制层,控制层依赖于领域层,中介层依赖于实体和基础层。

(1) 表示层。该层包含定义 GUI 对象的类。在微软操作系统中,很多表示类是 MFC(微软基础类)的子类。在 Java 环境中,表示类可以建立在 Java Swing 基础类库上,用户通过表层与系统通信。因此,包含主函数的类常常处于表示层中。

(2) 控制层。处理表示层的请求,负责大多数程序逻辑、算法、业务计算以及维护用户会话等。

(3) 领域层。该层包含代表"业务对象"的类,很多实体类都是容器类。领域层的实体包处理控制请求。中介包创建协调实体类和基础类的通信信道。协调工作主要有两个目的,一方面是为了隔离包,这样当一个发生变化时不会直接影响到另一个;另一方面,当需要从数据库中读取新的实体对象时,控制类不需要直接与基础类通信。

(4) 基础层。基础层负责 Web 服务与数据库的所有通信,管理应用程序需要的所有数据。

6.4.5 PCBMER 框架

表示-控制器-Bean-中介-实体-资源(Presentation-Controller-Bean-Mediator-Entity-Resource,PCBMER)是 PCMEF 框架的扩展,遵循了当前体系结构设计中广泛认可的发展趋势,是现在主流使用的框架。PCBMER 划分为 6 个层次,如图 6.9 所示。

与 PCMEF 类似,在 PCBMER 体系中,各层也用包来表示并具有向下依赖关系。例如,表示层依赖于控制器层和Bean层,控制器层向下依赖于Bean、中介和实体层等。但在PCBMER框架中,各层之间并不是严格线性依赖的,一个上层可以依赖多个相邻下层。

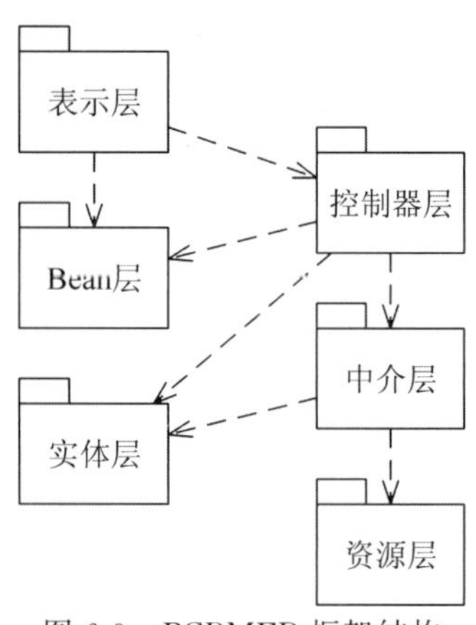

图6.9　PCBMER框架结构

(1) 表示层。表示呈现给用户的UI对象。因为Bean改变时,表示层负责维护表示层上的数据一致性,所以表示层依赖于Bean层。这种依赖可以两种方式实现:使用拉模型直接调用方法(信息传递)来实现,以及使用推模型(或推拉模型)通过消息传递及事件处理来实现。

(2) Bean层。表示那些预定呈现给用户界面的数据类和对象。除了用户输入外,Bean数据由实体对象(实体层)创建。由于Bean层不依赖于其他层,因此PCBMER框架并没有指定或核准对Bean对象的访问是通过消息传递还是事件处理。

(3) 控制器层。表示应用逻辑,控制器响应来自表示层的UI请求,UI请求可以是菜单的选择、按钮的按下或者HTTP请求的get或post。

(4) 中介层。该层建立实体类和资源类媒介的通信管道,管理业务处理,强化业务规则,实例化实体层的业务对象。中介的用途主要有两个,一个是隔离实体层和资源层,这样当二者中的一个发生改变时,不会直接影响到另一个;另一个是当控制器发出数据请求,但不确定数据已经加载还是尚未读取时,中介在控制器层和实体/资源层之间充当媒介。中介还常常用于管理应用程序的高速缓冲存储器。

(5) 实体层。响应控制器和中介层。由描述"业务对象"的类组成,在程序的空间中存储从数据库取回的对象数据,或者为了存入数据库而创建对象,多用容器类实现。

(6) 资源层。负责所有与外部持久数据资源的通信,如建立数据库连接和SOA服务,创建持久数据查询以及启动数据库事务等。

目前,很多大型商务平台的开发都使用PCBMER框架,例如,在基于.NET平台的系统中,常常使用ASP.NET MVC构建上层应用,中间使用领域驱动技术设计业务层,底层则使用LinqToSQL技术和EntityFramework构建,甚至进一步将整个系统封装在控制反转(inversion of control,IoC)容器中,以实现低耦合。

6.5 练　习　题

1. 单选题

(1) 关于软件的体系结构,下列描述错误的是(　　)。

A. 研究系统各部分组成及相互关系　　B. 只描述系统的细节特征

C. 描述系统组成的骨架　　D. 是构建计算机软件的基础

(2) 软件体系结构表达的是系统的一个或多个结构关系,它不包括(　　)。

A. 软件的组件　　B. 组件的外部可见特性

C. 组件的内部细节　　D. 组件之间的相互关系

(3) 在管道和过滤器风格的体系结构中,(　　)是简单地将数据从一个过滤器传输到下一个过滤器的连接器,不对数据做任何改变。

A. 过滤器　　B. 管道　　C. 服务器　　D. 连接器

(4) 从技术上讲,在(　　)体系结构中,每一个构件都只执行自己的进程,并且对于其他同级构件,每个构件本身既是客户端又是服务器。

A. P2P　　B. C/S　　C. B/S　　D. FP

(5) (　　)框架强调将用户的输入、数据模型和数据表示方式分开设计,一个交互式应用系统由模型、视图、控制器 3 部分组成,分别对应内部数据、数据表示和输入输出控制部分。

A. J2EE　　B. PCMEF　　C. MVP　　D. MVC

2. 简答题

(1) 什么是软件体系结构?

(2) 请简述软件体系结构建模的步骤。

(3) 软件体系结构在软件开发过程中的作用是什么?

(4) 软件开发中常用的体系结构风格有哪些?

结构化设计

分析是提取和整理用户需求，并建立问题域精确模型的过程。设计则是把分析阶段得到的需求转变成符合成本和质量要求的、抽象的系统实现方案的过程。传统的软件工程方法学采用结构化设计（structured design，SD）技术完成软件设计工作，并且以结构化分析的结果为基础和依据。

7.1 软件设计概述

7.1.1 软件设计的目标

在20世纪90年代早期，Lotus 1-2-3的发明人Mitch Kapor在杂志上发表了“软件设计宣言”：什么是设计？设计指的是你身处两个世界——技术世界和人类的目标世界——而你尝试将这两个世界结合在一起……

罗马建筑批评家Vitruvius提出了这样一个观念：“设计良好的建筑应该展示出坚固、适用和令人赏心悦目”。好的软件也是同样的。所谓坚固是指程序应该不含任何对其功能有障碍的缺陷；适用是指程序符合开发的目标；赏心悦目要求使用程序的体验应是愉快的。

软件设计是利用软件研发技术、工具和方法，确定新软件系统的具体物理实现方式、方法和方案的过程。其总体目标是：将软件需求分析阶段确定的各种功能对应的逻辑模型，转换成具体的物理模型（描述新软件“如何做”，即“实现方案”的物理过程），确定一个合理的软件系统的体系结构，包括划分组成系统的模块与功能、模块间的调用关系及接口、软件系统所用的数据结构等，最后完成“软件设计说明（书）”，提高软件性能及可靠性、可维护性以及质量与效率。

软件设计期间所做出的决策，将最终决定软件开发能否成功，更重要的是，设计是软件开发过程中决定软件产品质量的关键阶段，这些设计决策将决定软件维护的难易程度。

7.1.2 结构化设计的任务

结构化设计分为两个阶段：概要设计和详细设计。

- 概要设计也称为总体设计，通过仔细分析软件规格说明，适当地对软件进行功能分解，从而把软件划分为模块，并且设计出完成预定功能的模块结构。
- 详细设计也称为过程设计，是对概要设计的一个具体细化的过程，详细地设计每个模块，确定完成每个模块功能所需要的算法和数据结构，为后续软件的具体实现提供详细方案及依据并奠定重要的基础。

结构化分析的结果为结构化设计提供了最基本的输入信息。结构化分析模型的每个元素都提供了创建设计模型时所需要的信息。由数据模型、功能模型和行为模型表示的软件需求被传送给软件设计者，设计者再使用适当的设计方法完成数据设计、体系结构设计、接口设计和过程设计。

- 数据设计把分析阶段创建的信息域模型转变成实现软件所需要的数据结构。在E-R图中定义的数据对象和关系，以及数据字典和数据对象描述中给出的详细的数据内容，为数据设计活动奠定了坚实的基础。
- 体系结构设计确定了程序的主要结构元素（即程序构件）之间的关系。从分析模型和在分析模型内定义的子系统的交互，可以导出系统的模块框架。
- 接口设计的结果描述了软件内部、软件与协作系统之间以及软件与使用它的人之间的沟通方式。接口意味着信息流（如数据流或控制流），因此，数据流图提供了接口设计所需要的信息。
- 过程设计把程序体系结构中的结构元素，变换成对软件构件的过程性描述。从处理规格说明、控制规格说明和状态转换图所获得的信息，是过程设计的基础。

7.2　软件设计的原则

设计原则是指把系统功能和行为分解成模块的指导方针。Davis提出了201条软件开发原则，其中许多原则与设计相关联。下面将介绍几个主要的原则，这些原则似乎都已经受住了时间的考验，并且在风格和方法学上彼此独立。融合使用这些原则有助于创造出高效、健壮的设计。

7.2.1　模块化

模块化（modularity）也称作关注点分离（separation of concerns），是一种把系统中各不相关的部分进行分离的原则，以便于各部分能够独立研究。关注点（concern）可以是功能、数据、特征、任务、性质或者想要定义或详细理解的需求以及设计的任何部分。为了实现模块化设计，可通过辨析系统不相关的关注点来分解系统，并且把它们放置于各自的模块中。

结构化设计中的模块是由边界元素限定的相邻程序元素（如数据说明和可执行的语句）的序列，而且有一个总体标识符代表它。像C、C++和Java语言中的{…}对，都是边界元素的例子。按照模块的定义，过程、函数、子程序和宏等，都可作为模块。面向对象方法学中的对象是模块，对象内的方法（或称为服务）也是模块。模块是构成程序的基本构件。

模块化是为了使一个复杂的大型程序能被人的智力所管理。如果该原则运用得当，那么每个模块都有自己的唯一目的，并且相对独立于其他模块。使用这种方法，每个模块的理解和开发将会更加简单。同时，模块独立也将使得故障的定位和系统的修改更加简单，因为每一个故障对应的可疑模块会减少，且一个模块的变动所影响的其他模块会减少。

开发具有独立功能而且和其他模块之间没有过多相互作用的模块，就可以做到模块独立。换句话说，希望这样设计软件结构，使得每个模块完成一个相对独立的特定子功能，并且和其他模块之间的关系简单。为了度量模块的独立程度，可以使用两个定性标准：耦合度和内聚度。

- 耦合。度量不同模块彼此间互相依赖(连接)的紧密程度。耦合要低,即每个模块和其他模块之间的关系要简单。
- 内聚。度量一个模块内部各个元素彼此结合的紧密程度。内聚要高,每个模块完成一个相对独立的特定子功能。

1. 耦合度

耦合是对一个软件结构内不同模块之间互连程度的度量。耦合强弱取决于模块间接口的复杂程度、进入或访问一个模块的点,以及通过接口的数据。

在软件设计中应该追求尽可能松散耦合的系统。在这样的系统中可以研究、测试或维护任何一个模块,而不需要对系统的其他模块有很多了解;模块间联系简单,发生在一处的错误传播到整个系统的可能性就很小;模块间的耦合程度强烈影响系统的可理解性、可测试性、可靠性和可维护性。

(1) 非耦合(uncoupled)。

如果两个模块中的每一个都能独立地工作而不需要另一个模块的存在,那么它们就是彼此完全独立的。这意味着模块间无任何连接,完全独立,如图 7.1 所示。但是,一个软件系统不可能建立在完全非耦合的模块上。

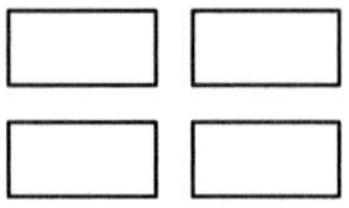

图 7.1 非耦合

(2) 数据耦合(data coupling)。

如果两个模块彼此间通过参数交换信息,而且交换的信息仅仅是数据,那么这种耦合称为数据耦合。

因数据表示的改变而出错的可能性很小,所以数据耦合最简单。如果模块之间必须有耦合,那么数据耦合是最受欢迎的。它是跟踪数据并进行改变的简便方法。通常,一个系统内可以只包含数据耦合。这样的系统更容易维护,对一个模块的修改不会使另一个模块产生退化错误。

(3) 标记耦合(stamp coupling)

如果使用一个复杂的数据结构从一个模块向另一个模块传送信息,并且传递的是该数据结构本身,那么两个模块之间的耦合就是标记耦合。

标记耦合体现了模块之间更加复杂的接口,因为在标记耦合中,两个交互模块之间的数据格式和组织方式必须匹配。

(4) 控制耦合(control coupling)。

当某个模块通过传递参数或返回代码控制另外一个模块的活动时——尽管有时这种控制信息以数据的形式(如开关量、标志量)出现,这两个模块之间就是控制耦合。

受控制的模块如果没接收到来自控制模块的指示,是不可能完成其功能的。控制耦合的设计可以使每个模块只完成一种功能或只执行一个进程。这种限制把从某个模块传送到另外一个模块所必需的控制信息量减到最少,并且把模块的接口简化成固定的、可识别的参数和返回值的集合。

(5) 公共耦合(common coupling)。

当两个或多个模块通过一个公共数据环境相互作用时,它们之间的耦合称为公共耦合。公共环境可以是全程变量、共享的通信区、内存的公共覆盖区、任何存储介质上的文件、物理设备等。

从公共数据存储区访问数据，可以在某种程度上减少耦合的数量。但是，依赖关系仍然存在，因为对公共数据的改变意味着需要通过反向跟踪所有访问过该数据的模块来评估该改变的影响，很难确定是哪个模块把某个变量设置成一个特定值的。对于公共耦合，两个或多个模块要能够读取和写入公共数据，如果公共数据区域的存取状态是只读的，那么就不是公共耦合。图 7.2 展示了公共耦合模块间的关系。

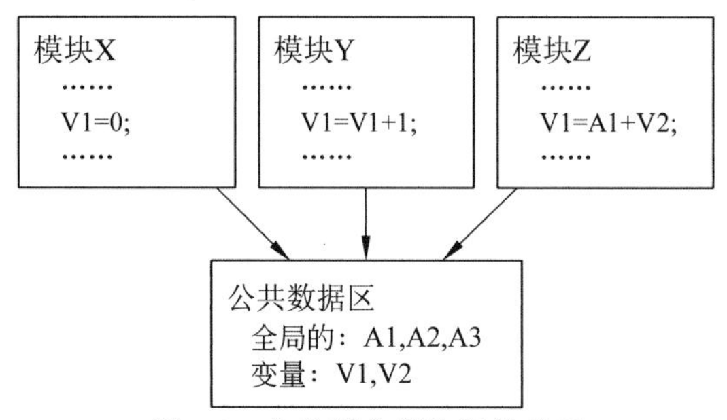

图 7.2 公共耦合模块间的关系

(6) 内容耦合(content coupling)。

最不希望发生的情况是，一个模块修改了另外一个模块。如果出现这样的情况，被修改的模块就完全依赖于修改它的那个模块。这种情况称之为内容耦合。例如：

- 一个模块修改了另外一个模块的内部数据项；
- 一个模块修改了另一个模块的代码；
- 一个模块内的分支转移到另外一个模块中。

在图 7.3 中，模块 B 产生并调用了模块 D。在诸如 LISP 和 Schcmc 的程序设计语言中，这种情况是很可能出现的。尽管从程序自我改良和程序动态学习来说，能进行自我修改的代码是很强有力的工具，但是它所带来的影响往往是负面的，模块之间具有高耦合度，模块不能独立地设计和修改。因此，应该避免使用内容耦合。事实上，许多高级程序设计语言已经设计成不允许在程序中出现任何形式的内容耦合。

各种类型的耦合及其程度的排序如图 7.4 所示。模块之间必然会存在耦合，因此没有必要使模块完全独立，只要尽可能减少模块之间的耦合度即可。

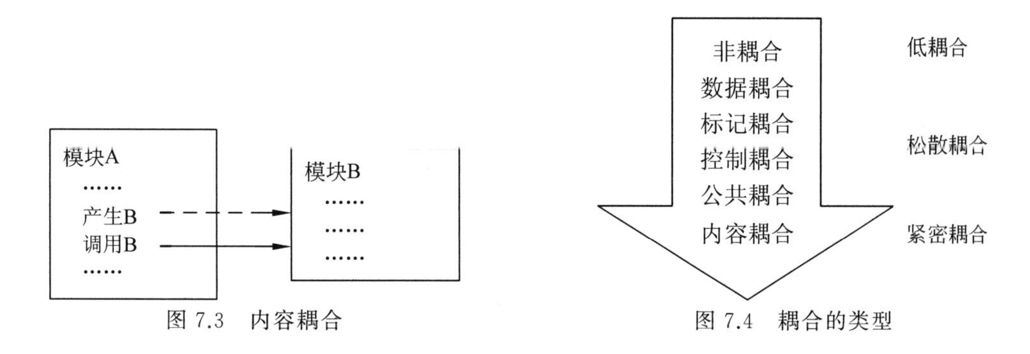

图 7.3 内容耦合

图 7.4 耦合的类型

2. 内聚度

与度量模块之间的相互依赖性相比，内聚度是指模块的内部元素(如数据、功能、内部模块)的"黏合"程度。一个模块的内聚度越高,模块内部的各部分之间的相互联系就越紧密,与总体目标就越相关。一个模块如果有多个总体目标,那么它的元素就会有多种变化方式或变化值。例如,一个模块同时包含了数据和例程,并且用例程来显示数据,那么这个模块就可能会频繁更改且以不同的方式变更,因为每次使用这些数据时都需要使用改变这些值的新功能和显示这些值的新方法。只有尽可能地使模块高内聚,各个模块才能易于理解,减少修改的需要。

(1) 偶然内聚(coincidental cohesion)。

内聚度最低的是偶然内聚,这时,模块的各个部分互不相关。在这种情况下,只是出于方便或是偶然的原因,不相关的功能、进程或数据才处于同一个模块中。例如,一个设计含有若干个内聚的模块,但是其他的系统功能都放在一个或多个杂项模块中,这种设计不是我们所期望的。

偶然内聚的模块内的各元素之间没有实质性联系,很可能会因为在一种应用场合需要修改这个模块,在另一种应用场合又不允许这种修改,从而陷入两难的困境。模块的可理解性也较差,可维护性产生退化。

(2) 逻辑内聚(logical cohesion)。

当一个模块中的各个部分只通过代码的逻辑结构相关联时,称这个模块具有逻辑内聚。也就是说,一个模块完成的多个任务在逻辑上属于相同或相似的一类,由调用模块来选择任务。

如图 7.5 所示,假设有这样一个模板模块或过程,根据接收的参数值不同而执行不同的操作。尽管这些不同的操作体现了一定的内聚,它们之间会共享一些程序状态和代码结构,但是这种代码结构的内聚相对于数据、功能或目标的内聚是比较弱的。随着时间的增长,这些操作极有可能会有不同的变化,这些变化也可能包括一些新操作的加入,此时,模块将会变得非常难于理解和维护。

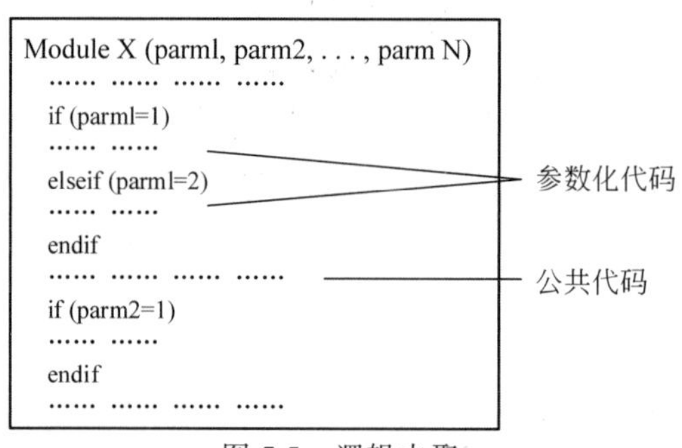

图 7.5 逻辑内聚

(3) 时态内聚(temporal cohesion)。

如果一个模块包含的数据和功能仅仅因为在一个任务中同时被使用而形成联系,就称之为时态内聚。例如,用来表示不同执行状态的模块:初始化、读取输入、计算、打印输出和清除。

图 7.6 展示了一个初始化模块。此类模块内部操作之间的关系很弱,与其他模块的操作却有很强的关联,还会造成代码的重复——这是因为会有多个模块对关键数据结构有类似的操作。在这种情况下,对数据结构的改动会引起所有与之相关的模块的变动。在面向

对象程序中，对象的构造函数和析构函数有助于避免初始化模块和清除模块中的时态内聚。

初始化模块
打开旧主文件、新主文件、事务文件
初始化销售地区表
读取第一条事务记录和第一条旧主文件记录
……

图 7.6 初始化模块

(4) 过程内聚(procedural cohesion)。

如果模块中的功能组合在一起是为了按照某个确定的顺序执行，那么该模块就是过程内聚的。例如，必须先输入数据，然后进行检查，再操纵数据。

过程内聚和时态内聚类似，但过程内聚有另外一个优点，其功能总是涉及相关的活动和针对相关的目标。然而，这样一种内聚只会出现在模块本身运用的上下文环境中。倘若不知道该模块的上下文环境，则很难理解模块如何以及为什么会这样工作，也很难修改此模块。

(5) 通信内聚(communicational cohesion)。

如果将操作或生成同一个数据集的某些功能关联起来构成模块，该模块就是通信内聚的。例如，有时可以将不相关的数据一起取出，因为它们由同一个输入传感器搜集，或者通过一次磁盘访问就可以读取到。模块是围绕着数据集构造的，即在同一个数据结构上操作。解决通信内聚的对策是将各数据元素放到它本身的模块中。

(6) 功能内聚(functional cohesion)。

理想的情况是功能内聚，它满足以下两个条件。

- 在一个模块中包含了所有必需的元素，并且每一个处理元素对于执行单个功能来说都是必需的；
- 某个功能内聚的模块不仅执行设计的功能，而且只执行该功能，不执行其他任何功能。

(7) 信息内聚(informational cohesion)。

在功能内聚的基础上，将模块调整为数据抽象化和基于对象的设计，这就是信息内聚。信息内聚和功能内聚的设计目的相同，只有当对象和动作有着一个共同且明确的目标时，才被放到一起。例如，如果每一个属性、方法或动作都高度互相依赖且对于一个对象来讲都是必需的，那就说这个面向对象的设计模块是信息内聚的。

好的面向对象系统通常有较高内聚的设计，因为每个模块都只含有单一的(可能是复杂的)数据类型和所有对该数据类型的操作。

各种类型的内聚及其程度的排序如图 7.7 所示。

在设计时要力争做到高内聚，并且能够辨认出低内聚的模块，有能力通过修改设计提高模块的内聚程度、降低模块间的耦合程度，从而获得较高的模块独立性。内聚和耦合是密切相关的，模块内的高内聚往往意味着模块间的松散耦合。内聚和耦合都是进行模块化设计的有

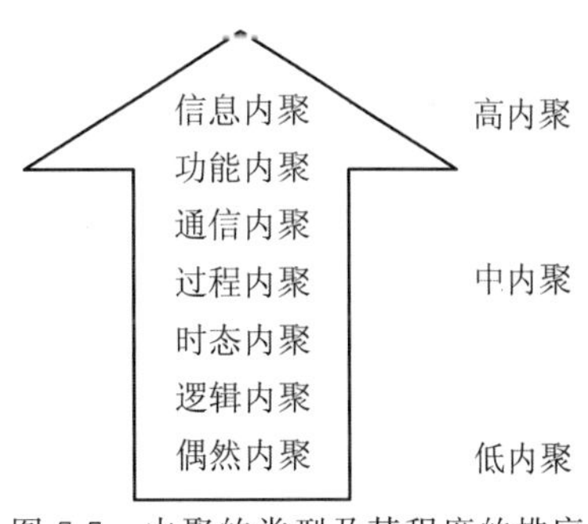

图 7.7 内聚的类型及其程度的排序

力工具,但是实践表明内聚更重要,应该把更多注意力集中到提高模块的内聚程度上。

7.2.2 接口

软件系统有一个外部边界和一个对应的接口,通过这个接口软件系统可以感知和控制它的环境。类似地,每个软件单元也有一个边界以及一个接口,前者将它和系统的其余部分分开,后者用来和其他软件单元进行交互。接口为系统其余部分定义了该软件单元提供的服务,以及如何获取这些服务。

一个对象的接口是该对象所有公共操作以及这些操作的签名的集合,指定了操作名称、参数和可能的返回值。更全面地讲,依据服务或假设,接口还必须定义该单元所必需的信息,以确保该单元能够正确工作。因此,软件单元的接口描述了它向环境提供哪些服务,以及对环境的要求。如图 7.8 所示,一个软件单元可能有若干不同的接口来描述不同的环境需求或不同的服务,向其他开发人员封装和隐藏了软件单元的设计和实现细节。

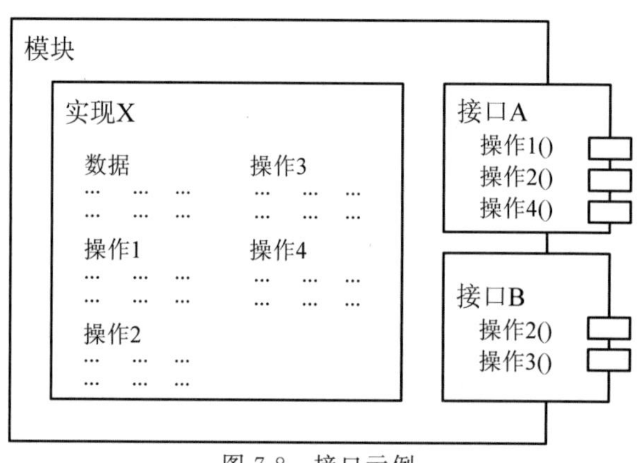

图 7.8 接口示例

软件单元接口的规格说明描述了软件单元外部可见的性质,向其他系统开发人员传达正确应用该软件单元的所有信息,这些信息包括单元的访问函数、签名、目标、前置条件、协议、后置条件、质量属性等。

软件单元的接口还暗示了耦合的本质含义。如果一个接口将访问限制在一系列可被调用的访问函数之内,那么它们之间就没有内容耦合。但如果其中一些访问函数有复杂的数据参数,那么可能会存在标记耦合。为了实现低耦合,应该将单元的接口设计得尽可能简单,同时也应该将软件单元对环境的假设和要求降至最低,以降低系统其他部分的改变所造成的影响。

7.2.3 信息隐藏

信息隐藏意味着应该在设计和确定模块时,确保一个模块内包含的信息(过程和数据)对于不需要这些信息的模块来说,是不能访问的。它的目标是使软件系统更加易于维护。它以系统分解为特征,为每个软件单元都封装了一个将来可以改变的独立的设计决策,然后根据外部可见的性质,在接口和接口规格说明的帮助下描述各个软件单元。顾名思义,单元的设计决策被隐藏了。“设计决策”可以有很多指代,包括数据格式或数据操作、硬件设备或其他需要和软件交互的构件、构件之间消息传递的协议,或者算法的选择。因为设计过程牵涉软件很多方面的决策,所以最终的软件单元封装了各种类型的信息。

通过遵循信息隐藏原则,一个设计将会被分解成很多小的模块,而且,这些模块可能具有所有类型的内聚,例如:

- 隐藏了数据表示的模块可能是信息内聚的;
- 隐藏了算法的模块可能是功能内聚的;
- 隐藏了任务执行顺序的模块可能是过程内聚的。

信息隐藏使得软件单元具有高内聚、低耦合,因为每个软件单元只隐藏了一个特定的设计决策。每个单元的接口均列出了该单元提供的访问函数和需要使用的其他访问函数的集合,这个特征使得软件单元易于理解和维护。

7.2.4 抽象和逐步求精

人们在实践中认识到,在现实世界中一定事物、状态或过程之间总存在着某些相似的方面(共性)。把这些相似的方面集中和概括起来,暂时忽略它们之间的差异,这就是抽象。或者说抽象就是抽出事物的本质特性而暂时不考虑它们的细节。Grady Boach 说过:"抽象是人类处理复杂问题的基本方法之一。"

软件设计中的抽象是一种忽略一些细节来关注其他细节的模型或表示。而在定义中,关于模型中的哪部分细节被忽略是很模糊的,因为不同的目标会对应不同的抽象,会忽略不同的细节。

系统被分解为各个子系统,每个子系统再被分解成更小的子系统,一直分解下去。其中分解的顶层提供了问题系统层次上的纵览,同时隐藏了那些可能会影响注意力的细节,有助于集中关注想要研究和理解的设计功能和特性。当观察低一层次的抽象时,会发现更多关于各软件单元的细节,这些细节牵涉该抽象的主要元素以及这些元素间的关系。各个抽象层次以这种方式隐藏了各自的元素如何进一步分解的方法,而每个元素在接口规格说明中将被一一描述,这是另一种关注元素外部行为和避免元素内部设计细节被引用的抽象类型,这些细节将会在分解的下一个层次中显现出来。

一个系统可能不仅仅只有一个分解方法,通常会创建若干种不同的分解来展示不同的结构。例如,一种视图可能展示了不同的运行进程以及它们内部的联系,另一种视图则展示了分解成代码单元的系统。每个视图都是一种抽象,强调了系统结构设计的某个方面而忽略了其他结构信息和非结构细节。

在层次体系结构中,任一层次 i 都使用了它下一层次 $i-1$ 层所提供的服务,这样第 i 层便拥有了强大且可靠的服务,然后向它的上一层 $i+1$ 层提供该服务。每一层只能访问紧邻它的下一层所提供的服务,而不能访问更低层的服务(当然也不可能访问更高层的服务)。综上所述,层次 i 是将底层细节抽象化,仅向下一层展现它的服务的虚拟机。

对于一个特定的模型而言,一个好的抽象的关键是决定哪些细节不相关,进而可以被忽略。抽象的性质取决于开始建立这个模型的初衷,即,想交互哪些信息,或者想展示哪个分析过程。

逐步求精是为了能集中精力解决主要问题而尽量推迟对问题细节的考虑。它是人类解决复杂问题时采用的基本方法,也是许多软件工程技术(如规格说明技术、设计和实现技术)的基础。因为人类的认知过程遵守 Miller 法则:一个人在任何时候都只能把注意力集中在

7±2 个知识块上。

逐步求精最初是由 Niklaus Wirth 提出的一种自顶向下的设计策略。按照这种设计策略,程序的体系结构是通过逐步精化过程细节的层次而开发出来的。通过逐步分解对功能的宏观陈述而开发出层次结构,直至最终得出用程序设计语言表达的程序。

抽象与求精是一对互补的概念。抽象使得设计者能够说明过程和数据,同时却忽略低层细节。事实上,可以把抽象看作是一种通过忽略多余的细节同时强调有关的细节,而实现逐步求精的方法。求精则帮助设计者在设计过程中揭示出低层细节。这两个概念都有助于设计者在设计演化过程中创造出完整的设计模型。

7.2.5 通用性

通用性是这样一种设计原则:在开发软件单元时,使软件单元尽可能地成为通用的软件,来加强它在将来某个系统中被使用的可能性。可通过增加软件单元使用的上下文环境的数量来开发更加通用的软件单元,下面是几条实现规则。

- 将特定的上下文环境信息参数化。通过把软件单元所操作的数据参数化,可以开发出更加通用的软件。
- 去除前置条件。去除前置条件,使软件在那些之前假设不可能发生的条件下工作。
- 简化后置条件。把一个复杂的软件单元分解成若干个具有不同后置条件的单元,再将它们集中起来解决原来需要解决的问题,或者当只需其中一部分后置条件时单独使用。

尽管总希望能够开发出可复用的单元,但有时候其他的设计目标会与该目标产生冲突。系统的需求规格说明列出了特定的设计标准(如性能、效率),可以通过参照这些标准来优化设计和代码。然而,这种客户化定制往往降低了软件的通用性,这反映了必须在通用性和客户化之间做出权衡,而且没有一般性的法则可以帮助平衡这两个相互冲突的目标,最终的选择将取决于环境、设计标准的重要程度,以及一个更通用软件版本的实用效果。

7.2.6 结构化设计启发式规则

人们在开发计算机软件的长期实践中积累了丰富的经验,总结这些经验得出了一些启发式规则。这些启发式规则虽然不像前面的基本原理和概念那样普遍适用,但是在许多场合仍然能给软件设计人员以有益的启示,往往能帮助他们找到改进软件设计、提高软件质量的途径。下面简要介绍几条常用的启发式规则。

1. 改进软件结构提高模块独立性

设计出软件的初步结构以后,应该审查分析这个结构,通过模块分解或合并,力求降低耦合、提高内聚。多个模块公有的一个子功能可以独立成一个单独的模块,由原来具有公用子功能的模块有效调用;通过适当地分解或合并模块可以减少控制信息的传递及对全程数据的引用,并且降低接口的复杂程度。

具体可以从两个方面进行调整。

(1) 模块功能完善化。一个完整的模块应当有以下几部分:执行规定的功能的部分;出错处理的部分;如果需要返回一系列数据给它的调用者,那么在完成数据加工或结束时,应当为它的调用者返回一个“结束标志”。这些部分不应分离到其他模块中去，否则会增加耦合度。

(2) 消除重复功能，改善软件结构。如果两个模块部分相同，则可分离出相同部分，重新定义成一个独立的下层模块，剩余部分根据情况与上层模块合并，以减少控制的传递、全局数据的引用和接口的复杂性，如图 7.9 所示。

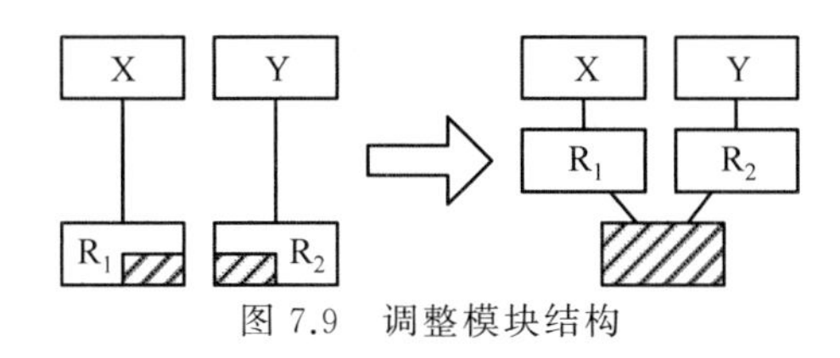

图 7.9　调整模块结构

2. 模块规模应该适中

经验表明，一个模块的规模不应过大，通常在 50～100 行语句为佳。如果一个模块编写的语句数过多，就会出现对模块的功能和算法的理解力快速下降的现象。但是数字只能作为参考，根本问题是要保证模块的独立性。

过大的模块往往是由分解不充分造成的，但是进一步分解必须符合问题结构，通常，分解后不应该降低模块的独立性。过小的模块会导致模块数目过多，模块之间的关系复杂，接口开销大于有效操作。因此软件系统不应保留那些功能过于局限的模块，特别是在只有一个模块调用它，而它又没有单独分离的必要时，可以把该模块合并到上层模块中，而不必让其单独存在。

3. 深度、宽度、扇出和扇入都应适当

深度表示软件结构中控制的层数。它往往能粗略地标识一个系统的大小和复杂程度。如果层数过多则应该考虑是否有许多管理模块过分简单，能否适当合并。

宽度是软件结构内同一个层次上的模块总数的最大值。通常，宽度越大系统越复杂。对宽度影响最大的因素是模块的扇出。

扇出是一个模块直接控制(调用)的模块数目。扇出过大意味着模块过分复杂，需要控制和协调过多的下级模块，缺乏中间层次，应该适当增加中间层次的控制模块，如图 7.10 所示；扇出过小(如总是 1)也不好，可以把下级模块进一步分解成若干个子功能模块，或者合并到它的上级模块中去。经验表明，一个设计得好的典型系统的平均扇出通常是 3 或 4(扇出的上限通常是 5～9)。当然，分解模块或合并模块必须符合问题结构，不能违背模块独立原理。

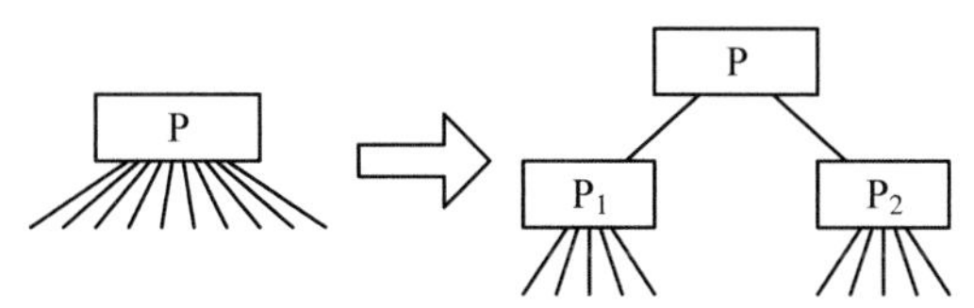

图 7.10　模块扇出过大的调整

扇入表明有多少个上级模块直接调用它。扇入越大则共享该模块的上级模块数目越多，这是有好处的，但是不能违背模块独立原理单纯追求高扇入。如模块扇入超过 8，又不

是公共模块，说明该模块可能具有多个功能，应该将功能分解，如图 7.11 所示。

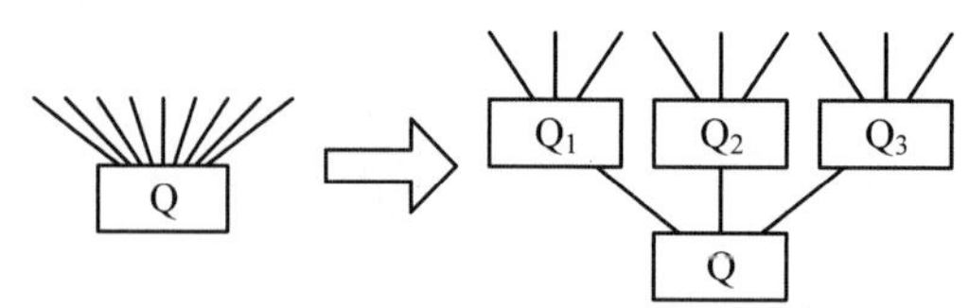

图 7.11　非公共模块扇入过大的调整

图 7.12 综合展示了深度、宽度、扇入和扇出的概念。设计得较好的软件结构通常是顶层扇出比较高，中层扇出较少，底层扇入到公共的实用模块中(底层模块有高扇入)。

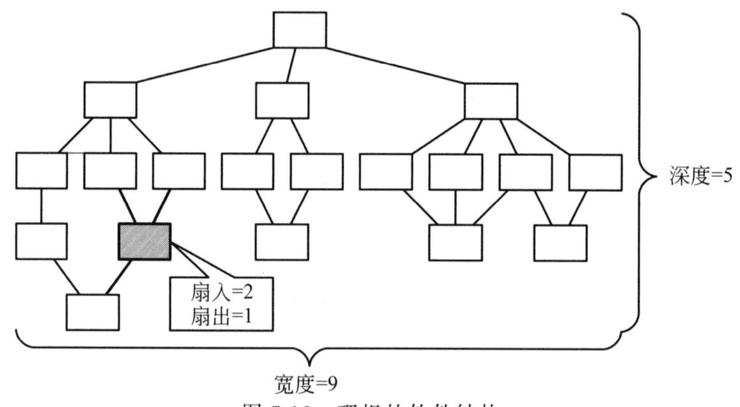

图 7.12　理想的软件结构

有时候，可以在软件结构的“深度、宽度”和“扇入、扇出”之间进行折中设计，通过它们之间的互补设计改善软件模块和模块间的关系。

4. 模块的作用域应该在控制域之内

模块的作用域是受该模块内一个判定影响的所有模块的集合。模块的控制域是这个模块本身以及所有直接或间接从属于它的模块的集合。

例如，在图 7.13 中，模块 A 的控制域是{A,B,C,D,E,F}。若模块 A 做出的判定还影响模块 G 中的处理，则模块 A 的作用域为{A,B,C,D,E,F,G}，这种情况违反规则，需要模块 M 传递控制信息，使模块间出现控制耦合。

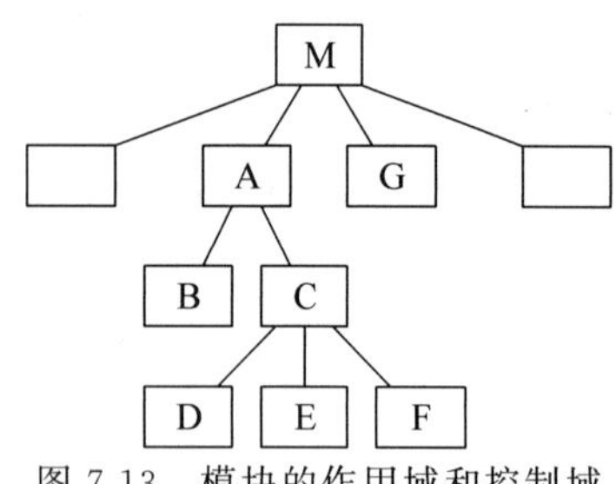

图 7.13　模块的作用域和控制域

在一个设计得很好的系统中，所有受判定影响的模块应该都从属于做出判定的那个模块，最好是做出判定的那个模块本身及它的直属下级模块，即，模块的作用域应该在控制域之内。上述问题的解决方案有如下两种，如图 7.14 所示。

- 方案一：把模块 A 中的判定上移到它的上层模块 M 中。
- 方案二：把模块 G 移到模块 A 的下方，作为 A 的下级模块。

采用哪种方法改进软件结构，需要根据具体问题统筹考虑。一方面应该考虑哪种方法更现实，另一方面应该使软件结构能最好地体现问题原来的结构。

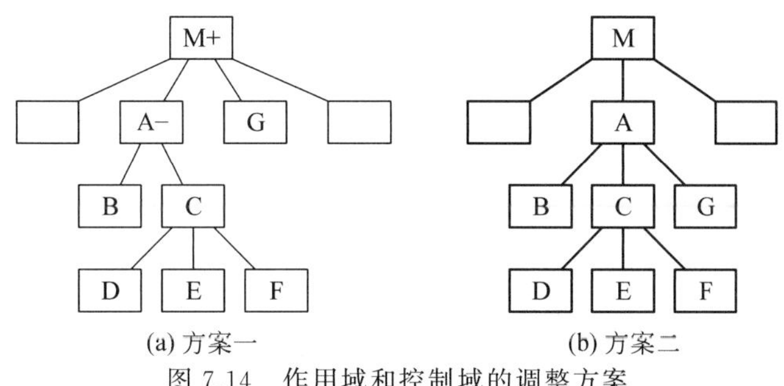

(a) 方案一 (b) 方案二

图 7.14 作用域和控制域的调整方案

5. 力争降低模块接口的复杂程度

模块接口复杂是软件发生错误的一个主要原因。应该仔细设计模块接口，使得信息传递简单并且和模块的功能一致。

例如，求解一元二次方程根的模块 QUAD_ROOT(TBL，X)，其中数组 TBL 传送方程的系数，数组 X 回送求得的根。这个接口不如 QUAD_ROOT(A，B，C，ROOT1，ROOT2)来得简单直接。

接口复杂或不一致，容易造成紧耦合或低内聚，应该重新分析这个模块的独立性。

6. 设计单入口单出口的模块

单入口单出口的模块避免了内容耦合。当符合从顶部进入模块并且从底部返回退出的要求时，软件比较容易理解，因此也比较容易维护。

7. 模块功能应该可以预测

模块的功能应该能够预测，但也要防止模块功能过分局限。如果一个模块可以当作一个黑盒子，只要输入的数据相同就产生同样的输出，那么这个模块的功能就是可以预测的。带有内部“存储器”的模块的功能可能是不可预测的，因为它的输出可能取决于内部存储器(如某个标记)的状态。因为内部存储器对于上级模块而言是不可见的，所以这样的模块既不易理解又难于测试和维护。

7.3 体系结构设计

面向数据流的设计方法定义了一些不同的“映射”，利用这些映射可以把数据流图变换成软件结构。因为任何软件系统都可以用数据流图表示，所以面向数据流的设计方法理论上可以设计任何软件的结构。通常所说的结构化设计方法，也就是基于数据流的设计方法。

7.3.1 描述软件结构的工具

1. 层次图

层次图(H 图)用来描绘软件的层次结构，很适于在自顶向下设计软件的过程中使用，它描绘了系统模块间的层次调用关系。

【实例 7.1】 某银行储蓄系统的层次图如图 7.15 所示。

图 7.15 中,方框表示模块,连线表示调用关系,例如,验证账户模块调用输入密码和核对密码模块。层次图通常是自上而下表示,即上层模块调用下层模块。

2. HIPO 图

HIPO 图是美国 IBM 公司发明的"层次图+输入/处理/输出图"的英文缩写。IPO 图用来描绘模块的处理过程,它应该和 H 图中每个模块相对应。为了使 HIPO 图具有可追踪性,在 H 图里除了最顶层的方框之外,每个方框都加了编号,加编号的 H 图如图 7.16 所示。

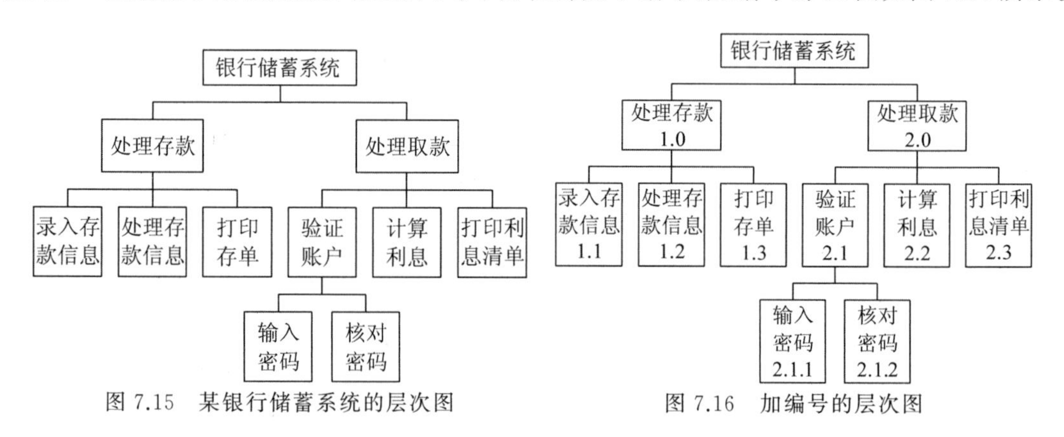

图 7.15　某银行储蓄系统的层次图

图 7.16　加编号的层次图

IPO 表是改进的 IPO 图,增加了更多的附加信息,比 IPO 图更加实用。下面以银行储蓄系统中验证账户和输入密码这两个模块为例,说明 IPO 表的使用方法。

【实例 7.2】 银行储蓄系统中验证账户和输入密码模块的 IPO 表如图 7.17 和图 7.18 所示。

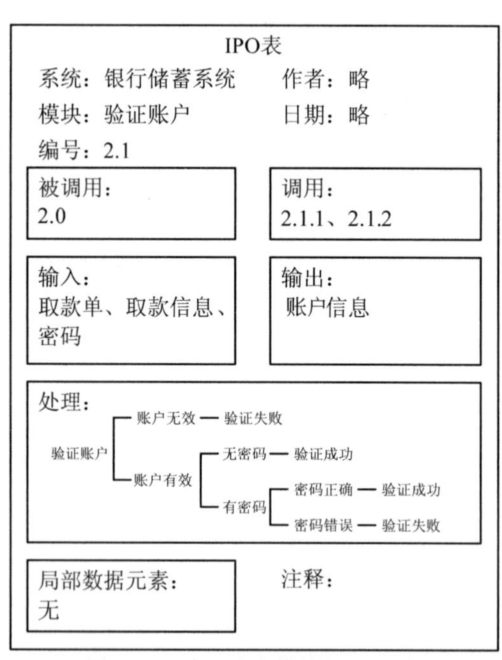

IPO表

系统：银行储蓄系统　　作者：略

模块：验证账户　　日期：略

编号：2.1

被调用：
2.0

调用：
2.1.1、2.1.2

输入：
取款单、取款信息、密码

输出：
账户信息

处理：
验证账户
- 账户无效 — 验证失败
- 账户有效
  - 无密码 — 验证成功
  - 有密码
    - 密码正确 — 验证成功
    - 密码错误 — 验证失败

局部数据元素：
无

注释：

图 7.17　验证账户模块的 IPO 表

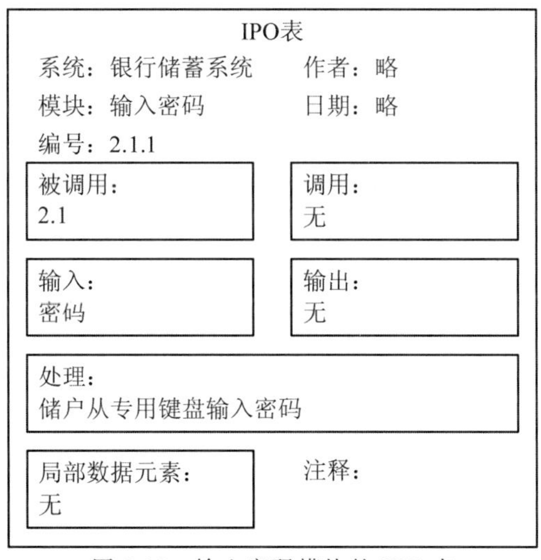
IPO表

系统：银行储蓄系统　　作者：略

模块：输入密码　　日期：略

编号：2.1.1

被调用：	调用：
2.1	无

输入：	输出：
密码	无

处理：
储户从专用键盘输入密码

局部数据元素：
无

注释：

图7.18　输入密码模块的IPO表

7.3.2　面向数据流的设计方法

在需求分析阶段，信息流是一个关键考虑因素，通常用数据流图描绘信息在系统中加工和流动的情况。面向数据流的设计方法定义了一些不同的"映射"，利用这些映射可以把数据流图变换成软件结构。因为任何软件系统都可以用数据流图表示，所以面向数据流的设计方法理论上可以设计任何软件的结构。通常所说的结构化设计方法，也就是基于数据流的设计方法。在面向数据流的设计方法中，信息流的类型决定了映射的方法。信息流可以分为两种类型：变换流和事务流。

（1）变换流。

信息沿输入通路进入系统，同时由外部形式变换成内部形式，进入系统的信息通过变换中心，经加工处理以后再沿输出通路变换成外部形式离开软件系统，如图7.19所示。原则上所有信息流都可以归结为这一类。

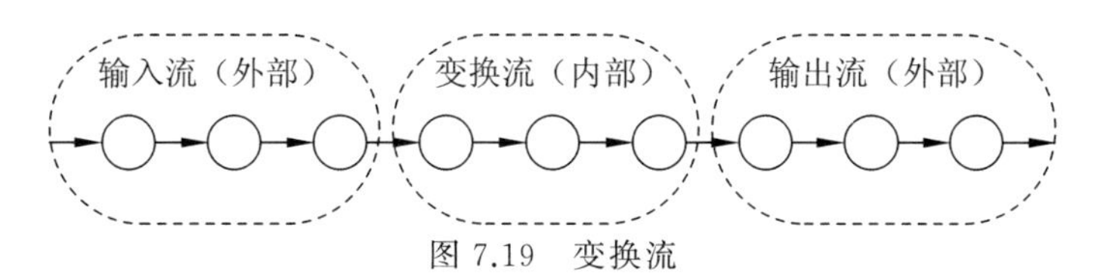

图7.19　变换流

（2）事务流。

数据沿输入通路到达一个处理中心，处理中心根据输入数据的类型在若干个动作序列中选出一个来执行。这种数据流是以事务为中心的，处理中心称为"事务中心"，如图7.20所示。事务中心负责接收输入数据（输入数据又称为事务），然后分析每个事务以确定它的类型，并根据事务类型选取一条活动通路。

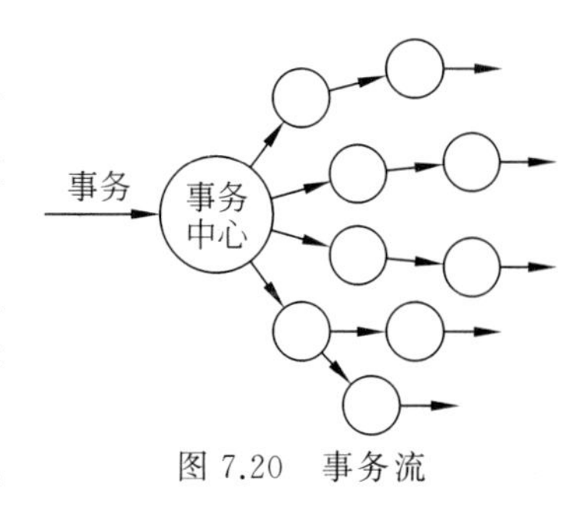

图7.20　事务流

采用面向数据流设计方法进行体系结构设计时，应首先确定数据流的类型，然后针对类型采用不同的映射方法将其映射成模块结构。这只是初步的结构，接下来还要依据设计原则对结构进行精化。设计方法过程如图 7.21 所示。

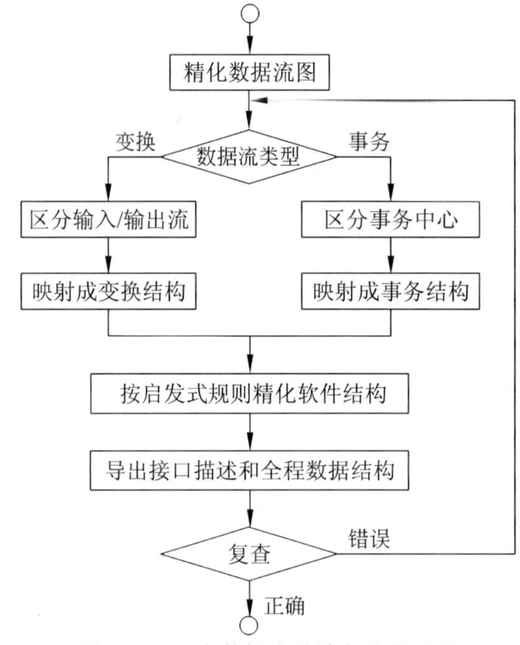

图 7.21　面向数据流设计方法的过程

1. 变换流映射

变换流映射是要把具有变换流特点的数据流图按特定的模式映射成软件结构。一般来说，一个系统中的所有信息流都可以认为是变换流，但是，当遇到有明显事务特性的信息流时，建议采用事务分析方法进行设计。

变换流映射的具体步骤如下。

(1) 确定输入流和输出流的边界，从而将数据流分成输入、变换、输出 3 部分。输入流和输出流的边界与对它们的解释有关，不同设计人员可能会在流内选取稍微不同的点作为边界的位置。通常对最后的软件结构只有很小的影响。

(2) 完成"第一级分解"。如图 7.22 所示，位于软件结构最顶层的控制模块"系统"协调

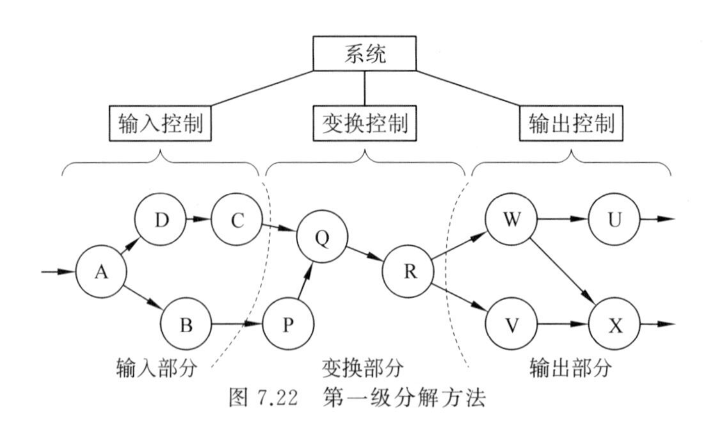

图 7.22　第一级分解方法

下述从属的控制功能：输入控制模块，协调对所有输入数据的接收；变换控制模块，管理对内部形式的数据的所有操作；输出控制模块，协调输出信息的产生过程。

（3）完成“第二级分解”。把数据流图中的每个处理映射成软件结构中一个适当的模块。

- 从变换中心的边界开始沿着输入通路向外移动，把输入通路中每个处理，按原有结构映射成软件结构中“输入控制”的下属模块；
- 沿输出通路向外移动，把输出通路中每个处理，按原有结构映射成“输出控制”模块的下属模块；
- 把变换部分的每个处理映射成被“变换控制”模块直接调用的一个模块。

经过上述分解过程后可得到初步的软件结构，如图7.23所示。

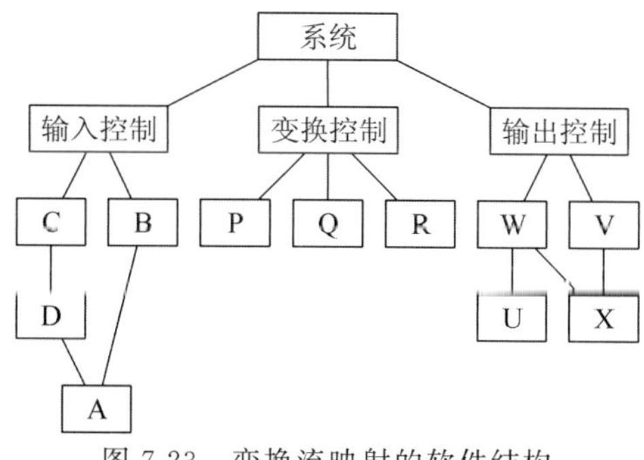

图7.23 变换流映射的软件结构

（4）根据设计原理和启发式规则对第一次分割得到的软件结构进一步精化。总可以根据模块独立原理对第一次分割得到的软件结构进行精化。为了产生合理的分解，得到尽可能高的内聚、尽可能松散的耦合，最重要的是，为了得到一个易于实现、易于测试和易于维护的软件结构，应该对初步分割得到的模块进行再分解或合并。

【实例7.3】 有一个统计文件字数的程序，它将一个文件名作为输入，并返回该文件中的字数。该程序的数据流图如图7.24所示。可以看出该数据流图是变换流，图中包含5个处理，读取文件名和验证文件名属于输入部分，格式化字数和显示字数属于输出部分，剩下的统计字数是处理部分，因此可以确定输入流和输出流的边界（图中的虚线）。

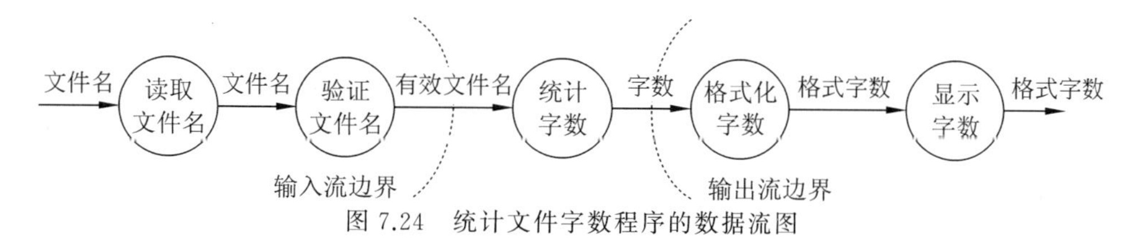

图7.24 统计文件字数程序的数据流图

按照变换流的第一级分解方法，可得到系统的上层模块结构，如图7.25所示。

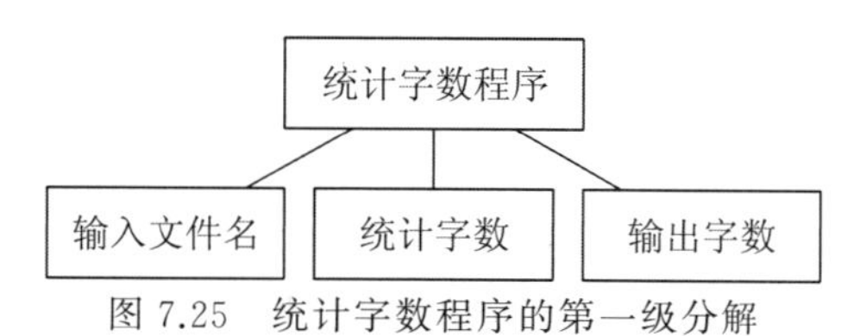

图7.25 统计字数程序的第一级分解

根据第二级分解方法，将数据流图中的每个处理映射成一个模块，如图 7.26 所示。

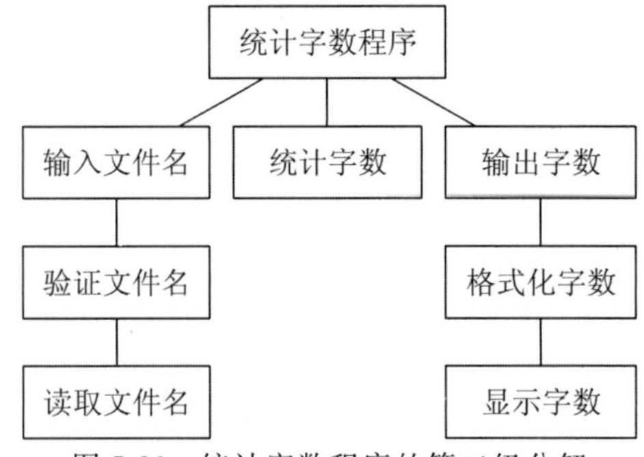

图 7.26　统计字数程序的第二级分解

根据上述步骤得到的软件结构是初步的，还可以根据设计的启发式规则进行精化。例如，上述结构在多层上都只调用一个模块，系统层次相对较多，深度过大，因而可以调整为图 7.27 所示的软件结构。

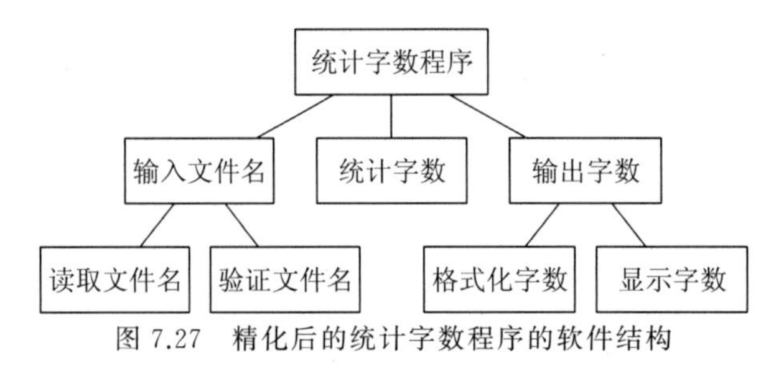

图 7.27　精化后的统计字数程序的软件结构

2. 事务流映射

虽然在任何情况下都可以使用变换流映射方法设计软件结构，但是在数据流具有明显的事务特点(即有一个明显的“事务中心”)时，还是以采用事务分析方法为宜。

事务流的映射方法和变换流映射方法不同，具体步骤如下。

(1) 在数据流图上找到事务中心，在它的左右划分边界将其孤立出来，左侧为接收通路，右侧为发送通路。

(2) 由事务流映射成的软件结构顶层分为两个模块，分析器和分配器。分析器确定事务类型，并将信息传送到分配器，由分配器进行事务的处理，如图 7.28 所示。

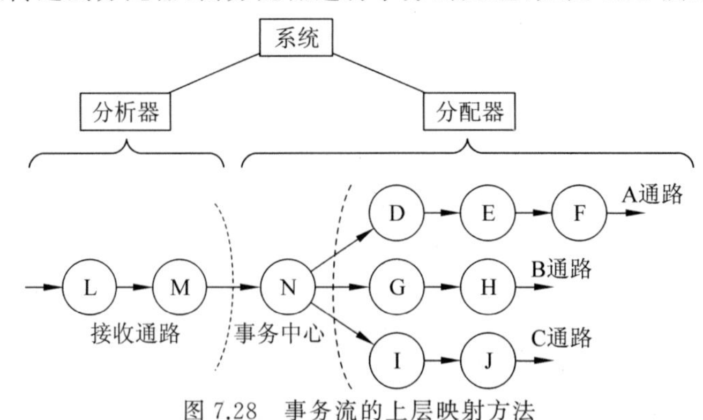

图 7.28　事务流的上层映射方法

(3) 分析器下层模块的映射方法与变换流映射中的输入结构的方法相似,即从事务中心的边界开始,把沿着接收流通路的处理映射成模块。

(4) 分配器控制各条发送通路,把数据流图中的每个活动流通路映射成与它的流特征相对应的模块结构。

经过事务流映射得到的初步的软件结构如图 7.29 所示。

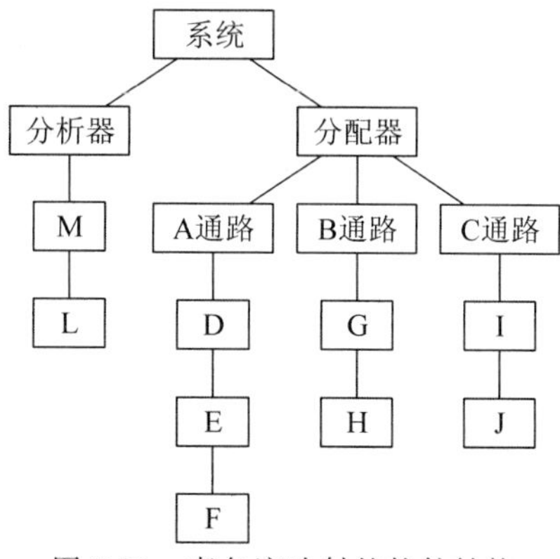

图 7.29　事务流映射的软件结构

【实例 7.4】 某自动柜员机系统,顾客插入磁卡,输入密码,然后执行动作,包括向账户存款、取款、查询余额、转账、修改密码。系统会将各种事务的处理信息接入审计单。该系统的数据流图如图 7.30 所示,很明显,"确定事务类型"是事务中心,因此适合采用事务流的映射方法。

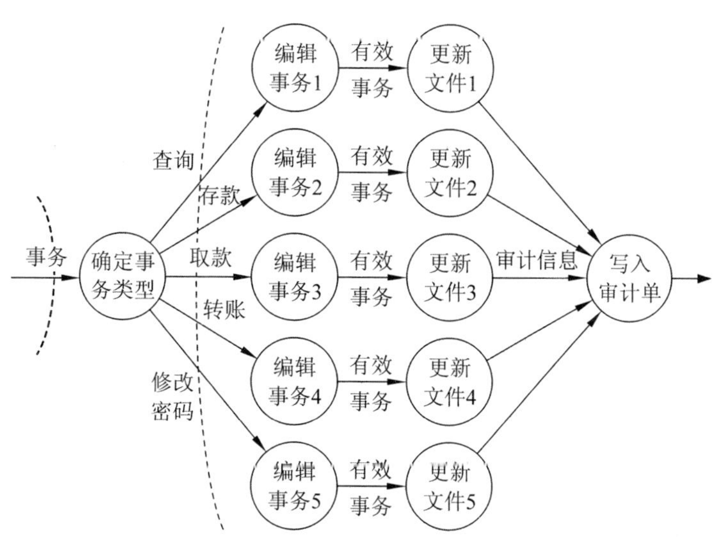

图 7.30　自动柜员机系统的数据流图

按照事务流的映射方法得到的初步的软件结构如图 7.31 所示。

对上述结构可能做出的调整如图 7.32 所示。该系统中,5 个编辑模块以及 5 个更新模块是相似的,似乎是一种浪费,但是并不建议将它们合并在一起,因为这样的话就构造出了 2 个逻辑内聚的模块。最好的解决办法是软件复用,构造一个基本编辑模块和一个基本更新模块,将它们复用 5 次并略作修改,以适合 5 种不同的类型。

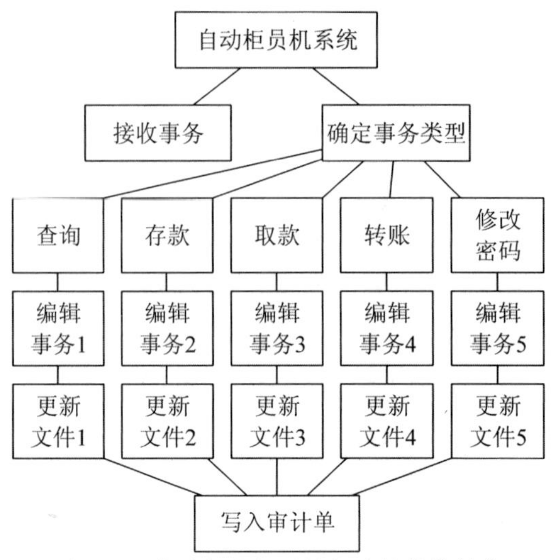

图 7.31 自动柜员机系统初步的软件结构

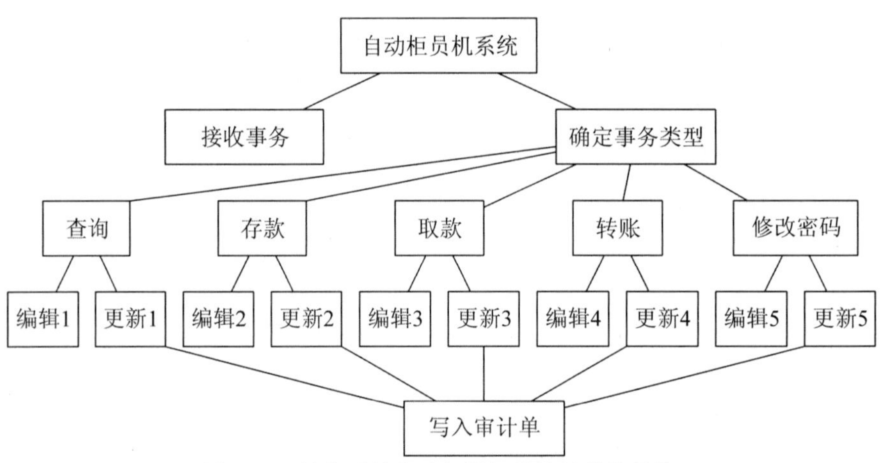

图 7.32 精化后的自动柜员机系统的软件结构

通常，如果数据流不具有显著的事务特点，最好使用变换分析技术；反之，如果具有明显的事务中心，则应该采用事务分析技术。但是，机械地遵循变换分析或事务分析的映射规则，很可能会得到一些不必要的控制模块，如果它们确实用处不大，那么可以而且应该把它们合并。反之，如果一个控制模块功能过分复杂，则应该分解为两个或多个控制模块，或者增加中间层次的控制模块。

在大型系统的数据流图中，变换流和事务流往往会同时出现。例如，事务分支上出现变换流特征，或变换以事务流形式存在。因此在设计上要将变换流设计与事务流设计两种方法相结合进行混合设计，设计方法同变换流设计和事务流设计一样，只是需要注意变换流和事务流的边界划分。

【实例 7.5】 针对图书馆管理系统中管理员的功能，设计对应的软件结构。

首先，将分析阶段得到的数据流图(见图 4.7)重新整理，如图 7.33 和图 7.34 所示。图中隐去了读者的查询功能，只保留管理员功能；按照数据流从左到右的顺序整理图形元素；为保证图的简洁，隐去了数据存储。图 7.33 是系统功能级的数据流图，从中可以看出明显的事务特征，因此为事务流孤立出事务中心。图 7.34 是各功能的细化子图，同样由于 3 个维护功能类似，因此省略了后 2 个功能的子图，各子图均为变换流，图中画出了输入、输出边界。

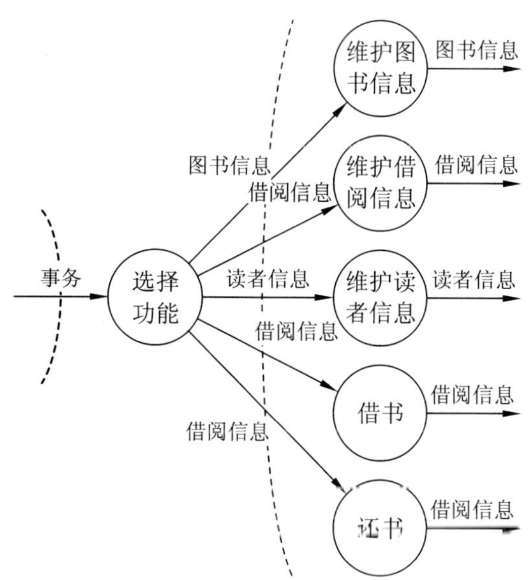

图 7.33 管理员功能的功能级数据流图

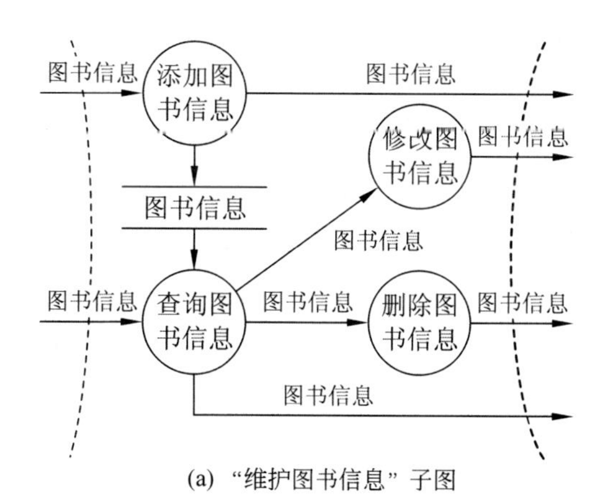

(a) “维护图书信息”子图

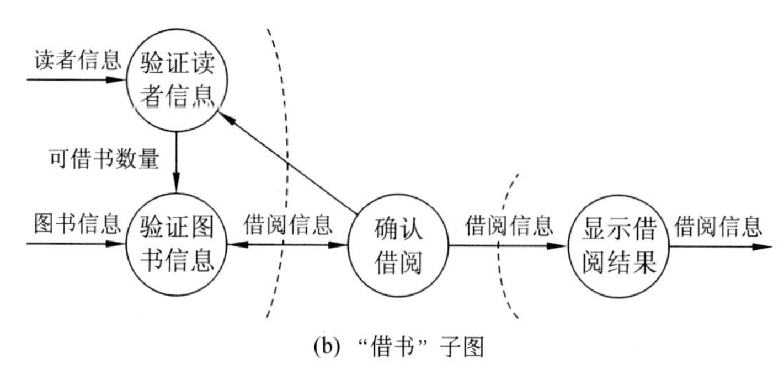

(b) “借书”子图

图 7.34 管理员功能的细化数据流图

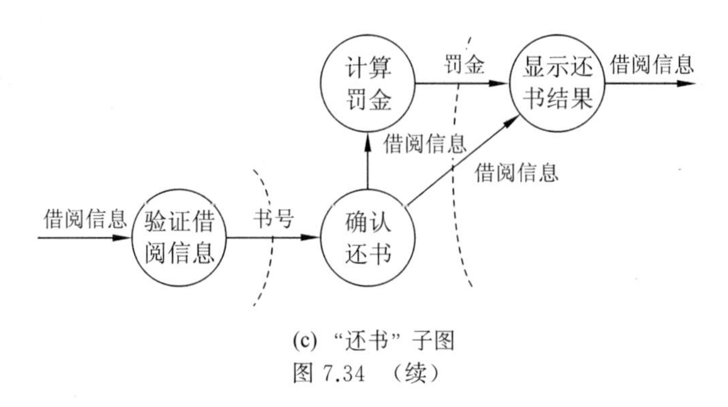

(c) “还书”子图

图 7.34 （续）

针对数据流图的不同部分，根据其数据流特征，采用对应的映射方法，得到的软件结构图如图 7.35 所示。

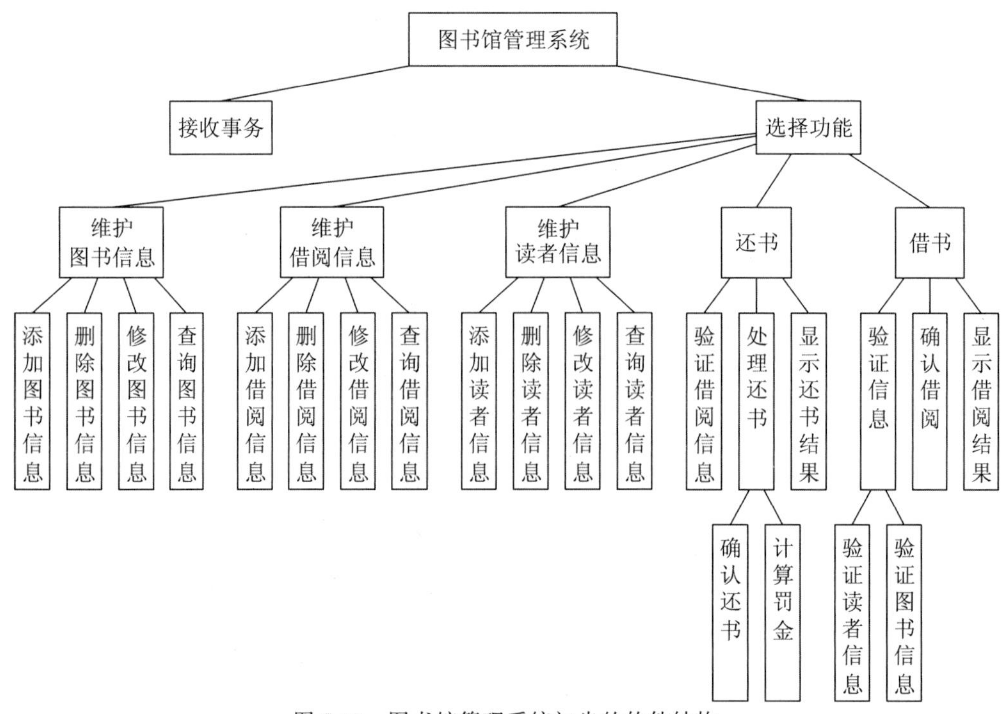

图 7.35 图书馆管理系统初步的软件结构

接下来，对上述软件结构进行精化。考虑到查询操作重复率较高，在修改和删除数据时都有可能先进行查询，因此将“查询”模块作为公共模块调用；“接收事务”模块并没有进行实质性的处理，在这里只需要进行功能的选择，因此删除该模块，并将功能选择的控制上移到系统控制模块。由此得到精化后的软件结构，如图 7.36 所示。

7.3.3 设计优化

考虑设计优化问题时应该记住，“一个不能工作的‘最佳设计’的价值是值得怀疑的”。设计优化应该力求做到在有效的模块化的前提下使用最少量的模块，以及在能够满足信息要求的前提下使用最简单的数据结构。

对于时间是决定性因素的应用场合，可能有必要在详细设计阶段（或在编写程序的过程

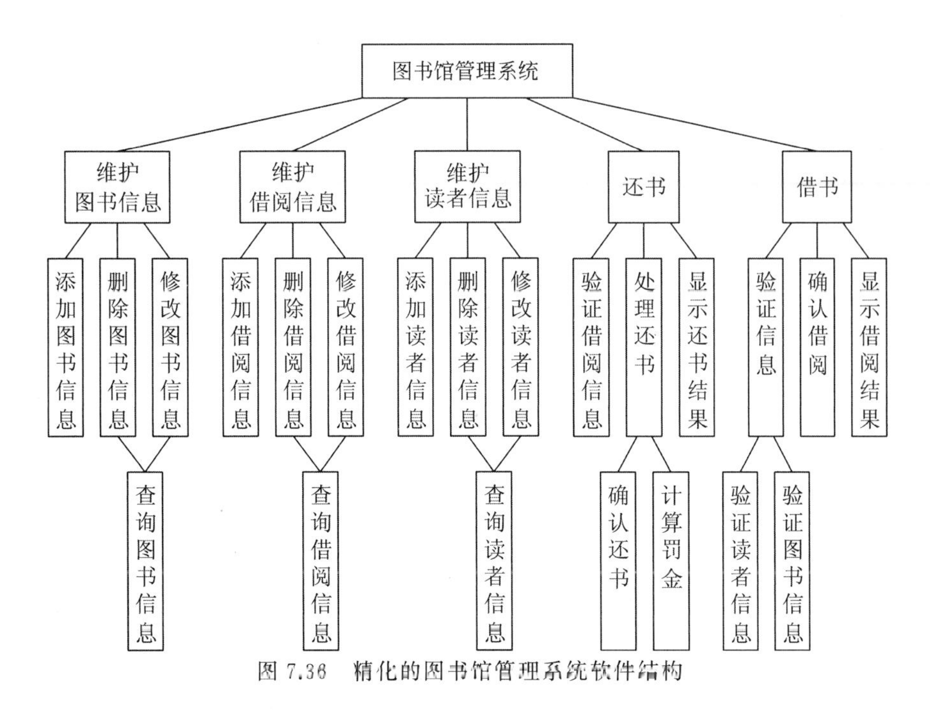

图 7.36 精化的图书馆管理系统软件结构

中)进行优化。软件开发人员应该认识到,程序中相对说比较小的部分(典型为10%~20%),通常占用全部处理时间的大部分(50%~80%)。用下述方法对时间起决定性作用的软件进行优化是合理的:

- 在不考虑时间因素的前提下开发并精化软件结构;
- 在详细设计阶段选出最耗费时间的那些模块,仔细地设计它们的处理过程(算法),以求提高效率;
- 使用高级程序设计语言编写程序;
- 在软件中孤立出那些大量占用处理机资源的模块;
- 必要时重新设计或用依赖于机器的程序设计语言重写上述大量占用资源的模块的代码,以求提高效率。

上述优化方法遵守了一句格言:"先使它能工作,然后再使它快起来。"

7.4 接口设计

7.4.1 接口设计概述

体系结构设计为系统提供了软件结构的全局视图,而接口设计则描述了系统内部、外部以及用户与计算机之间的交互。因此,模块接口设计主要包括以下几方面。

(1) 设计用户和计算机间的接口,即,人机界面接口。

(2) 设计软件模块间的接口。内部程序接口的设计有时也称为模块间的接口设计,它是由模块间传递的数据和程序设计语言的特性共同导致的。通常,分析模型中包含了足够的信息用于模块间的接口设计。数据流图描述了数据对象在系统中流动时发生的变换,数据流图中的变换被映射到程序结构的模块中,因此,每个数据流图变换的输入和输出箭头

(即数据流)必须被映射到与该变换对应的模块接口上。

(3) 设计模块和其他非人的信息产生者和使用者的接口。外部接口设计起始于对分析模型的数据流图中的每个外部实体的评估。外部实体的数据和控制需求确定下来以后,就可以设计外部接口了。

此外,内部和外部接口设计必须与模块内的数据验证和错误处理算法紧密相关,由于副作用往往是由程序接口进行传播的,必须对从某模块流向另一个模块或流向系统外部的数据进行检查,以确保符合需求分析时用户的需求。

7.4.2 人机界面接口

不管软件提供了什么样的能力和功能,如果软件不方便使用,使用它常导致犯错,或不利于完成目标,用户都是不会喜欢这个软件的。界面影响用户对软件的感觉,因此,界面必须是令人满意的。

1. 黄金原则

Theo Mandel 在其关于界面设计的著作中提出了 3 条"黄金原则"。

(1) 置用户于控制之下。以不强迫用户进入不必要的或不希望的动作的方式来定义交互模式。提供灵活的交互;允许用户交互被中断和被撤销;当技能级别增长时,可以使交互流水化并允许定制交互;支持用户隔离内部技术细节;允许用户和出现在屏幕上的对象直接交互。

(2) 减少用户的记忆负担。系统应该记住有关的信息,并通过交互场景来帮助用户。减少对短期记忆的要求;建立有意义的默认设置;定义直觉性的捷径;界面的视觉布局应该基于真实世界的隐喻;以不断进展的方式揭示信息。

(3) 保持界面一致。用户应该以一致的方式展示和获取信息。允许用户将当前任务放入有意义的语境;在应用系列内保持一致性;如果过去的交互模式已经建立起了用户期望,不要改变它,除非有不得已的理由。简单地说,就是"看起来相同的事物产生的效果应相同,看起来不同的事物产生的效果应不同。"

这些黄金原则实际上构成了指导用户界面设计活动的基本原则。

2. 界面设计过程

用户界面设计是一个迭代的过程,也就是说,通常先创建设计模型,再用原型实现这个设计模型,并由用户试用和评估,然后根据用户意见进行修改。

用户界面的评估周期如图 7.37 所示。完成初步设计之后就创建第一级原型;用户试用并评估该原型,直接向设计者表述对界面的评价;设计者根据用户意见修改设计并实现下一级原型。上述评估过程持续进行下去,直到用户感到满意,不需要再修改界面设计时为止。

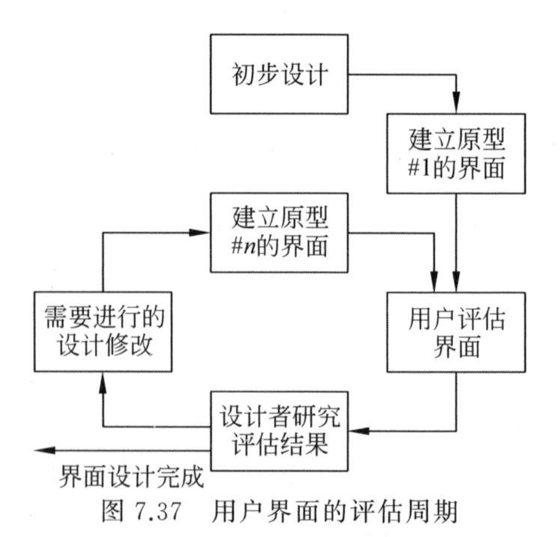

图 7.37 用户界面的评估周期

3. 人机界面设计问题

在设计用户界面的过程中，几乎总会遇到下述4个问题：系统响应时间、用户帮助设施、出错信息处理和命令交互。然而，许多设计者在设计过程的后期才开始考虑这些问题，这样做往往会导致不必要的设计反复、项目延期，并让用户产生挫折感。最好在设计初期就把这些问题作为设计问题来考虑，这时修改比较容易，代价也低。

(1) 系统响应时间。

系统响应时间指从用户完成某个控制动作(如按回车键或点击鼠标)，到软件给出预期的响应(输出信息或做动作)之间的这段时间。系统响应时间有两个重要属性，分别是长度和易变性。

① 长度。如果系统响应时间过长，用户就会感到紧张和沮丧。但是，当用户工作速度是由人机界面决定的时候，系统响应时间过短也不好，这会迫使用户加快操作节奏，从而可能会犯错。

② 易变性。易变性指系统响应时间相对于平均响应时间的偏差，即使系统响应时间较长，响应时间易变性低也有助于用户建立起稳定的工作节奏。例如，稳定在1秒的响应时间比从0.1秒到2.5秒变化的响应时间要好。用户往往比较敏感，总是担心响应时间变化暗示系统工作出现了异常。

(2) 用户帮助设施。

几乎交互式系统的每个用户都需要帮助，当遇到复杂问题时甚至需要查看用户手册以寻找答案。大多数现代软件都提供联机帮助设施，这使得用户无须离开用户界面就能解决自己的问题。常见的帮助设施可分为集成的和附加的两类。

集成的帮助设施从一开始就设计在软件里面。通常，它对用户工作内容敏感，因此用户可以从与刚刚完成的操作有关的主题中选择一个请求帮助。显然，这可以缩短用户获得帮助的时间，增加界面的友好性。

附加的帮助设施是在系统建成后再添加到软件中的，在多数情况下，它实际上是一种查询能力有限的联机用户手册。人们普遍认为，集成的帮助设施优于附加的帮助设施。

(3) 出错信息处理。

出错信息和警告信息，是出现问题时交互式系统给出的“坏消息”。通常，交互式系统给出的出错信息或警告信息，应该具有下述属性。

- 信息应该用用户可以理解的术语描述问题。
- 信息应该提供有助于从错误中恢复的建设性意见。
- 信息应该指出错误可能导致哪些负面后果(如破坏数据文件)，以便用户检查是否出现了这些问题，并在确实出现问题时及时解决。
- 信息应该伴随着听觉上或视觉上的提示，例如，在显示信息同时发出警告铃声，或者用闪烁方式显示信息，或者用明显表示出错的颜色显示信息。
- 信息不能带有指责色彩。

(4) 命令交互。

命令行曾经是用户和系统软件交互的最常用的方式，并且也曾经广泛地用于各种应用软件中。现在，面向窗口的、点击和拾取方式的界面已经减少了用户对命令行的依赖，但是，许多高级用户仍然偏爱面向命令行的交互方式。在多数情况下，用户既可以从菜单中选择软件功能，也可以通过键盘命令序列调用软件功能。在理想的情况下，所有应用软件都有一致的命令使用方法。

7.5 数据设计

数据设计就是将需求分析阶段定义的数据对象（E-R 图、数据字典）转换为设计阶段的数据结构和数据库，包括两个方面。

（1）程序级的数据结构设计。采用（伪）代码的方式定义数据结构（数据的组成、类型、缺省值等信息）。

（2）应用级的数据库设计。采用物理级的 E-R 图表示。

数据库是存储在一起的相关数据的集合，这些数据是结构化的，无有害的或不必要的冗余，并为多种应用服务；数据的存储独立于使用它的程序；对数据库插入新数据、修改和检索原有数据均能按一种公用的和可控制的方式进行。下面主要介绍数据库的设计。

7.5.1 数据库设计步骤

数据库设计分为需求分析、概念结构设计、逻辑结构设计、物理结构设计等阶段。

（1）需求分析在系统分析阶段完成，任务是调查了解用户数据需求与处理需求。

（2）概念结构设计的目的是获取数据库的概念数据模型。设计主要采用面向关系模型的方法（即设计实体-联系模型）和面向对象的方法（即以类或对象形式表示数据及其之间的联系）。

（3）逻辑结构设计的任务是将概念数据模型转化为计算机上可以实现的传统数据模型，目前的应用主要是转化为关系模型，需要根据所选数据库得到具体的关系数据模式，即二维表结构。

（4）物理结构设计是根据数据模型及处理要求，选择存储结构和存取方法，以求获得最佳的存取效率。主要包括数据库文件组织形式（如顺序文件或随机文件）、索引文件组织结构、存储介质的分配、存取系统的选择等。

数据库设计的前两个部分经常在需求分析阶段完成，得到的 E-R 图既是需求分析阶段的重要模型，也是在设计过程中数据库设计的基础。下面主要介绍逻辑结构设计和物理结构设计。

7.5.2 逻辑结构设计

逻辑结构设计需要将 E-R 图转换为关系模式，经常使用到的逻辑模型是关系模型。关系模型于 1970 年由美国 IBM 公司 San Jose 研究室的研究员 E.F.Codd 提出，是目前主要采用的数据模型。

在用户观点下，关系模型中数据的逻辑结构是一张二维表，由行和列组成，包含以下基本概念。

- 关系：一个关系对应一张表。
- 元组：表中的一行即为一个元组，也称为记录。
- 属性：表中的一列即为一个属性，为每个属性命一个名，即为属性名。

• 主键：表中的某个属性组，可以唯一确定一个元组。
• 域：属性的类型和取值范围。
• 分量：元组中的一个属性值。
• 关系模式：对关系的描述。

E-R 模型向关系模型的转换，实际上就是把 E-R 图转换成关系模式的集合，具体做法如下。

(1) 用一个关系(如二维表或称为表结构)表示每一个实体，实体的属性就是关系的属性，实体的主键就是关系的主键。

(2) 对于一对一的联系，可将原来的两个实体合并为一个关系表示，关系属性由两个实体属性集合而成，若有的属性名相同，则应加以区分。

(3) 对于一对多的联系，在原多方实体对应的关系中，将一方实体的主键作为多方关系的外键。

(4) 对于多对多的联系，将多对多的联系转换为新关系，联系名作为关系名，联系的属性加上相关两个实体主键构成关系的属性集。

【实例 7.6】 图书馆管理系统的 E-R 图见图 4.3。根据上述转换过程得到 3 个数据库表，如表 7.1～表 7.3 所示。其中图书表由实体转换得到，“书号”是该表的主键，读者表也是由实体转换得到，“读者号”是该表的主键；借阅表是由多对多的联系转换得到的，表中除了原有联系的属性外，还要包括图书和读者实体的主键作为其外键，以及借阅表自己的主键。好的设计方案应保证每个表都定义主键。

表 7.1 图书表

属性	类型	标记
书号	char(13)	主键
书名	char(50)	—
作者	char(20)	—
出版社	char(20)	—
出版日期	date	—
状态	char(1)	—

表 7.2 读者表

属性	类型	标记
读者号	char(10)	主键
姓名	char(10)	—
所在单位	char(50)	—
联系电话	char(20)	—

表 7.3 借阅表

属性	类型	标记
借阅号	char(20)	主键
书号	char(13)	外键
读者号	char(10)	外键
借书日期	date	—
还书日期	date	—

7.5.3 物理结构设计

为一个给定的逻辑数据模型选取最适合应用环境的物理结构的过程，就是数据库的物理结构设计，包括设计关系表、日志等数据库文件的物理存储结构、为关系模式选择存取方法等。

数据库常用的存取方法包括索引方法、聚簇索引方法、HASH 方法。

物理结构设计与具体数据库管理系统和网络系统有关，是数据库在物理设备上的具体实现，或者说是数据库服务器物理空间上的表空间、表、字段以及相应索引、视图、储存过程、触发器的设计。

在物理设计过程中，要熟悉应用环境，了解所设计的应用系统中各部分的重要程度、处理频率、对响应时间的要求，并把它们作为物理设计过程中平衡时间和空间效率的依据；要了解外存设备的特性,如分块原则、块因子大小的规定、设备的 I/O 特性,等等;要考虑存取时间、空间效率和维护代价间的平衡。

7.6 过程设计

过程设计应该在数据设计、体系结构设计和接口设计完成之后进行,它是详细设计阶段应该完成的主要任务。过程设计的任务不是具体地编写程序,而是要设计出程序的“蓝图”,以后程序员将根据这个蓝图写出实际的程序代码。

过程设计的目标不仅仅是逻辑上正确地实现每个模块的功能,更重要的是设计出的处理过程应该尽可能简明易懂。本节主要介绍几种常用的过程设计工具。

7.6.1 程序流程图

程序流程图又称为程序框图,是一种比较直观、形象地描述过程的控制流程的图形工具。它是历史最悠久、使用最广泛的描述过程设计的方法,主要的优点是对控制流程的描绘很直观,便于初学者掌握。程序流程图中常用的符号如图 7.38 所示。

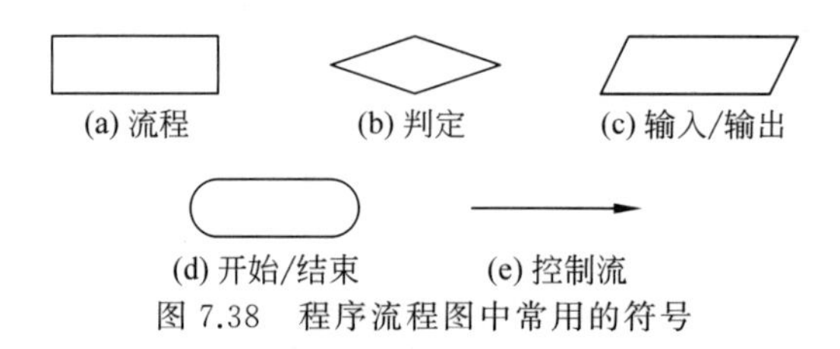

图 7.38 程序流程图中常用的符号

通常,程序包含 5 种基本的控制结构:顺序结构、选择结构、多分支选择结构、先判定型循环结构(WHILE-DO)和后判定型循环结构(DO-UNTIL)。

程序流程图中,对这 5 种基本控制结构的符号表示如图 7.39 所示。

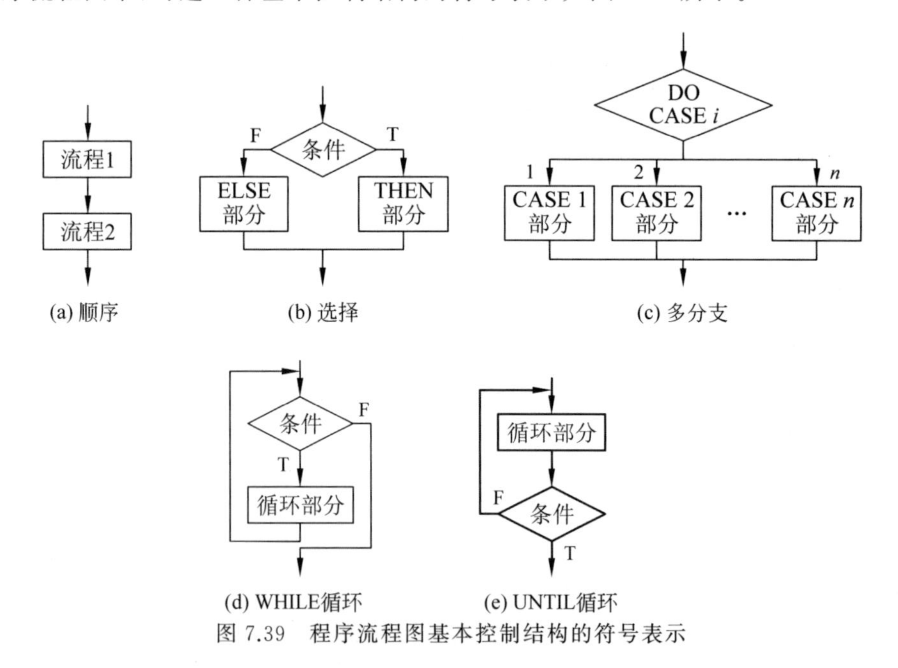

图 7.39 程序流程图基本控制结构的符号表示

【实例 7.7】 某统计字符程序输入以＃结尾的字符串，求字符串中 A 的个数。该程序的程序流程图如图 7.40 所示。

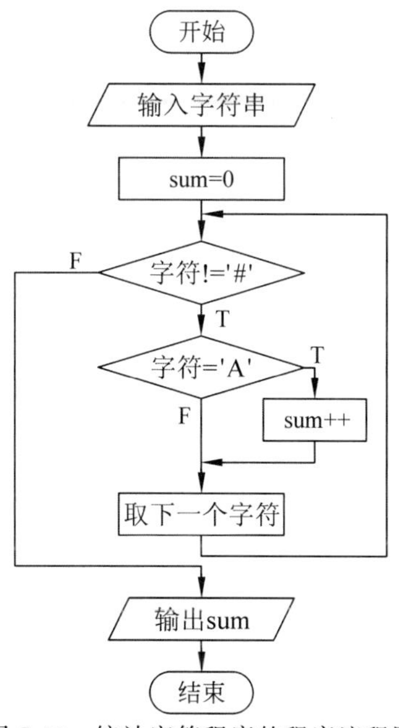

图 7.40 统计字符程序的程序流程图

程序流程图的主要优点是对控制流程的描绘很直观，采用简单规范的符号，画法简单，结构清晰，逻辑性强，容易理解。但是，程序流程图本质上不是逐步求精的好工具，会诱导程序员过早地考虑程序的控制流程，而忽略程序的全局结构。图中可用箭头随意地对控制进行转移，违背结构化程序设计的思想。当目标系统比较复杂时，流程图会变得很繁杂、不清晰。

7.6.2 盒图

Nassi 和 Shneiderman 出于创建一种不允许违背结构程序设计思想的图形工具的考虑，提出了盒图，又称为 N-S 图。盒图的基本符号如图 7.41 所示。

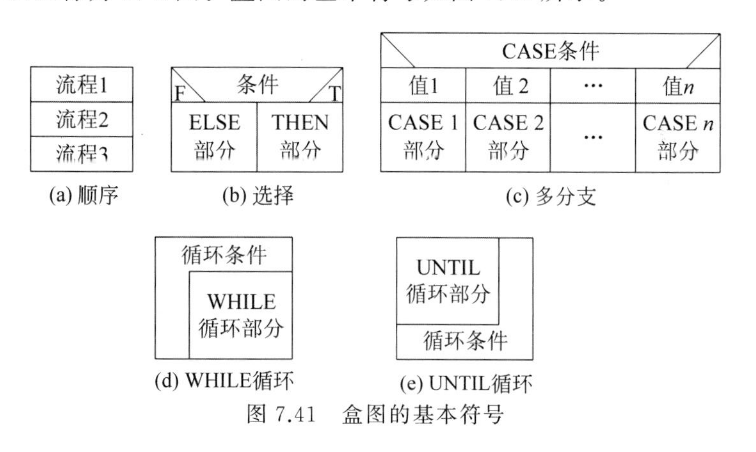

图 7.41 盒图的基本符号

【实例 7.8】 统计字符程序的盒图如图 7.42 所示。

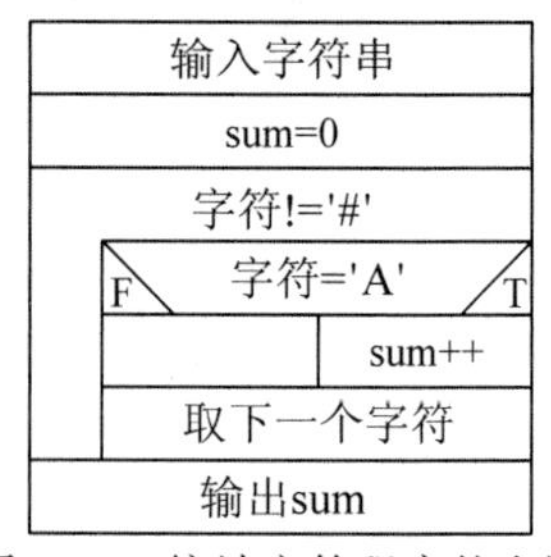

图 7.42　统计字符程序的盒图

盒图的功能域(即一个特定控制结构的作用域)明确,可以从盒图上一眼就看出来。盒图没有箭头,因此不可能任意转移控制。它很容易确定局部和全局数据的作用域,也很容易表现嵌套关系,还可以表示模块的层次结构。坚持使用盒图作为详细设计的工具,可以使程序员逐步养成用结构化的方式思考问题和解决问题的习惯。

7.6.3　PAD 图

PAD 是问题分析图(problem analysis diagram)的英文缩写,自 1973 年由日本日立公司发明以后,已得到一定程度的推广。它用二维树形结构的图来表示程序的控制流,将这种图翻译成程序代码比较容易。PAD 图的基本符号如图 7.43 所示。

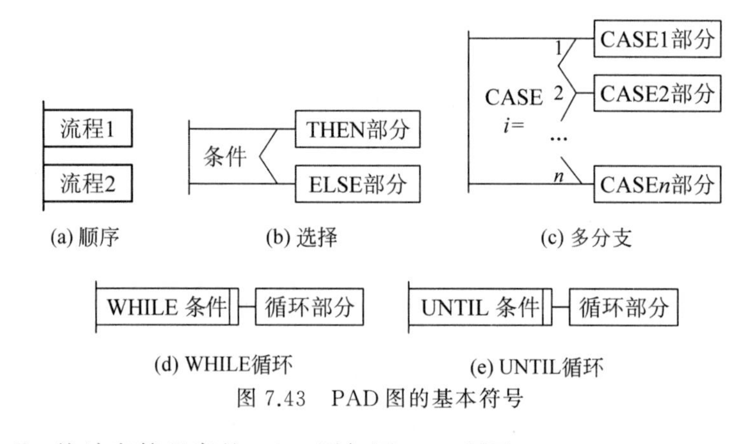

图 7.43　PAD 图的基本符号

【实例 7.9】 统计字符程序的 PAD 图如图 7.44 所示。

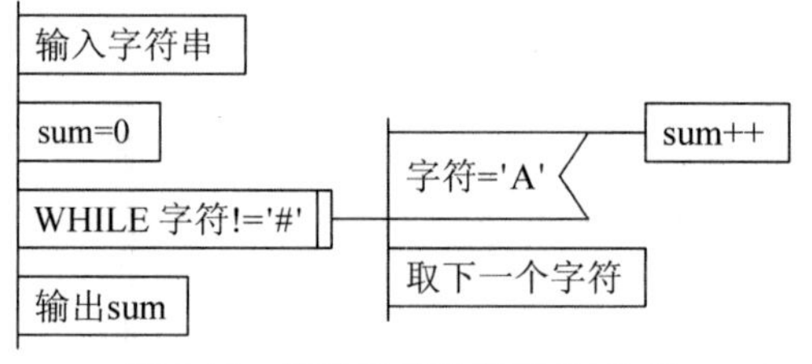

图 7.44　统计字符程序的 PAD 图

PAD 图描绘的程序逻辑结构十分清晰。图中最左面的竖线是程序的主线,即第一层结构。随着程序层次的增加,PAD 图逐渐向右延伸,每增加一个层次,图形向右扩展一条竖线。PAD 图中竖线的总条数就是程序的层次数。程序从图中最左竖线上端的节点开始执行,自上而下,从左向右顺序执行,遍历所有节点。PAD 图的符号支持自顶向下、逐步求精方法的使用。开始时,设计者可以定义一个抽象的程序,随着设计工作的深入而逐步增加细节,直至完成详细设计。使用 PAD 符号设计出来的程序必然是结构化程序。

7.6.4 判定表

当算法中包含多重嵌套的条件选择时,用判定表能够清晰地表示复杂的条件组合与应做的动作之间的对应关系。

一张判定表由4部分组成:

- 左上部列出所有条件;
- 左下部是所有可能做的动作;
- 右上部是表示各种条件组合的一个矩阵;
- 右下部是和每种条件组合相对应的动作。

判定表右半部的每一列实质上是一条规则,规定了在特定的条件组合的情况下所对应的动作。

【实例7.10】 某校制定了教师的讲课课时津贴标准。对于各种性质的讲座,无论教师是什么职称,每课时津贴费一律是50元。而对于一般的授课,则根据教师的职称来决定每课时津贴费。给本科生授课,每课时的津贴为:教授30元,副教授25元,讲师20元,助教15元。教授和副教授可以给研究生授课,每课时的津贴为:教授35元,副教授30元。用判定表来表示教师课时津贴计算算法,如表7.4所示。

表7.4 教师课时津贴计算算法的判定表

	1	2	3	4	5	6	7
讲座	T	F	F	F	F	F	F
研究生课	—	F	F	F	F	T	T
教授	—	T	F	F	F	T	F
副教授	—	F	T	F	F	F	T
讲师	—	F	F	T	F	F	F
助教	—	F	F	F	T	F	F
课时×50	√						
课时×35						√	
课时×30		√					√
课时×25			√				
课时×20				√			
课时×15					√		

表7.4的右上部分中"T"表示它左边那个条件成立,"F"表示条件不成立,"—"表示这个条件成立与否并不影响对动作的选择。判定表右下部分中"√"表示做它左边的那项动作,空白则表示不做这项动作。

从上面这个实例可以看出,判定表能够简洁而又无歧义地描述处理规则。当把判定表和布尔代数或卡诺图结合起来使用时,可以对判定表进行校验或化简。但是,判定表并不适于作为一种通用的设计工具,没有一种简单的方法使它能同时清晰地表示顺序和重复等处理特性。

判定表虽然能清晰地表示复杂的条件组合与应做的动作之间的对应关系。但含义却不能一眼就看出来,初次接触这种工具的人需要有一个简短的学习过程。而且,当数据元素的值多于2个时,判定表的简洁程度也将下降。

7.6.5 判定树

判定树是判定表的变种,也能清晰地表示复杂的条件组合与应做的动作之间的对应关系。它的形式简单,一眼就可以看出其含义,因此易于掌握和使用。

判定树中数据元素的同一个值往往要重复写多遍,而且越接近树的叶端重复次数越多。分枝的次序可能对最终画出的判定树的简洁程度有较大的影响。

【实例 7.11】 教师课时津贴计算算法的判定树,如图7.45所示。

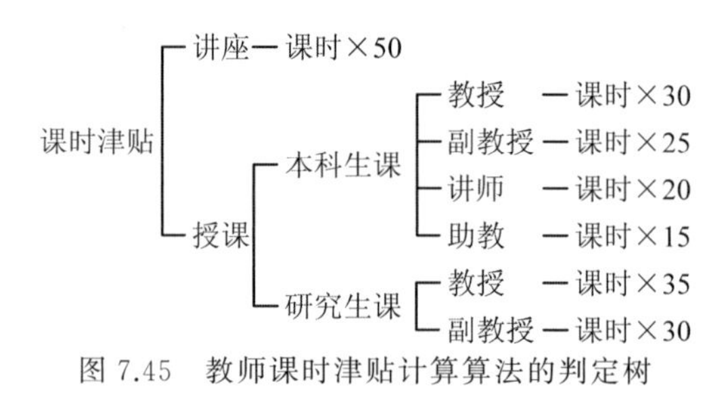

图7.45 教师课时津贴计算算法的判定树

7.6.6 过程设计语言

过程设计语言(process design language,PDL)也称为伪代码,这是一个笼统的名称,目前有许多种不同的过程设计语言在使用。过程设计语言是用正文形式表示数据和处理过程的设计工具。

一方面,伪代码具有严格的关键字外部语法,用于定义控制结构和数据结构;另一方面,伪代码表示实际操作和条件的内部语法通常又是灵活自由的,可以适应各种工程项目的需要。因此,一般来说,伪代码是一种"混杂"语言,它使用一种语言(通常是自然语言)的词汇,同时却使用另一种语言(某种结构化的程序设计语言)的语法。

伪代码的基本控制结构如下。

- 简单陈述句结构:避免复合语句。
- 判定结构:IF_THEN_ELSE 或 CASE_OF 结构。
- 循环结构:WHILE_DO 或 REPEAT_UNTIL 结构。

【实例 7.12】 统计字符程序的伪代码表示如下。

```
BEGIN
    输入字符串
    sum=0
    WHILE 字符!='#' DO
        IF 字符='A'
            THEN sum++
```

```
        ENDIF
        取下一个字符
    ENDDO
    输出 sum
END
```

伪代码采用关键字的固定语法，提供了结构化控制结构、数据说明和模块化。它采用自然语言的自由语法，描述了处理特点。它具备数据说明的手段，既包括简单的数据结构（如纯量和数组），又包括复杂的数据结构（如链表或层次的数据结构）。它可以进行模块定义和调用，提供各种接口描述模式。

伪代码可以作为注释直接插在源程序中间。这样做能促使维护人员在修改程序代码的同时也相应地修改伪代码注释，因此有助于保持文档和程序的一致性，提高文档的质量。也可以使用普通的正文编辑程序或文字处理系统，很方便地完成伪代码的书写和编辑工作，而且自动处理程序还可以自动由伪代码生成程序代码。只是，伪代码不如图形工具形象直观，描述复杂的条件组合与动作间的对应关系时，不如判定表清晰简单。

7.7 软件设计文档

7.7.1 设计文档的内容

按照《计算机软件文档编制规范》（GB/T 8567—2006）中的定义，软件设计的结果可用《软件（结构）设计说明》（SDD）来描述。

《软件（结构）设计说明》描述了计算机软件配置项的设计。主要包括配置项级的设计决策、配置项的体系结构设计（概要设计）和实现该软件所需的详细设计。向需方提供了设计的可视性，为软件支持提供了所需要的信息。《软件（结构）设计说明》可用接口设计说明（IDD）和数据库（顶层）设计说明（DBDD）加以补充。补充的内容可根据其繁简情况决定是否单独成册。

《软件（结构）设计说明》文档的具体内容参见附录 A。

7.7.2 设计文档的评审

设计评审也称为设计复审，是指对设计文档及其内容的集中审查验收的过程。对软件实现的质量保证具有重要意义。

(1) 评审的原则。评审的主要目的是尽早发现设计问题并及时修改完善。评审中提出的问题应详细记录，但不求当场解决。评审结束前，应做出本次评审是否通过的结论。

(2) 评审的主要内容。审查模块的设计是否满足功能和性能等需求指标中的各项要求，选择的算法和数据结构是否合理、是否符合编码语言特性，设计描述是否简单清晰等。

(3) 评审的方式。评审分正式和非正式两种方式，非正式评审的参与者均为同行，其特点是参加人员少、方便灵活。走查是一种非正式评审，评审时有一名设计人员逐行宣读设计资料，到会同行则跟随他指出的次序逐行审查，发现问题就做好记录；然后根据多数参加者的意见，决定是否通过该设计资料。正式评审除软件开发人员外，还邀请用户代表和领域专家参加，通常采用答辩方式，回答与会者的问题并记录各种重要的评审意见。

评审过程中，应及时将评审意见记录在评审记录表上，突出设计说明书中的不符合项的跟踪记录。不符合项主要是在系统功能、性能、接口的设计上存在的遗漏或缺陷，一旦在评审中发现，就要马上记录在案。只有当不符合项为零时，评审才能最后通过。因此，评审可能要进行多次。评审意见可指出设计说明书中的不符合项、强项和弱项。复审前还应做好准备工作：为每个模块准备一份功能等说明，为每个模块提供一份接口说明，定义局部的和全局的数据结构，给出所有的设计限制或约束，必要时还应当进一步进行设计优化和修改完善。

7.8 汽车租赁系统结构化设计

本节将以汽车租赁管理系统为例，介绍结构化设计的过程，重点围绕系统的体系结构、数据库的设计以及部分功能的详细设计。

7.8.1 设计系统体系结构

结构化设计阶段可采用面向数据流的设计方法来进行系统体系结构的设计。该方法通过对系统数据流图的分析和映射，得到系统模块的划分。为了便于判断数据流的类型和相应的映射，将图 4.13～图 4.17 所示的汽车租赁系统的数据流图进行了简化表示，并划分出各部分的边界，如图 7.46 所示。

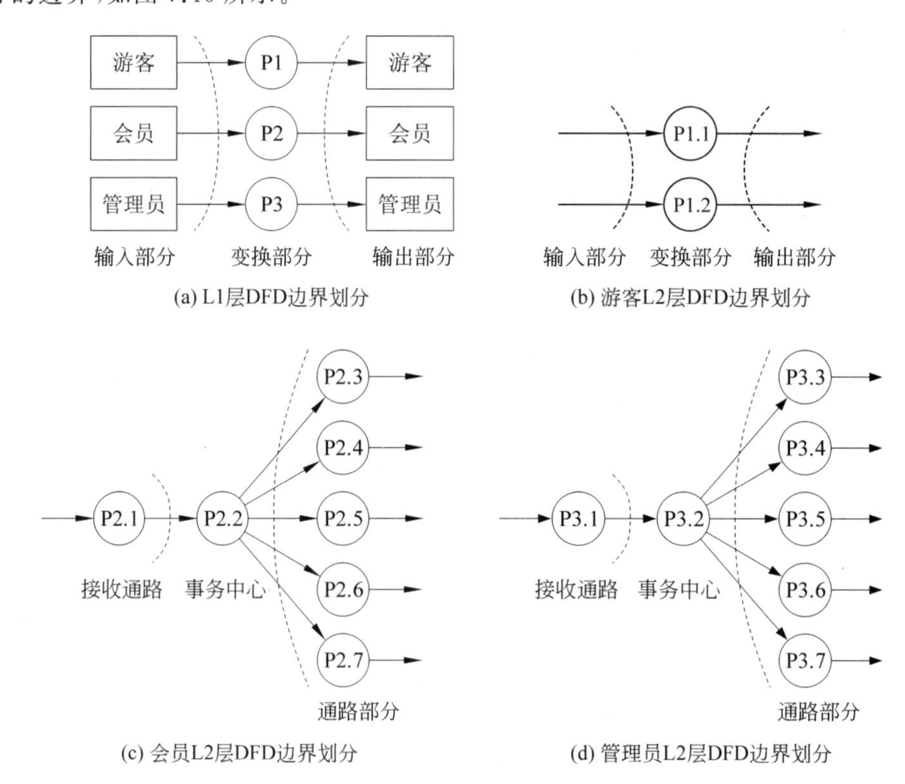

图 7.46 汽车租赁系统 DFD 的边界划分

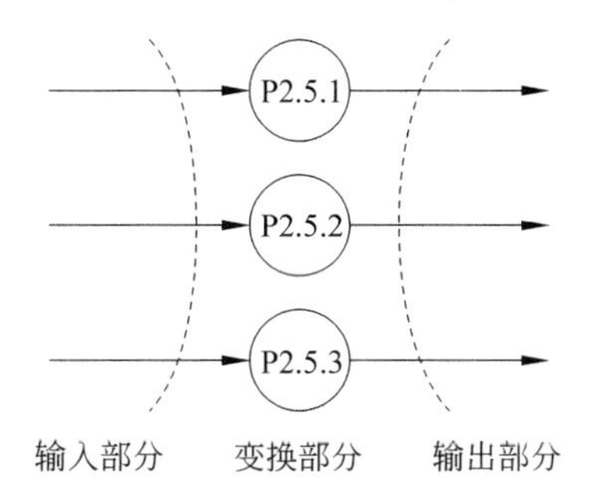

(e) 租赁L3层DFD边界划分

图 7.46 （续）

其中，图 7.46(a)、(b)和(e)的数据流具有变换流的特征，可划分出输入、变换和输出部分。图 7.46(c)和(d)具有明显的事务特征，可确定事务中心。分别按照变换流和事务流的映射规则，映射得到初步的软件体系结构，层次图如图 7.47 所示。

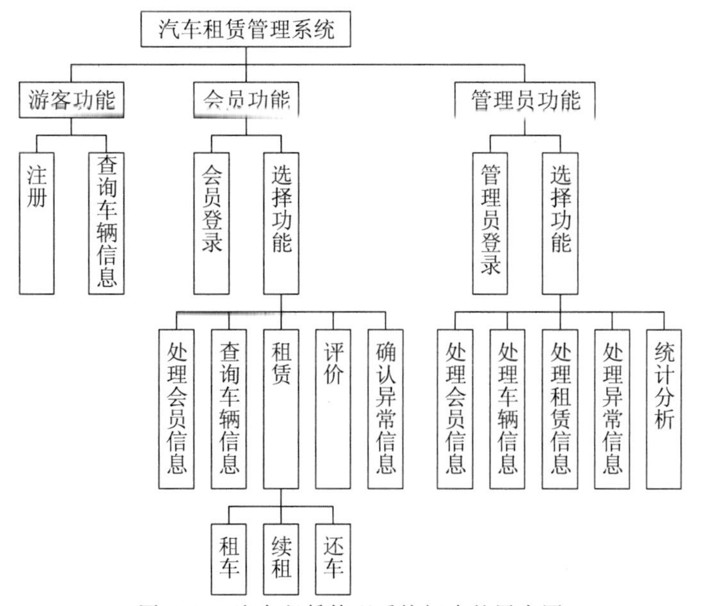

图 7.47 汽车租赁管理系统初步的层次图

系统初步的层次图是根据数据流图映射得到的，下一步要以软件设计原则为依据，对结构进行适当的调整，以得到更优化的软件结构。在本例中主要有 3 处调整：会员登录和管理员登录这两个模块内容相似，且物理上距离较远，因此可进行合并调整其位置；登录模块调整后，该层只有选择功能这一个模块，该模块存在的意义不大，其内容可合并到上一层模块中；游客和会员都调用查询车辆信息模块，可将其作为公共模块被调用。调整后的模块结构层次图如图 7.48 所示。

7.8.2 设计数据库

在需求分析阶段已经完成了汽车租赁系统数据的概念模型设计(即 E-R 图)。现在根据 E-R 图进行逻辑结构设计(即设计数据库表)。系统包含以下 5 个表，分别为：

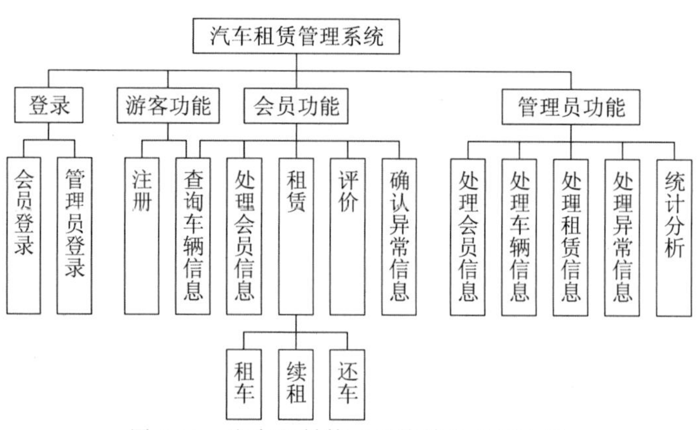

图 7.48　汽车租赁管理系统精化的层次图

- 会员信息表；
- 车辆信息表；
- 租赁信息表；
- 异常信息表；
- 管理员信息表。

各个数据库表的具体内容如表 7.5～表 7.9 所示。

表 7.5　会员信息表

字段名	数据类型	标记
会员号	char(8)	主键
姓名	char(20)	—
电话	int(11)	—
驾驶证号	char(18)	—
准驾车型	char(2)	—
密码	char(12)	—

表 7.6　车辆信息表

字段名	数据类型	标记
车牌号	char(8)	主键
车型	char(20)	—
车况详情	char(20)	—
照片	char(20)	—
日租金	int	—

表 7.7　租赁信息表

字段名	数据类型	标记
订单号	char(12)	主键
会员号	char(8)	外键
车牌号	char(8)	外键
管理员编号	char(6)	外键
状态	char(10)	—
借出时间	time	—
归还时间	time	—
押金	int	—
评价	char(20)	—

表 7.8　异常信息表

字段名	数据类型	标记
编号	char(12)	主键
订单号	char(12)	外键
时间	time	—
地点	char(50)	—
责任方	char(2)	—
异常类型	char(2)	—
异常详情	char(500)	—

表 7.9　管理员信息表

字段名	数据类型	标记
管理员编号	char(6)	主键
姓名	char(20)	—
电话	int(11)	—
密码	char(12)	—

表中的主键能够唯一确定表中的一个元组,外键表示表之间一对多的关系。例如,租赁信息表中有 3 个外键：会员号、车牌号、管理员编号。通过外键可以找到相关联的其他 3 个表中的信息,从而确定该租赁订单相关的租用者、所租车辆以及该订单的负责人。

7.9 练 习 题

1. 单选题

(1) 结构化设计一般可分为(　　)两个阶段。

A. 逻辑设计与功能设计　　B. 概要设计与详细设计

C. 概念设计与物理设计　　D. 模型设计与程序设计

(2) 模块独立是模块化所提出的要求,衡量模块独立性的标准是模块的(　　)。

A. 抽象和信息隐蔽　　B. 局部化和封装化

C. 内聚性和耦合性　　D. 激活机制和控制方法

(3) 软件设计中划分模块的一个准则是(　　)。

A. 低内聚低耦合　　B. 低内聚高耦合

C. 高内聚低耦合　　D. 高内聚高耦合

(4) (　　)是数据说明、可执行语句等程序对象的集合,它是单独命名的,而且可通过名字访问。

A. 模块　　B. 抽象　　C. 精化　　D. 模块化

(5) 对软件的过分分解,必然导致(　　)。

A. 模块的独立性变差　　B. 接口的复杂程度增加

C. 软件开发的总工作量增加　　D. 以上都正确

(6) 在面向数据流的软件设计方法中,一般将信息流分为(　　)。

A. 数据流和控制流　　B. 变换流和控制流

C. 事务流和控制流　　D. 变换流和事务流

(7) 对于详细设计,下面说法错误的是(　　)。

A. 详细设计是具体地编写程序

B. 详细设计是细化成程序图

C. 详细设计的结果基本决定了最终程序的质量

D. 详细设计中采用的典型方法是结构化程序设计方法

(8) 程序的 3 种基本控制结构是(　　)。

A. 过程、子程序和分程序　　B. 顺序、选择和循环

C. 递归、堆栈和队列　　D. 调用、返回和转移

(9) 在软件开发过程中,以下说法正确的是(　　)。

A. 程序流程图是逐步求精的好工具

B. N-S 图不可能任意转移控制,符合结构化原则

C. 判定表是一种通用的设计工具

D. 程序流程图和 N-S 图都不易表达模块的层次结构

(10) 结构化程序设计主要强调的是(　　)。

A. 程序的规模　　B. 程序的效率

C. 程序设计语言的先进性　　D. 程序易读性

2. 简答题

(1) 请简述软件设计的工作目标和任务。

(2) 软件设计的过程中需要遵循的原则有哪些?

(3) 什么是耦合和内聚,设计原则分别是什么?

(4) 数据库设计的步骤是什么?

(5) 什么是结构化程序设计?

3. 应用题

(1) 对如图 4.4 所示的储蓄管理系统,用面向数据流的设计方法确定类型、划分边界、设计该系统的软件结构。

(2) 某商场在促销期间对顾客购物收费有 4 种情况:普通顾客一次购物累计少于 100 元,按 A 类标准收费(不打折);一次购物累计多于或等于 100 元,按 B 类标准收费(打 9 折);会员顾客一次购物累计少于 1 000 元,按 C 类标准收费(打 8 折);一次购物累计多于或等于 1 000 元,按 D 类标准收费(打 7 折)。请用判定表和判定树表示收费情况。

(3) 某程序流程图如图 7.49 所示,请分别用 N-S 图和 PAD 图表示该程序。

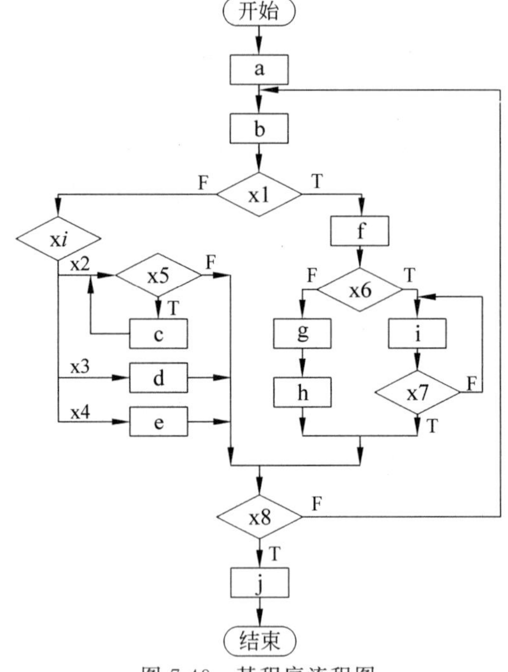

图 7.49　某程序流程图

面向对象设计

从面向对象分析(OOA)到面向对象设计(OOD),是一个逐渐扩充模型的过程。因为面向对象分析与面向对象设计在概念、术语、描述方式上存在一致性,所以建立一个能够具体实现的设计模型,可视为按照设计的准则对分析模型的细化过程。在实际的软件开发过程中,面向对象分析和面向对象设计的界限是模糊的,分析和设计活动是一个多次反复迭代的过程。

8.1 面向对象设计概述

8.1.1 面向对象设计的基本原则

第7章介绍了结构化设计的基本原则,这些原则在进行面向对象设计时仍然可用,而且面向对象的方法本身就满足某些设计原则的要求,下面结合面向对象方法的特点介绍这些原则如何在面向对象中加以应用。

1. 面向对象中的模块化

面向对象软件开发模式,很自然地支持把系统分解成模块的设计原理,设计所产生的类和对象本身就是模块。这些模块把数据结构和操作这些数据的方法紧密地结合在一起。面向对象的设计,就是根据各自应用场景,由不同的对象以及对象之间的交互协作来完成系统应该完成的功能,因此它能很自然地满足模块的设计原理。

2. 面向对象中的抽象

在面向对象方法中,对象仅提供操作接口就是过程抽象,而对数据的隐藏可以认为是对数据的抽象。类实际上是一种抽象数据类型,它对外开放的公共接口作为类的规约的一部分,这种类型的接口提供了外部可以使用的合法操作,利用这些开放的操作就能按类的定义由其对象完成对自身资源(即数据)的处理,以提供特定的操作。使用者无须知道这些操作在对象中如何实现、类中的数据如何表示,只要依据接口调用的要求,就能得到约定的操作。

面向对象的程序设计语言C++提供的模板机制是一种参数化抽象机制。模板机制指描述类的规约时不指定操作接口所使用的数据类型,而将模板作为参数来进行传递。这种方法使得类具有更高的抽象程度,更广的应用,同时使复用性更好。

3. 面向对象中的信息隐藏

在面向对象方法中，信息隐藏通过对象的封装性实现。类本身是一种静态结构，它实现了接口和其具体处理过程的分离，从而实现了对信息的隐藏。对于类或对象的使用者来说，不需要知道属性或数据的表示和接口是如何实现的，这实际上就是实现细节和信息的隐藏方式。

4. 面向对象中的耦合

在面向对象方法中，对象是最基本的模块，因此，耦合主要指不同对象之间相互关联的紧密程度。对象间的交互仅仅是为了协作完成系统的某种功能，这种交互所带来的耦合是松散的。当一个对象体现的操作必须和另外的对象产生联系或依赖时，功能通过类的相关协议（如公共接口）来实现，它不会也不能依赖于其他对象所提供接口的具体实现细节。

通常，对象之间的耦合可分为两大类。

(1) 交互耦合。

如果对象之间的耦合通过消息连接来实现，则这种耦合就是交互耦合。这种耦合本身就是偶然的和松散的，但为使交互耦合尽可能松散，应该尽量降低消息连接的复杂程度。即，应该尽量减少消息中包含的参数个数，降低参数的复杂程度，减少对象发送或接收的消息数和频繁程度。

(2) 继承耦合。

面向对象方法的继承是一种复用方法，由此产生了一般类与特殊类之间的耦合。这种耦合是一种继承耦合，特殊类是一般类的继承和发展，从而使系统的设计更加灵活。系统功能的改变可以通过这种继承耦合来扩展，使系统的设计中可以复用的粒度更大，开发的成本更低。在设计时，应该使特殊类尽量多继承并使用一般类的属性和操作，从而更好地复用一般类设计的结果，提高开发的效率。因此，在处理这种类型的所谓继承耦合问题时，应该采取与处理交互耦合相反的方式，提高这种类型的耦合程度。

5. 面向对象中的内聚

内聚衡量一个模块内各个元素彼此结合的紧密程度。也可以把内聚定义为：设计中使用的一个构件内的各个元素，对完成一个定义明确的目的所做出的贡献程度。在设计时应该力求做到高内聚。在面向对象设计中应该要求以下 3 种高内聚。

(1) 操作的内聚。一个操作应该完成一个且仅完成一个功能。

(2) 类的内聚。一个类应该只有一个用途，它的属性和操作应该是高内聚的。类的属性和操作应该全都是完成该类对象的任务所必需的，其中不包含无用的属性或操作。如果某个类有多个用途，通常应该把它分解成多个专用的类。

(3) 领域知识的内聚。设计出的一般-特殊结构，应该符合多数人的概念，更准确地说，这种结构应该是对相应的领域知识的准确抽取。紧密的继承耦合与高度的一般-特殊内聚是一致的。

6. 面向对象中的复用

软件复用是提高软件开发生产率和目标系统质量的重要途径。复用基本上从设计阶段开始。

复用有两方面的含义：一是尽量使用已有的类，包括开发环境提供的类库，及以往开发类似系统时创建的类；二是如果确实需要创建新类，则在设计这些新类的协议时，应该考虑将来的可重复使用性。

8.1.2 更复杂的面向对象设计原则

面向对象的设计原则是指导面向对象设计的基本思想，是评价面向对象设计的价值观体系，也是构造高质量软件的出发点。从本质上来讲，面向对象的技术就是对这些设计原则的灵活应用。8.1.1 节介绍的是最基本的设计原则。下面以这些基本的设计原则为基础，介绍 5 个更复杂、更典型的面向对象设计原则。

1. Liskov 替换原则

泛化关系是面向对象系统中的一种重要关系，大多数静态类型语言中的抽象、多态等机制都需要通过类之间的泛化关系来支持，即通过泛化才可以创建抽象基类和实现抽象方法的派生类。Liskov 替换原则(The Liskov Substitution Principle，LSP)就是设计泛化关系的继承层次时的设计原则。

Liskov 替换原则最早由 Barbara Liskov 在 1987 年 *Data Abstraction and Hierarchy* 一文中针对继承层次的设计提出。针对子类型和父类型的继承层次结构，需要如下替换性质：若对每个类型 S 的对象 o_1，都存在一个类型 T 的对象 o_2，使得在所有针对 T 编写的程序 P 中，用 o_1 替换 o_2 后，程序 P 的行为不变，则 S 是 T 的子类型。

该原则即被称为 Liskov 替换原则。也就是说，子类型(Subtype)必须能够替换它们的基类型(Base Type)。换一个角度来理解，对于继承层次的设计，要求在任何情况下，子类型与基类型都是可以互换的，此时该继承的使用就是合适的，否则就可能出现问题。例如，有一个函数 $f()$，它的参数是指向某个基类 B 的指针或者引用。与此同时，存在 B 的某个派生类 D，如果把 D 的对象作为 B 类型传递给 $f()$，就会导致 $f()$ 出现错误的行为。那么此时 D 就违反了 LSP，因为用 D 的对象替换 B 的对象后，$f()$的行为发生了变化。

2. 开放-封闭原则

“变化是永恒的主题，不变是相对的定义”。软件系统也是如此，任何系统在其生命周期中都需要有应对变化的能力，这也是体现设计质量的一个最重要的功能。开放-封闭原则(The Open ClosePrinciple，OCP)能够应对需求的变更，且可以保持相对稳定。

开放封闭原则最早由 Bertrand Meyer 在 *Object-Oriented Software Construction* 一书中提出。他在阐述模块分解时，指出任何一种模块分解技术都应该满足开放-封闭原则，即“模块应该既是开放的又是封闭的。”

“开放”和“封闭”这两个互相矛盾的术语分别用于实现不同的目标。

- 软件模块对于扩展是开放的(open for extension)：模块的行为可以扩展，当应用的需求改变时，可以对模块进行扩展，以满足新的需求。
- 软件模块对于修改是封闭的(closed for modification)：对模块行为扩展时，不必改动模块的源代码或二进制代码。

此处的模块可以是函数、类、构件等软件实体。对于这些软件实体来说，开放性和封闭性都非常有必要。由于不可能完全预知软件实体的所有元素（如数据、操作），因此需要保持一种灵活性以便尽可能地应对未来的变更和扩展。而与此同时，软件实体也应该是封闭的，对于外界使用该软件实体的客户而言，任何对该实体的修改都不能影响其正常使用，即必须保持这种修改的影响范围在软件实体内部，而对外封闭。

想要同时满足这两个相互矛盾的特征，即在不修改模块源代码的情况下更改它的行为，这其中的关键就在于抽象。

3. 单一职责原则

作为对象系统最基本的元素，类自身的设计质量将直接影响整个设计方案的质量。对于单个类而言，最核心的工作就是其职责分配过程。单一职责原则（The Single Responsibility Principle，SRP）是指导类的职责分配的最基本原则。

单一职责原则最早可以追溯到 Tom DeMaro 等提出的内聚性问题。内聚性是一个模块的组成元素之间的相关性。模块设计应遵循高内聚的设计原则。其中，功能内聚是内聚度最高的一种内聚形式，是指模块内所有元素共同完成一个功能，缺一不可，模块不能再被分割。对于类设计来说，单个类也应保持高内聚，即达到功能内聚。单一职责原则即描述了这一设计要求："对一个类而言，应该只有一类功能相关的职责。"

可以把类的每一类职责对应一个变化的维度；当需求发生变更时，该变化会反映为类的职责变化。因此，如果一个类承担过多的职责，那么就会有多个引起变化的原因，从而造成类内部的频繁变化；同时，不同的职责耦合在同一个类中，一个职责的变化可能会影响其他职责，从而引发问题。为此，类设计应遵从 SRP，建立高内聚的类。

4. 接口隔离原则

单一职责原则约束了类职责的内聚性，而对于另一类抽象体"接口"的设计也有相应的内聚性要求，这就是接口隔离原则（The Interface Segregation Principle，ISP）。

在针对接口的编程中，接口的设计质量将直接影响系统的设计质量。设计出内聚的、职责单一的接口也是必须遵循的原则。接口隔离原则即描述了这项设计要求：使用多个专门的接口比使用单一的总接口要好。

更具体地说，就是一个类对另外一个类的依赖性应当建立在最小的接口上。一个接口相当于剧本中的一个角色，而此角色由哪个演员来扮演相当于接口的实现。因此，一个接口应当简单地代表一个角色，而不是多个角色。如果系统涉及多个角色，那么每一个角色都应该由一个特定的接口代表。

ISP 的目的是为不同角色提供宽窄不一的接口，以对付不同的客户端。这种办法在服务行业中称为定制服务。也就是说，只提供给客户端需要的方法。一个设计师往往想节省接口的数目，而将看上去类似的接口合并，实际上这是一种错误的做法，会为客户提供多余的操作，使接口变得臃肿，造成接口污染。而这种接口污染将迫使客户依赖那些其不会使用的操作，从而导致客户程序之间的耦合。

ISP 使得接口的职责明确，有利于系统的维护。向客户端提供 public 接口是一种承诺，应尽量减少这种承诺；而将接口隔离出来，有利于降低设计成本。

5. 依赖倒置原则

在传统的自顶向下、自底向上的编程思想中，通过对模块的分层形成不同层次的模块，最上层的模块通常都要依赖下面的子模块来实现，从而形成了高层依赖底层的结构，如图8.1所示。

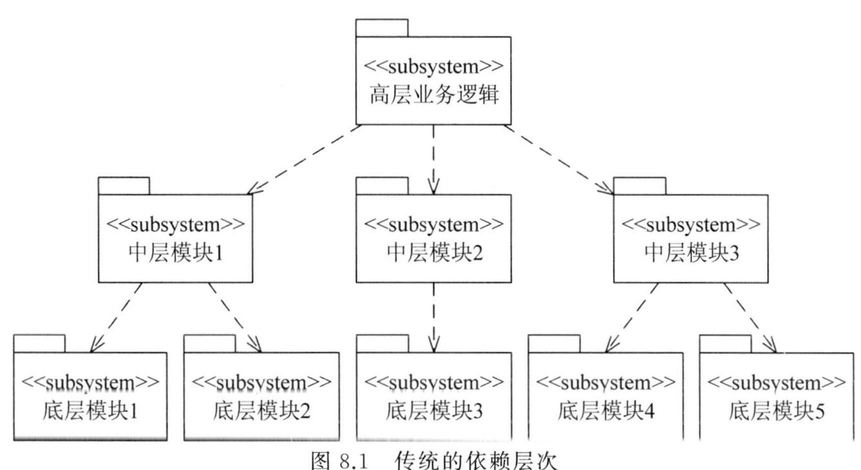

图8.1 传统的依赖层次

在这种依赖层次中，高层业务逻辑是建立在底层模块基础之上的，其“过分”地依赖于底层模块意味着很难得到有效的复用。底层模块的修改将直接影响到其上层的各类应用模块。依赖倒置原则(The Dependency Inversion Principle，DIP)为这种依赖层次的设计提供了一种新思路。

DIP基本思路就是要逆转传统的依赖方向，使高层模块不再依赖底层模块，从而建立一种更合理的依赖层次。该原则可以套用下面两段话来描述。

- 高层模块不应该依赖于底层模块，两者都应该依赖于抽象。
- 抽象不应该依赖于细节，细节应依赖于抽象。

该原则核心的思想就是“依赖于抽象”。这是因为抽象的事物不同于具体的事物，抽象的事物发生变化的频率低，让高层模块与底层模块都依赖一个比较稳定的事物而非一个经常发生变化的事物，其好处显而易见。在具体实现时，就是多使用接口与抽象类，而少使用具体的实现类。利用这些抽象将高层模块(如一个类的调用者)与具体的被操作者(如一个具体类)隔离开，从而使具体类在发生变化时不至于对调用者产生影响。

满足DIP的基本方法就是遵循面向接口的编程方法，让高层与底层都依赖接口(抽象)，如图8.2所示。从图中可以看出，高层和底层之间没有直接的依赖关系，都依赖重新定义的抽象层；原有的自上而下的依赖关系被倒置为都依赖抽象层。

抽象层可以由底层来定义并公开接口，但这样一来，当底层接口改变时，高层同样会受牵连。因此，更好的方案是由客户(即高层模块)来定义，而底层则去实现这些接口(即图8.2中的实现层)；这意味着客户提出了需要的服务，而底层则去实现这些服务。这样，当底层实现逻辑发生变化时，高层模块将不受影响。这就是“接口所有权”的倒置，即由客户定义接口，而不是由“底层”定义接口。

正如Booch所说，“所有结构良好的面向对象架构都具有清晰的层次定义，每个层次通

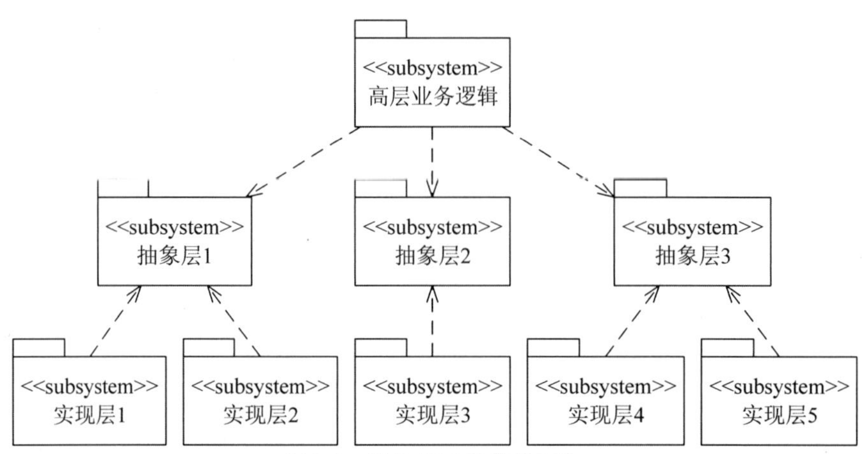

图 8.2　满足 DIP 的依赖层次

过一个定义良好的、受控的接口向外提供一组内聚的服务”,DIP 就是建立这种层次结构的基本指导思想。DIP 是一个非常有用的设计原则,特别是在设计产品框架时,有效地应用该原则将极大提高框架的设计质量。

8.1.3　面向对象设计的启发规则

人们在使用面向对象方法开发软件的实践中积累了一些经验,总结这些经验得出了几条启发规则,它们往往能帮助软件开发人员提高面向对象设计的质量。

1. 设计结果应该清晰易懂

使设计结果清晰、易读、易懂,是提高软件可维护性和可复用性的重要措施。保证设计结果清晰易懂的主要因素包括如下几点。

(1) 用词一致。应该使名字与其代表的事物一致,而且应该尽量使用人们习惯的名字。

(2) 使用已有的协议。如果开发同一软件的其他设计人员已经建立了类的协议,或者在所使用的类库中已有相应的协议,则应该使用这些已有的协议。

(3) 减少消息模式的数目。如果已有标准的消息协议,那么设计人员应该遵守这些协议。如果确需自己建立消息协议,则应该尽量减少消息模式的数目。

(4) 避免模糊的定义。一个类的用途应该是有限的,而且应该可以从类名较容易地推想出它的用途。

2. 一般-特殊结构的深度应适当

应该使类等级中包含的层次数适当。通常,在一个中等规模(大约包含 100 个类)的系统中,类等级层次数应保持为 7±2。不应该仅从便于编码的角度出发随意创建派生类,而是应该使一般-特殊结构与领域知识或常识保持一致。

3. 设计简单的类

应该尽量设计小而简单的类,以便于开发和管理。经验表明,如果一个类的定义不超过一页纸或两屏,则使用这个类是比较容易的。为使类保持简单,应该注意以下几点。

(1) 避免包含过多的属性。属性过多通常表明这个类过分复杂了,它所完成的功能可能太多了。

(2) 有明确的定义。为了使类的定义明确,分配给每个类的任务应该简单,最好能用一两个简单语句描述它的任务。

(3) 尽量简化对象之间的合作关系。如果需要多个对象协同配合才能做好一件事,则破坏了类的简明性和清晰性。

(4) 不要提供太多操作。一个类提供的操作过多,同样表明这个类过分复杂。典型地,一个类提供的公共操作不应超过 7 个。

在开发大型软件系统时,设计出大量较小的类,同样会带来一定复杂性。解决这个问题的办法,是把系统中的类按逻辑分组,即,划分"主题"。

4. 使用简单的协议

通常,消息中的参数不要超过 3 个。当然,不超过 3 个的限制也不是绝对的。经验表明,通过复杂消息相互关联的对象是紧耦合的,对一个对象的修改往往导致其他对象的修改。

5. 使用简单的操作

通常,应该尽量避免使用复杂的操作。

面向对象设计出来的类中的操作通常都很小,一般只有 3~5 行源程序语句,可以用仅含一个动词和一个宾语的简单句子描述它的功能。

如果一个操作中包含了过多的源程序语句,或者语句嵌套层次太多,或者使用了复杂的 CASE 语句,则应该仔细检查这个服务,设法分解或简化它,考虑用一般-特殊结构代替。

6. 把设计变动减至最小

通常,设计的质量越高,设计结果保持不变的时间就越长。即使出现必须修改设计的情况,也应该使修改的范围尽可能小。在设计的早期阶段,变动较大,随着时间推移,设计方案日趋成熟,改动越来越小。

8.1.4 面向对象设计的基本任务

面向对象设计是面向对象分析模型在软件设计阶段的应用与扩展,是将面向对象分析阶段所创建的分析模型转换为设计模型的过程,其主要目标是提高开发效率、质量和可维护性。在面向对象设计中,为了实现系统,需要以分析模型为基础,重新定义或补充一些新的类,或在原有类中补充或修改一些属性及操作。因此,具体目标是产生一个满足用户需求、可实现的面向对象设计模型。

面向对象设计可细分为系统设计和对象设计。

(1) 系统设计。

系统设计确定实现系统的策略和目标系统的高层结构。系统设计将分析模型中紧密相关的类划分为子系统(子系统应具有良好的接口,且其中的类相互协作),标识问题本身的并发性,将各子系统分配给处理器,建立子系统之间的通信。

子系统的合理划分是系统设计成功的关键,在划分为各个子系统后,可以根据它们自身的关系,采用水平层次组织或垂直块状组织集成为完整的系统。

(2) 对象设计。

对象设计确定解空间中的类、关联、接口形式及实现服务的算法。模块、数据结构及接口等都集中地体现在对象和对象层次结构中,系统开发的全过程都与对象层次结构直接相关,是面向对象系统的基础和核心。面向对象设计通过对象的认定和对象层次结构的组织,确定解空间中应存在的对象和对象层次结构,并确定外部接口和主要的数据结构。

对象设计是对各类的属性和操作的详细设计,包括属性及操作的数据结构和实现算法,以及类之间的关联。此外,在OOA阶段,可将一些与具体实现条件密切相关的对象,如与图形用户界面(GUI)、数据管理、硬件及操作系统有关的对象推迟到OOD阶段考虑。在进行对象设计的同时也要进行消息设计,即设计连接类与其协作者之间的消息规约。

(3) 设计优化。

设计优化主要涉及提高效率的技术和建立良好的继承结构的方法。提高效率的技术包括增加冗余关联以提高访问效率以及调整查询次序、优化算法等。建立良好的继承关系是优化设计的重要内容,通过对继承关系的调整实现。

8.1.5 面向对象的设计模式

面向对象的设计模式可以帮助构建新的软件。设计模式被认为起源于1994年,由Erich Gamma、John Vlissides、Ralph Johnson和Richard Helm合著的*Design Patterns: Elements of Reusable Object-Oriented Software*中系统地提出了23种设计模式。这23种设计模式都是面向对象领域的大师们在多年的设计和开发实践中归纳出来的,也被称为GoF(Gang of Four,四人组)模式。虽然还可以在不同的领域中找到许多其他的设计模式,但GoF模式是适用范围最广、可复用程度最高、优点最明显的核心设计模式。

设计模式的主要目标是提高设计的模块化。实际上,每种模式都封装了特定类型的设计决策。这些设计决策的类型千差万别,从实现一个操作的算法,到对象的初始化方式,再到对象集的遍历顺序,等等。一些设计模式将设计结构化,使得将来设计的进一步改变更易于实现。还有一些设计模式使得程序在运行时更易于改变其结构或行为。

1. 设计模式的分类

可以从作用范围和目的两个角度对23种设计模式进行分类,如表8.1所示。

表8.1 Gof设计模式的分类

范围	目的		
	创建型模式	结构型模式	行为型模式
类模式	工厂方法	适配器(类)	解释器 模板方法

续表

范围	目的		
	创建型模式	结构型模式	行为型模式
对象模式	抽象工厂 生成器 原型 单件	适配器(对象) 桥接 组合 装饰 外观 享元 代理	职责链 命令 迭代器 中介者 备忘录 观察者 状态 策略 访问者

按照设计模式的作用范围(即,处理类还是处理对象实例),设计模式可被分为类模式和对象模式。

- 类模式主要处理类和派生类之间的继承关系,这种关系是静态的,在编译期间是确定的;
- 对象模式主要处理对象之间的组织关系,这种关系是动态的,可在运行期发生变化。

而按照设计模式的目的(即,用来完成哪类工作),设计模式可被分为创建型模式、结构型模式和行为型模式。

- 创建型模式用于处理对象的创建过程,其中创建型类模式将对象的部分创建工作延迟到子类,而创建型对象模式将它延迟到另一个对象中;
- 结构型模式用于处理类或对象的组织结构,其中结构型类模式使用继承机制来组合类,而结构型对象模式描述了对象间的组装方式;
- 行为型模式用来指导类和对象之间的交互及职责分配关系,其中行为型类模式使用继承描述算法与控制规则,而行为型对象模式则描述一组对象怎样协作完成单个对象无法完成的工作。

表8.2给出了23种GoF设计模式具体的目的。

表8.2 GoF设计模式

模式名称	目的
抽象工厂(abstract factory)	提供一个创建一系列相关对象或相互依赖对象的接口,而无须指定它们具体的类
生成器(builder)	将构造和表示分离开来,使同样的构造过程可以创建不同的表示
工厂方法(factory method)	定义一个创建对象的接口,让子类决定实例化哪个类,使实例化延迟到子类中
原型(prototype)	用原型实例指定创建对象的种类,根据原型克隆现有对象
单件(singleton)	对象只能有一个实例,提供单个访问点
适配器(adapter)	把一个对象的接口包在另一个对象不相容的接口外,使得两种对象能够一起工作
桥接(bridge)	将抽象与其实现分离开来,使它们可以独立地变化

续表

模式名称	目　　的
组合(composite)	把若干个对象组合成树结构以表示"整体-部分"的层次结构,使单个对象和组合对象的使用具有一致性
装饰(decorator)	动态地为对象增加职责,使添加职责的模式更加灵活
外观(facade)	为子系统提供一个统一的高层接口,使得子系统更容易使用
享元(flyweight)	类似的对象共享数据/状态,避免创建和控制大量细粒度的对象
代理(proxy)	为另外一个对象提供一种代理,以控制对这个对象的访问
职责链(chain of responsibility)	将命令指派到处理对象的链上,允许不止一个对象来处理给定的请求
命令(command)	将一个请求封装为一个对象,从而可用不同的请求对客户进行参数化
解释器(interpreter)	通过将语法表示为语言中的解释语句,来解释特定的语言
迭代器(iterator)	提供一种方法顺序地访问聚合对象中的元素,而不暴露其内部表示
中介者(mediator)	定义一个中介对象以封装一系列的对象交互,各对象不需要显式地相互引用,其耦合松散,之间的交互可独立改变
备忘录(memento)	在不破坏封装的前提下,捕获对象的内部状态,在对象之外保存该状态,可将对象恢复到其先前的状态
观察者(observer)	定义对象间的一种一对多的依赖关系,当一个对象的状态发生改变时,所有依赖于它的对象都会得到通知并被自动更新
状态(state)	允许对象在其内部状态改变时改变行为
策略(strategy)	定义一系列算法并封装起来,使它们可以相互替换,从而使算法可独立于使用它的客户而变化
模板方法(template method)	定义一个算法框架,将实现步骤延迟到子类中,使子类可以不改变算法的结构而重定义算法的实现步骤
访问者(visitor)	把层次化的方法放到一个独立的算法对象中,使算法和对象结构分离开

设计模式充分利用了接口、信息隐藏和多态,它们也常常会很清楚地引入某一间接层。由于模式增加了额外的类、关联以及方法调用,因此有时候看上去会过于复杂。但这种复杂性提高了模块化,而且是以其他质量属性的降低作为代价的,例如性能或开发的难易程度。出于这样的原因,模式只有在额外获得的灵活性可以抵消额外的开发成本时才真正有价值。

出于篇幅的原因,本节不对每个模式的具体细节作详细介绍,读者可参阅设计模式的相关文献。下面通过两个例子来说明如何在设计中应用设计模式。

2. 状态模式

著名的"世纪玩具"乐高(Lego)公司,提供了多种型号的积木玩具。假设需要编写一个模拟乐高玩具的系统(LegoSystem)。系统有这样一类场景:根据积木的不同颜色做出相应的处理。为了实现该场景,传统的做法是定义那些可能颜色的枚举值,然后利用 switch 语句针对不同的颜色分支进行相应的处理,其示例代码如下所示。

```
void LegoSystem::processColor(){
    switch(color){
        case RED:redProcess();break;
        case GREEN:greenProcess();break;
        case BLUE:blueProcess();break;
    }
};
```

该段代码使用了红(RED)、绿(GREEN)、蓝(BLUE)3个枚举值表示3种颜色,从而可以处理这3种颜色的积木,具体的处理代码通过调用对应的函数来实现(即redProcess()、greenProcess()、blueProcess())。当然,这样的程序能够很好地满足当前的需求,但并没有遵循开放-封闭原则,也就无法有效地应对需求的变更。为了能够处理更多的颜色(如黄色),需要直接修改这段代码,增加一个case分支,这样的修改直接影响了系统的稳定性。显然,类似的这种需求会不断出现,例如根据市场的反馈增加或减少用户喜欢的颜色。

GoF状态模式为此类问题提供了解决方案,该模式适用于"操作中含有庞大的多分支的条件语句,且这些分支依赖于该对象的状态"。Lego系统中,处理颜色操作存在多分支语句,而每个分支取决于积木的颜色,"颜色"就可以作为对象的状态来处理。按照该模式的实现要点,需要"定义状态接口,在具体状态类中实现该状态对应的行为,在上下文对象中聚合当前使用的状态"。即,首先定义一个抽象的状态接口(或抽象类,Color),然后将每一个状态作为一个具体类(各种颜色类,如Red、Green和Blue),最后实现该接口,使用该状态的类(LegoSystem)聚合该状态接口,如图8.3所示。在实际应用中,设计模式可以被看成一种参数化协作。它已经提供了基础的实现框架,使用者只需要在此框架基础上,结合业务场景实例化相应的参数。目前,很多UML建模工具也提供了直接应用设计模式(主要是指GoF模式)的能力。

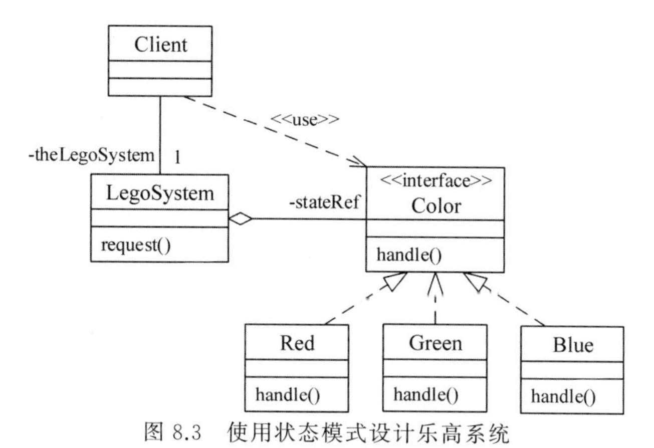

图8.3 使用状态模式设计乐高系统

可以看出,状态接口Color提供了handle()操作的定义,表示对颜色处理的接口,LegoSystem包含对该接口的引用(角色名stateRef),并通过request()操作调用handle()操作。而每个具体的handle()操作则由相应的具体类来实现,即Red、Green和Blue均需要实现 handle()操作。

显然，该方案是满足开放-封闭原则的，从而可以通过扩展的方式来应对需求的变更。当需要增加新的颜色（如黄色）处理功能时，只需要针对 Color 接口实现一个新的类（增加 Yellow 类），而对原有结构没有任何影响。

3. 装饰模式

假设有一家汉堡店，最开始规模较小，只出售最普通的汉堡包。可以为该店的产品构建一个简单的模型，如图 8.4 所示。

在这里，把三明治（Sandwich）作为一种最原始的汉堡来建模，提供一些公共属性和接口（如购买、吃等接口，此处省略这些公共元素）。其中，getPrice()为获得价格的接口。而普通的汉堡包（Basic Hamburger）作为派生类，增加了新的属性并更新了 getPrice()接口。

该方案满足了最原始的需求。然而，随着汉堡店业务的不断发展，现需要引入新口味的汉堡，如奶酪汉堡。这时，可以通过继承来实现，如图 8.5 所示。在普通汉堡的基础上派生出奶酪汉堡（Basic Cheeseburger），添加新的属性（cheese）并更新 getPrice()接口。

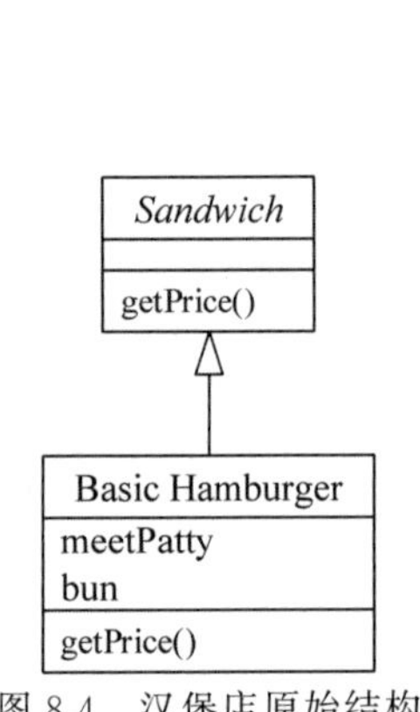

图 8.4　汉堡店原始结构

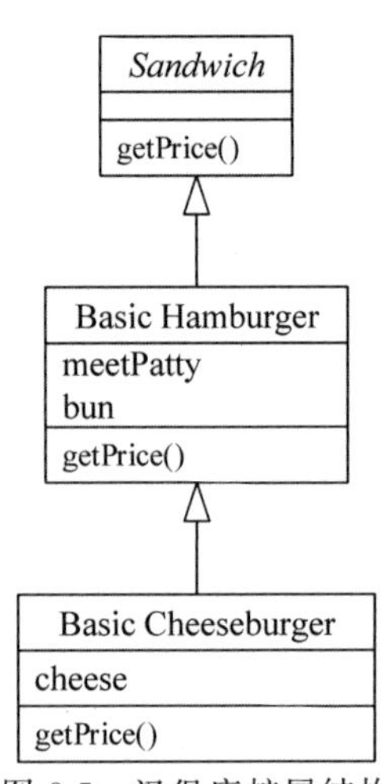

图 8.5　汉堡店扩展结构

看起来很简单，虽然从具体类继承违背了面向对象的设计原则，但毕竟有效地应对了新需求的出现。按照这种思路，当出现洋葱汉堡的新需求后，仍然可通过继承来实现。不过，麻烦的是，洋葱既可以加在普通的汉堡上，也可以加在奶酪汉堡上。为此，现在必须同时添加两个类来应对这一项新增需求。同理，为了添加西红柿口味的汉堡，需要添加 4 个类，从而提供西红柿汉堡、西红柿奶酪汉堡、西红柿洋葱汉堡及西红柿洋葱奶酪汉堡。为了卖出这 3 种口味组合的汉堡，需要 9 个类（1 个抽象类、8 个具体类）的支持。当要再增加生菜口味时，将再多出 8 个类；继续增加熏肉口味，则会再多出 16 个类……显然，这种指数级（2^n）的类数量的增长让人难以接受。

事实上，问题还不仅仅在于类数量的爆炸式增长。还需要看到有关西红柿调料的处理同时出现在 4 个类中，这种不必要的重复破坏了系统的单点维护能力。考虑要调整西红柿调料的价格，则这 4 个类中 getPrice()操作的实现均需要修改。因此，这种简单地通过继承进行扩充的方式不合适。

借助于设计模式，就可以有效地解决该问题。GoF 设计模式中的装饰模式适用于“不能采用生成子类的方法进行扩充，可能导致大量独立的扩展，使得子类数目呈爆炸式增长”的情况。因此，可以采用装饰模式来重新设计汉堡店的结构。新的设计方案如图 8.6 所示。

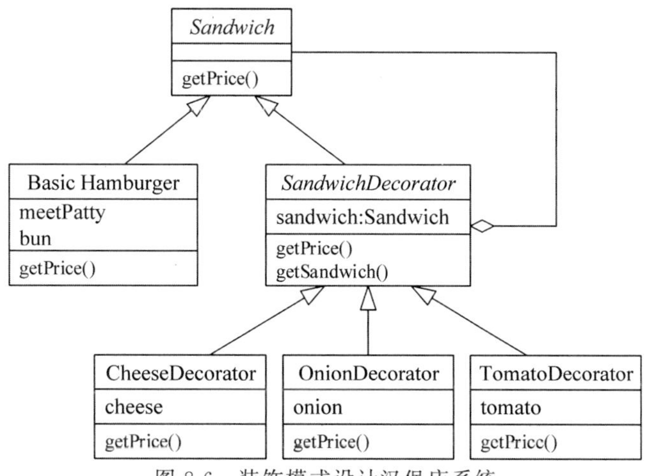

图 8.6 装饰模式设计汉堡店系统

在新方案中，首先定义了一个抽象的装饰类(SandwichDecorator)用来提供各种口味的公共接口，然后将这些口味作为一种具体装饰而存在(通过一个具体类来描述)，并通过一个聚合关系实现在普通的汉堡上动态地聚合各种装饰，从而在运行时根据客户的需要制作各种口味的汉堡包。在该方案中，通过一个抽象装饰类对各种口味进行抽象，从而实现了开放-封闭原则。当需要增加调料时，只需要扩展一个具体类，而对原方案没有任何影响。同时，也消除了不必要的重复(每种口味只在一个类中描述)，从而保证对每种口味的单点维护。

4. 使用设计模式

从上述两个案例可以看出，当设计中遇到适用某个模式的情况时，直接应用该模式即可获得高质量的设计方案。因此，在设计中有效地应用设计模式，不仅降低了设计的难度，而且能够极大地提高系统设计的质量。

设计模式最根本的意图就是适应需求变更。在软件开发中，变更频繁发生，而这其中，需求变更是最常见、影响最大的一种。因为需求是整个软件系统的基础，软件系统是为了满足需求而存在的，所以当需求发生变化时，后续的分析、设计、实现都会受到影响。为此，一个好的系统应该能够快速应对需求变更并能保持稳定。而设计模式就是为了让软件更加适应变更，有更多的可扩展性，从而保证发生需求变更时不需要重新设计。

应对变更的直接手段就是封装变更，从而使变更的影响降到最小。其基本实现思路是封装复杂性，并对外提供简单接口，通过多态包容的特性扩展新功能来应对变更。多态包容是指宿主对象中包含抽象基类(或接口)的引用，而实际行为被委托给该引用所指向的实际对象，从而使这些行为可以根据该引用所指向的实际对象不同而不同。具体的实现思路包括以下几方面。

（1）增加间接层。

初始的设计方案都是为了满足需求而提出的，大多直接来自分析阶段的具体类。而且为了便于对象之间的交互，这些具体类之间往往存在着很强的耦合，难以有效地应对需求的变更，也难以复用。优化设计的出发点就是对这些具体类解耦，通过增加一个间接层（大多为抽象层），将两个具体类之间的关系转换为具体类和抽象层之间的关系，使依赖止于抽象，从而设计出满足设计原则的高质量方案。GoF 设计模式都是按照这种思想，通过新增的间接层来达到最大程度的复用。

（2）针对接口编程，而不针对实现编程。

高质量设计的关键在于抽象。事实上，依赖倒置原则就是针对接口编程思想的体现，其依赖止于抽象的思想，要求设计方案中应尽量引用抽象类或接口，从而实现针对接口的编程。针对接口编程的构件并不需要知道所引用对象的具体类型和实现细节，只需要知道抽象类或接口所提供的抽象操作，从而减少实现上的依赖关系。这是对增加间接层设计思路的进一步描述，即该间接层应尽量设计为抽象层，大多为抽象类或接口。GoF 模式中的很多模式就是为用户提供一种针对接口编程的实现思路，通过设计好的抽象类或接口来应对需求的变更。

（3）优先使用聚合，而不是继承。

面向对象的初学者经常热衷于继承所提供的强大的代码复用能力。然而，事实上通过聚合其他对象也可以实现复用，而聚合在某些方面比继承更有优势。

继承反映的是类间"是"关系，其优点是实现和使用起来比较简单，因为面向对象的编程语言直接支持继承机制，而且对设计人员来说，这种机制也比较容易理解。然而继承存在两个方面的缺点：首先，类之间的这种关系是在编译时就确定的，运行期间不能对继承结构进行修改，从而缺少了应对变更的能力；其次，由于基类的实现被暴露给派生类，破坏了类的封装，因此导致派生类和基类之间产生了很强的耦合。

聚合反映的是类间"有"关系，其优点是可以在运行时根据需要动态定义。因此，被聚合对象的类型可以很容易地在运行时发生变化，只要保证接口一致，满足接口隔离原则即可。此外，由于可以同时聚合多个成员，因此通过聚合可以更好地封装对象，使每一个类的职责集中，满足单一职责原则，并减少继承层次，不会造成类数量的爆炸。当然，聚合的缺点在于，不是面向对象编程语言所直接支持的，一般需要用户添加相应的代码来完成对聚合成员的管理。

从这两种机制的特点可以看出，可以充分利用聚合能够在运行时动态修改的特点来应对变更。因此，在满足关系的基本定义的情况下，应优先使用聚合而非继承。当然，由于聚合并不直接支持多态，因此在使用聚合时，一般先聚合抽象类（或接口），再通过继承（或实现）具体类来扩展相应的功能，从而实现动态改变聚合的行为。GoF 中的很多设计模式都使用了这种思想，如本节中介绍的状态模式和装饰模式。

在实践中使用设计模式有非常重要的作用和意义。然而，对设计模式的应用并不是简单的复制过程。每个设计模式都有其应用背景（意图）和解决方案，只有在需要的场合选择合适的模式才能有效地发挥模式的作用，过度地滥用模式也会陷入过度设计，从而带来不必要的复杂性。

8.2 系统设计

8.2.1 系统分解

人们解决复杂问题时普遍采用的策略是“分而治之，逐个击破”。同样，软件工程师在设计比较复杂的应用系统时，普遍采用的策略也是首先把系统分解成若干比较小的部分，然后再分别设计每个部分。

1. 面向对象设计模型

Coad 和 Yourdon 基于 MVC 模型，在逻辑上将系统分为 4 个部分，分别是问题域部分、人机交互部分、任务管理部分和数据管理部分，每部分又可分为若干子系统。在不同的软件系统中，这 4 个部分的重要程度和规模可能相差很大。

Coad 和 Yourdon 在设计阶段继续采用了分析阶段提到的 5 个层次，用于建立系统的 4 个组成部分。每部分都由主题、类与对象、结构、属性、服务 5 个层次组成。这 5 个层次可以被当作整个模型的水平切片，而 4 个部分可以被当作整个模型的垂直切片。典型的面向对象设计模型如图 8.7 所示。

图 8.7 典型的面向对象设计模型

2. 子系统之间的交互方式

软件系统中，子系统之间的交互有两种可能的方式，分别是客户-供应商关系和平等伙伴关系。

(1) 客户-供应商关系(client-supplier)。

作为“客户”的子系统调用作为“供应商”的子系统，后者完成某些服务工作并返回结果。作为客户的子系统必须了解作为供应商的子系统的接口，然而后者却无须了解前者的接口，因为任何交互行为都是由前者驱动的。

(2) 平等伙伴关系(peer-to-peer)。

每个子系统都可能调用其他子系统，因此，每个子系统都必须了解其他子系统的接口。子系统之间的交互更复杂，而且这种交互方式还可能存在通信环路，从而使系统难于理解，容易发生不易察觉的设计错误。

总之，单向交互比双向交互更容易理解，也更容易设计和修改，因此应该尽量使用客户-供应商关系。

3. 组织系统的方案

把子系统组织成完整的系统时，有水平方向的层次组织和垂直方向的块状组织两种方案。

(1) 层次组织(水平)。

这种组织方案把软件系统组织成一个层次系统，每层是一个子系统。上层在下层的基础上建立，下层为实现上层功能而提供必要的服务。每一层内所包含的对象，彼此间相互独立，而处于不同层次上的对象，彼此间往往有关联。实际上，在上、下层之间存在客户-供应商关系。低层子系统提供服务，相当于供应商，上层子系统使用下层提供的服务，相当于客户。

层次结构又可进一步划分成两种模式：封闭式和开放式。

- 封闭式。每层子系统仅使用其直接下层提供的服务。这种工作模式降低了各层次之间的相互依赖性，更容易理解和修改。
- 开放式。某层子系统可以使用处于其下方的任何一层子系统所提供的服务。这种工作模式减少了需要在每层重新定义的服务数目。但是，开放模式的系统不符合信息隐藏原则，对任何一个子系统的修改都会影响处在更高层次的那些子系统。

(2) 块状组织(垂直)。

这种组织方案把软件系统垂直地分解成若干个相对独立的、弱耦合的子系统，一个子系统相当于一块，每块提供一种类型的服务。

利用层次和块状的各种可能的组合，可以成功地由多个子系统组成一个完整的软件系统。当混合使用层次组织和块状组织时，同一层次可以由若干块组成，而同一块也可以分为若干层。

8.2.2 问题域部分的设计

面向对象设计是以面向对象分析的模型为基础的。面向对象的分析模型包括用例图、类图、顺序图和包图，主要是对问题域进行描述，基本上不考虑技术实现，当然也不考虑数据库层和用户界面层。面向对象分析所得到的问题域模型可以直接应用于系统的问题域部分的设计。因此，面向对象设计应该从问题域部分的设计开始。

问题域部分包括与应用问题直接有关的所有类和对象。在设计阶段，可能需求发生了变化，也可能是分析与设计者对问题本身有了更进一步的理解等原因，一般需要对在分析中得到的结果进行改进和增补。对分析模型中的某些类与对象、结构、属性、操作进行组合与分解，要考虑对时间与空间的折中、内存管理、开发人员的变更以及类的调整等。在面向对象设计过程中，可能要对面向对象分析所得出的问题域模型做以下几个方面的补充或调整。

1. 调整需求

有两种情况会导致修改通过面向对象分析所确定的系统需求：一是用户需求或外部环境发生了变化；二是分析员对问题域理解不透彻或缺乏领域专家帮助，以致面向对象分析模型不能完整、准确地反映用户的真实需求。

无论出现上述哪种情况，通常都只需简单地修改面向对象分析结果，然后再把这些修改反映到问题域子系统中。

2. 复用已有的类

从设计阶段开始，在研究面向对象分析结果时就应该寻找使用已有类的方法，争取做到代码复用。若因为没有合适的类可以复用而确实需要创建新的类，则在设计这些新类的协议时，必须考虑到将来的可复用性。

尽可能寻找相同或相似的具有特定结构的一组类进行复用，以减少新开发的成分。针对不同的情况，进行不同处理。复用已有类的典型过程如下。

(1) 从类库选择已有的类，从供应商那里购买商业外购构件，从网络、组织、小组或个人那里搜集适用的遗留软构件，把它们增加到问题域部分的设计中去。尽量复用那些能使无用的属性和服务降到最低程度的类。已有的类可能是用面向对象语言编写的，也可能是用某种非面向对象语言编写的可复用的软件。在后一种情况下，可以将软件封装在一个特意设计的、基于服务的接口中，改造成类的形式，并去掉现成类中任何不用的属性和服务。

(2) 在被复用的已有类和问题域类之间添加泛化(一般-特殊)关系，继承被复用类或构件的属性和方法。

(3) 标出在问题域类中因继承被复用的类或构件而多余的属性和服务。

(4) 修改与问题域类相关的关联。

3. 把问题域类组合在一起

在进行面向对象设计时，通常需要先引入一个类，以便将问题域专用的类组合在一起，它起到"根"类的作用，将全部下层的类组合在一起。当没有一种更满意的组合机制可用时，可以从类库中引进一个根类，作为包容类，把所有与问题域有关的类关联到一起，建立类的层次，这实际上就是一种将类库中的某些类组织在一起的方法。之后，将同一问题域的一些类集合起来，存于类库中。

4. 增添泛化类以建立协议

有时，某些问题域的类要求一组类似的服务(以及相应的属性)。此时，以这些问题域的类作为特化的类，定义一个泛化类。该泛化类定义了为所有这些特化类共用的一组服务名，作为公共的协议，用来与数据管理或其他外部系统部件通信。这些服务都是虚函数，在各个特化类中定义其实现。

5. 调整继承的支持级别

如果在分析模型中，一个泛化关系中的特化类继承了多个类的属性或服务，就产生了多继承关系。但实现时，使用的程序设计语言可能只有单继承，甚至没有继承机制，这样就需要变更问题域部分类的层次结构。

(1) 使用多重继承。

使用多重继承时，出于继承的关系可能会出现属性及操作的命名冲突。如图8.8所示的窄菱形模式，这种模式命名冲突的可能性比较大。避免这种命名冲突的方法是把它改变为采用如图8.9所示的阔菱形多重继承方式，但是它又有需要更多的类来完成同一类设计的缺点。

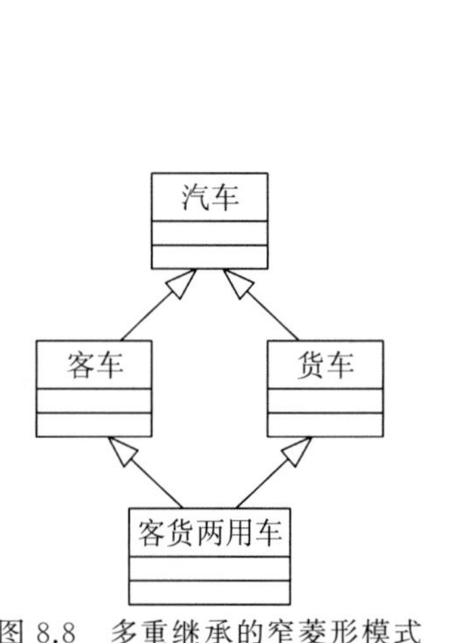

图 8.8　多重继承的窄菱形模式

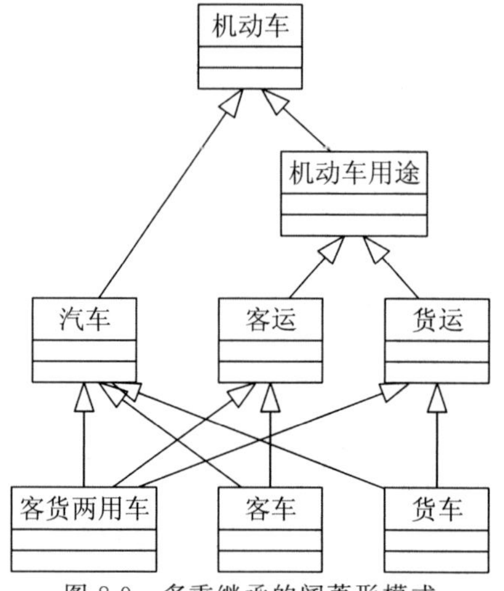

图 8.9　多重继承的阔菱形模式

(2) 使用单继承。

对于只支持单继承关系的编程语言,可以使用两种方法将多重继承结构转换为单继承结构。

- 采用关联或聚合把多重继承调整为单继承。把特化类看作是泛化类所扮演的角色,分别用相应的特化类来描述扮演多个角色的人。各种角色通过一个关联关系连接到人,如图 8.10 所示。

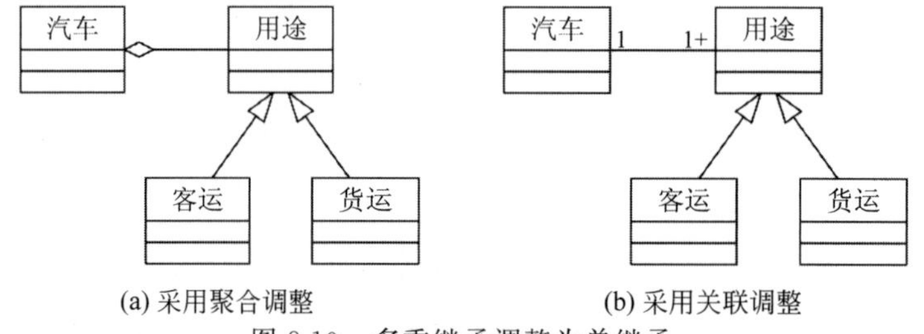

图 8.10　多重继承调整为单继承

- 采用平铺的方式。把多重继承的层次结构平铺为单继承的层次结构,如图 8.11 所示。这意味着该泛化关系在设计中不再那么清晰了。同时,某些属性和操作在特化类中重复出现,导致信息冗余。

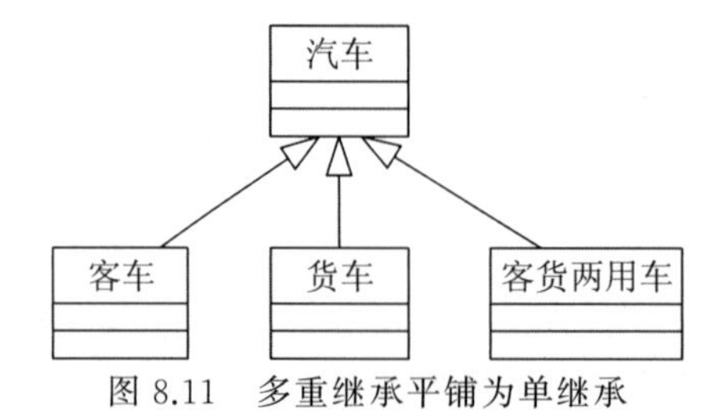

图 8.11　多重继承平铺为单继承

(3) 无继承。

编程语言中的继承属性提供了表达问题域的一般化/特殊化语义的语法，它明确地表示了公共属性和服务，还为通过可扩展性而达到可复用性提供了基础。然而，出于开发组织方面的原因，有些项目最终选择了不支持继承性的编程语言。对于一个不支持继承的编程语言来说，只能将每一个泛化关系的层次展开为一组类及对象，之后再使用命名惯例将它们组合在一起。

6. 改进性能

提高执行效率是系统设计的目标之一。为了提高效率有时必须改变问题域的结构。

(1) 如果类之间经常需要传送大量消息，那么可合并相关的类，使通信成为对象内，而非对象间的通信；或者使用全局数据作用域，打破封装的原则，以减少消息传递引起的速度损失。

(2) 在原来的类中增加某些属性，或增加低层的类，以保存暂时结果，避免每次都要重复计算造成速度损失。

7. 存储对象

通常的做法是，每个对象将自己传送给数据管理部分，让数据管理部分来存储对象本身。

8.2.3 人机交互部分的设计

用户界面(即人机交互界面)是人机交互的主要方式，用户界面的质量直接影响用户对软件的使用，甚至会严重影响用户的情绪和工作效率，也直接影响用户对软件产品的评价，从而影响软件产品的竞争力和寿命。在设计阶段必须根据需求把交互细节加入用户界面设计中，包括人机交互所必需的实际显示和输入。

人机交互界面是给用户使用的，为了设计好人机交互界面，设计者需要了解用户界面应具有的特性，除此之外，还应该认真研究使用软件的用户，包括用户是什么人？用户怎样学习与新的计算机系统进行交互？用户需要完成哪些工作？

1. 用户界面应具备的特性

良好的人机交互界面应该具备较好的可使用性、灵活性和可靠性。

(1) 可使用性。用户界面的可使用性是用户界面设计最重要的目标。它包括使用简单，界面一致，拥有帮助功能、快速的系统响应和低的系统成本，具有容错能力等。

(2) 灵活性。考虑到用户的特点、能力、知识水平，用户界面应能满足不同用户的要求。因此，应为不同的用户提供不同的界面形式，但不同的界面形式不应影响任务的完成。

(3) 可靠性。用户界面的可靠性是指无故障使用的时间长短。用户界面应能保证用户正确、可靠地使用系统，保证有关程序和数据的安全性。

2. 用户分类和描述

为了搞清楚使用系统的主体，必须了解用户，获得每类用户的各项信息，包括用户的类型，使用系统欲达到的目的，特征(如年龄、性格、受教育程度、限制因素等)，关键的成功因素(如需求、爱好、习惯等)，技能水平，完成本职工作的场景。为了了解用户工作的场景，需要通过参观和访谈，搞清用户是怎样工作的，然后用数据流图或UML的用例图/活动图等描述用户任务的网络，这是建立人机交互界面的基础。

通常，用户可以分为4种类型。

(1) 外行型。以前从未使用过计算机系统的用户。他们不熟悉计算机的操作，对系统很少或者毫无认识。

(2) 初学型。尽管对新的系统不熟悉，但对计算机还有一些经验的用户。由于他们对系统的认识不足或者经验很少，因此需要相当多的支持。

(3) 熟练型。对一个系统有相当多的经验，能够熟练操作的用户。经常使用系统的用户随着时间的推移逐渐变得熟练。他们需要比初学者更少支持的、更直接迅速进入运行的、更经济的界面。但是，熟练型的用户不了解系统的内部结构，因此，不能纠正意外的错误，不能扩充系统的能力，但擅长操作一个或多个任务。

(4) 专家型。与熟练型用户相比，这一类用户了解系统内部的构造，有关于系统工作机制的专业知识，具有维护和修改基本系统的能力。可以为专家型提供能够修改和扩充系统能力的复杂界面。

以上的分类可以为分析提供依据。但是，用户的类型并不是一成不变的。在一个用户群体中，可能存在熟练型用户和初学者用户共存的情况。而且各人的情况也会随时间而发生变化，初学者可以成为熟练型用户，而专家型用户可能会因工作变动，几个月不使用系统，因而忘掉了原来的知识，退化成为初学型。因此，要动态地看待所有分类。

3. 设计命令层次

现在，Windows已经成为微机上图形用户界面事实上的工业标准。设计图形用户界面时，应该保持与普通Windows应用程序界面一致，并遵守广大用户习惯的约定，这样才会被用户接受和喜爱。

所谓命令层次，实质上是用过程抽象机制组织起来的、可供选用的服务的表示形式。设计命令层次时，通常先从对服务的过程抽象着手，然后再进一步修改它们，以适合具体应用环境的需要。

为进一步修改、完善初始的命令层次，应该考虑下列一些因素。

- 次序。仔细选择每个服务的名字，并在命令层的每部分内为服务排好次序。排序时要么把最常用的服务放在最前面，要么按照用户习惯的工作步骤排序。
- 整体-部分关系。寻找在这些服务中存在的整体-部分模式，这样做有助于在命令层中分组组织服务。
- 宽度和深度。人的短期记忆能力有限，命令层次的宽度和深度都不应该过大。
- 操作步骤。应该用尽量少的单击、拖动和按键组合来表达命令，而且应该为高级用户提供简捷的操作方法。

4. 设计详细的交互

人机交互设计的若干准则如下。

(1) 一致性。采用一致的术语、一致的步骤和一致的活动。

(2) 操作步骤少。使按键或单击鼠标的次数减到最少，甚至要减少做某些事所需的下拉菜单的距离。

(3) 及时提供反馈信息。每当用户要等待系统完成一个动作时,系统都应该向用户提供有意义的、及时的反馈信息,说明工作正在进展及取得了多少进展。

(4) 提供撤销命令。人在与系统交互的过程中难免会犯错误,因此,应该提供"撤销(undo)"命令,以便用户及时撤销错误动作,消除错误动作造成的后果。

(5) 共享剪贴板,减少人脑的记忆负担。不应该要求用户从一个窗口中记住某些信息,然后在另一个窗口中使用。这应该是软件系统的责任而非用户的任务。

(6) 易学。人机交互界面应该易学易用,不要期望用户阅读很厚的文档资料。为高级特性提供联机帮助,以便用户在需要时可随时参阅。

(7) 富有吸引力。人机交互界面不仅应该方便、高效,还应该使用户在使用时感到愉悦,能够从中获得乐趣,从而吸引人们使用。

5. 构造人机交互界面原型

每个组织和用户都有其文化背景,可能不仅仅意味着语言、传统和习惯。由于所建立的系统面对的是用户,因此其界面必须与用户的文化背景相一致。一种适应用户文化背景的有效方法是"可视化表示",即建立可供演示的人机交互界面的原型,目的是让系统的人机交互界面适应用户。这样的用户界面学习和掌握起来非常简单和容易。

6. 设计人机交互的类

窗口需要进一步细化,通常包括类窗口、条件窗口、检查窗口、文档窗口、画图窗口、过滤器窗口、模型控制窗口、运行策略窗口、模板窗口等。

设计人机交互的类,应首先从组织窗口和部件的用户界面的设计开始。每个类都包括窗口的菜单条、下拉菜单、弹出菜单的定义,还要定义用于创建菜单、高亮选择项、引用相应响应的操作。每个类负责窗口的实际显示,所有有关物理对话的处理都封装在类的内部。必要时,还要增加在窗口中画图形/图符的类、在窗口中选择项目的类、字体控制类、支持剪切和粘贴的类等。与机器有关的操作实现应隐蔽在这些类中。

人机交互类与所使用的操作系统及编程语言密切相关。例如,在Windows环境下运行的Visual C++语言提供了MFC类库,设计人机交互类时,往往仅需从MFC类库中选出一些适用的类,然后从这些类派生出符合自己需要的类就可以了。

8.2.4 任务管理部分的设计

任务是进程的别称,是执行一系列活动的一段程序。当系统中有许多并发行为时,需要依照各个行为的协调和通信关系,划分各种任务,以简化并发行为的设计和编码。

任务管理主要包括任务的选择和调整。常见的任务有事件驱动型任务、时钟驱动型任务、优先任务、关键任务和协调任务等。设计任务管理子系统时,需要确定各类任务,并将任务分配给适当的硬件或软件执行。

1. 识别事件驱动任务

有些任务是事件驱动的,这些任务可能负责与设备、其他处理机或其他系统通信。这类任务可以设计成由一个事件来触发，该事件常常针对一些数据的到达发出信号。数据可能来自数据行或者另一个任务写入的数据缓冲区。

当系统运行时，这类任务的工作过程如下：任务处于睡眠状态，等待来自数据行或其他数据源的中断；一旦接收到中断，该任务就被唤醒，接收数据并将数据放入内存缓冲区或其他目的地，通知需要知道这件事的对象，然后回到睡眠状态。

2. 识别时钟驱动任务

某些人机界面、子系统、任务、处理机或其他系统可能需要周期性的通信。这种以固定的时间间隔激发，执行某些处理的事件就是识别时钟驱动任务。

当系统运行时，这类任务的工作过程如下：任务在设置了唤醒时间后进入睡眠状态，等待来自系统的一个时钟中断，一旦接收到这种中断，任务就被唤醒，并做自己的工作，通知有关的对象，然后回到睡眠状态。

3. 识别优先任务

根据处理的优先级别来安排各个任务。优先任务可以满足高优先级或低优先级的处理需求。

- 高优先级。某些服务具有很高的优先级，为了在严格限定的时间内完成这种服务，可能需要把这类服务分离成独立的任务。
- 低优先级。与高优先级相反，有些服务是低优先级的，属于低优先级处理(通常称为后台处理)。设计时可能要用额外的任务把这样的处理分离出来。

4. 识别关键任务

识别关键任务是有关系统成败的关键处理，这类处理通常都有严格的可靠性要求。在设计过程中，可能使用额外的任务把关键处理分离出来，以满足高可靠性处理的要求。对高可靠性处理应该精心设计和编码，并且应该严格测试。

5. 识别协调任务

当有 3 个或更多的任务时，可考虑另外增加一个任务，这个任务起协调者的作用，将不同任务之间的协调控制封装在协调任务中。可以用状态转换矩阵来描述协调任务的行为。

6. 审查每个任务

要使任务数保持到最少。要对每个任务进行审查，确保它能满足一个或多个选择任务(如事件驱动、时钟驱动、优先任务/关键任务或协调任务)的工程标准。

7. 定义每个任务

首先要为任务命名，并对任务做简要描述，即为面向对象设计部分的每个服务增加一个新的约束(任务名)。如果一个服务被分裂，交叉在多个任务中，则要修改服务名及其描述，使每个服务能映射到一个任务。

然后定义各个任务如何协调工作，指明它是事件驱动的，还是时钟驱动的。对事件驱动的任务，描述触发该任务的事件；对时钟驱动的任务，描述在触发之前所经过的时间间隔，同时指出它是一次性的，还是重复的时间间隔。

最后定义每个任务如何通信，任务从哪里读取数据及往哪里传送数据。

8.2.5 数据管理部分的设计

数据管理子系统是软件系统中的重要组成部分，在设计阶段必须对要存储的数据及其结构进行设计。目前，大多数设计者都会采用成熟的关系数据库管理系统(DBMS)来存储和管理数据，这是因为关系数据库已经相当成熟。如果在应用开发中选择关系数据库，那么在数据存储和管理方面就可以省去很大的开发工作量。虽然如此，在少数情况下，选择文件保存方式仍有其优越性。

1. 文件设计

文件设计的主要工作就是根据使用要求、处理方式、存储的信息量、数据的活动性，以及所能提供的设备条件等，来确定文件类别，选择文件媒体，决定文件组织方法，设计文件记录格式，并估算文件的容量。

以下几种情况适合选择文件存储。

- 数据量较大的非结构化数据，如多媒体信息；
- 数据量大，信息松散，如历史记录、档案文件等；
- 非关系层次化数据，如系统配置文件；
- 对数据的存取速度要求极高的情况；
- 临时存放的数据。

一般根据文件的特性，来确定文件的组织方式。

(1) 顺序文件。这类文件分两种。一种是连续文件，即文件的全部记录顺序地存放在外存的一片连续的区域中。这种文件组织的优点是存取速度快，处理简单，存储利用率高，缺点是要事先定义该区域的大小，且不能扩充。另一种是串联文件，即文件记录成块地存放于外存中，记录在每一块中顺序地连续存放，但块与块之间可以不邻接，通过一个块链指针顺序地链接起来。这种文件组织的优点是文件可以按需要扩充，存储利用率高，缺点是影响了存取和修改的效率。顺序文件记录的逻辑顺序与物理顺序相同，适用于所有的文件存储媒体。通常，顺序文件组织最适合于顺序(批)处理，处理速度很快，但记录的插入和删除很不方便。因此，在磁带上、打印机上、只读光盘上的文件都采用顺序文件形式。

(2) 直接存取文件。直接存取文件记录的逻辑顺序与物理顺序不一定相同，但记录的键值直接指定了该记录的地址。可根据记录的键值，通过一个哈希函数的计算，直接映射到记录的存放地址。

(3) 索引顺序文件。文件中的基本数据记录按顺序文件组织，记录排列顺序必须按键值升序或降序安排，且具有索引部分，也按同一键进行索引。在查找记录时，可先在索引中按该记录的键值查找有关的索引项，待找到后，再从该索引项读取记录的存储地址，最后按该地址检索记录。

(4) 分区文件。这类文件主要用于存放程序。它由若干称为成员的、顺序组织的记录组和索引组成。每一个成员就是一个程序。因为各个程序的长度不同，所以各个成员的大小也不同，需要利用索引给出各个成员的程序名、开始存放位置和长度。只要给出一个程序名，就可以在索引中查找到该程序的存放地址和程序的长度，从而取出程序。

（5）虚拟存储文件。这是基于操作系统的请求页式存储管理功能而建立的索引顺序文件。它的建立可支持用户统一处理整个内存和外存空间，从而方便了使用。

此外，还有适用于候选属性查找的倒排文件等。

2. 数据库设计

根据数据库的组织，可以将数据库分为网状数据库、层次数据库、关系数据库、面向对象数据库、文档数据库、多维数据库等。在这些类型的数据库中，关系数据库最成熟，应用也最广泛。一般情况下，大多数设计者都会选择关系数据库，但也需要知道关系数据库不是万能的，重要的是根据实际应用的需要选择合适的数据库。

由于面向对象设计和关系数据库应用广泛，因此如何将面向对象的设计映射到关系数据库也就成了一个核心问题。

在传统的结构化设计方法中，很容易将实体-联系图映射到关系数据库中。而在面向对象设计中，可以将 UML 类图看作是数据库的概念模型，但在 UML 类图中除了类之间的关联关系外，还有继承关系。

类及其关系的映射可以按下面的规则进行。

（1）类的映射。

一个普通的类可以映射为一个表或多个表，当分解为多个表时，可以采用竖切和横切的方法。竖切常用于实例较少而属性很多的对象，一般是现实中的事物。将不同分类的属性映射成不同的表时，通常将经常使用的属性放在主表中，而将其他一些次要的属性放到其他表中。横切常用于记录与时间相关的对象，如成绩记录、运行记录等。由于一段时间后，这些对象很少被查看，因此往往在主表中只记录最近的对象，而将以前的记录转到对应的历史表中。

（2）关联关系的映射。

① 一对一关联的映射。可以在一对一关联的两个表中都引入外键，这样两个表之间就可以进行双向导航。也可以根据具体情况，将类组合成一张单独的表。

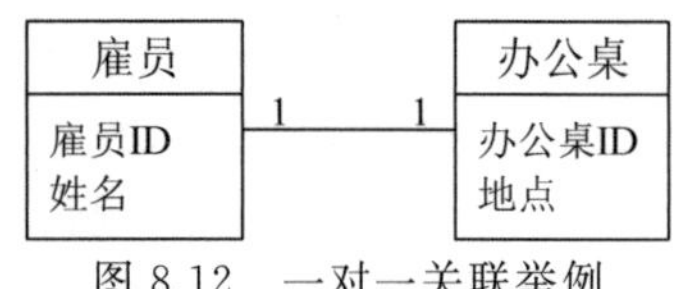

图 8.12　一对一关联举例

例如，在如图 8.12 所示的关联中，一位雇员对应一张办公桌。可以将此关系映射成两张表——雇员表和办公桌表，分别引入另一个表的主键作为自身的外键，以实现两者之间的双向关联，如表 8.3 所示。

表 8.3　一对一关联映射为两张表

雇员表		办公桌表	
属性名	标记	属性名	标记
雇员 ID	主键	办公桌 ID	主键
姓名	—	地点	—
办公桌 ID	外键	雇员 ID	外键

或者将雇员和办公桌的属性都放到一起，映射成一张单独的表，如表 8.4 所示。

② 一对多关联的映射。可以将关联中的“一”端毫无变化地映射到一张表，将关联中表

示“多”端上的类映射到带有外键的另一张表，使外键满足关系引用的完整性。

例如，一家公司拥有多个人员，关联如图8.13所示。映射得到的表如表8.5所示，公司的属性直接映射成公司表，人员表中除了人员的属性外，还增加外键“公司ID”以关联到公司表。

表8.4 一对一关联映射为一张表

属性名	标记
雇员ID	主键
姓名	—
办公桌ID	—
地点	—

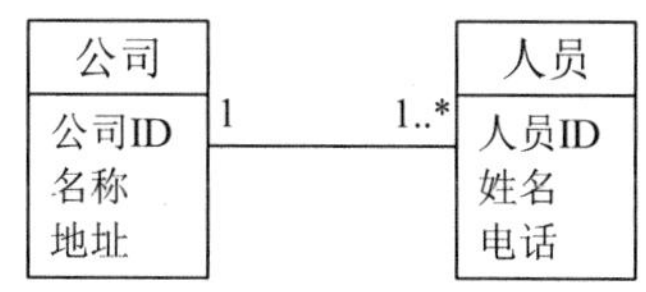

图8.13 一对多关联举例

表8.5 一对多关联映射为两张表

公司表		人员表	
属性名	标记	属性名	标记
公司ID	主键	人员ID	主键
名称	—	姓名	—
地址	—	电话	—
		公司ID	外键

③ 多对多关联的映射。由于记录的一个外键最多只能引用另一条记录的一个主键值，因此关系数据库模型不能在表之间直接维护一个多对多联系。为了表示多对多关联，关系模型必须引入一个关联表，将两个类之间的多对多关联转换成两个一对多关联，然后再按一对多的方式进行处理。

例如，供货商和客户之间是多对多的关联关系，如图8.14所示。在此可引入一个类“供需合同”，将多对多的关联转换成两个一对多关联，如图8.15所示。

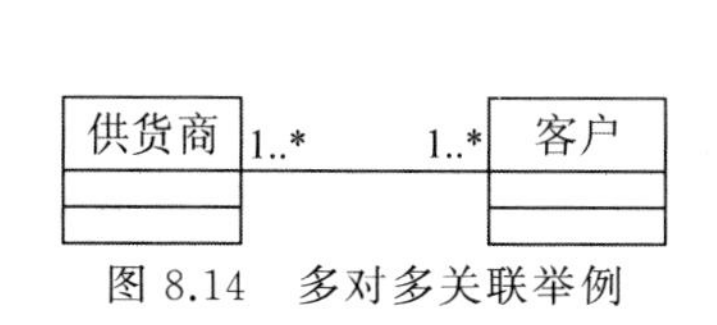

图8.14 多对多关联举例

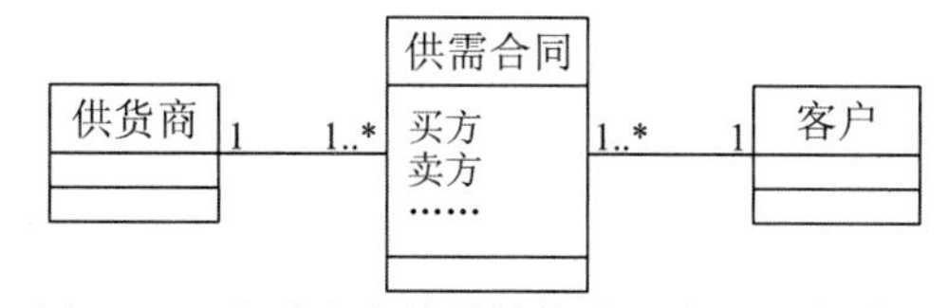

图8.15 多对多的关联转换成两个一对多关联

(3) 继承关系的映射。

通常可以使用两种方法来映射继承关系。例如，在如图8.16所示的继承关系中，设备可具体分为水泵和热交换器，分别有各自不同的属性。

① 映射为$1+n$张表。将基类映射到一张表，每个子类映射到一张表，n表示子类的个数。在基类对应的表中定义主键，而在子类定义的表中定义外键，如表8.6所示。

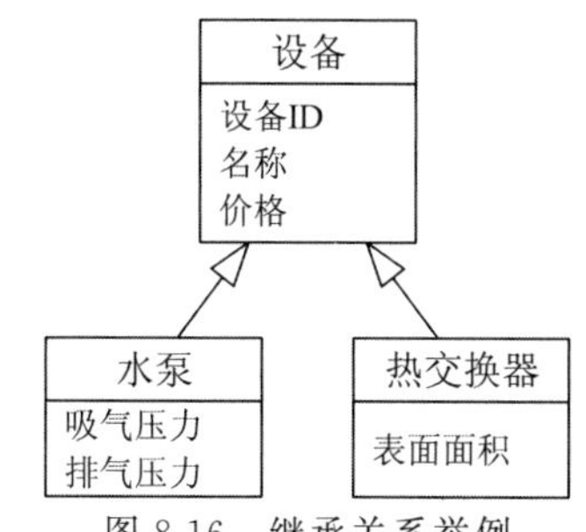

图8.16 继承关系举例

表 8.6　继承关系映射为 $1+n$ 张表

设备表		水泵表		热交换器表	
属性名	标记	属性名	标记	属性名	标记
设备 ID	主键	设备 ID	外键	设备 ID	外键
名称	—	吸气压力	—	表面面积	—
价格	—	排气压力	—		

② 映射为 n 张表。将每个子类映射到一张表，不使用基类表。在每个子类的表中包括基类的所有属性。这种方法适用于子类的个数不多、基类属性比较少的情况，如表 8.7 所示。

表 8.7　继承关系映射为 n 张表

水泵表		热交换器表	
属性名	标记	属性名	标记
设备 ID	主键	设备 ID	主键
名称	—	名称	—
价格	—	价格	—
吸气压力	—	表面面积	—
排气压力	—		

8.3 对象设计

对象设计以问题域的对象设计为核心，其结果是一个详细的对象模型。经过多次反复的分析和概要设计之后，设计者通常会发现有些内容没有考虑到。这些没有考虑到的内容，会在对象设计的过程中被发现。这个设计过程包括标识新的解决方案对象、调整购买到的商业化构件、对每一个子系统接口的精确说明和类的详细说明。

8.3.1 设计类

设计类是设计模型的基本构造块，是指已经完成了详细的规格说明，从而能够被直接实现的类。与分析类来源于问题域、描述待解决问题的需求相比，设计类则来自两个方面。

(1) 问题域。通过对分析类的精化而得到的设计类。精化的过程包括添加实现的细节，或将高层次的分析类分解成多个设计类。

(2) 解域。来自实现环境，提供了能够实现系统的技术工具，如 Java 类库、第三方通用控件库、框架库等。

一个设计类的规格说明应至少包括完整的属性集合和操作集合。属性的定义包括详细说明的名称、类型、可见性、一些默认值等内容，而操作的定义则应包括操作的完整签名，即操作的名称、参数名称、参数类型、参数默认值、返回类型等内容。此外，针对类的关系、操作的实现及类对象内部状态的变化也需要进行进一步说明。这些就是类设计的工作。

此外,定义设计类时,还需要从设计质量的角度评价设计类是否合适,并注意一些设计原则和模式(如封装、高内聚、低耦合、单一职责原则等)的应用。

8.3.2 创建设计类

设计类来自分析类。因此在创建设计类时,首先应充分考虑分析类的构造型,针对边界、实体、控制这3个不同的类分别进行考虑,再引入可用的架构机制、设计模式等设计概念以得到初始的设计类。

1. 边界类的设计策略

在分析模型中,边界类分为用户界面和系统接口。其中,系统接口在架构设计时一般被定义为子系统和接口来实现,并通过子系统设计来完成其内部设计流程。因此,此处主要考虑用户界面类的设计策略。

在分析阶段,通过为每对参与者和用例定义一个边界类的方法,来找到最低限度的边界类。而在设计期间,需要研究与用户交互的具体场景,设计满足要求的最终用户界面。界面类的设计往往依赖项目可用的用户界面开发工具。目前,大多数界面设计工具都提供了自动创建实现用户界面所必需的支持类的能力,这样便无须考虑过多类设计问题,而应该更多地从界面元素的布局等人机工程学方面考虑问题。

用例设计期间构建的交互模型为界面设计提供了基本的输入,参与者对界面类的操作对应具体的界面元素操作,每一次交互都应当有相应的界面元素或独立的表单来进行响应。除了界面自身布局的设计外,还需要考虑不同界面切换的设计方案。由于设计界面的细化,界面数量会变得很多,因此界面之间如何实现有效切换和数据共享也是用户界面设计必须要考虑的问题。

2. 实体类的设计策略

由于实体类本身职责明确,因此大多数实体类都可以直接作为初始的设计类存在。不过由于实体类往往具有持久性架构机制,因此该架构机制的应用及数据库的一些设计原则也会影响实体类的设计方案。此外,性能方面的要求也可能导致对实体类进行重构。

例如,某实体类包括多个不同的属性,可分为3类,即自身私有属性、经常使用的外部属性和很少使用的外部属性。在设计期间,从数据访问的性能和使用频率等方面考虑,可将这3类不同性质的属性划分到3个不同的类中。外部用户可以通过原有的类获得所需的多个属性,但实际存储时又分别定义了两个辅助类来分别维护常用属性和不常用属性。

3. 控制类的设计策略

分析阶段将大多数业务逻辑规则和流程控制等职责都分配给控制类,这样的控制类必然存在高耦合、低内聚、职责分散(即违背单一职责原则)等多方面的设计问题。为此,控制类的设计是整个设计类定义的难点,既要保证满足用例实现的要求,又要有效地提高设计类的质量。

控制类的设计首先需要明确该控制类是否有必要存在,有些控制类只是简单地将边界类的消息转发给实体类，这种不含任何业务逻辑或处理流程的控制类就没有存在的必要。反之，当出现下列情况时，控制类就可能作为真正的设计类而存在。

- 封装非常重要的控制流行为，需要进行合理的流程控制；
- 封装的行为很可能变化，需要应对这些变化；
- 必须跨越多个进程或处理器进行分布式访问和处理；
- 封装的行为需要一些事务处理等其他应用逻辑。

当决定保留现有的控制类实现用例行为时，需要结合当前的用例实现和设计质量方面的考虑，针对现有的控制类进行适当处理。通常，可以从以下两个方面改进控制类。

(1) 提供公共控制类。

当多个用例中存在相同或相似活动的控制类时，将这些控制活动整合起来，形成公共的控制类，实现对控制行为的复用。例如，将在持久性架构机制中针对数据库访问行为定义的 DBClass 控制类的有关数据访问的行为抽取出来，形成一组独立的数据库访问控制类。

(2) 分解复杂的控制类。

当用例的控制流程过于复杂(如包含多个不同的子流或备选流或者涉及不同的架构机制等)时，可以针对这些子流、备选流或架构机制分别设计不同的控制类，从而保持每个控制类的内聚度。

4. 定义操作

在确定初始的设计类后，就需要对这些设计类的细节进行逐一描述。结合用例设计和子系统设计的成果，就可以对设计类的操作和属性进行详细定义。

设计类的操作主要来自用例设计。在交互图中，发送到设计类的消息对应设计类的操作。事实上，每次消息调用都是操作的一个实例，通过传递不同的参数值，获得需要的结果。为了定义设计类的操作，需要检查该设计类所参与的所有用例实现，根据其在交互图中所接收到的消息定义相应的操作。

除了通过交互图的消息定义操作外，可能还需要从类自身的业务或实现需求的角度去完善和补充对应的操作。自身实现方面的操作可能包括构造、析构的操作；类复制的需要(如判断类对象是否相等、创建对象副本等)及其他操作机制的需要(如垃圾收集、测试等方面)。随着设计的深入，这些操作将被不断地补充和完善，甚至在实现期间还可能根据需要进行适当的调整。此外，类可能还存在一些内部的私有操作，这些操作可以在设计期间定义，也可以在实现期间补充完善。

5. 定义方法

操作描述了类对外提供的接口，是类的外在行为。通过定义操作可明确参数和返回值等接口细节，通过交互图可获得某些操作内部的关键交互，而定义方法则是对操作内部的实现算法的设计过程。

方法是操作的具体实现算法，描述了操作实现的流程。大多数情况下，操作所要求的行为都可以通过操作名、描述、参数和相关的交互图进行充分描述，其方法可以由编码人员直接实现。但是涉及特殊算法或涉及更多信息(如对象状态)才能实现的操作则需要对其方法进行建模。

方法建模不仅需要关注操作本身，还需要充分考虑到类的属性、关系在方法实现过程中的应用情况。可以采用文字描述、脚本等方式来定义方法细节，也可以采用UML活动图来建模算法的实现流程（其用法类似结构化方法中的流程图）。

除了算法和流程外，方法的实现还受另一个因素——“对象的状态”的影响。当对象处在不同的状态时，其方法实现可能会有所不同。针对状态受控的对象，为了充分保证其方法实现的正确性，还需要对该对象的状态细节进行建模，以分析对象内部状态变化及相关事件的发生情况。

6. 定义属性

在分析阶段，从业务领域入手为分析类描述了其必备的属性，这些属性会随着分析类一起转变成相应设计类的属性。同时，还需要结合实现语言对这些属性进行更加完善的定义。这些定义包括符合实现规范的属性名称、类型、默认值、可见性等细节。此外，随着设计过程的深入，从类的方法、状态等各方面都可能发现一些新的属性，以及与实现相关的一些私有属性；这些新的属性也会被不断地完善到类模型中，并在动态模型中被引用。

8.3.3 设计类间的关系

1. 细化关联关系

一个完整的关联关系应该具有名称、端点名、多重性、导航符号等细节信息。这些信息在分析阶段已从业务的角度进行了部分定义，设计阶段需要结合实现的要求做进一步描述，同时还需要添加更多的细节，以便直接用于实现。

（1）导航性的设计。

导航性是指关联的方向，描述了从源类的任何对象到目标类的一个或多个对象的访问权限，消息仅能沿着箭头的方向传递。在分析阶段，若没有描述导航性则默认为双向导航。而在设计阶段，则应根据需要设计单方向的导航性。面向对象设计的目标是最小化类间的耦合，而使用单方向的导航性可以降低耦合，在没有导航性的方向上就没有类间的耦合，实现时也不需要额外的支持。此外，双方向关联难以实现，需要花费额外的维护成本。这些因素都表明，在设计期间应尽可能采用单方向的关联。当然，单方向的导航性并不意味着从关联的另一端永远无法访问到此端的对象，而是可以通过其他关联间接访问目标对象。

（2）关联类的设计。

在分析阶段，针对关联本身的属性引入了关联类描述。然而，由于目前大多数编程语言并没有提供关联类的实现机制，因此，在设计期间需要把关联类转换成普通的设计类。其设计方法非常简单，将关联类作为独立的设计类存在，并将原来两个类之间的关系转换成它们分别与关联类之间的关系。

在进行关联类的设计时，还需要注意多重性的变化，原来两个类之间的多重性，也要转换成它们分别与关联类之间的多重性。

（3）多重性的设计。

如果在分析阶段定义了类之间的多重性，那么在设计阶段就需要考虑多重性对实现的影响。针对不同的多重性会有以下不同的考虑。

- 多重性为“1”，应在实现中保证所链接的对象一定存在。
- 多重性为“0..1”或“0.. *”，则需要考虑所链接的对象有不存在的情况，此时应添加判断链接的对象是否存在的操作。
- 多重性为“ * ”，如果多的一端存在导航性，则在实现时需要准备容器类来存储链接对象的引用(没有导航性的不需要实现)。如果关联两端的多重性都为“ * ”，并且有双向的导航，则可以考虑将这个双向多对多的关系转换成两个单向的一对多关系来分别处理。

(4) 约束规则。

通过关联的基本特征和高级特征可以满足大多数关系的建模。然而，在有些情况下还需要进一步描述细微的差别，UML定义了多种可用于关联关系的约束规则。

- 有序{ordered}约束表示关联一端的对象集(多重性大于1)是有明确的先后顺序的；
- 集合{set}约束表明对象唯一，不可重复；
- 袋{bag}约束表示对象不唯一，可以重复；
- 有序集合{ordered set}约束表示该集合中的元素具有先后顺序；
- 列表{list}或序列{sequence}约束表示对象有序但可以重复；
- 只读{readonly}约束限制关联实例不可以被修改或删除。

2. 使用聚合和组合关系

在分析阶段，可以将那些存在整体和部分含义的关联关系描述为聚合关系。在设计时，同样可以做类似的工作，而且还可以进一步考查整体和部分的含义，将那些具有很强归属关系和一致生命周期的整体和部分关系表示为组合关系。

组合(Composition)关系是一种特殊的聚合关系，在整体拥有部分的同时，部分不能脱离整体而存在；当整体不存在时，部分也没有存在的意义。从实现的角度来说，聚合表示一种引用(by Reference)关联，即整体保存部分的引用，部分本身可以相对独立地存在；而组合则表示一种值(by Value)关联，整体直接拥有部分的值，并负责部分的创建和删除。

组合是一种通过值关联实现的强聚合关系，虽然Java等语言中已经不支持值对象类型，但是在设计中，如果强调部分不能脱离整体而独立存在，则应定义为组合关系。

3. 引入依赖关系

关联定义了类之间的一种结构化关系，类对象之间通过关联的实例(即对象间的链接)来完成对象间的交互(即消息传递)。除了关联外，类对象之间还存在一种短暂的、非结构的使用关系——依赖关系。

依赖(Dependency)是一种使用关系，表示一个类对象使用另外一个类对象的信息和服务，被使用对象的变化可能会影响使用对象。它是类之间耦合度最低的一种关系，通过带箭头的虚线来表示，箭头表明了依赖的方向。

可以通过对象间的引用类型有效地区分关联关系和依赖关系。对象之间为了进行消息传递，源对象A需要通过某种途径获得对目标对象B的引用，有以下4种方式来获取对B对象的引用。

(1) 属性引用。B对象作为A对象的某个属性。这样,A对象可以随时通过这个引用属性向B对象发送消息。这个引用属性就是对象间的链接,而类A就有到类B的关联关系(导航性也是由A到B)。

(2) 参数引用。B对象作为A对象某个操作的参数。这样,在A的这个特定操作中就可以向作为参数的B对象发送消息,而在A的其他操作中不可以使用B。这种A和B之间短暂的、临时性关系即表示为类之间的依赖关系。

(3) 局部声明引用。B对象作为A对象某个操作内部临时构造的对象。A对象可以在这个操作内部作用域中使用临时创建的B对象,并向其发送消息;当B的作用域结束后,A对象就不可以访问它。这也是一种临时性的关系,也表示为依赖关系。

(4) 全局引用。B对象是一个全局对象,任何其他对象都可以直接向B对象发送消息。因此对于全局对象来说,可以理解为系统中任何其他对象都有到该全局对象的依赖关系。简单起见,只需要把B对象标识为全局对象即可,并不需要添加其他类对象到B对象的依赖关系。

通过对象间的语义联系和交互图中的消息,可以发现关联关系。而依赖关系不同,更多地需要从底层的实现细节(包括操作的签名和操作内部的实现)中定义,因此相对来说,更难以发现依赖关系。然而,由于依赖关系也反映了类之间的耦合,因此在有可能的情况下仍需要描述类之间存在的依赖。对于设计者来说,交互图也提供了发现依赖关系的思路:参数引用带来的依赖需要通过关注交互图中的消息参数来发现;而局部声明引用需要关注那些通过创建消息创建的对象来发现,如果这些对象只在当前执行发生中使用(即只在当前操作的作用域中使用),则可以表示为依赖。

依赖的语义较弱,为了区分不同类型的依赖,可以通过引入构造型来细化不同类型的依赖关系。典型的依赖构造型有以下几个。

(1) 绑定(<<bind>>):用给定的实际参数实例化目标模板。在对模板类建模时,通过绑定关系表明模板容器类和该类的实例之间的关系。

(2) 导出依赖(<<derive>>):可以从源(被依赖)事物导出目标(依赖)事物。

(3) 友元(<<friend>>):表明源事物允许目标事物访问其私有成员。

(4) 实例(<<instanceOf>>)和实例化(<<instantiate>>):两个语义相对的依赖,描述了对象实例和类之间的依赖关系,即对象为类的实例,而类实例化为对象。

(5) 精化(<<refinement>>):表明源事物是对目标事物进一步细化的产物。如设计类是对相应分析类的精化。

(6) 使用(<<use>>):表明源事物的语义依赖于(使用)目标事物的公共部分语义。这是一种最普通的依赖关系,可以用来区分上述特定的依赖关系。

除了类之间常用的这些依赖关系构造型外,还有用例之间的包含和扩展依赖,包之间的合并、导入依赖关系等构造型。在建模过程中,合理地使用这些构造型可以更精确地描述目标模型。

4. 设计泛化关系

分析阶段的泛化关系主要来自对域对象之间亲子关系的描述。在设计时,通过使用泛化关系可以实现对代码的复用和对多态的支持。然而,由于泛化关系自身存在缺点,因此需要在充分考虑设计质量和设计原则(如 Liskov 替换原则)的基础上合理地使用泛化。泛化关系的缺点主要包括以下几个方面。

- 类间最可能耦合的形式。子类会继承父类的所有的属性、方法和关系。
- 类层次中的封装是脆弱的。父类的改动会直接波及下层的所有子类。
- 在大多数语言中,继承不能轻易改变。这种泛化关系是在编译时确定的,运行时是固定的,不能改变。

(1) 使用泛化关系。

泛化关系虽然可以实现对代码的复用,但对于设计者来说,不应该为了这个目的构造不必要的泛化。因为在面向对象的技术中,有很多方式都支持代码的复用。泛化关系的设计应严格遵循"is a"的设计理念,并充分考虑 Liskov 替换原则。

根据"is a"的设计理念,针对窗口、滚动条与带滚动条的窗口之间的关系,图 8.17 给出了两种设计方案。

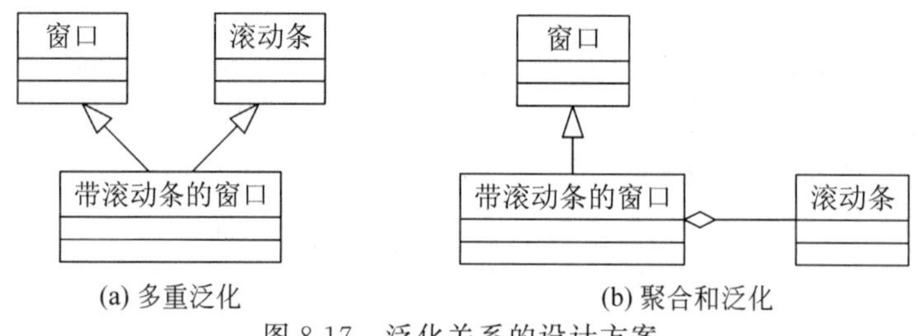

图 8.17 泛化关系的设计方案

图 8.17(a)中的方案采用多重继承,即带滚动条的窗口同时具有窗口和滚动条的属性和行为,从实现上来说,这是可行的。然而,从业务上来说,带滚动条的窗口是"is a"窗口不是滚动条,而应该是"has a"滚动条(或者说滚动条是带滚动条的窗口的组成部分)。因此,前面的"is a"的关系应该采用泛化,但后面的"has a"关系则应该采用聚合关系,其设计方案如图 8.17(b)所示。显然,右边的设计方案更合理,更能体现业务本质。

(2) 变形。

变形(metamorphosis)是指事物在结构或行为上发生很大的变化。这意味着一个对象会从某个类对象转换为另一个类对象,而目前的高级语言大多数是强类型语言,实现这种变形非常麻烦。为了适应变形的过程,需要设计一个合理的类层次结构来解决这个问题。

例如,大学里有全日制学生和非全日制学生两种情况。其中,全日制学生有可预期的毕业时间,但非全日制学生没有;非全日制学生有最大选课数量的限制,全日制学生没有。针对该场景建模时,可将学生的基本信息抽象为学生类,通过派生两个不同的子类处理这两类学生。此处采用泛化关系可以很方便地处理这两类学生不同的业务需求,如图 8.18 所示。

当这个模型发生变形情况时,处理起来就比较麻烦。当一名全日制学生转为非全日制学生后,需要删除原来的全日制学生对象,再重新构造一个新的非全日制学生对象。虽然只是部分信息发生变化,但在变形过程中所有的内容都需要重新构造。

为了简化变形的实现过程,需要分离变形过程中那些发生变化的部分,将可能的变化点分离出来,形成单独的继承层次结构;再将这些分离的变化点作为"部分"聚合到"整体"中。

这也符合优先使用聚合的策略。图 8.19 给出了更合理的处理变形的方案：针对变化点定义相应的抽象类(分类)或接口，而各种变形则为相应的子类。这种设计既保留了针对变化点的多态处理能力，又极大地降低了变形所产生的成本。

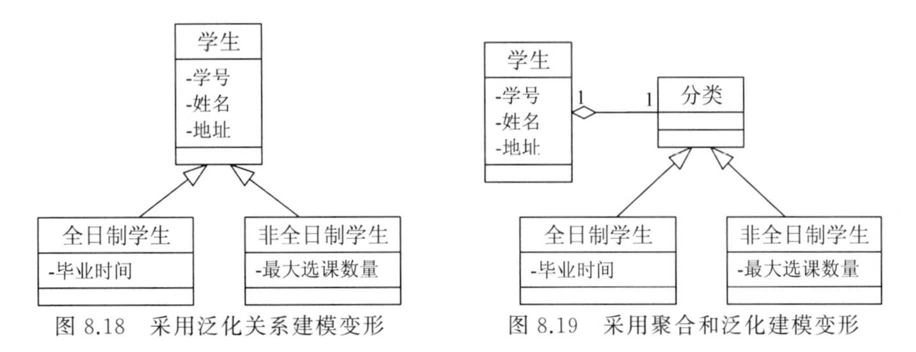

图 8.18 采用泛化关系建模变形

图 8.19 采用聚合和泛化建模变形

8.4 校园招聘服务系统面向对象设计

本节以校园招聘服务系统为例，介绍该系统的面向对象设计的过程。面向对象的设计可以分为两个层次的设计，即高层的架构设计和底层的各构件设计。

8.4.1 架构设计

在软件体系架构设计中，分层式结构是最常见，也是最重要的一种结构，目的是体现"高内聚，低耦合"的思想。微软推荐的分层式结构一般分为 3 层，从上至下分别为表现层(UI)、业务逻辑层(BLL)和数据访问层(DAL)。表现层是展现给用户的界面，即用户在使用一个系统时的所见所得；业务逻辑层是对数据层的操作，对数据业务的逻辑处理；数据访问层直接操作数据库，对数据进行增、删、改、查操作。

校园招聘服务系统基于 3 层架构思想，创建系统逻辑架构，通过包图来绘制系统逻辑架构，如图 8.20 所示。

用户界面层包含登录注册、简历、职位和宣讲会功能的相关界面，服务对象包括学生用户、企业用户和管理员。相关数据通过用户界面接口进行交互，接收传输用户的数据，向用户展示系统的功能信息等。

业务逻辑层接收来自用户界面层的操作请求以实现数据的应用和处理，分为用户管理、简历投递管理、职位管理、宣讲会管理等子系统。

数据处理层通过业务逻辑层对数据进行增加、删除、修改、查找等操作。处理用户与系统交互时产生的信息，包含用户数据、投递简历数据、职位数据和宣讲会数据等。

8.4.2 用例设计

用例设计是用例分析的延续，通过架构设计提供的素材(如设计元素和设计机制等)，在不同的局部，将分析的结果用设计元素加以替换和实现。遵循用例驱动的思想，通过将设计决策应用到分析所形成的用例实现模型中，从而获得设计所需的用例实现模型，并进而得到用于实现阶段的子系统、类的详细定义。

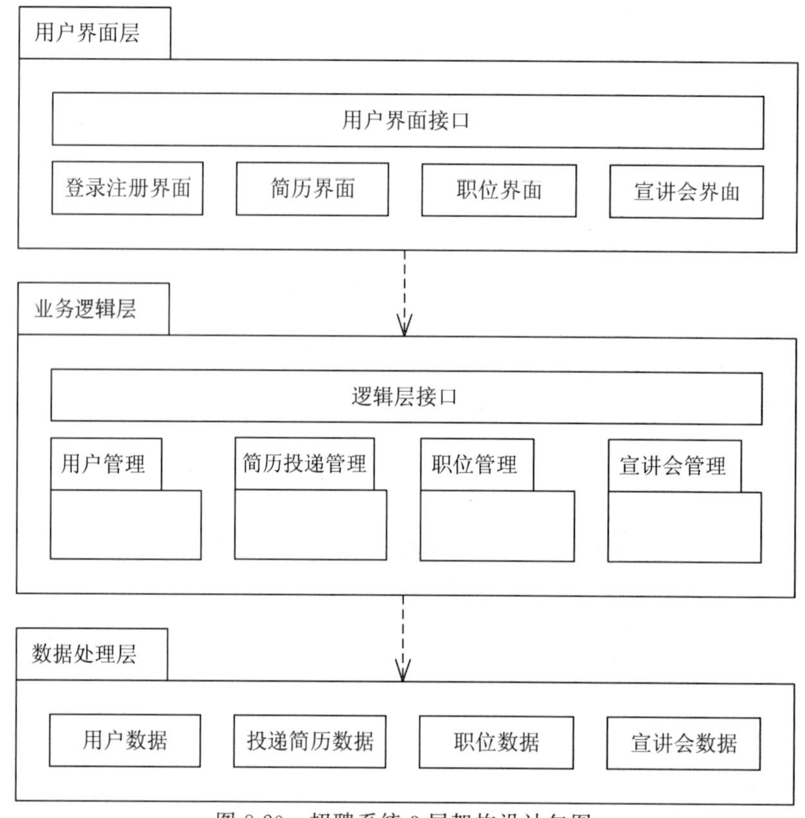

图 8.20　招聘系统 3 层架构设计包图

用例设计过程主要包括以下活动。

- 引入设计元素和设计机制，改进交互图，描述设计对象间的交互；
- 针对复杂的交互图，引入子系统封装交互，简化交互图；
- 细化用例实现的事件流，为消息添加与实现相关的细节；
- 从全局角度评价、完善设计类和子系统，提高设计质量。

在 5.4.4 节校园招聘服务系统的分析阶段，已经对发布职位、投递简历和申请宣讲会这 3 个主要的交互过程用顺序图进行了描述。此时在设计阶段，还需要对分析阶段顺序图进行改进，在重新构造的过程中涉及有关架构机制的使用。

招聘系统采用 Spring Boot 技术实现，相应的控制类和操作需要根据该技术来设计。下面以"发布职位"业务流程为例，给出设计阶段重构的顺序图，如图 8.21 所示，其他业务流程与此类似。

其中，RecruitPositionController 主要负责具体业务模块流程的控制，此层要调用 IRecruitPositionService 层的接口去控制业务流程；RecruitPositionServiceImpl 负责发布职位业务的实现，具体要调用已定义的 RecruitPositionMapper 接口；RecruitPositionMapper 直接与数据库交互，接口提供给 service 层；系统中多个 controller 会有很多相同的代码或使用相同的功能(如增、删、改、查)，因此可设计 BaseController 类，让其他控制类继承该类；AjaxResult 工具类则为前后台交互提供变量。

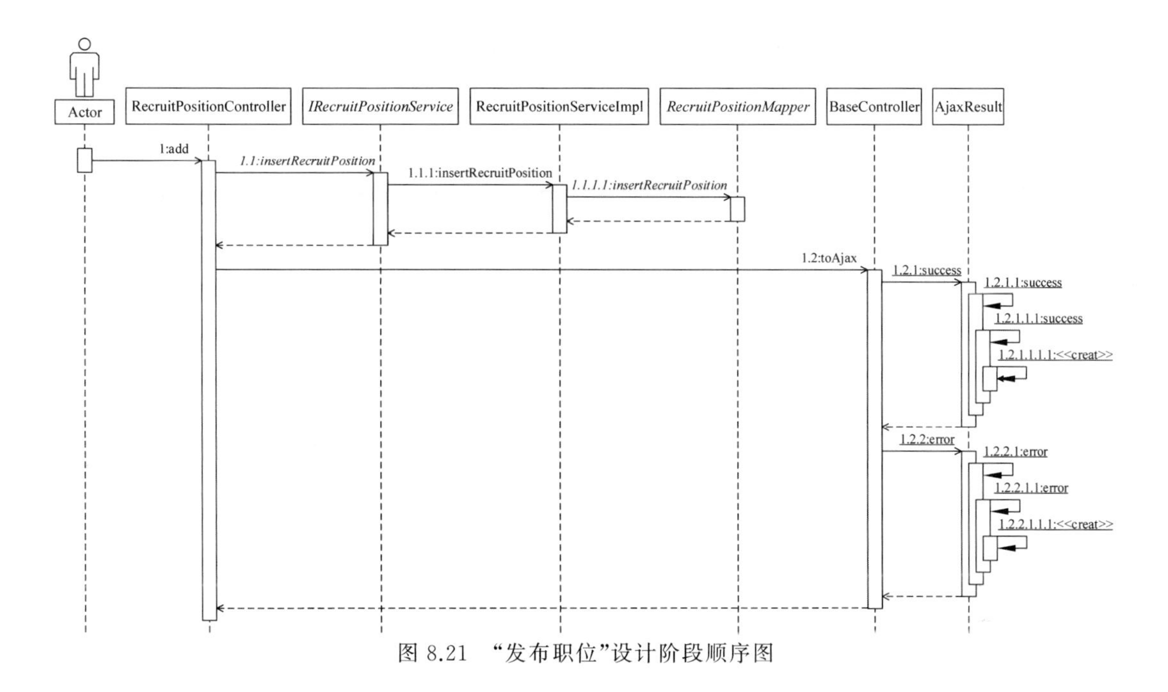

图 8.21 “发布职位”设计阶段顺序图

8.4.3 类设计

类设计过程就是围绕架构设计、用例设计和子系统等各阶段的成果，总结、提炼最终需要实现的设计类，并对设计类的实现细节进行详细定义的过程。

1. 边界类的设计

在校园招聘服务系统的分析阶段，已为每对参与者和用例定义了一个边界类。而在设计期间，则需要研究具体的、与用户交互的场景，设计满足要求的最终用户界面。通常，需要借助用户界面开发工具来设计，此类工具提供了自动创建界面所需的类的能力。

2. 实体类的设计

校园招聘服务系统的实体类见图 5.41。这些类职责明确，可以直接作为初始的设计类存在。也可以考虑各种设计需要，对实体类进行重构。

- 职位类可以考虑根据行业或专业的不同，派生出一组子类；
- 学生类和企业类可以考虑将公共部分抽象出来形成父类，即用户类；
- 考虑架构机制的应用及数据库的设计原则；
- 考虑数据访问的性能和使用频率将不同性质的属性划分到不同的类。

3. 控制类的设计

控制类通常包含大多数业务逻辑规则、流程控制等职责，是设计类定义的难点，既要保证满足用例实现的要求，又要有效地提高设计类的质量。

校园招聘服务系统在分析类的基础上，结合 Spring Boot 架构机制，把控制存在的类似活动整合起来，形成公共的控制类 BaseController，RestController 返回 JSON 等内容到页面，RequestMapping 处理请求地址映射。以“发布职位”流程为例，控制类部分的设计类图如图 8.22 所示。

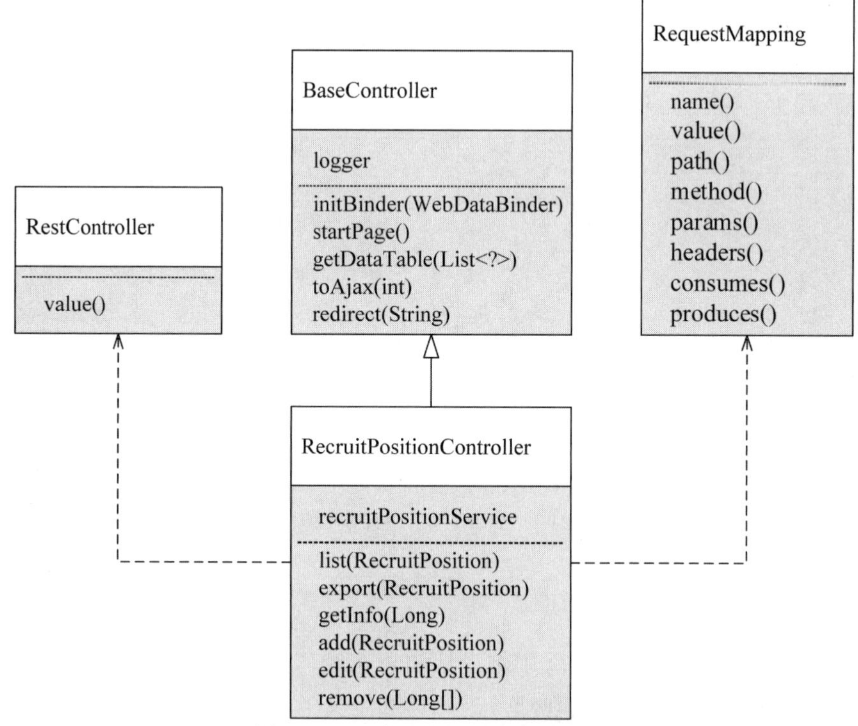

图 8.22　招聘系统控制类相关类图

其中，基础控制类的详细说明如表 8.8 所示。职位控制类的详细说明如表 8.9 所示。

表 8.8　基础控制类的详细说明

<table>
<tr><th>类　名</th><th>所　属　包</th><th colspan="2">继　承</th><th>实　现</th></tr>
<tr><td>BaseController</td><td>逻辑功能</td><td colspan="2">无</td><td>无</td></tr>
<tr><td colspan="5">属性</td></tr>
<tr><td>名称</td><td>类型</td><td colspan="2">默认值</td><td>Pub/Prv/Pro</td></tr>
<tr><td>logger</td><td>Logger</td><td colspan="2">无</td><td>Prv</td></tr>
<tr><td colspan="5">方法</td></tr>
<tr><td>名称</td><td>参数</td><td>返回值</td><td>异常</td><td>描　述</td></tr>
<tr><td>initBinder()</td><td>WebDataBinder</td><td>void</td><td>无</td><td>进行初始化</td></tr>
<tr><td>startPage()</td><td>无</td><td>void</td><td>无</td><td>实现手动分页</td></tr>
<tr><td>getDataTable()</td><td>List<?></td><td>TableDataInfo</td><td>无</td><td>获取虚拟数据表</td></tr>
<tr><td>toAjax()</td><td>int</td><td>AjaxResult</td><td>无</td><td>请求使用异步数据传输</td></tr>
<tr><td>redirect()</td><td>String</td><td>String</td><td>无</td><td>其他操作结束后重定向</td></tr>
</table>

表 8.9 职位控制类的详细说明

<table>
<tr><th>类名</th><th colspan="2">所属包</th><th>继承</th><th>实现</th></tr>
<tr><td>RecruitPositionController</td><td colspan="2">职位管理</td><td>BaseController</td><td>无</td></tr>
<tr><td colspan="5">属性</td></tr>
<tr><td>名称</td><td colspan="2">类型</td><td>默认值</td><td>Pub/Prv/Pro</td></tr>
<tr><td>recruitPositionService</td><td colspan="2">IRecruitPositionService</td><td>无</td><td>Prv</td></tr>
<tr><td colspan="5">方法</td></tr>
<tr><td>名称</td><td>参数</td><td>返回值</td><td>异常</td><td>描述</td></tr>
<tr><td>list()</td><td>RecruitPosition</td><td>TableDataInfo</td><td>无</td><td>获取数据库各字段信息</td></tr>
<tr><td>export()</td><td>RecruitPosition</td><td>AjaxResult</td><td>无</td><td>输出职位信息</td></tr>
<tr><td>getInfo()</td><td>Long</td><td>AjaxResult</td><td>无</td><td>获取职位信息</td></tr>
<tr><td>add()</td><td>RecruitPosition</td><td>AjaxResult</td><td>无</td><td>新增职位</td></tr>
<tr><td>edit()</td><td>RecruitPosition</td><td>AjaxResult</td><td>无</td><td>修改职位</td></tr>
<tr><td>remove()</td><td>Long[]</td><td>AjaxResult</td><td>无</td><td>删除职位</td></tr>
<tr><td colspan="5">事件</td></tr>
<tr><td>名称</td><td colspan="2">条件</td><td>参数</td><td>目的</td></tr>
<tr><td>查询</td><td colspan="2">单击触发</td><td>无</td><td>查询职位信息</td></tr>
<tr><td>新增</td><td colspan="2">单击触发</td><td>无</td><td>新增职位信息</td></tr>
<tr><td>修改</td><td colspan="2">单击触发</td><td>无</td><td>修改职位信息</td></tr>
<tr><td>删除</td><td colspan="2">单击触发</td><td>无</td><td>删除职位信息</td></tr>
</table>

8.4.4 数据库设计

在面向对象方法中，数据模型来自对象模型，可应用8.2.5节中介绍的映射规则从对象模型直接构造数据模型。目前，很多UML CASE工具也支持从对象模型到数据模型的转换。

根据图5.41招聘系统的实体类类图，可映射得到系统的数据库表，如表8.10～表8.15所示。

表 8.10 学生信息表

字段名称	数据类型	标记	说明
student_id	Varchar(20)	主键	学生编号
student _name	Varchar(20)	—	学生姓名
nick_name	Varchar(20)	—	学生昵称
email	Varchar(20)	—	邮箱地址

续表

字段名称	数据类型	标　　记	说　　明
phonenumber	Varchar(11)	—	电话号码
sex	int	—	性别
password	Varchar(20)	—	密码

表 8.11　企业信息表

字段名称	数据类型	标　　记	说　　明
company_id	Varchar(20)	主键	企业编号
company_name	Varchar(20)	—	企业名称
address	Varchar(40)	—	企业地址
phonenumber	Varchar(20)	—	企业电话
logo	Varchar(40)	—	企业 Logo
license	Varchar(40)	—	执照
description	Varchar(100)	—	描述

表 8.12　管理员信息表

字段名称	数据类型	标　　记	说　　明
admin_id	Varchar(20)	主键	管理员编号
admin_name	Varchar(20)	—	管理员名
password	Varchar(20)	—	密码

表 8.13　职位信息表

字段名称	数据类型	标　　记	说　　明
position_id	Varchar(20)	主键	职位编号
position_name	Varchar(20)	—	职位名称
requirement	Varchar(100)	—	职位简介
work_city	Varchar(20)	—	工作城市
phonenumber	Varchar(11)	—	电话号码
release_date	Date	—	起始日期
valid_date	Date	—	截止日期
quantity	int	—	需求人数
salary	int	—	薪资
company_id	Varchar(20)	外键	企业编号

表 8.14 投递信息表

字段名称	数据类型	标 记	说 明
delivery_id	Varchar(20)	主键	投递编号
delivery_date	Date	—	投递日期
delivery_time	Time	—	投递时间
position_id	Varchar(20)	外键	职位编号
student_id	Varchar(20)	外键	学生编号

表 8.15 宣讲会信息表

字段名称	数据类型	标 记	说 明
lecture_id	Varchar(20)	主键	宣讲会编号
lecture_date	Date	—	宣讲会日期
lecture_time	Time	—	宣讲会时间
palace	Varchar(40)	—	宣讲会地点
capacity	int	—	可容纳人数
occupied	int	—	状态
company_id	Varchar(40)	外键	企业编号

8.5 练 习 题

1. 单选题

(1) 面向对象设计模型的主要部件中,通常不包括(　　)。

A. 数据管理部件　　B. 人机交互部件

C. 任务管理部件　　D. 通信部件

(2) 面向对象设计阶段的主要任务是系统设计和(　　)。

A. 结构化设计　　B. 数据设计

C. 对象设计　　D. 面向对象程序设计

(3) 面向对象设计时,对象信息的隐藏主要是通过(　　)实现的。

A. 对象的封装性　　B. 子类的继承性

C. 系统模块化　　D. 模块的可重用

(4) 开放-封闭原则的含义是一个软件实体(　　)。

A. 应当对修改开放,对扩展关闭　　B. 应当对扩展开放,对修改关闭

C. 应当对继承开放,对修改关闭　　D. 以上都不对

(5) 设计模式一般用来解决(　　)问题。

A. 同一问题的不同表象　　B. 不同问题的同一表象

C. 不同问题的不同表象　　　　　　　　　D. 以上都不是

2. 简答题

(1) 面向对象设计的基本原则有哪些？

(2) 请简述面向对象设计的启发规则。

(3) 请简述面向对象模型的 3 个子模型与 5 个层次。

(4) 请简述典型的面向对象设计模型的 4 部分。

3. 应用题

(1) 某影碟租赁系统需求如下：每天接待顾客借出或归还影碟，影碟分为电影、电视剧和纪录片。当顾客租借影碟时，店员查找影碟库存记录，如果店内还有此影碟，则生成一个租赁记录，其中包含影碟号、顾客号、借出日期、日租金等信息。当顾客归还影碟时，店员根据影碟号找到租赁记录，再根据借出及归还日期、日租金等信息计算租金，并更新租赁记录。请画出该系统的类图。

(2) 某市招考公务员工作的流程如下：人事局公布所有用人单位招收各专业的人数，考生报名，招考办公室发放准考证。考试结束后，招考办公室发放考试成绩单，公布录取分数线，针对各个专业，按总分从高到低对考生进行排序。用人单位根据排序名单录用，发放录用通知书给考生，并报送招考办公室留存备查。请根据以上情况进行分析，画出顺序图。

第9章 软件实现

软件生命周期的软件编程实现阶段将产生程序。软件实现是按照软件详细设计的要求,在选定的开发平台下,以指定的开发工具和开发语言,遵循特定的程序设计方法,进行编程测试的过程。

软件实现涉及编码和单元测试,本章主要介绍软件编程与文档方面的问题,涉及的单元测试将在软件测试部分进行介绍。

软件编程也称为编码,就是编写可在计算机上运行的程序及相关文档等。软件实现是软件开发的最终目标,实质上就是程序员将详细设计的算法转化为计算机可执行语言的过程。软件编程是软件分析和设计的必然阶段。该阶段生成程序的质量不仅取决于软件分析与设计的质量,而且程序的特性及编程方式也都会对程序的可靠性、可读性、可测试性和可维护性等方面的质量产生很大影响。

9.1 编程语言

9.1.1 编程语言的发展

编程语言是人与计算机交流的重要工具。对于软件开发人员而言,编程语言是除计算机本身之外的所有工具中最重要的。从计算机问世至今,人们一直在努力研制更优秀的编程语言。目前,编程语言已有成千上万种,但是能得到广泛认可的语言却屈指可数。

(1) 第1代语言。第1代语言是与机器硬件密切相关的机器语言和汇编语言。从电子计算机出现时开始使用,因其与硬件操作相对应,所以其语言种类几乎与计算机种类相同。

(2) 第2代语言。第2代语言主要应用于各种计算,先后出现于20世纪50年代末至20世纪60年代初,包括FORTRAN、COBOL、Pascal和BASIC等。这些语言不仅容易被学习和使用,而且具有大量成熟的程序库,因此应用较为广泛,成为了现代或第3代程序设计语言的基础和前身。

(3) 第3代语言。第3代语言直接支持结构化构件,并且具有很强的过程能力和数据结构能力,包括结构化程序语言和面向对象语言。其中,结构化程序语言有C等,面向对象的语言有C++、Java、Delphi等。它大致分为通用高级语言、面向对象的语言和专用语言。

(4) 第4代语言。第4代语言属于超高级程序设计语言,虽然它与其他语言一样用语法形式表示控制和数据结构,但不再涉及很多算法性细节。它具有如下特征:强大的数据管理能力,可对数据库进行有效的存取、查询和其他相关操作;提供一组高效的、非过程化的命令，组成语言的基本语句；可以满足多功能、一体化的要求。目前，使用最广泛的第4代语言是数据库查询语言 SQL，它支持用户以复杂的方式操作数据库。另外，一些决策支持语言、原型语言、形式化规格说明语言，甚至计算机环境中的一些工具也被认为属于第4代语言的范畴。

TIOBE 排行榜是编程语言活跃度的一个比较有代表的统计排行，每月更新一次，统计数据来源于世界范围内的资深软件工程师和第三方提供商，以及各大搜索引擎（如 Google）的关键字搜索等，其结果经常作为业内程序开发语言的流行使用程度的有效指标。排行榜也反映了编程语言的发展趋势，可以用来查看程序员自身的知识技能是否与主流趋势相符，具有一定的借鉴意义。但必须注意的是，排行榜代表的仅仅是语言的关注度、活跃度和流行情况等，并不代表语言的好坏，每种语言都有自己的长处和缺点。各种语言基本都能胜任一般的编程任务，但开发效率则和使用者的熟练程度以及开发平台密切相关。因此 TIOBE 排行榜从长期的趋势分析，更有参考价值。2022 年 6 月，TIOBE 排行榜排名前 5 位分别是：Python、C、Java、C++ 、C＃ 。

研究者们发现 TIOBE 排行榜的前 8 名在过去 7 年中似乎没有变化。但这并不意味编程语言在过去几年中没有改变。事实上，除 C 语言外，排名前 8 位的所有编程语言都经常发布新版本。例如，C＃几乎每年都会发布一次语言更新。JavaScript 变化之快，几乎没人能效仿。C++ 的更新频率较低（3 年一次），但是其最新版本包含模块的引入，这将导致 C++ 编程发生重大变化。

9.1.2 编程语言的选择

开发软件时，应该根据待开发软件的特征及开发团队的情况考虑使用合适的编程语言。不同的编程语言有各自不同的特点，软件开发人员在选择时经常感到困惑。为此，软件开发人员应该从主要问题入手，平衡各个因素。

在选择编程语言时，通常需考虑以下因素。

（1）待开发系统的应用领域，即项目的应用范围。不同的应用领域一般需要不同的语言。对于大规模的科学计算，可选用 FORTRAN 语言或者 C 语言，因为它们有大量的标准库函数，可用于处理复杂的数值计算；对于一般商业软件的开发，可选用 C++ 、C＃ 、Java，因为它们是面向对象语言，相对于面向过程语言而言，更具灵活性；在人工智能领域，则多使用 LISP、Prolog 和 OPSS；对于与数据处理和数据库应用相关的应用，可使用 SQL 数据库语言、Oracle 数据库语言或 4GL（第 4 代语言）——当然还要考虑数据库的类型；实时处理软件对系统的性能要求较高，选择汇编语言、Ada 语言比较合适。

（2）用户的要求。如果用户熟悉软件使用的语言，那么软件的使用以及日后的维护将会很方便。软件开发人员应该尽量满足用户的要求，使用用户熟悉的语言。

（3）将使用何种工具进行软件开发。软件开发工具可以提高软件开发的效率。因为特定的软件开发工具只支持部分编程语言，所以应该根据将要使用的开发工具确定采用哪种语言。

（4）软件开发人员的喜好和能力。采用开发人员熟悉的语言开发软件，可以节省开发人员学习和培训的资源，加快软件开发的速度。

（5）软件的可移植性要求。可移植性好的语言可以使软件方便地在不同的计算机系统上运行。如果软件要适用于多种计算机系统,那么编程语言的可移植性非常重要。

(6) 算法和数据结构的复杂性。有些编程语言可以完成算法和数据结构复杂性较高的计算,如 C 和 FORTRAN。但是,有些语言则不适宜完成复杂性较高的计算,如 LISP、Prolog 等。因此在选择语言时,还应根据语言的特点,选取能够适应项目算法和数据结构复杂性的语言。一般来说,科学计算、实时处理、人工智能领域中解决问题的算法比较复杂,数据处理、数据库应用、系统软件开发领域内的问题的数据结构也比较复杂。

(7) 平台支持。某些编程语言只在指定的部分平台上才能使用。例如为 iPad 和 iPhone 开发的软件,只能选用 Objective-C 等;为 Android 开发的软件,只能使用 Java、Ruby、Python 等。软件开发人员在选择语言时,必须考虑具体的平台支持特性。

9.2 编程的指导原则

程序设计包含大量创造性。设计是对每个构件的功能或目的进行指导,但是,程序设计人员在把设计实现为代码时具有很大的灵活性。不管使用何种语言,每个程序构件都至少包括 3 个主要方面:控制结构、算法效率以及数据结构。

9.2.1 控制结构

体系结构和算法提出了构件的诸多控制结构。将设计转换成代码时,应该保留这些结构特性。不管是结构化设计还是面向对象设计,都要使程序结构能够反映出设计的控制结构,这一点非常重要。

(1) 根据模块化的思想来构建程序,可以在不同的层次隐藏实现细节,使得整个系统易于理解、测试和维护。

(2) 在编写代码时,通用性是一种优点,不要让代码太过特殊。同时,也不要让构件过分通用化,从而影响性能和对它的理解。

(3) 其他设计特性也要转换到代码构件,例如耦合性和内聚度。在编写程序时,要使用参数名称和注释来展现构件之间的耦合度。

(4) 构件之间的依赖关系必须是可见的,代码必须能让阅读者看清楚在构件之间传递的是哪些参数(如果有参数的话),否则测试和维护将会非常困难。出于同样的原因,程序中的子构件之间也应该彼此隐藏具体的计算细节。

9.2.2 算法效率

在设计阶段,通常会指定一类算法用于编写某些构件。例如,设计可能会告诉程序员使用快速排序算法,或者可能列出快速排序算法的逻辑步骤。但是,在将算法转换成代码时,根据实现语言和硬件的约束,程序员仍有很大的灵活性。

其中一个需要重点关注的地方是实现的性能或效率。通常都希望代码运行得尽可能快。但是,使代码更快运行可能会伴随一些隐藏的代价,例如:

- 编写更快代码的代价。可能会使代码更加复杂,从而要花费更多的时间编写代码。
- 测试代码的时间代价。代码的复杂度要求有更多的测试用例或测试数据。
- 用户理解代码的时间代价。

• 需要修改代码时，修改代码的时间代价。

因此，执行时间在整个代价因素中只是很小的一部分。必须在执行时间与设计质量、标准和客户需求之间平衡考虑。尤其是，不要牺牲代码的清晰性和正确性来换取速度。如果速度对实现来说很重要，就必须了解所使用的编译器是如何优化代码的。否则，优化可能只是让看起来更快的代码实际上变慢了。

9.2.3 数据结构

编写程序时，应该设置数据的格式并存储数据，使得数据管理和操纵更为直观。有几种使用数据结构的技术提出了程序组织的方式。

1. 保持程序简单

设计阶段可能会指定使用某些数据结构来实现功能。通常，选择这些结构是因为它们适合整体方案，能促进信息隐藏和对构件接口的控制。考虑到构件内部的数据操纵方式，为了使程序的计算简单，编程阶段可能需要重组数据。

2. 数据结构决定程序结构

通常，定义数据的方式规定了如何执行必要的计算。数据结构会影响程序的组织和流程。在某些情况下，数据结构也会影响语言的选择。例如，LISP 被设计成列表处理器，包含使它处理列表时比其他语言更具吸引力的结构。类似地，Ada 和 Eiffel 包含可以处理称为异常的不可接受状态的机制。

如果一个数据结构是这样定义的：识别一个初始元素，然后根据前面定义的功能生成后续的元素，则称这种数据结构是递归的(recursive)。Pascal 之类的程序设计语言允许使用递归过程，用以处理递归数据结构。递归的使用增加的是编译器管理数据结构所承受的负担，而不是程序的负担。递归的使用可能使实际的编程更加容易，或者可能使程序更易于理解。因此，通常在决定使用哪一种语言实现设计时，应该仔细考虑数据结构。

9.2.4 通用性指导原则

有几种全局策略对于在代码中保持设计质量很有用。

1. 局部化输入和输出

程序读取输入或产生输出的那些部分是高度专用的，并且必须反映隐含的软件和硬件的特性。正是这种依赖关系，使得执行输入和输出功能的这部分程序有时难以测试。事实上，如果硬件或软件发生改变，这部分程序最容易受影响。因此，将构件的这一部分局部化，使其与其余的代码分离开来有很大好处。

局部化的另一个好处就是对整个系统的泛化。系统范围内的其他关于输入的执行功能(如重新设置数据格式或类型检查)可以包含在特定的构件中，以减轻其他构件的负担，从而消除重复。类似地，将输出功能放在一个地方可以使系统更易于理解和改变。

2. 包含伪代码

通常,算法设计会为每个程序构件安排一个框架。然后,使用程序员的创造力和专门知识来构建实现算法的代码行。算法可以独立于特定的语言,使程序员在使用特定的语言概念时有很多选择。因为算法是关于程序构件要做什么的一个概要,所以按阶段从特定算法转到代码是有益的,切记不要一步到位。

伪代码被用作构造代码的框架。伪代码可以使设计适应程序员使用的语言。通过采用概念和数据表示而不用立即涉及每个命令的细节,程序员可以进行试验并确定哪种实现方法最合适。这样,经过最少量的重写工作可以对代码进行重新安排和重组。

3. 改正和重写,而不是打补丁

编写代码就像准备学期论文或创作艺术作品,通常要提前准备一个大致的草稿。然后,对草稿进行仔细地改正和重写,直到对结果满意为止。如果觉得控制流盘根错节,判定过程难以理解,或者无条件的分支难以消除,那么就该重新返回到设计。重新检查设计,搞清楚遇到的问题是设计中固有的问题,还是从设计转换为代码的问题。在选择算法和进行分解时,再次考虑如何表示和组织数据。

4. 复用

有两种类型的复用:生产者复用(Producer Reuse)是指正在设计的构件要在以后的应用中进行复用;消费者复用(Consumer Reuse)是指正在使用的构件是原先为其他项目开发的构件。某些公司有部门范围或公司范围的复用计划,并配有评估和改变构件的标准。这些计划的成功为程序员提出了复用的指导原则。

对于将要复用的构件,需要检查4个关键特性。

- 构件执行的功能或者提供的数据是所需要的吗?
- 如果需要进行小的修改,修改工作是否比从零构造构件的工作要少?
- 构件是否进行了良好的文档化?如果是,是否不必逐行验证构件的实现代码就能理解该构件?
- 有完整的构件测试和修改历史的记录吗?如果有,能确定它没有故障吗?

除此以外,还必须评价为使系统与复用的构件进行交互所需要编写的代码量。

另外,如果要生产可复用的构件,应该注意以下几点。

- 使用参数并且预测类似的系统调用该构件的条件,使该构件通用化;
- 分离依赖性,使可能改变的部分与可能保持不变的部分隔离开来;
- 保持构件接口是通用的,且是定义明确的;
- 包含任何发现的故障和修正的故障的相关信息;
- 使用清晰的命名约定;
- 文档化数据结构和算法;
- 保持通信和错误处理部分的分离,并使它们易于修改。

9.3 程序文档

很多公司或组织机构的标准和过程大多是附加了一组程序的描述。程序文档(program documentation)是向阅读者解释程序做什么以及如何做的书面描述,内部文档(internal documentation)是直接书写在代码中的描述性素材,所有其他的文档都是外部文档(external documentation)。

9.3.1 内部文档

内部文档包含的信息主要面向阅读程序源代码的那些人。因此,它提供概要信息以识别程序,描述数据结构、算法和控制流。通常情况下,这种信息以一组注释的形式放在每个构件的开始部分,称为头注释块(header comment block)。

1. 头注释块

每个构件的头注释块中应该能回答以下问题:构件的名称是什么?谁编写了这个构件?构件应该装配在整个系统设计中的哪个地方?构件是在何时编写和修改的?为什么要有这个构件?构件是如何使用数据结构、算法和控制的?

首先,构件的名称必须在文档中明确标识。接着,头注释块应标识编写者及其电话号码或电子邮件地址。这样,维护和测试小组就可以联系到编写者,以提出问题或取得意见。

在系统的生命周期中,要么是为了改正错误,要么是因为需求变化和增加,都经常要更新和修改构件。对变化的跟踪很重要,因此程序文档应当记录一个日志,记下所做的变化以及谁做的改变。

因为构件是更大的系统的一部分,所以头注释块应该指明如何将它装配到构件层次中。有时候用图表示这一信息,其他时候只要进行简单的描述就可以了。头注释块中还应该解释如何调用该构件。

具体来说,头注释块应该列出以下内容。

- 名称、类型、每个主要数据结构和变量的意图;
- 逻辑流、算法和错误处理的简短描述;
- 预期的输入和可能的输出;
- 帮助测试的工具,以及如何使用它们;
- 预期的扩充或改正。

组织标准通常要指定头注释块的顺序和内容。下面的例子说明了一个典型的头注释块可能包含的内容。

```
扫描程序:扫描一行文本并查找指定的字符
程序员:姓名,电话,邮箱
调用序列:调用 SCAN(LENGTH,CHAR,NTEXT)
        LENGTH 是文本的长度;CHAR 是要查找的字符;数组 NTEXT 传递文本行。
版本 1:日期,作者
```

```
版本 1.1:日期,作者,改进搜索算法。
用途:可用于任意长度的新文本行的通用的扫描模块。文本实用程序之一,用于在文本行中添加
     字符,读取字符、更改字符或删除字符。
数据结构:
    变量 LENGTH-整型
    变量 CHAR-字符型
    数组 NTEXT-长度为 LENGTH 的字符数组
算法:每次读取数组 NTEXT 的一个元素,如果找到字符 CHAR,返回 NTEXT 中的位置给变量
     LENGTH,否则变量 LENGTH 置为 0。
```

2. 其他程序注释

头注释块用作对程序的介绍,很像解释一本书的引言。通读程序时,附加的注释能够对阅读者有所启发,帮助他们理解头注释块中描述的意图是如何在代码中实现的。如果代码的组织反映了结构良好的设计,语句的格式清晰,标记、变量名和数据的名称都具有描述性而且易于区分,那么所需的附加注释就会比较少。也就是说,遵循简单的关于代码格式和结构的指导原则可以使得代码成为其自身的信息源。

即使在结构清晰、书写良好的代码中,注释也占有重要的地位。虽然代码的清晰性和结构使得需要其他注释的量降到最小,但是无论何时,当可以把有益信息加入构件时,附加的注释都是有用的。除了对程序正在做什么而为程序提供逐行的解释外,注释还可以将代码分解成表示主要活动的段。接着,每个活动还可以分解成更小的步骤,每一步只有几行代码。程序设计的伪代码可用于此目的,并可以嵌入代码中。同样,当修改代码时,程序员应该更新注释以反映代码的变化。这样,注释就建立起了随着时间进行修改的记录。

重要的是,注释要能够反映实际代码的行为。另外,还要确保注释增加的是新信息,而不是陈述从使用的良好标记和变量名就可得到的显而易见的信息。例如,以下的注释就没有意义:

```
//Increment i3
i3=i3+1;
```

以下的注释就可以实质性地增加更多的信息:

```
//Set counter to read next case
i3=i3+1;
```

理想情况下,变量名应该能够解释活动:

```
case_counter-case_counter +1;
```

通常是从设计转向伪代码来开始编码,而伪代码又能为最终代码提供一个框架以及一个注释的基础。一定要在编写代码的同时而非之后书写注释,这样才能同时体现设计及意

图。对难以注释的代码要更加小心,这种困难性通常意味着在完成编码之前应该对设计进行简化。

3. 有意义的变量名和语句标记

选择能够反映变量和语句的用途及含义的名字。如下编写:

```
weekwage =(hrrate * hours) +(.5) *  (hrrate) * (hours-40.);
```

比如下编写对阅读者更有意义:

```
z=(a * b)+(.5) * (a)  * (b-40.);
```

事实上,weekwage 可能根本不需要注释,也不太可能引入故障。

类似地,字母式的语句标记应该告诉阅读者程序的标记部分是干什么的。如果标记必须是数字式的,那么应确保它们按照升序排列,而且根据相关的目的组织在一起。

4. 设置格式以增强理解

注释的格式能够帮助阅读者理解代码的目标以及代码是如何实现目标的。声明的缩进和间隔能够反映基本的控制结构。注意像这样的未缩进代码:

```
if (xcoord<ycoord)
result=-1;
elseif (xcoord==ycoord)
if (slopel>slope2)
result=0;
else result=1;
eleif (slope1>slope2)
result=2;
elseif (slope1<slope2)
result=3;
else renult=4;
```

可以通过使用缩进及重新排列来使其更加清晰:

```
if (xcoord<ycoord) result=-1;
elseif (xcoord==ycoord)
    if (slopel>slope2) result=0;
        else result=1;
elseif (slope1>slope2) result=2;
elseif (slope1<slope2) result=3;
        else renult=4;
```

除了使用格式来显示控制结构以外,Weinberg 还推荐设置语句的格式,使得注释处于页面的一边而语句处于另一边。这样,在测试程序时可以盖住注释,从而不会被可能不正确的文档误导。例如,可以只看页面的左边部分来阅读下面的代码,而不用看右边的注释。

```
Void free_store_empty()
{
    static int i=0;
    if(i++==0)                      //guard against cerr
                                    //allocating memory
        cerr <<"Out of memory\n";   //tell user
    abort();                        //give up
}
```

5. 文档化数据

就程序的阅读者而言,最难以理解的事情之一就是数据的组织和使用方式。在解释代码的动作时,尤其是当系统处理很多具有不同类型和目的以及不同标记和参数的文件时,数据地图非常有用。这个数据地图应该对应于外部文档中的数据字典,这样阅读者就可以从需求到设计直至编码跟踪数据操作。

面向对象的设计最小化或消除了其中的一些问题,但是,有时这种信息隐藏让读者难以理解数据的值是如何变化的。因此,内部文档应该包含对数据结构及其使用的相关描述。

9.3.2 外部文档

尽管内部文档是简要的,并且是在适合程序员的层次上书写的,但那些可能永远不看实际代码的人希望阅读外部文档。例如,设计人员在考虑修改或者改进时,可能会评审外部文档。另外,外部文档可以从更广的范围内解释一些事情,而不只是在程序注释的范围内。

外部文档是全面的报告。它用系统的视角,而不是某个构件的视角回答同样的问题:"谁""什么""哪里""何时""如何"和"为什么"。

由于软件系统是根据相互关联的构件来构造的,因此外部文档通常包括系统构件的概述,或者若干组构件(如用户界面构件、数据库、管理构件、计算构件)的概述。图及其伴随的叙述性描述说明了构件中的数据如何被共享,以及如何被一个或多个构件使用。通常,概述描述了如何从一个构件向另一个构件传递信息。

外部构件文档是整个系统文档的一部分。在编写构件时,构件结构和流程的很多基本原理已经在设计文档中详细地加以描述。从某种意义上来讲,设计是外部文档的骨架,而叙述性描述讨论代码构件的细节,是外部文档的血肉。

1. 描述问题

代码文档的第一节,应该解释这个构件解决的是什么问题。这一节描述可供选择的解决方案以及为什么选择特定方案。问题描述不是重复需求文档,相反,是对背景的概要讨论,解释什么时候调用构件以及为什么需要。

2. 描述算法

一旦搞清楚构件存在的原因,就应该强调算法的选择。应该解释构件使用的每一个算法,包括公式、边界或特殊条件,甚至它的出处或对它的参考书或论文的引用。

如果算法处理的是特例,就一定要讨论每一种特例并解释它是怎样处理的。如果出于认为不会碰到某些特例而不做处理,就要解释基本原理并描述代码中任何相关的错误处理。例如,某个算法可能包括一个公式,其中一个变量除以另外一个变量,文档应该强调其中分母可能为0的情况,指出什么时候可能发生这种情况,以及出现这种情况时代码如何处理。

3. 描述数据

在外部文档中,用户或程序员应该能够在构件的层次查看数据流。数据流图应该伴随有相关的数据字典引用。就面向对象的构件而言,对象和类的概述中应该解释对象的总体交互。

9.4 编程过程

9.4.1 编程方法

常用的软件编程方法主要是模块化编程、结构化编程和面向对象编程。

1. 模块化编程

20世纪50年代出现的模块化编程,其程序设计思想是在进行编程时将一个较大的程序按照功能划分为若干小程序模块,每个较小程序模块完成一个确定的功能,在这些模块之间建立必要的联系,并通过模块的互相协作完成整个功能。

采用模块化方法设计程序的过程如同"搭积木",选择不同的"积木块"或采用不同的组合就可以搭出不同的结构。同样,选择不同的程序模块或不同组合就可以构成不同的系统架构,完成不同的程序功能。模块化编程方法还规定各种模块需要具有单入口和单出口,以便提高程序结构的清晰性和可读性。

2. 结构化编程

结构化编程(structured programming,SP)是以模块功能和处理过程设计为主的详细设计过程。其概念由E.W.Dijikstra于1965年提出,是软件发展过程中的一个重要里程碑。

结构化编程的主要观点是采用自顶向下、逐步求精的编程方法。逐步求精的思想不但符合人类解决复杂问题的普遍规律,可促进提高软件开发效率。还体现了先全局后局部、先抽象后具体的方法,使开发的程序层次结构清晰且易读、易懂、易验证,因而提高了程序的质量。

结构化编程使用3种基本控制结构构造程序,即任何程序都可由顺序、选择、循环3种基本控制结构构造。指出结构化编程并非简单地取消GOTO语句,而是创立一种新的编程思想、方法和风格。既保证了程序结构清晰，提高程序可读性，又提高了程序代码的可复用性，从而极大地减少维护费用。

3. 面向对象编程

面向对象编程是常用、主流和有发展前景的编程方法。

面向对象编程的思想始于面向对象语言。面向对象语言是为了解决面向过程编程中存在的功能与数据分离而引起的程序复杂性问题而设计的。与结构化方法相比，面向对象方法更易于实现对现实世界的描述，在软件工程中产生了深刻影响。面向对象方法通过对象机制来封装处理与数据，以控制程序的复杂度，通过继承提高程序可复用性和软件开发效率。

在面向对象语言产生后，面向对象程序设计逐步成为编程的主流，其中所蕴含的面向对象思想不断向开发过程的上下游渗透，形成了面向对象分析、面向对象设计、面向对象编程和面向对象测试的一套完整的面向对象方法学。

面向对象语言是以对象为基本程序结构单位的编程语言，该语言描述的设计以对象为核心，并且对象是程序运行时的基本成分。语言中提供了类、封装、继承、消息等机制。面向对象语言自然地描述客观系统，便于软件扩充与复用。主要特点如下。

(1) 识认性。系统中的基本构件可识认为一组可识别的离散对象。

(2) 类别性。系统具有相同数据结构与行为的所有对象可组成一类。

(3) 多态性。对象具有唯一的静态类型和多个可能的动态类型。

(4) 继承性。在基本层次关系的不同类中共享数据和操作。

其中，前 3 个特点是基础，继承为特色。有时将这些特点再加上动态绑定一起结合使用，可以更好地体现出面向对象语言的表达能力。

9.4.2 编程风格

编程风格是指源程序的书写习惯，例如变量的命名规则、代码的注释方法、缩进等。具有良好编程风格的源程序不但具有较强的可读性、可维护性，还能提高团队开发的效率。良好的个人编程风格是优秀程序员素质的一部分，项目内部相对统一的编程风格也使得该项目的版本管理、代码评审等软件工程相关工作更容易实现。在大型软件开发项目中，为了控制软件开发的质量，保证软件开发的一致性，遵循一定的编程风格尤为重要。

源程序代码的逻辑简明清晰、易读、易懂是好程序的一个重要标准，为了做到这一点，应该遵循下述规则。

1. 程序内部文档

(1) 恰当的标识符。选取含义鲜明的名字，使它能正确地提示程序对象所代表的实体。如果使用缩写，那么缩写规则应该一致，并且应该为每个名字添加注解。

(2) 适当的注解。注解是程序员和程序阅读者交流的重要手段，正确的注解非常有助于对程序的理解。通常，每个模块的开始处都有一段序言性的注解，简要描述模块的功能、主要算法、接口特点、重要数据以及开发简史。插在程序中间、与一段程序代码有关的注解，主要解释包含这段代码的必要性。

(3) 程序的视觉组织。程序清单的布局对程序的可读性也有很大影响,应该利用适当的阶梯形式使程序的层次结构清晰明显。

2. 数据说明

数据说明的次序应该标准化。有次序就容易查阅,因此能够加速测试、调试和维护的过程。

当多个变量名在一个语句中说明时,应该按字母顺序排列这些变量。

如果设计时使用了一个复杂的数据结构,则应该用注解说明使用程序设计语言实现这个数据结构的方法和特点。

3. 语句构造

构造语句时应该遵循的原则是,每个语句都应该简单直接,不能为了提高效率而使程序变得过分复杂。例如:

- 不要为了节省空间而把多个语句写在同一行;
- 尽量避免复杂的条件测试;
- 尽量减少对"非"条件的测试;
- 避免大量使用循环嵌套和条件嵌套;
- 利用括号使逻辑表达式或算术表达式的运算次序清晰直观。

4. 输入输出

在设计和编写程序时,应该考虑下述有关输入输出风格的规则。

- 对所有输入数据都进行检验;
- 检查输入项重要组合的合法性;
- 保持输入格式简单;
- 使用数据结束标记,不要要求用户指定数据的数目;
- 明确提示交互式输入的请求,详细说明可用的选择或边界数值;
- 当程序设计语言对格式有严格要求时,应保持输入格式一致;
- 设计良好的输出报表;
- 为所有输出数据加标志。

5. 效率

效率主要指处理机时间和存储器容量两个方面。效率是性能要求,因此应该在需求分析阶段确定效率方面的要求。效率是靠好设计来提高的。程序的效率和程序的简单程度一致,不要牺牲程序的清晰性和可读性来提高不必要的效率。具体将从 3 个方面讨论效率问题。

(1) 程序运行时间。

源程序的效率直接由详细设计阶段确定的算法的效率决定,但是,写程序的风格也能对程序的执行速度和存储器要求产生影响。写程序时可应用下述规则。

- 写程序之前先简化算术的和逻辑的表达式;

- 仔细研究嵌套的循环，以确定是否有语句可以从内层往外移；
- 尽量避免使用多维数组；
- 尽量避免使用指针和复杂的表；
- 使用执行时间短的算术运算；
- 不要混合使用不同的数据类型；
- 尽量使用整数运算和布尔表达式。

在效率是决定性因素的应用领域，尽量使用有良好优化特性的编译程序，以自动生成高效目标代码。

(2) 存储器效率。

使用能保持功能域的结构化控制结构，是提高效率的好方法。

在微处理机中如果要求使用最少的存储单元，则应选用有紧缩存储器特性的编译程序，在非常必要时可以使用汇编语言。

提高执行效率的技术通常也能提高存储器效率。提高存储器效率的关键同样是"简单"。

(3) 输入输出效率。

如果用户为了给计算机提供输入信息或为了理解计算机输出的信息，所需花费的脑力劳动是经济的，那么人和计算机之间通信的效率就高。因此，简单清晰同样是提高人机通信效率的关键。

6. 面向对象编程风格

由于面向对象语言的特殊性，除上述基本原则之外，面向对象编程的原则还包括特有的继承性等必须遵循的新原则。

(1) 提高可复用性。提高软件的可复用性是面向对象方法学的一个主要目标。软件复用有多个层次，在编程阶段主要涉及代码复用问题。为了实现代码复用必须提高方法(即服务)的内聚，减小方法的规模，保持方法的一致性，将策略与实现分开，全面覆盖输入条件的各种可能组合，尽量不使用全局信息并充分利用继承机制等。

(2) 提高可扩充性。在提高可复用性的同时还应提高程序的可扩充性。同时还要注意封装的实现策略，精心确定向公众公布的接口中的公有方法，一个方法应只包含对象模型中的有限内容，少使用多分支语句等。

(3) 提高可靠性。应同时兼顾软件的安全可靠性和效率，为提高可靠性，应预防用户的操作错误，检查参数的合法性，不要预先确定限制条件，应先测试后优化。

9.5 练 习 题

1. 单选题

(1) 下述编程语言中，不属于面向对象语言的是(　　)。

A. Python　　B. C 语言　　C. Java　　D. C++

(2) 在选择编程语言时，通常需考虑的因素包括(　　)。

A. 软件开发人员的喜好和能力　　B. 用户的要求
C. 平台支持　　D. 以上都是

(3) 源程序的效率直接由(　　)决定。
A. 算法效率　　B. 数据结构　　C. 存储空间　　D. 硬件速度

(4) 关于编程的指导原则,以下说法错误的是(　　)。
A. 在编写代码时,通用性是一种优点,不要让代码太过特殊
B. 牺牲代码的清晰性和正确性来换取速度
C. 数据结构不会影响程序的组织和流程
D. 在编写代码时采取改正和重写,而不是打补丁

(5) 常用的软件编程方法主要包括(　　)。
A. 模块化编程　　B. 结构化编程　　C. 面向对象编程　　D. 以上都是

2. 简答题

(1) 选择编程语言时,需要考虑的因素有哪些?
(2) 面向对象实现应该选用哪种程序设计语言?为什么?
(3) 程序的内部文档和外部文档包含什么内容?
(4) 常用的软件编程方法主要有哪些?
(5) 为了使源程序代码的逻辑简明清晰、易读易懂,应该遵循哪些规则?

软件测试

随着软件规模的不断增大和软件复杂性的日益增加，如何保证软件质量已成为软件开发过程中越来越重要的问题。软件测试是保证软件质量的重要手段。近年来，软件测试工作受到越来越多的重视，软件行业对进行专业化、高效率软件测试的要求也越来越高，越来越严格。

10.1 软件测试概述

10.1.1 软件测试的目标

现实中，程序员生产的每个程序并不一定能在每次运行时都能适当工作。故障不仅仅与软件相伴而生，也在用户和客户的意料之中。软件失效通常是指该软件没有做需求描述的事情。这种失效可能由以下原因造成。

- 规格说明可能有错，或者遗漏了某些需求。规格说明可能没有准确地陈述客户想要的或需要的。
- 规格说明中可能包含指定硬件和软件无法实现的需求。
- 系统设计中可能有错。也许是数据库和查询语言设计的原因使得系统不可能对用户进行授权。
- 程序设计中可能有错。构件描述中可能包含不能正确处理这种情况的访问控制算法。
- 程序代码可能有错。程序对算法的实现可能不恰当或不完整。

因此，这种失效是系统某些方面的一个或多个故障造成的。

无论程序员编写程序的能力有多强，程序都可能会含有各种各样的错误，应该进行检查，以确保正确地编写了构件。许多程序员把测试看作是对其程序能够适当执行的一个证明。然而，证明程序正确性的思想实际上与测试的想法相反。之所以测试程序是要证明错误的存在，因为测试的目标是发现错误，只有发现了错误或者由于测试过程而使得失效发生，一个测试才被认为是成功的。

G.Myers 给出了关于测试的一些规则，这些规则可以看作测试的目标或定义。

- 测试是为了发现程序中的错误而执行程序的过程；
- 好的测试方案是极可能发现迄今为止尚未发现的错误的测试方案；
- 成功的测试是发现了迄今为止尚未发现的错误的测试。

由于测试的目标是暴露程序中的错误，因此从心理学角度看，由程序编写者自行测试是不恰当的。通常，在综合测试阶段应由其他人员组成测试小组来完成测试工作。测试无法证明程序是正确的。即使经过了最严格的测试，仍然可能有未被发现的错误潜藏在程序中。测试只能查找出程序中的错误，不能证明程序没有错误。

10.1.2 软件测试的准则

为了能设计出有效的测试方案，软件工程师必须充分理解并正确运用指导软件测试的基本准则。主要的测试准则如下所述。

（1）所有测试都应该能追溯到用户需求。软件测试的目标是发现错误。从用户的角度看，最严重的错误是导致程序不能满足用户需求的那些错误。

（2）应该在测试开始之前就制订出测试计划。实际上，一旦完成了需求模型就可以着手制订测试计划，在建立了设计模型之后就可以立即开始设计详细的测试方案。因此，在编码之前就可以对所有测试工作进行计划和设计。

（3）把 Pareto 原理（二八定律）应用到软件测试中。Pareto 原理说明，由测试发现的80％的错误很可能是由程序中20％的模块造成的。当然，问题是怎样找出这些可疑的模块并彻底地测试它们。

（4）应该从“小规模”测试开始，并逐步进行“大规模”测试。通常，首先重点测试单个程序模块，然后把测试重点转向在集成的模块簇中寻找错误，最后在整个系统中寻找错误。

（5）穷举测试是不可能的。所谓穷举测试就是把程序所有可能的执行路径都检查一遍的测试。即使是一个中等规模的程序，其执行路径的排列数也十分庞大，由于受时间、人力和资源的限制，在测试过程中不可能执行每个可能的路径，因此测试只能证明程序中有错误，不能证明程序没有错误。但是，精心地设计测试方案，有可能充分覆盖程序逻辑并使程序达到所要求的可靠性。

（6）为了达到最佳的测试效果，应该由独立的第三方从事测试工作。

10.1.3 软件测试的步骤

在开发一个大型系统的时候，测试通常分为若干阶段。

（1）单元测试（unit testing）。

首先，将每个程序构件与系统中其他构件隔离，对其本身进行测试。这样的测试称为模块测试、构件测试或单元测试。单元测试验证针对设计预期的输入类型，构件能否适当地运行。单元测试应尽可能在受控的环境下进行，使得测试小组能够对被测试构件输入预定的一组数据，并且观察将产生哪些输出动作和数据。另外，测试小组还要针对输入和输出数据，检查其内部数据结构、逻辑和边界条件。

（2）集成测试（integration testing）。

当对模块或构件完成了单元测试之后，下一步就是确保构件之间接口的正确定义和处理。集成测试是验证系统构件是否能够按照系统和程序设计规格说明中描述的那样共同工作的过程。

（3）功能测试（function testing）。

一旦能够确保构件之间的信息传递与设计相符，就要对系统进行测试以确保其具有期望的功能。功能测试是对系统进行评估，以确定集成的系统是否确实执行了需求规格说明中描述的功能。其结果是一个可运转的系统。

(4) 性能测试(performance testing)。

功能测试是将正在构建的系统与开发人员的需求规格说明进行比较。而性能测试是将系统与这些软件和硬件需求的剩余部分进行比较。当测试在客户的实际工作环境中成功地执行时，会产生一个确认的系统。

(5) 验收测试(acceptance testing)。

性能测试完成后，当开发人员确定系统是按照对系统描述的理解运行时，下一步就是与客户交换意见，确定系统是按照客户期望运转的。与客户一起执行验收测试，根据客户的需求描述对系统进行检查。

(6) 安装测试(installation testing)。

完成验收测试之后，将验收的系统安装在要使用的环境中。最后的安装测试是确保系统将按照它应该的方式来运行。

图 10.1 说明了这些测试步骤之间的关系。无论被测试的系统规模有多大，每一步描述的测试类型对于确保系统适当运行都是必不可少的。

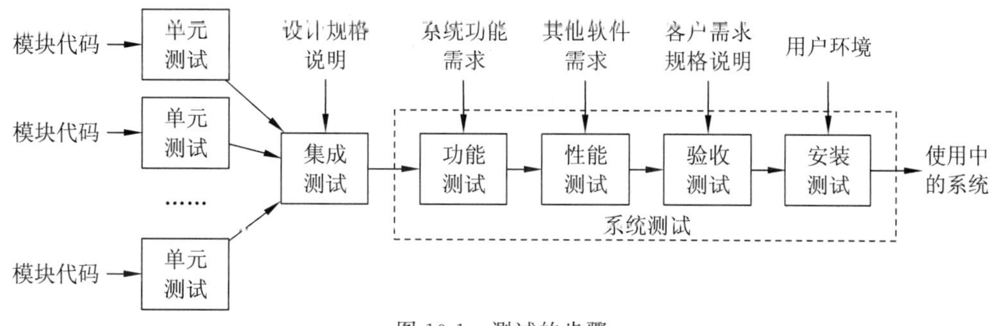

图 10.1 测试的步骤

10.2 白盒测试技术

白盒测试技术把程序看成是一个透明的盒子，测试者完全知道程序的结构和处理算法。这种方法按照程序内部的逻辑测试程序，检测程序中的主要执行通路是否都能按预定要求正确工作。白盒测试又称为结构测试。

10.2.1 逻辑覆盖法

逻辑覆盖法以程序内在的逻辑结构为基础，根据程序的流程设计测试用例。根据覆盖的目标不同，又可分为语句覆盖、判定覆盖、条件覆盖、判定-条件覆盖、条件组合覆盖和路径覆盖。

【实例 10.1】 某程序的程序流程图如图 10.2 所示，用各种覆盖方法对其进行逻辑覆盖测试。

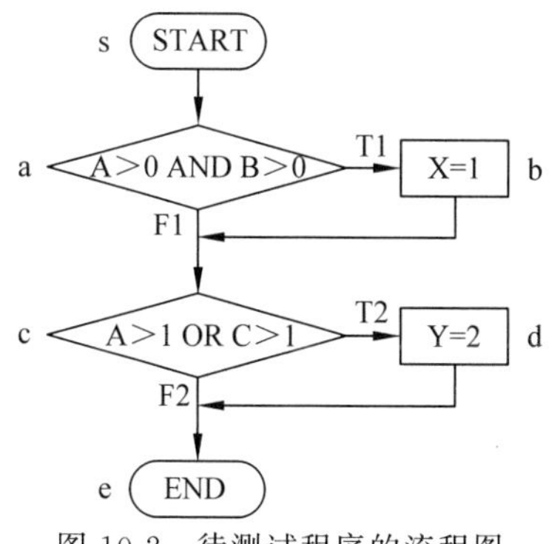

图 10.2 待测试程序的流程图

1. 语句覆盖

语句覆盖的含义是，选择足够多的测试数据，使被测程序中的每个语句至少执行一次。

要满足语句覆盖的要求，该程序只要按路径 a-b-c-d 执行就可以。因此，测试用例如表 10.1 所示。

表 10.1　语句覆盖的测试用例

输入数据	执行路径	覆盖分支
A=2,B=1,C=2	s-a-b-c-d-e	T1、T2

语句覆盖对程序的逻辑覆盖很少。在上述例子中，两个判定都只测试了为真的情况，如果条件为假时处理有错误，显然不能被发现。语句覆盖只关心判定表达式的值，而没有分别测试判定表达式中每个条件取不同值时的情况。如果程序中第一个判定表达式的逻辑运算符“and”错写成“or”，或第二个判定表达式中的条件“C>1”错写成“C<1”，上述测试用例并不能查出错误。因此，语句覆盖是很弱的逻辑覆盖标准。

2. 判定覆盖

判定覆盖也叫分支覆盖，其含义是，不仅每个语句必须至少执行一次，而且每个判定的每种可能的结果都应该至少执行一次，即，每个判定的每个分支都至少执行一次。

在本例中，程序包含 2 个判定，因此共有 4 个分支：T1、F1、T2、F2。判定覆盖要求覆盖到这 4 个分支，可以采用如表 10.2 所示的测试用例。

表 10.2　判定覆盖的测试用例

输入数据	执行路径	覆盖分支
A=2,B=1,C=2	s-a-b-c-d-e	T1、T2
A=0,B=0,C=0	s-a-c-e	F1、F2

判定覆盖比语句覆盖强，但是对程序逻辑的覆盖程度仍然不高，上面的测试数据只覆盖了程序全部路径的一半。

3. 条件覆盖

条件覆盖的含义是，不仅每个语句至少执行一次，而且要使判定表达式中的每个条件都取到各种可能的结果。

本例中，程序有两个判定，每个判定中各包含两个条件，每个条件的取值可以为真或假，因此需要覆盖的所有情况包括①A>0，②A≤0，③B>0，④B≤0，⑤A>1，⑥A≤1，⑦C>1，⑧C≤1。

条件覆盖的测试用例如表 10.3 所示。

条件覆盖通常比判定覆盖强，因为它使每个条件都取到了两个不同的结果，而判定覆盖却只关心整个判定表达式的值。如表 10.3 中第一组测试用例，既满足了条件覆盖，也满足判定覆盖。但也可能有反例，如第二组测试用例，虽然满足了条件覆盖，但是却没有满足判定覆盖，分支 F2 没有被测试到。因此，判定覆盖不一定包含条件覆盖，条件覆盖也不一定包含判定覆盖。

表 10.3 条件覆盖的测试用例

组别	输入数据	执行路径	覆盖分支	覆盖条件
第一组	A=2,B=1,C=2	s-a-b-c-d-e	T1、T2	①③⑤⑦
	A=0,B=0,C=0	s-a-c-e	F1、F2	②④⑥⑧
第二组	A=2,B=1,C=0	s-a-b-c-d-e	T1、T2	①③⑤⑧
	A=0,B=0,C=2	s-a-c-d-e	F1、T2	②④⑥⑦

4. 判定-条件覆盖

既然条件覆盖和判定覆盖不能互相包含，自然需要提出一种能同时满足这两种覆盖标准的逻辑覆盖，这就是判定-条件覆盖。判定-条件覆盖的含义是，选取足够多的测试数据，使得判定表达式中的每个条件都取到各种可能的值，而且每个判定表达式(分支)也都取到各种可能的结果。

本例中，能满足判定-条件覆盖的测试用例如表 10.4 所示。

表 10.4 判定-条件覆盖的测试用例

输入数据	执行路径	覆盖分支	覆盖条件
A=2,B=1,C=2	s-a-b-c-d-e	T1、T2	①③⑤⑦
A=0,B=0,C=0	s-a-c-e	F1、F2	②④⑥⑧

这组测试用例其实和表 10.3 中条件覆盖的第一组测试用例一样，因此，判定-条件覆盖也并不一定比条件覆盖更强。

5. 条件组合覆盖

条件组合覆盖是更强的逻辑覆盖标准，它的含义是，选取足够多的测试数据，使得每个判定表达式中条件的各种可能组合都至少出现一次。

本例中，有 2 个判定，每个判定中都包含 2 个条件，将这 2 个条件进行取值组合，共有以下 8 种可能的条件组合：①A>0,B>0；②A>0,B≤0；③A≤0,B>0；④A≤0,B≤0；⑤A>1,C>1；⑥A>1,C≤1；⑦A≤1,C>1；⑧A≤1,C≤1。

条件组合覆盖的测试用例如表 10.5 所示。

表 10.5 条件组合覆盖的测试用例

输入数据	执行路径	覆盖分支	覆盖条件组合
A=2,B=1,C=2	s-a-b-c-d-e	T1、T2	①⑤
A=2,B=0,C=0	s-a-c-d-e	F1、T2	②⑥
A=1,B=1,C=0	s-a-c-d-e	F1、T2	③⑦
A=0,B=0,C=0	s-a-c-e	F1、F2	④⑧

显然，满足条件组合覆盖标准的测试数据，也一定满足判定覆盖、条件覆盖和判定-条件覆盖标准。因此，条件组合覆盖是前述几种覆盖标准中最强的。但是，条件组合覆盖标准的测试数据并不一定能使程序中的每条路径都执行到，例如，表 10.5 中的 4 条测试数据都没有测试到路径 s-a-b-c-e。

6. **路径覆盖**

路径覆盖的含义是，选取足够多测试数据，使程序的每条可能路径都至少执行一次。如果程序流程中有循环，则要求每个循环至少经过一次。

本例中，程序所有可能的路径有 4 条，测试这 4 条路径的测试用例如表 10.6 所示。

表 10.6　路径覆盖的测试用例

输入数据	执行路径	覆盖分支
A=2,B=1,C=2	s-a-b-c-d-e	T1、T2
A=2,B=0,C=0	s-a-c-d-e	F1、T2
A=0,B=1,C=2	s-a-b-c-e	T1、F2
A=0,B=0,C=0	s-a-c-e	F1、F2

10.2.2　基本路径法

基本路径测试是 Tom McCabe 提出的一种白盒测试技术。该方法首先利用程序的流图计算出程序的环形复杂度，再以该复杂度为指南定义执行路径的基本集合。从该基本集合导出的测试用例，可保证程序中的每条语句至少执行一次，而且每个条件在执行时都将分别取真、假两种值。

1. **流图**

为了突出表示程序的控制流，人们通常使用流图(也称为程序图)。所谓流图实质上是“退化了的”程序流程图，它仅仅描绘程序的控制流程，完全不表现对数据的具体操作以及分支或循环的具体条件。流图的元素及其表示如下。

(1) 节点，用圆表示。一个圆代表一条或多条语句。它对应程序流程图中的若干个处理框序列和一个判定框。

(2) 边，用箭头线表示。它和程序流程图中的箭头线类似，代表控制流。在流图中，一条边必须终止于一个节点，即使这个节点并不代表任何语句(实际上相当于一个空语句)。

(3) 区域，由边和节点围成的面积。当计算区域数时应该包括图外部未被围起来的那个区域。

用任何方法表示的过程设计结果，都可以转化成流图，其映射规则如下。

- 顺序结构：一个顺序处理序列和下一个选择或循环的开始语句，可以映射成流图中的一个节点。
- 选择结构：开始语句映射成一个节点，两条分支至少各映射成一个节点，选择的结束映射成一个节点。

• 循环结构：开始和结束语句各映射成一个节点。

各种程序结构的流图如图10.3所示。

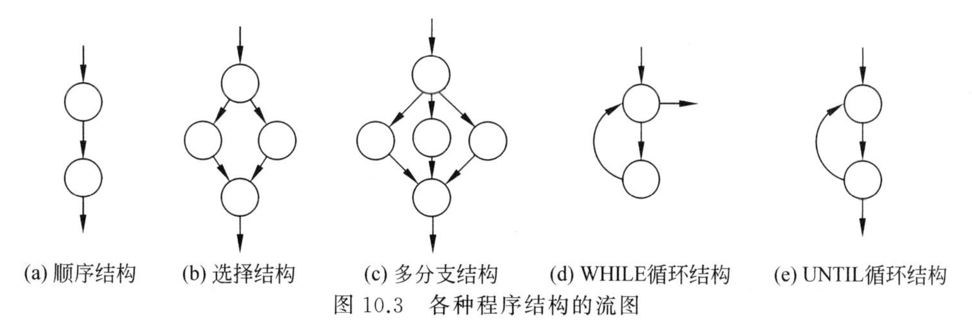

图10.3 各种程序结构的流图

当过程设计中包含复合条件时，应该把复合条件分解为若干个简单条件，每个简单条件对应流图中一个节点。所谓复合条件，就是在条件中包含了一个或多个布尔运算符（逻辑AND、OR、NAND、NOR）。

例如，复合条件“a AND b”在流图中要用两个节点分别表示a和b，其控制结构按照其逻辑含义表达，如图10.4所示。类似地，复合条件“a OR b”的流图如图10.5所示。

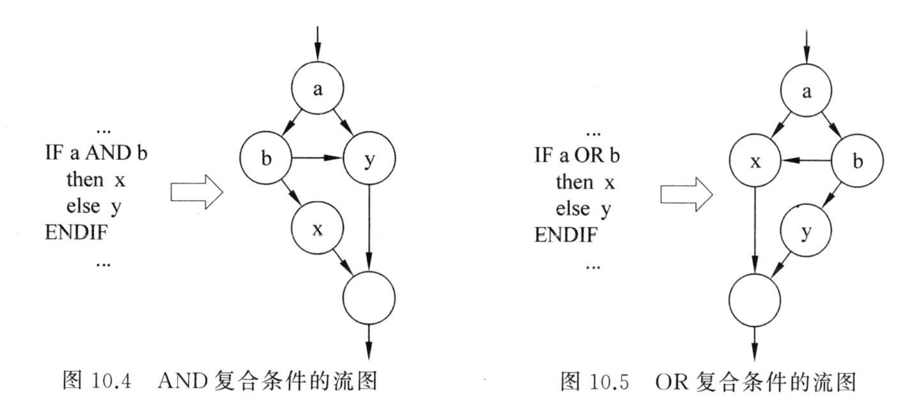

图10.4 AND复合条件的流图　　图10.5 OR复合条件的流图

【实例10.2】 本节仍然以图10.2所示的程序为例，用基本路径法对其进行测试。首先画出该程序的流图，如图10.6所示。注意程序中两个判定均为复合条件，需要拆分成简单条件，分别对应节点①、②、④、⑤。

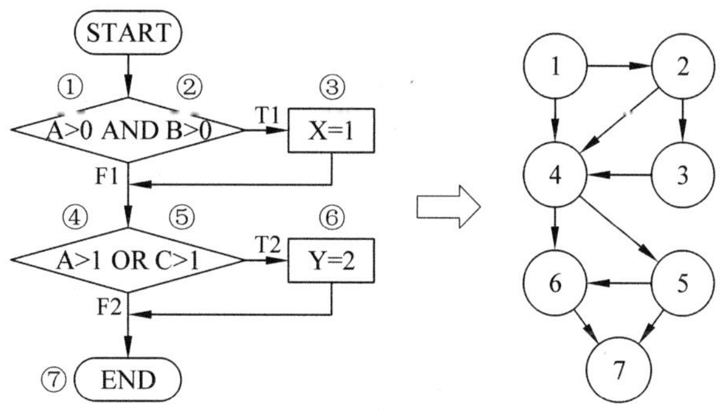

图10.6 待测试程序的流图

2. 计算环形复杂度

环形复杂度定量度量程序的逻辑复杂度。可根据程序的流图来计算程序的环形复杂度,计算方法有如下3种。

(1) 环形复杂度 $V(G)$=流图中的区域数;

(2) 环形复杂度 $V(G)=E-N+2$,其中 E 是流图中的边数,N 是节点数;

(3) 环形复杂度 $V(G)=P+1$,其中 P 是流图中判定节点的数目。

使用上述任何一种计算方法都可以得到图10.6中流图的环形复杂度 $V(G)=5$。

3. 确定独立路径集合

所谓独立路径是指至少引入程序的一个新处理语句集合或一个新条件的路径,用流图术语描述,独立路径至少包含一条在定义该路径之前不曾用过的边。

使用基本路径测试法设计测试用例时,程序的环形复杂度决定了程序中独立路径的数量,而且这个数是确保程序中所有语句至少被执行一次所需的测试数量的上界。

上述例子中,由于环形复杂度为5,因此共有5条独立路径。

- 路径1:1—4—6—7。
- 路径2:1—4—5—7。
- 路径3:1—4—5—6—7。
- 路径4:1—2—4—6—7。
- 路径5:1—2—3—4—6—7。

4. 设计独立路径的测试用例

应该选取测试数据使得在测试每条路径时都适当地设置好了各个判定节点的条件。为了便于选取测试数据,图10.7的流图中每个判定节点上都标注了条件。

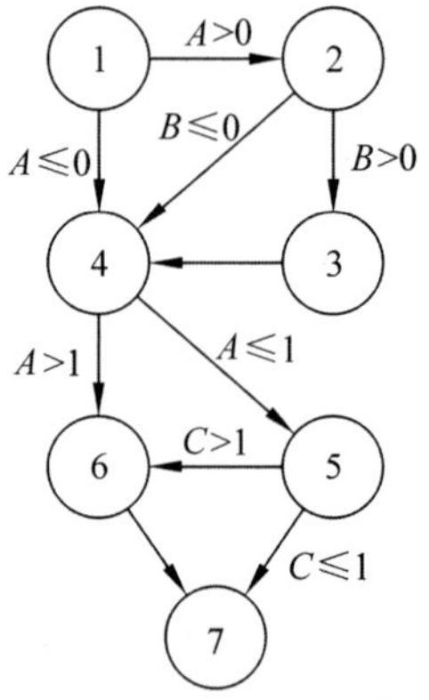

图10.7 标注判定节点条件的流图

在测试过程中,执行每个测试用例并把实际输出结果与预期结果相比较。一旦执行完所有测试用例,就可以确保程序中所有语句都至少被执行了一次,而且每个条件都分别取过"真"值和"假"值。上述例子的测试用例如表10.7所示。

表10.7 独立路径集合的测试用例

执行路径	输入数据	预期结果
路径1:1—4—6—7	无	无法测试
路径2:1—4—5—7	$A=0,B=0,C=1$	正确的结果
路径3:1—4—5—6—7	$A=0,B=0,C=2$	正确的结果
路径4:1—2—4—6—7	$A=2,B=0,C=1$	正确的结果
路径5:1—2—3—4—6—7	$A=2,B=1,C=1$	正确的结果

注意:某些路径不能以独立的方式测试,也就是说,程序的正常流程不能形成独立执行

该路径所需要的数据组合。例如，表 10.7 中的路径 1。执行这条路径需要的条件是 $A \leqslant 0$ 和 $A > 1$，这是矛盾的，不是程序的正常流程，因此路径 1 无法以独立执行的方式进行测试。在这种情况下，这些路径必须作为另一个路径的一部分来测试。路径 1 中的每一小段，在其他路径中都测试到了。

10.2.3 循环测试

循环是大多数软件算法的基本结构，但是，在测试时却往往未对循环结构进行足够的测试。如逻辑覆盖和基本路径测试在遇到循环时，循环测试是一种白盒测试技术，它专注于测试循环结构的有效性。在结构化的程序中通常只有 3 种循环，即简单循环、嵌套循环和串接循环，如图 10.8 所示。

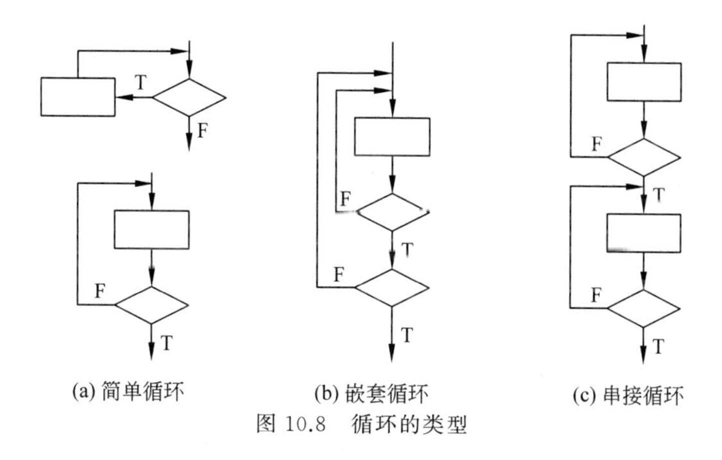

图 10.8 循环的类型

1. 简单循环

应该使用下列测试集来测试简单循环，其中 n 是允许通过循环的最大次数。

- 跳过循环；
- 只通过循环 1 次；
- 通过循环 2 次；
- 通过循环 m 次，其中 $m<n-1$；
- 通过循环 $n-1, n, n+1$ 次。

2. 嵌套循环

如果把简单循环的测试方法直接应用到嵌套循环，可能的测试数就会随嵌套层数的增加按几何级数增长，这会导致不切实际的测试数目。B.Beizer 提出了一种能减少测试数的方法。

- 从最内层循环开始测试，把所有其他循环都设置为最小值；
- 对最内层循环使用简单循环测试方法，而使外层循环的迭代参数（如循环计数器）取最小值，并为越界值或非法值增加一些额外的测试；
- 由内向外，对下一个循环进行测试，但保持所有其他外层循环为最小值，其他嵌套循环为“典型”值；

- 继续进行下去，直到测试完所有循环。

3. **串接循环**

如果串接循环的各个循环都彼此独立，则可以使用前述的测试简单循环的方法来测试串接循环。

如果两个循环串接，而且第一个循环的循环计数器值是第二个循环的初始值，则这两个循环并不独立。当循环不独立时，建议使用测试嵌套循环的方法来测试串接循环。

10.3 黑盒测试技术

黑盒测试法把程序看作一个不可透视的黑盒子，完全不考虑程序的内部结构和处理过程。也就是说，黑盒测试是在程序接口进行的测试，它只检查程序功能是否能按照规格说明书的规定正常使用，程序是否能适当地接收输入数据并产生正确的输出信息，在程序运行过程中能否保持外部信息的完整性。黑盒测试又称为功能测试。

黑盒测试着重测试软件功能，力图发现下述类型的错误。

- 功能不正确或遗漏了功能；
- 界面错误；
- 数据结构错误或外部数据库访问错误；
- 性能错误；
- 始化和终止错误。

应用黑盒测试技术设计的测试用例能够减少为达到合理测试所需要设计的测试用例的总数，即测试用例尽可能少。黑盒测试的测试用例能够告知是否存在某些类型的错误，而不是仅仅指出与特定测试相关的错误是否存在，即一个测试用例能指出一类错误。

10.3.1 等价类划分法

等价类划分方法是把所有可能的输入数据，即程序的输入数据集合划分成若干个子集(即等价类)，然后从每一个等价类中选取少数具有代表性的数据作为测试用例。其基于这样一个合理的假定：测试某等价类的代表值就是等效于对于这一类其他值的测试。即在等价类中，各个输入数据对于揭露程序中的错误是等效的，具有等价的特性，因此表征该类的数据输入将能代表整个数据子集(等价类)的输入。等价类划分法将不能穷举的测试数据进行合理分类，变成有限的、较少的若干个数据来代表更为广泛的数据输入。

1. **有效等价类和无效等价类**

在使用等价类划分方法设计测试用例时，不但要考虑有效等价类划分，同时还需要考虑无效的等价类划分，如图 10.9 所示。

- 有效等价类。有效等价类是指完全满足产品规格说明的输入数据，即有效的、有意义的输入数据所构成的集合。利用有效等价类可以检验程序是否满足规格说明所规定的功能和性能。

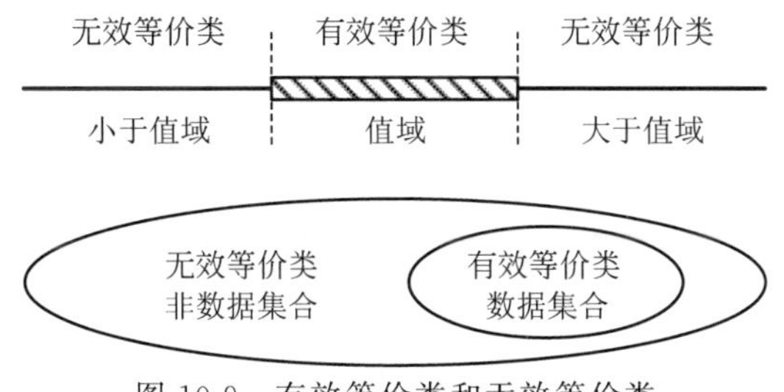

图 10.9　有效等价类和无效等价类

- 无效等价类。和有效等价类相反,即由不满足程序输入要求或者无效的输入数据构成的集合。

使用无效等价类,可以测试程序的容错性(即,对异常情况的处理)。在程序设计中,不但要保证有效的数据输入能产生正确的输出,同时要保证系统有容错处理能力,在错误或无效数据输入时,能自我保护而不至于系统崩溃,并能给出错误提示。这样,软件才能运行稳定和可靠。

2. 等价类划分规则

可以参考如下规则进行等价类的划分。

(1) 输入数据是布尔值,这是一种特殊的情况,有效等价类只有一个值"真(True)",无效等价类也只有一个值"假(False)"。

(2) 在输入条件规定了取值范围的前提下,则可以确定一个有效等价类和两个无效等价类。例如,程序输入数据要求是 2 位正整数 x,则有效等价类为 $10\leqslant x\leqslant 99$,两个无效等价类为 $x<10$ 和 $x>99$。

(3) 如果规定了输入数据的个数,则类似地可以划分出一个有效等价类和两个无效等价类。例如,一个学生每学期只能选修 1～3 门课,则有效等价类是"选修 1～3 门课",而无效等价类有"一门课都不选"或"选修超过 3 门课"。

(4) 在输入条件规定了输入值的集合或者规定了"必须如何"的条件下,可以确定一个有效等价类和多个无效等价类。例如,邮政编码是必须由 6 位数字构成的有效值,其有效集合是清楚的,对应存在一个无效的集合,有多个无效等价类。

(5) 规定了一组列表形式(n 个值)的输入数据,并且程序要对每一个输入值分别进行处理的情况下,可确定 n 个有效等价类和一个无效等价类。例如,我国的直辖市作为输入值,则等价类是一个固定的枚举类型{北京,上海,天津,重庆},而且要针对各个城市分别取出相对应的数据,此时无效等价类为非直辖市的省、自治区等。

(6) 更复杂的情况是,输入数据要求符合某几个规则,这时,可能存在多个有效等价类和若干个无效等价类。例如,有效的 E-mail 地址,必须含有@,@后面格式为 x.y,E-mail 地址不能带有一些特殊符号,如/、\、#、& 等。

以上列出的启发式规则只是测试时可能遇到的情况中的很小一部分,实际情况千变万化。为了正确划分等价类,一是要注意积累经验,二是要正确分析被测程序的功能。此外,在划分无效的等价类时还必须考虑编译程序的检错功能,通常不需要设计测试数据来暴露编译程序肯定能发现的错误。

3. 等价类划分法的步骤

将等价类划分法应用于测试用例的设计过程中，其关键就是分类和抽象。首先是分类，即将输入域按照具有相同特性或者类似功能进行分类，然后进行抽象，即在各个子类中去抽象出相同特性并用实例来表征这个特性。在具体实施时，在完成了等价类划分之后，就要设计足够的测试用例来覆盖各个等价类，包括有效等价类和无效等价类。概括起来，等价类划分法应用步骤如下。

(1) 数据分类，分出有效等价类和无效等价类；

(2) 针对有效等价类，进一步进行分割，直至不能划分为止，形成等价类表，为每一等价类规定一个唯一的编号；

(3) 设计一个新的测试方案以尽可能多地覆盖尚未被覆盖的有效等价类，重复这一步骤直到所有有效等价类都被覆盖为止；

(4) 设计一个新的测试方案，使它覆盖一个而且只覆盖一个尚未被覆盖的无效等价类，重复这一步骤直到所有无效等价类都被覆盖为止。

【实例 10.3】 我国固定电话号码由两部分组成：地区码，是以 0 开头的 3 位或者 4 位数字；电话号码，是以非 0、非 1 开头的 7 位或者 8 位数字。在某应用程序中，要求输入符合上述规则的固定电话号码，对不符合规则的号码给出错误提示。可用等价类划分法进行测试，等价类的划分如表 10.8 所示，测试用例的设计如表 10.9 所示。

表 10.8 固定电话号码数据的等价类划分

输入数据	有效等价类	无效等价类
地区码	(1) 以 0 开头的 3 位数字 (2) 以 0 开头的 4 位数字	(5) 小于 3 位 (6) 大于 4 位 (7) 以非 0 数字开头 (8) 含有非数字字符
电话号码	(3) 以非 0、非 1 开头的 7 位数字 (4) 以非 0、非 1 开头的 8 位数字	(9)以 0 开头 (10) 以 1 开头 (11) 小于 7 位 (12) 大于 8 位 (13) 含有非数字字符

表 10.9 测试用例的设计

输入数据	覆盖等价类	预期结果
024 22345678	覆盖(1)(4)	正确
0429 2234567	覆盖(2)(3)	正确
01 22345678	覆盖(5)	错误
0123 22345678	覆盖(6)	错误
123 22345678	覆盖(7)	错误
02a 22345678	覆盖(8)	错误

续表

输入数据	覆盖等价类	预期结果
024 02345678	覆盖(9)	错误
024 12345678	覆盖(10)	错误
024 223456	覆盖(11)	错误
024 223456789	覆盖(12)	错误
024 2234567a	覆盖(13)	错误

10.3.2 边界值分析法

经验表明,处理边界情况时程序最容易发生错误。例如,许多程序错误出现在下标、纯量、数据结构和循环等的边界附近。因此,设计使程序运行在边界情况附近的测试方案,暴露出程序错误的可能性更大一些。使用边界值分析方法设计测试方案首先应该确定边界情况。选取的测试数据应该刚好等于、刚刚小于和刚刚大于边界值。

在软件中,边界条件无处不在,存在数值、字符、位置、尺寸、操作、逻辑条件等各种边界条件。通常的边界检查原则包括如下几种。

- 数值范围:最大值、最小值、刚大于最大值、刚小于最小值。
- 字符串:考虑位置,包括首位、末位、首位前、末位后;考虑长度,包括0位、最大位、超出缓冲区;考虑取值范围,包括刚到达边界、刚超出边界。
- 空间:比0空间小一点、比满空间大一点。
- 输入域:默认值、空值、空格。
- 报表:第一行、最后一行或第一列、最后一列。
- 循环:循环一次,循环最大次。
- 屏幕上光标的位置:移到最右边、最下面等。
- 16bit 整数:32767、−32768。
- 多选项:全选、比最大项数少一项、不选、只选一项。
- 其他如质量、大小、速度、方位、尺寸等都可按照最轻/最重,最大/最小,最快/最慢、最高/最低、最短/最长、空/满等确定边界。

在进行等价类分析时,往往先要确定边界。如果不能确定边界,就很难定义等价类所在的区域。只有边界值确定下来,才能划分出有效等价类和无效等价类。边界确定清楚后,等价类就自然产生了。因此,边界值分析方法是对等价类划分法的补充。在测试中,会将两种方法结合起来共同使用。

10.3.3 错误推测法

使用边界值分析和等价类划分技术,可以设计出具有代表性的容易暴露程序错误的测试方案。但是,不同类型、不同特点的程序通常又有一些特殊的容易出错的情况。此外,有时分别使用每组测试数据时程序都能正常工作,但这些输入数据的组合却可能检测出程序的错误。一般来说,即使是一个比较小的程序,可能的输入组合数也往往十分巨大,因此,必须依靠测试人员的经验和直觉,从各种可能的测试方案中选出一些最可能引起程序出错的方案。对于程序中可能存在哪类错误的推测,是挑选测试方案时的一个重要因素。

错误推测法在很大程度上靠直觉和经验进行。它的基本想法是列举出程序中可能有的错误和容易发生错误的特殊情况,并且根据它们选择测试方案。例如,输入数据为零或输出数据为零往往容易发生错误。还应该仔细分析程序规格说明书,注意找出其中遗漏或省略的部分,以便设计相应的测试方案,检测程序员对这些部分的处理是否正确。

此外,经验还告诉我们,在一段程序中已经发现的错误数目往往和尚未发现的错误数成正比。例如,在 IBM 公司的 OS/370 中,用户发现的全部错误的 47% 只与该系统 4% 的模块有关,因此,在进一步测试时要着重测试那些已发现了较多错误的程序段。

等价划分法和边界值分析法都只孤立地考虑各个输入数据的测试功效,而没有考虑多个输入数据的组合效应,可能会遗漏了输入数据易于出错的组合情况。选择输入组合的一个有效途径是利用判定表或判定树为工具,列出输入数据各种组合与程序应作的动作(及相应的输出结果)之间的对应关系,然后为判定表的每一列至少设计一个测试用例。

选择输入组合的另一个有效途径是,把计算机测试和人工检查代码结合起来。例如,通过代码检查发现程序中两个模块使用并修改某些共享的变量,如果一个模块对这些变量的修改不正确,则会引起另一个模块出错,因此这是程序发生错误的一个可能的原因。应该设计测试方案,在程序的一次运行中同时检测这两个模块,特别要着重检测一个模块修改了共享变量后,另一个模块能否像预期的那样正常使用这些变量。反之,如果两个模块相互独立,则没有必要测试它们的输入组合情况。

10.3.4 因果图法

可以看出,等价类划分法和边界值分析法,主要是针对单个输入或单个条件来设计测试用例。而在实际应用的测试之中,经常碰到多种条件及其组合的情况。例如,对功率大于 40 千瓦的机器、维修记录不全或已运行 10 年以上的机器,应给予优先的维修处理。这时就需要考虑输入条件之间的相互关系或组合。组合越多,关系越复杂,开发人员也就越容易犯错误,而引起更多的软件缺陷。因此,输入条件之间的相互关系或组合自然成为重要的测试点。

要检查输入条件的组合不是一件容易的事情,即使把所有输入条件划分成等价类,它们之间的组合情况也相当多。因此,必须考虑采用一种适合于描述对于多种条件的组合相应产生多个动作的形式来考虑设计测试用例。这就是因果图(cause-effect graphing 或 cause-effect diagram)方法。通过因果图,可以建立输入条件和输出间的逻辑模型,从而比较容易确定输入条件组合和输出之间的逻辑关系,从而有利于设计完整、全面的测试用例。

1. 输入到输出的关系

因果图通过简单符号(∧、∨、～等)描述输入条件之间的逻辑关系(如与、或、非等关系),如图 10.10 所示。其中,左节点 C_i 表示原因(输入状态),右节点 E_i 表示结果(输出状态),它们取值 0 或 1(布尔值),0 表示条件不成立或某状态不出现,1 表示条件成立或某状态出现。

2. 输入输出的约束关系

在因果图分析中,不仅要考虑输入和输出之间的关系,而且要考虑输入因素之间的相互

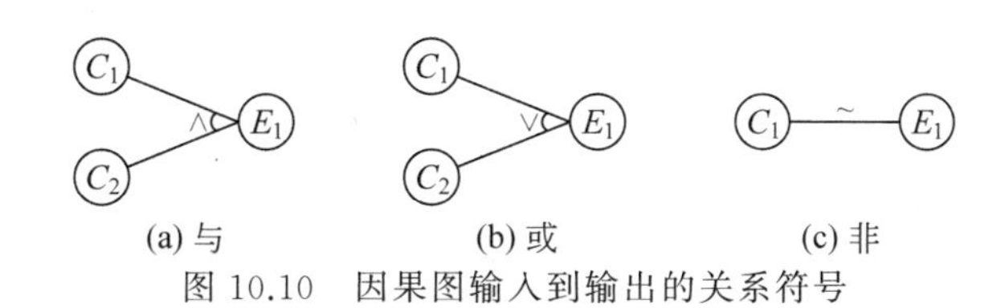

(a) 与 (b) 或 (c) 非

图 10.10 因果图输入到输出的关系符号

制约或输出结果之间的相互制约。例如,多个输入条件不可能同时出现,某些结果也不可能同时出现。

输入条件的约束,一般可以分为 4 类。

- E 约束(异):多个条件中至少有一个条件不成立,即 C_i 不能同时为 1。
- I 约束(或):多个条件中至少有一个条件成立,即 C_i 不能同时为 0。
- O 约束(唯一):多个条件中必须有一个且仅有一个条件成立,即 C_i 中只有一个为 1。
- R 约束(要求):一个条件对另一个条件有约束,如 C_1 是 1,C_2 也必须是 1。

输出结果的约束只有一种。

- M 约束(强制性):如 E_1 是 1,则 E_2 强制为 0。

各种约束关系的符号如图 10.11 所示。

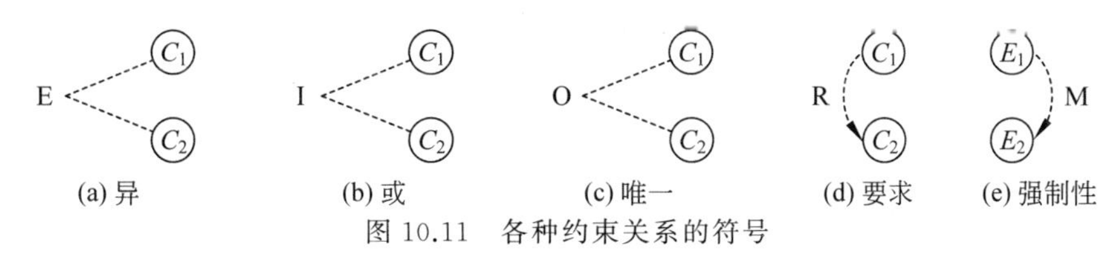

(a) 异 (b) 或 (c) 唯一 (d) 要求 (e) 强制性

图 10.11 各种约束关系的符号

3. 测试用例

通过因果图法生成测试用例的步骤如下。

(1) 分析软件规格说明书中的输入输出条件并划分出等价类,将每个输入输出赋予一个标志符,分析规格说明中的语义,通过这些语义来找出多个输入因素之间的关系;

(2) 找出输入因素与输出结果之间的关系,将对应的输入与输出之间的关系关联起来,并将其中不可能的组合情况标注成约束或者限制条件,形成因果图;

(3) 由因果图转化成判定表,任何由输入与输出之间关系构成的路径,形成判定表的一列,也就是判定表的一条规则;

(4) 将判定表的每一列拿来作为依据,设计测试用例。

【实例 10.4】 以自动售货机程序为例,用因果图法进行测试用例的设计。自动售货机有两种商品(橙汁、可乐),售价均为 5 角。售货机可以接收 5 角钱或 1 元钱的硬币,可以找零钱。例如,投入 1 元硬币买橙汁,如果售货机没有零钱找,则退回 1 元硬币,并红灯显示“零钱找完”。

首先分析输入和输出条件,根据上述描述,输入条件(原因)如下。

- C_1:售货机有零钱。
- C_2:投入 1 元硬币。
- C_3:投入 5 角硬币。
- C_4:按下橙汁按钮。

- C_5：按下可乐按钮。

输出(结果)如下。

- E_1：售货机"零钱找完"红灯亮。
- E_2：退还 1 元硬币。
- E_3：退还 5 角硬币。
- E_4：送出橙汁饮料。
- E_5：送出可乐饮料。

经过分析,可得到自动售货机程序的因果图。图中根据自动售货机的操作流程以及条件之间的逻辑关系,增加了 4 个中间状态,如图 10.12 所示。

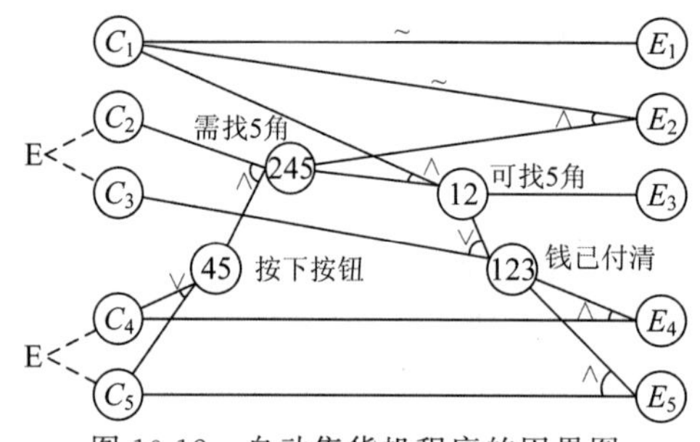

图 10.12 自动售货机程序的因果图

根据因果图,就可以转化为判定表。这里根据 C_2 与 C_3、C_4 与 C_5 的 E 约束(互斥),可以减少组合,所有可能的组合为 16 个。根据其规律,可得判定表,如表 10.10 所示。

表 10.10 自动售货机程序的判定表

		1	2	3	4	5	6	7	8	9	10	11	12	13	14	15	16
输入	C_1	1	1	1	1	1	1	1	1	0	0	0	0	0	0	0	0
	C_2	1	1	1	0	0	0	0	0	1	1	1	0	0	0	0	0
	C_3	0	0	0	1	1	1	0	0	0	0	0	1	1	1	0	0
	C_4	1	0	0	0	1	0	1	0	1	0	0	1	0	0	1	0
	C_5	0	1	0	1	0	0	0	1	0	1	0	0	1	0	0	1
中间状态	45	1	1	0	1	1	0	1	1	1	1	0	1	1	0	1	1
	245	1	1	0	0	0	0	0	0	1	1	0	0	0	0	0	0
	12	1	1	0	0	0	0	0	0	0	0	0	0	0	0	0	0
	123	1	1	0	1	1	1	0	0	0	0	0	1	1	1	0	0
输出	E_1	0	0	0	0	0	0	0	0	1	1	1	1	1	1	1	1
	E_2	0	0	0	0	0	0	0	0	1	1	0	0	0	0	0	0
	E_3	1	1	0	0	0	0	0	0	0	0	0	0	0	0	0	0
	E_4	1	0	0	0	1	0	0	0	0	0	0	1	0	0	0	0
	E_5	0	1	0	1	0	0	0	0	0	0	0	0	1	0	0	0

表中每一列均代表一个测试用例，因此需要16个测试用例。如表中第一列对应的情况如下。

- $C_1=1$，售货机有零钱。
- $C_2=1$，投入1元硬币。
- $C_3=0$，没有投入5角硬币。
- $C_4=1$，按下橙汁按钮。
- $C_5=0$，没有按下可乐按钮。

根据因果图中表述的逻辑关系，可得中间结果"45""245""12""123"均为1，因此可得最终结果$E_3=1$，$E_4=1$，也就是退还5角硬币并送出橙汁饮料。

10.4 软件测试过程

10.4.1 单元测试

单元测试集中检测软件设计的最小单元——模块。首先，通过通读程序对代码进行检查，试着找出算法、数据以及语法中的故障。甚至可以将代码与规格说明进行比较，与设计进行比较，以确保已经考虑了所有相关情况。接着，编译代码，排除任何剩余的语法故障。最后，开发测试用例，以证明是否将输入适当地转换成了所期望的输出。

1. 检查代码

程序反映了对设计的解释。文档用文字和图解释程序应该做什么。因此，请一个客观的专家小组来评审代码及其文档，以找出误解、不一致和其他的故障是很有帮助的。该过程称为代码评审(code review)。

这个小组由程序员本人和三四名技术专家组成，采用一种有组织的方式研究程序，以找出故障。技术专家可以是其他程序员、设计人员、技术文档撰写人员或者项目管理人员。

有两种类型的代码评审：代码走查(code walkthrough)和代码审查(code inspection)。

(1) 代码走查。

走查时，程序员向评审小组提交代码及其相关文档，评审小组评论所提交资料的正确性。在走查的过程中，程序员领导并且掌控讨论。讨论的气氛是非正式的，注意力集中在代码而非编码者身上。虽然项目管理人员也可能在场，但走查对程序员的业绩评价并没有影响，只服务于测试的总目标：发现故障，但是不必修改。

(2) 代码审查。

IBM公司的Fagan首次提出了代码审查的概念，审查与走查类似但是更为正式。这是一种非常有效的程序验证技术，对于典型的程序来说，可以查出30%～70%的逻辑设计错误和编码错误。审查小组最好由下述4人组成。

- 组长，应该是一个很有能力的程序员，而且没有直接参与这项工程；
- 程序的设计者；
- 程序的编写者；
- 程序的测试者。

审查之前，小组成员应该先研究设计说明书，理解设计。为了帮助理解，可以先由设计者扼要地介绍设计。在审查会上，由程序的编写者自行解释是怎样用程序代码实现这个设计的，小组其他成员仔细倾听讲解，并尽力发现其中的错误。审查会上进行的另外一项工作，是对照程序设计常见错误清单，分析审查程序。当发现错误时，组长会将错误记录下来，审查会继续进行(审查小组的任务是发现错误而不是改正错误)。

代码审查比计算机测试优越之处是：一次审查会上可以发现许多错误；而用计算机测试的方法发现错误之后，通常需要先改正这个错误才能继续测试，因此错误是一个一个地发现并改正的。也就是说，采用代码审查的方法可以减少系统验证的总工作量。实践表明，对于查找某些类型的错误来说，人工测试比计算机测试更有效；对于其他类型的错误来说则刚好相反。因此，人工测试和计算机测试互相补充、相辅相成，缺少其中任何一种方法都会使查找错误的效率降低。

2. 证明代码正确性

假定已经完成了单元的编码，并且该单元也经过了小组评审。测试的下一步是用一种更结构化的方式仔细检查该代码，以确定其正确性。就单元测试的目的而言，如果一个程序适当地实现了设计指定的功能和数据，并能与其他构件正常交互，那么这个程序就是正确的。

目前已经研究出了一些能证明程序正确性的方法。

(1) 形式化证明技术。

研究程序正确性的一种方式是将代码看作对逻辑流的陈述。用一种形式化的、逻辑的系统(如一系列关于数据的语句和蕴含式)来重写程序，就可以测试这种新型表达式的正确性。该方法把程序公式化为一组断言和定理，如果验证出定理为真就说明代码是正确的。

证明技术仅仅是基于输入断言如何根据逻辑规则转换成输出断言来进行的。证明该程序在逻辑意义上是正确的并不意味着软件中没有故障。实际上，这种技术可能不会发现以下故障：设计中的、与其他构件的接口的、对规格说明的解释中的、程序设计语言的语法和语义中的或者文档中的故障。

(2) 符号执行技术。

用符号代替数据变量来模拟代码的执行。可以把测试程序看作具有一个由输入数据和条件决定的输入状态。当每行代码执行时，该技术会检查状态是否发生改变。每个状态改变都会被保存，并且程序的执行被看成是一系列的状态改变。因此，程序中的每条逻辑路径都对应于一个有序的状态改变序列。每条路径的最终状态应该是一个输出状态。如果每个可能的输入状态都能产生适当的输出状态，该程序就是正确的。

(3) 自动定理证明。

一些软件工程师通过开发工具，来尝试自动化证明程序正确性的过程，工具的输入有：输入数据和条件、输出数据和条件、将要测试的构件的代码行。自动工具的输出可能是该构件正确性的一个证明，也可能是一个反例。自动化定理证明器包含编写构件所用语言的信息，因此，语法和语义规则是可访问的。遵循程序的步骤，定理证明器用几种方式识别路径。如果平常的推理和演绎规则因太烦琐而不能使用，则有时可用一种启发式的解决方案来代替。

这种定理证明软件并不是轻而易举能够开发出来的。因此，尽管非常需要，但是终究只是理想。

3. 测试程序单元

证明程序正确是软件工程师渴望追求的一个目标。因而，人们进行了大量的研究工作来开发相应的方法和自动化工具。但是，开发小组更可能关注测试软件，而不是证明程序的正确性。

单元测试侧重于模块的内部处理逻辑和数据结构，利用构件级设计描述作为指南，测试重要的控制路径以发现模块内的错误。测试的相对复杂度和这类测试发现的错误受到单元测试约束范围的限制，测试可以对多个构件并行执行。

一般情况下，单元测试在代码编写之后就可以进行。测试用例设计应与复审工作结合，根据设计规约选取数据，增大发现各类错误的可能。

单元模块并不是一个独立的程序，因此需要为每个单元测试开发驱动程序和桩程序。

- 驱动程序就是一个"主程序"，接收测试数据，把这些数据传送给被测试的模块，并且输出有关的结果。
- 桩程序代替被测试的模块所调用的模块。因此桩程序也可以称为"虚拟子程序"。它使用被它代替的模块的接口，可能做最少量的数据操作，输出对入口的检验或操作结果，并且把控制归还给调用它的模块。

驱动程序和桩程序都是额外的开销，属于必须开发但是又不能和最终软件一起提交的部分。如果驱动程序和桩程序相对简单，则额外开销相对较低；在比较复杂的情况下，完整的测试需要推迟到集成测试阶段才能完成。

10.4.2 集成测试

当一些单个模块能够正确运转、达到目标，并且令人满意时，就需要将它们组合成一个运转的系统。集成测试是测试和组装软件的系统化技术，可在将模块按照设计要求组装起来的同时进行测试，主要目标是发现与接口有关的问题。这种集成通常是经过计划和协调的，使得失效发生时，能够对失效的原因有所了解。

系统被看成是模块层次，其中每一个模块都属于设计中的某一层。可以自顶向下进行测试、自底向上进行测试或者把这两种方法结合起来。

1. 一次性集成

当所有模块都分别经过测试后，再将它们合在一起作为最终系统进行测试，看看这个系统是否能一次运行成功。Myers 将这种方式称为一次性测试(big-bang testing)，图 10.13 说明了此集成过程。

很多程序员将一次性集成方法用于小型系统——这种方法对大型系统并不实用。实际上，由于一次性集成测试存在着若干缺点，因此，在任何系统中都不推荐使用它。首先，它需要同时使用桩程序和驱动程序来测试独立的构件；其次，因为所有的模块是一次性地进行合并，所以很难发现引起失效的原因；最后，很难将接口故障与其他类型的故障区分开来。

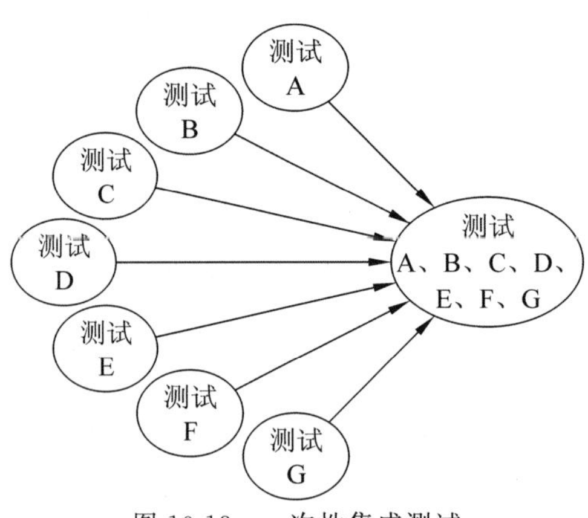

图 10.13　一次性集成测试

2. 自底向上集成

自底向上集成时，每一个处于系统层次中最底层的模块首先被单独测试。接着要测试的是那些调用了前面已测试的模块。反复地采用此方法，直到所有的模块都被测试完毕。当很多底层模块是常被其他模块调用的通用实用例程(utility routine)时，当设计是面向对象时，或者当系统集成了大量独立的复用构件时，自底向上的方法很有用。

【实例 10.5】 对图 10.14 中的系统模块层次进行集成测试。

用自底向上方法测试这个系统的过程如下。

(1) 首先测试最底层的模块 E、F 和 G。因为还没有现成的模块能调用这些最底层的程序，所以需要编写驱动程序调用特定模块并向其传递测试用例的程序。编写驱动程序要注意确保适当定义该驱动程序与测试构件的接口。

(2) 上移一层，测试倒数第二层的模块。这些与最底层连接的模块并不是单独测试的，而是将它们与它们调用的(已经进行了测试的)模块组合起来一起测试。也就是将 B、E 和 F 组合在一起测试。如果发生了问题，就能知道引起该问题的原因是在构件 B 中，还是在 B 和 E 的接口中，或者是在 B 和 F 的接口中，因为 E 和 F 本身都能正确地运行。类似地，对 D 和 G 进行测试。因为 C 没有调用其他模块，因此可以单独测试。

(3) 最后，一起测试所有的模块。图 10.15 显示了自底向上的测试序列和测试之间的依赖关系。

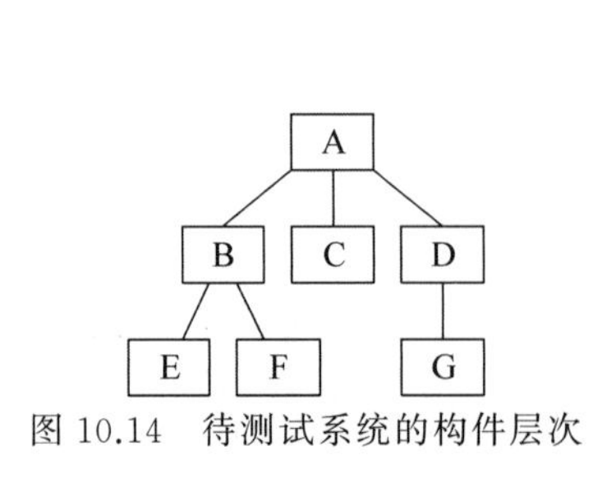

图 10.14　待测试系统的构件层次

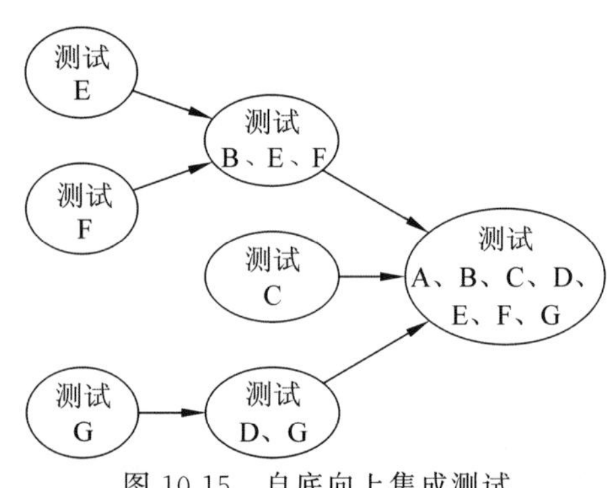

图 10.15　自底向上集成测试

在一个功能分解(结构化设计)的系统中进行自底向上的测试时,人们通常抱怨的问题是,顶层模块通常是最重要的,但却是最后测试。顶层指导主要的系统活动,而底层通常执行更为普通的任务,例如,输入和输出功能或重复的计算。顶层更概括,而较低层次更为具体。因此,一些开发人员感到按照首先测试底层的方式,主要故障的发现就会推迟到测试的后期。再者,有时顶层的故障反映的是设计中的故障,显然,这些问题应该在开发中尽快改正,而不是等到最后期。最后,顶层模块通常控制或影响计时。当系统的大部分处理都依赖于计时的时候,就很难自底向上地测试系统。

另一方面,对面向对象程序来讲,自底向上的测试通常是最为明智的选择。每次,一个对象与前面已经测试过的对象或对象集组合起来。消息从一个对象发送给另一个对象,测试确保对象做出正确的响应。

3. 自顶向下集成

很多开发人员更喜欢使用自顶向下的方法进行集成测试。这种方法在很多方面都是自底向上的逆过程。顶层模块通常是一个控制模块,独立进行测试。然后,将被测模块调用的所有模块组合起来,作为一个更大的单元进行测试。重复执行这种方法,直到所有的模块都被测试。

正在测试的模块可能会调用还没有经过测试的别的模块,因此需要编写一个桩程序,用于模拟(测试时)缺少模块时的活动。桩程序应答调用序列,并传回输出数据,使测试过程得以继续。

用自顶向下集成方法测试上述示例的过程如下。

(1) 独立测试顶层模块 A,测试时需要使用表示模块 B、C 和 D 的桩程序。

(2) 在模块 A 经过测试后,将与其下一层模块进行组合,即对 A、B、C 和 D 一起测试。在这一阶段的测试中,可能需要表示模块 E、F 或 G 的桩程序。

(3) 最后,对整个系统进行测试,如图 10.16 所示。

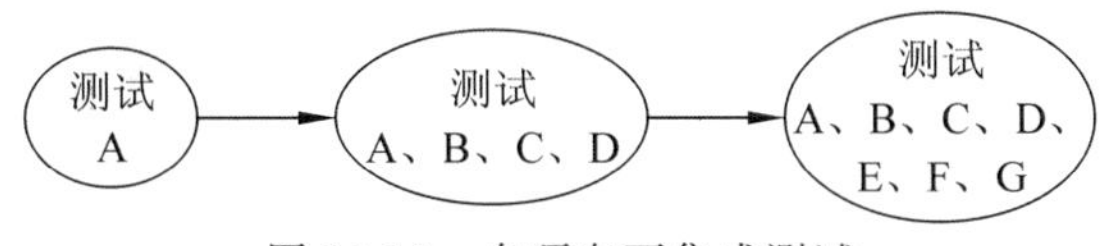

图 10.16　自顶向下集成测试

自顶向下的测试使得测试小组可以沿着执行序列从控制的最高层向下到适当的模块,一次执行一项功能。因此,可以依据被检查的功能来定义测试用例。再者,任何关于功能可行性的设计故障或主要问题都可以在测试的早期进行处理,而不用等到测试的后期。

自顶向下测试并不需要驱动程序,但是可能需要大量的桩程序。编写桩程序有可能会比较困难,因为它们必须允许测试所有可能的情况,并且它的正确性可能会影响测试的有效性。当系统最底层包含很多实用例程时,就可能出现这种情况。避免这一问题的一个方法是,对策略稍加修改。

改进的自顶向下方法在进行合并之前会对每一层中的模块进行单独的测试,而不是一次性地包含完整的一层。例如,使用改进的方法测试示例系统,可以首先测试 A,接着依次测试 B、C 和 D,然后把这 4 个模块合并起来测试第一层和第二层,然后再单独测试 E、F 和

G,最后,把整个系统组合起来进行测试,如图 10.17 所示。

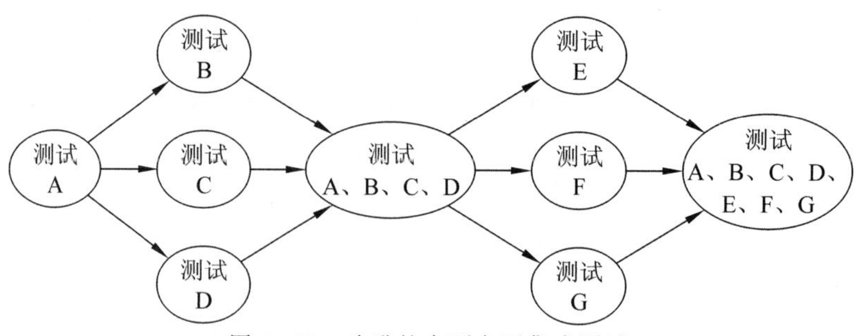

图 10.17　改进的自顶向下集成测试

但是,对每一层中的模块进行单独的测试会引入另一难题,就是这些模块既需要桩程序,又需要驱动程序,从而导致更多的编码和潜在的问题。

4. 三明治集成

Myers 将自顶向下策略与自底向上策略结合起来,形成了三明治测试(sandwich testing)方法。这种方法将系统分为三层,就像一个三明治。目标层处于中间,目标上面有一层,目标下面有一层。在顶层使用自顶向下方法,而在较低的层次使用自底向上方法。测试集中于目标层,目标层是根据系统特性和模块层次结构来选择的。

这种方法使得在测试的开始就能用自底向上测试来验证实用程序的正确性。因而就不需要编写桩程序,因为实际的实用程序已经可用了。对于示例系统,图 10.18 描述了一种可能的三明治集成序列,其中目标层是中间层构件 B、C 和 D。

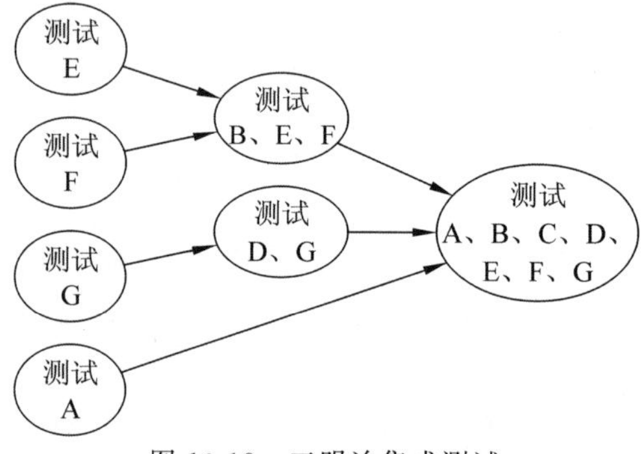

图 10.18　三明治集成测试

三明治测试允许在测试的早期进行集成测试,并通过在最开始就对控制和实用程序进行测试,将自顶向下测试和自底向上测试的优点结合起来。但是,在集成之前,它没有单独的、完全的测试好的模块。改进的三明治方法,允许在将较上层的模块和其他模块合并之前,先对这些较上层的模块进行测试,如图 10.19 所示。

5. 集成策略的比较

集成策略的选择不仅依赖系统特性,而且依赖客户的期望。例如,客户可能希望尽可能早地看到一个运转的版本,因此,可采用一个能在测试过程早期产生一个基本的运作系统的

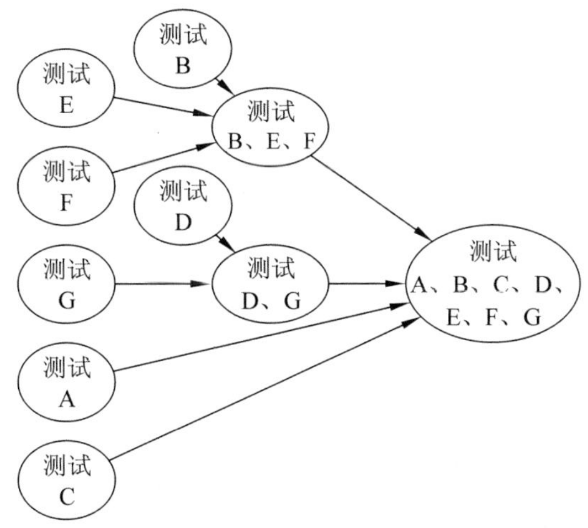

图 10.19 改进的三明治集成测试

集成进度表。这样，在其他程序员进行测试的同时，一些程序员进行编码，从而使得测试和编码阶段可以同步进行。Myers 采用矩阵的形式给出了基于几种系统属性和客户需要的若干策略，如表 10.11 所示。

表 10.11 集成策略的比较

属性和需求	策略					
	一次性	自底向上	自顶向下	改进的自顶向下	三明治	改进的三明治
集成	迟	早	早	早	早	早
基本运转程序的时间	迟	迟	早	早	早	早
是否需要驱动程序	是	是	否	是	是	是
是否需要桩程序	是	否	是	是	是	是
在开始的工作平行性	高	中	低	中	中	高
测试特定路径的能力	易	易	难	易	中	易
计划和控制顺序的能力	易	易	难	难	难	难

10.4.3 系统测试

单元测试和集成测试的目标是确保代码适当地实现了设计，即，程序员编写代码完成设计人员的设计。系统测试的目标与上述两者有很大不同，它要确保系统能做客户想要它做的事情。

系统测试包括以下几个步骤。

- 功能测试；
- 性能测试；
- 验收测试；
- 安装测试。

首先测试的是系统执行的功能。功能测试检查集成的系统是否按照需求指定的那样执行功能。一旦测试小组确信功能可按指定要求实现之后，性能测试再将集成的构件与非功能系统需求进行比较。这些需求包括安全性、精确性、速度和可靠性，它们约束了系统功能的执行方式。接着，通过评审需求定义文档，将系统与客户的期望进行比较。客户也要测试系统，以确保它符合他们对需求的理解，而客户对需求的理解可能与开发人员有所不同。这种测试称为验收测试，可向客户保证，构件的系统就是客户想要的系统。验收测试有时在实际环境中进行，但通常在不同于目标地点的测试设备下进行。出于这样的原因，还可能需要最后的安装测试，使得用户能够执行系统功能并记录在实际环境中可能引起的其他问题。

1. 功能测试

系统测试是从功能测试开始的。前面讨论的测试集中于模块和模块之间的交互。功能测试则不考虑系统结构，只集中于功能，采用的测试技术以黑盒测试为主，如等价类划分法、因果图等。不必知道正在执行哪个构件，但必须知道系统应该做什么。因此，功能测试是基于系统功能性需求的。

每个功能都可以与完成该功能的系统模块关联起来。实现某些功能的模块集可能是整个系统。与一个功能相关联的动作集合称为线程(thread)，因此，功能测试有时也称为线程测试。

从逻辑上讲，在一个规模较小的模块集中更容易找出问题的原因。因此，若要方便地进行测试，就需要仔细地选择功能测试的顺序。可以用嵌套方式定义功能。例如，假设一个水质监控系统的需求指定，当水质的 4 种特性(溶解氧、温度、酸度和放射性)发生大的变化时，系统要能够监控。监控水质变化是整个系统众多功能中的一个。但是，功能测试时，可以把 4 种特性的监控看作 4 个单独的功能，分别单独测试。

有效的功能测试应该具有很高的故障检测概率。在功能测试中，可以使用与单元测试一样的指导原则，即，一个测试应该满足以下原则。

- 具有很高的故障检测概率；
- 使用独立于设计人员和程序员的测试小组；
- 了解期望的动作和输出；
- 既要测试合法输入，也要测试不合法输入；
- 永远不要为了使测试更加容易而修改系统；
- 制定停止测试标准。

功能测试是在谨慎、受控的情形下进行的。而且，因为一次测试一个功能，所以如果需要的话，实际上可以在整个系统构建之前就开始功能测试。

功能测试将系统的实际表现与其需求进行比较，因此，功能测试的测试用例要依据需求文档进行开发。

例如，对于一个字处理系统而言，可以测试其系统处理方式：文档创建、文档修改、文档删除。在每一类处理方式中，对不同的功能进行测试。

例如，可以测试对文档的修改：增加一个字符、增加一个单词、增加一段文字、删除一个字符、删除一个单词、删除一段文字、改变字体、改变字体大小、改变段落格式等。

2. 性能测试

在确定系统能执行需求所要求的功能之后，就要考虑这些功能执行的方式。因此，功能测试针对的是功能需求，而性能测试针对的是非功能需求。

系统性能是根据客户规定的性能目标来测量的。这些性能目标表示为非功能需求，例如，功能测试已经说明，根据火箭推进力、天气情况、相关传感器和系统信息，测试的系统能够计算火箭的轨道。性能测试则根据对用户命令的响应速度、结果的精确度、数据的可访问性等客户的性能规定，检查计算的效果。性能测试由测试小组进行设计和执行，并将结果提供给客户。因为性能测试通常涉及硬件和软件，所以硬件工程师可能会参与测试小组。

性能测试根据需求进行，因此，测试的类型由非功能性需求的种类决定。常见的性能测试类型包括以下几种。

(1) 压力测试(stress testing)。当系统在短时间内到达其压力极限时，对系统进行的测试。如果需求规定，系统将处理高达某个指定数目的设备或用户，则压力测试应在所有设备或用户同时处于活动状态的时候，测试系统的性能。有的系统通常是在低于其最大能力的情况下运作的，但是，在某个峰值时间，系统会受到严重压力。对于这样的系统，压力测试尤为重要。

(2) 容量测试(volume testing)。强调的是处理系统中的大量数据。例如，检查所定义的数据结构(如队列或栈)是否能够处理所有可能的情况。另外，对字段、记录和文件进行检查，看它们的大小是否能容纳所有期望的数据。还要确保当数据集到达最大限度时，系统能适当地做出反应。

(3) 配置测试(configuration testing)。分析需求中指定的各种软件和硬件配置。有时要构建的系统会提供给各种各样的用户使用，系统实际上要提供一系列的配置。例如，可能定义一个供单个用户使用的最小系统，其他供另外一些用户使用的配置则可在这个最小系统的基础上进行构建。配置测试评估所有可能的配置，确保每一种配置都能满足需求。

(4) 兼容性测试(compatibility testing)。当一个系统与其他系统交互时，需要进行兼容性测试。它检查接口功能是否按照需求执行。例如，如果该系统要与一个大型数据库通信以检索信息，那么可以用兼容性测试检查数据检索的速度和精确性。

(5) 回归测试(regression testing)。当正在测试的系统要替代一个现有系统的时候，就必须进行回归测试。回归测试检测新系统的表现是否能至少保证与旧系统一样好。回归测试总是在分阶段开发的过程中使用。

(6) 安全性测试(security testing)。用以确保安全性需求得到满足。它测试与数据和服务的可用性、完整性和机密性相关的系统特性。

(7) 计时测试(timing testing)。评估涉及对用户的响应时间和对某个功能的执行时间的相关需求。如果一个事务必须在规定的时间内完成，则执行这个事务，对其进行测试，验证是否满足需求。计时测试通常与压力测试一起进行，检查系统处于极度活跃时，是否还能满足计时需求。

(8) 环境测试(environmental testing)。考查系统在安装场所的执行能力。如果需求中包括系统对高温、潮湿、移动、化学物质、水分、可携带性、电场、磁场、断电或任何其他场所相关环境特性的容忍度，那么，环境测试应确保系统在这些条件下能够正确运行。

(9) 质量测试(quality testing)。评估系统的可靠性、可维护性和可用性。这些测试包括计算平均无故障时间(mean time to failure)和平均修复时间(mean time to repair)以及发现和修复一个故障的平均时间。质量测试有时难以进行。例如,如果一个需求指定一个很长的平均失效间隔时间(mean time between failures),那么让系统运行足够长的时间来验证所必需的平均时间便可能是不可行的。

(10) 恢复测试(recovery testing)。强调的是系统对出现故障或丢失数据、电源、设备或服务时的反应。测试时,使系统丧失一些系统资源,以查看它是否能适当地恢复。

(11) 维护测试(maintenance testing)。为帮助人们发现问题的根源提供诊断工具和过程需求。可能需要提供诊断程序、内存映射、事务跟踪、电路图和其他辅助工具。要核实这些辅助工具是否存在以及它们是否能适当地运行。

(12) 文档测试(documentation testing)。确保已经编写了必需的文档。因此,如果需要用户指南、维护指南和技术文档,则要核实这些材料是否存在以及它们包含的信息是否一致、准确和易于阅读。再者,当需求指定文档的格式和阅读者时,就要评估这些文档是否符合要求。

(13) 可使用性测试(usability testing)。检查涉及系统用户界面的需求,例如,检查显示屏幕、消息、报告格式和与易用性有关的其他方面。另外,还要对操作人员和用户过程进行调查,以了解它们是否遵从易用性需求。

其中,许多测试比功能试更加难以管理。需求必须明确而且详细,需求质量通常可以通过性能测试的难易程度反映出来。除非一个需求是清晰的、易于测试的,否则测试小组很难知道什么时候满足了该需求。实际上,要了解如何管理一个测试更困难,因为成功的标准不明确。

3. 验收测试

当功能测试和性能测试完成之后,便可确信,系统满足在软件开发的初始阶段过程中指定的所有需求。下一步需要询问客户和用户,他们是否持有同样的观点。

对于开发人员来说,目前阶段已经设计了测试用例并完成所有的测试。现在,客户要领导测试并定义用于测试的测试用例。验收测试的目的是帮助客户和用户确定开发人员构建的系统已真正满足需要和期望。因此,验收测试的编写、执行和评估都是由客户来进行的,只有当客户请求某个技术问题的答案时,才会需要开发人员的帮助。通常,那些参与需求定义的客户雇员在验收测试中扮演着很重要的角色,因为他们理解客户想要构建什么样的系统。

客户可以用3种方式评估系统。

(1) 基准测试(benchmark testing)。

客户准备一组代表在实际安装后系统运作的典型情况的测试用例,并针对每一个测试用例评估系统的执行情况。基准测试由实际用户或执行系统功能的专门小组负责。无论在哪种情况下,测试人员的首要要求都是熟悉需求,并且能够评估系统实际执行情况。

基准测试也会在客户有特殊需求时进行。客户可能会要求两个或更多的开发团队根据规格说明分别提供系统,但是,会基于基准测试的成功情况来选择购买其中的一个。例如,一家客户可能要求两家通信公司各为自己安装一个语音和数据网络,并对每个系统都进行基准测试——两个系统可能都满足需求，但是其中一个比另一个运行的速度更快、更易于使用。然后，客户再根据这两个系统满足基准标准的情况，来决定购买哪一个。

(2) 试验性测试(pilot testing)。

在试验环境下安装系统，并由用户在假设系统已经永久安装的情况下运行系统。试验性测试依赖系统的日常工作来测试所有的功能。客户通常会先准备一个建议的功能列表，再由每位用户设法在日常的工作过程中使用这些功能。试验性测试不如基准测试正式和结构化。

有时，在向客户发布一个系统之前，会让自己组织机构或公司的用户先行测试这个系统。即，在客户进行实际的试验性测试之前先"试验"这个系统，这样的内部测试称为 α 测试，客户的试验则称为 β 测试。当要向大范围的客户发布系统时，经常使用这种方法。例如，首先在自己的办公室中对一个新版本的操作系统进行 α 测试，然后用专门选择的客户组来进行 β 测试。通常会设法选择那些能代表系统所有使用方式的客户组来进行 β 测试。

即使只是为一个客户开发系统，也需要少量的该客户的潜在用户进行试验性测试。所选的用户，其活动应该能代表以后使用该系统的其他大多数用户的活动。可能会选择一个地点或组织机构对其进行测试，而不是让所有预期用户参与测试。

(3) 并行测试(parallel testing)。

如果一个新系统要替代现有系统，或者该新系统是分阶段开发的一部分，就可以使用并行测试。在并行测试中，新系统与先前版本并行运转，用户逐渐地适应新系统，但是继续使用与新系统功能相同的老系统。这种逐步过渡的方法使得用户能够将新系统与老系统进行比较和对照，从而树立对新系统的信心。从某种意义上讲，并行测试还包含用户执行的兼容性测试和功能测试。

在上述 3 种验收测试中，选择哪种验收测试由被测试系统的类型和客户的偏好来决定。实际上，可以将几种方法或所有方法组合在一起使用。用户进行的测试有时会发现需求中规定的客户期望与实现的系统不一致的地方。换句话说，验收测试是由客户来验证是否"想要的就是构建的"。

在现实中，验收测试所揭示的问题不只是需求差异。验收测试还使得客户能够确定，他们真正想要的到底是什么。实际上，使用系统进行工作有助于客户发现他们没有意识到的问题(甚至是新的问题)。快速原型可用于在整个系统实现之前，帮助客户更好地理解解决方案。然而，原型通常是不切实际的或者构建的费用过于昂贵。再者，在构建大型系统时，从初始的规格说明到第一次见到构建的原型系统甚至是原型系统的一部分，有时会拖很长的一段时间。在这段时间中，客户的需求可能会在某些方面发生变化，从而影响最初问题的本质。因此，需求变化不仅可能因为开发初期中不恰当的需求说明，还可能因为客户问题已经发生变化并且需要一个不同的解决方案。

在验收测试之后，客户会告知哪些需求还没有得到满足以及出于需求变化而必须删除、修改或增加哪些需求。配置管理人员确定这些改变，并记录其引起的设计、实现和测试的修改结果。

4. 安装测试

最后一轮测试是在用户的场所安装系统。如果验收测试是在实地进行，就不一定需要安装测试。但是,如果验收测试的条件与实际场所的条件不同,那么必须进行额外的测试。进行安装测试,就要在用户环境中配置系统,将正确数量和种类的设备连接到主处理器上,并建立与其他系统的通信。为文件分配空间,指派适当功能和数据的访问。

安装测试要求开发人员与客户一起工作,以确定在现场需要进行什么测试。可能需要进行回归测试以验证系统已被正确地安装,并且在现场工作的情况与测试前是一样的。所选择的测试用例要能够使客户确信系统是完备的,并且所有必需的文件和设备都已备齐。测试集中于两件事情:安装系统的完备性;验证任何可能受场所条件影响的功能和非功能特性。当客户对结果满意之后,测试便可结束,且可以正式交付系统。

5. 测试小组

虽然开发人员主要负责功能和性能测试,但是客户却在验收测试和安装测试中发挥了很大的作用。因此,负责所有测试的测试小组应由来自双方的人员共同组成。通常,项目的程序员不参与系统测试,因为他们对实现的结构和意图太熟悉了,并且可能难以认识到实现和必需的功能或性能之间的区别。因此,测试小组通常是独立于实现人员的。理想情况下,某些测试小组成员应是有经验的测试人员。通常,这些"专业测试人员"都有分析员、程序员和设计人员的工作背景,不仅熟悉系统规格说明,而且熟悉测试方法和工具。

(1) 专业测试人员(professional tester)。

专业测试人员组织并运行测试。随着项目的进展,从测试的开始阶段,到设计测试计划和测试用例,他们都参与其中。专业测试人员与配置管理小组合作,提供文档和其他一些将测试与需求、设计构件和代码紧密结合起来的机制。

(2) 分析员(analyst)。

专业测试人员集中于测试开发、方法和过程。由于测试人员对需求的细节可能不像编写需求的人那样精通,因此测试小组还需要包含熟悉需求的人。分析员参与了最初需求定义和规格说明,让他们参与测试是非常有益的,因为他们理解客户定义的问题。许多系统测试都会将新系统与初始需求进行比较,而分析员则深刻了解客户的需要和目标。因为分析员曾经与设计人员一起构造解决方案,所以他们也了解系统是如何解决问题的。

(3) 系统设计人员(system designer)。

系统设计人员使测试小组的工作更具目的性。设计人员了解系统是如何划分为功能或与数据相关的子系统的,并且了解系统应该怎样运作。当要设计测试用例和确保测试覆盖的时候,测试小组可以请求设计人员帮助列出所有的可能性。

(4) 配置管理代表(configuration management representative)。

因为测试和测试用例与需求和设计有直接、紧密的联系,所以测试小组中要包含一名配置管理代表。当出现失效或变化请求的时候,配置管理专家安排该变动,使其反映在文档、需求、设计、代码或其他开发制品中。实际上,改正一个故障所引起的变化可能导致对其他测试用例或对测试计划的大部分的修改。配置管理专家实现这些变化,并协调测试的修改。

(5) 用户(user)。

最后,测试小组还包含用户。他们最具资格对使用者的爱好、是否易于使用和系统可用性进行评价。有时,用户在项目早期阶段很少发表意见。参与需求分析阶段的客户代表可能并不直接使用系统,但是与那些将要使用系统的人有工作联系。例如,客户代表可能是管理那些系统的人的管理人员，或者是一个与系统工作问题不直接相关的技术代表。这些代表可能与实际问题的关系不大，因此其需求描述可能不准确或不完整，可能并不了解重新定义需求或增加需求的必要性。

因此，要构建的系统的用户是最根本的，在评价系统和验证系统是否解决了其问题方面，用户的作用极其重要。

10.4.4 测试文档

GB/T 8567—2006《计算机软件文档编制规范》中，规定了一系列基本的计算机软件测试文档的格式和内容要求。软件测试主要文档包括软件测试计划、软件测试说明、软件测试报告。

(1) 软件测试计划(STP)。

《软件测试计划》描述对计算机软件配置项、系统或子系统进行合格性测试的计划安排。内容包括进行测试的环境、测试工作的标识及测试工作的时间安排等。通常，每个项目只有一个软件测试计划，该计划使得需方能够对合格性测试计划的充分性作出评估。

(2) 软件测试说明(STD)。

《软件测试说明》描述执行计算机软件配置项、系统或子系统合格性测试所用到的测试准备、测试用例及测试过程。通过软件测试说明，需方能够评估所执行的合格性测试是否充分。

(3) 软件测试报告(STR)。

《软件测试报告》是对计算机软件配置项、软件系统或子系统，或与软件相关项目执行合格性测试的记录。通过软件测试报告，需方能够评估所执行的合格性测试及其测试结果。

上述文档的具体内容可参见附录A。

10.5 面向对象测试

面向对象程序的质量基本上由面向对象设计的质量决定，所采用的程序语言的特点和程序设计风格也将对程序的可靠性、可复用性及可维护性产生深远影响。

软件测试仍然是保证软件可靠性的主要措施。面向对象测试的目标，也是用尽可能低的测试成本发现尽可能多的软件错误。但是，面向对象程序中特有的封装、继承和多态等机制，也给面向对象测试带来一些新特点，增加了测试和调试的难度。

传统的技术适用于所有类型的系统，包括面向对象的系统。但是，应该采取几项额外措施，确保使用的测试技术能够处理面向对象程序的特性。

10.5.1 面向对象测试和传统测试的区别

Graham 对面向对象测试和传统测试之间的区别进行了总结。

(1) 对象都趋向于小粒度，并且平常存在于构件内的复杂性常常转移到构件之间的接口上。这种区别意味着，其单元测试较为容易，但集成测试一定会涉及更广。

(2) 封装通常被认为是面向对象设计的一个好的特性，但是它也需要更广泛的集成测试。

(3) 继承往往需要更多的测试。如果出现下面的情况，继承的功能就需要额外的测试：

- 继承的功能被重定义；
- 继承的功能在导出的类中具有特定行为；
- 该类中的其他功能被假定是一致的。

(4) 由于对象的交互是复杂性的根源，因此代码覆盖测度和工具在面向对象测试中的作用要比在传统测试中的作用小。

(5) 面向对象测试应该处理多个不同的层次：功能、类、聚集(协作对象的多组交互)和整个系统。传统的测试方法适用于功能，但很多方法并没有考虑测试类所需要的对象状态，面向对象测试应该跟踪一个对象的状态和该状态的改变。

10.5.2 面向对象测试过程

结合传统的测试步骤，面向对象的软件测试可以分为以下几种。

1. 面向对象分析模型的测试

结构化分析把目标系统看成是一个由若干功能模块组成的集合，而面向对象需分析以现实世界中的概念为模型结构。前者关注系统的行为，即功能结构，后者更关注系统的逻辑结构。对面向对象需求分析的测试，要考虑以下方面：

- 对认定的对象或类的测试；
- 对定义的属性和操作的测试；
- 对类之间层次关系的测试；
- 对对象之间交互行为的测试；
- 对系统逻辑模型的测试。

2. 面向对象设计模型的测试

与传统的软件工程方法不同的是，面向对象分析和面向对象设计之间并没有严格的界限。实际上，面向对象设计是对面向对象分析结果的进一步细化、纠正和完善。对面向对象设计的测试涉及面向对象分析的测试内容，但是会更加关注对类及其类之间关系的测试和对类库支持情况的测试。

3. 面向对象程序的测试

面向对象的程序具有封装、继承和多态的特性。测试多态的特性时要尤为注意，因为它使得同一段代码的行为复杂化，测试时需要考虑不同的执行情况和行为。由于系统功能的实现分布在类中，因此面向对象程序的测试还要重点评判类是否实现了要求的功能。

4. 面向对象的单元测试

面向对象的单元测试以类或对象为单位。由于类包含一组不同的操作，并且某些特殊的操作可能被多个类共享，因此单元测试不能孤立地测试某个操作，而是将操作作为类的一部分。

5. 面向对象的集成测试

在面向对象的软件中不存在层次的控制结构，传统的自顶向下或自底向上的集成策略没有意义，因此面向对象的集成测试采用基于线程或者基于使用的测试方法。

- 基于线程的测试(thread based testing)。把响应系统的一个输入或一个事件所需要的那些类集成起来。分别集成并测试每个线程，同时应用回归测试以保证没有产生副作用。
- 基于使用的测试(use based testing)。首先测试几乎不使用服务器类的那些类，把独立类都测试完之后，再测试使用独立类的下一个层次的类。对依赖类的测试一个层次接一个层次地持续进行下去，直至把整个软件系统构造完为止。
- 集群测试(cluster testing)是面向对象软件集成测试的一个步骤，检查一组相互协作的类，力图发现协作错误。

6. 面向对象的系统测试

在系统测试的过程中，软件开发人员要尽量搭建与用户的实际使用环境相同的平台，检测和评估目标系统是否能作为一个整体，满足用户在性能、功能、安全性、可靠性等各方面的要求。

面向对象的系统测试要以面向对象需求分析的结果为依据，验证需求分析中描述的对象模型、交互模型等各种分析模型。

7. 面向对象的验收测试

验收测试是以用户为主的测试，是将软件产品正式交付给用户或市场发布之前的最后一个测试阶段。这个测试层次，不再考虑类之间相互连接的细节。和传统的验收测试一样，面向对象软件的验收测试也集中检查用户可见的动作和用户可识别的输出。传统的黑盒测试方法也可用于设计验收测试用例，但是，对于面向对象的软件来说，主要还是根据动态模型和描述系统行为的脚本来设计验收测试用例。

10.6 自动化测试工具

有许多自动化工具可以帮助测试代码构件。总体来讲，在测试过程中使用自动化测试工具是有用的，但并不是必需的。

10.6.1 代码分析工具

有两类代码分析工具：静态分析和动态分析。静态分析(static analysis)是在程序没有实际执行时使用的分析工具，当程序运行时采用的则是动态分析(dynamic analysis)。每种类型的工具都会报告代码本身或正在运行的测试用例的相关信息。

1. 静态分析

有若干种工具能在源程序运行之前对它进行分析。检查程序或一组构件的正确性的工具可以分为以下 4 种类型。

- 代码分析器。它可自动地评估构件的语法。如果出现语法错误、如果一个概念是易出现故障的或者如果出现未定义的项,则高亮显示该语句。
- 结构检查器。它将提交的构件作为输入,生成一张描述构件逻辑流的图。该工具检查结构方面的缺陷。
- 数据分析器。它检查数据结构、数据声明和构件接口,然后指出构件间不合适的链接、冲突的构件定义以及不合法的数据使用。
- 序列检查器。它检查事件序列。如果以错误的时序对事件进行编码,则高亮显示该事件。

例如,代码分析器能够产生一张符号表,记录变量第一次定义的地方以及什么时候被使用,以支持诸如定义使用测试的测试策略。类似地,结构检查器能够阅读程序并且确定所有循环的位置,标记永远不会被执行的语句,指出循环中间出现的分支,等等。数据分析器可以提示分母可能被设为 0 的情况;还能检查是否适当地传递了子例程参数。系统的输入和输出构件可能会被提交给序列检查器,以确定事件是否以适当的序列进行编码。例如,序列检查器可以保证所有文件在修改之前都已经打开。

很多静态分析工具的输出都包含测度和结构特性,以便能够更好地理解程序属性。例如,流程图通常附有一张通过程序的所有可能路径的列表,能够为路径测试策略来计划测试用例。它还会提供有关扇入和扇出的信息、程序中的操作符和操作数的数目、判定点的数目、若干代码结构复杂性测量结果。

2. **动态分析**

很多时候,系统难以测试的原因是几个并行操作并发地执行,实时系统尤其如此。在这些情况下,难以预测条件并生成具有代表性的测试用例。通过保存条件的"快照"(snapshot),自动化工具使得测试小组能够在程序的执行过程中获取事件的状态。有时,将这些工具称作程序监控器(program monitor),因为它们监视并报告程序的行为。

监控器能够列出一个构件被调用的次数或一行代码被执行的次数。测试人员从这些统计数字可以得知测试用例对语句或路径的覆盖情况。类似地,监控器也可以报告是否包括了一个判定点到所有方向上的分支,从而提供有关分支覆盖的信息。监控器还可以报告汇总统计信息,提供执行测试用例集所覆盖的语句、路径和分支的百分比的高层视图。当根据测试目标说明覆盖时,这些信息是很重要的。

其他信息可能有助于测试小组评估系统的性能。例如,可以针对特定变量生成统计信息:其初始值、最终值、最小值、最大值。可以在系统内定义断点,这样,当一个变量达到或超过某个确定值的情况出现时,测试工具会进行报告。有的工具会在到达断点时停止,使得测试人员能够检查内存的内容或某个特定数据项的值,有时在测试进行的过程中还可以改变某些值。

就实时系统而言,在执行过程中尽可能多地获取某个特定状态或条件的信息,可以在执行后用来提供关于测试的额外信息。可以从断点向前或向后跟踪控制流,并且测试小组可以检查同时发生的数据变化。

10.6.2　测试执行工具

前文描述的工具都集中于代码。还有另外一些工具可以用于对测试本身进行自动化计划和运行。就当今大多数系统的规模和复杂性而言，要完全地测试一个系统，需要处理数量巨大的测试用例，因此，自动化测试执行工具就显得非常必要了。

1. *获取和重放*

当计划测试时，测试小组必须在测试用例中指定，测试行动将提供什么样的输入、期望得到什么样的输出。获取与重放（capture-and-replay）或获取与回放（capture-and-playback）工具在测试运行时获取点击、输入和响应，并且将期望的输出与实际的输出进行比较。该工具将相关差异报告给测试小组，获取的数据能够帮助测试小组对差异之处进行跟踪，以找到其根源。这种类型的工具在发现并修改故障之后特别有用，能验证所做的修改是否已经排除了故障，同时没有在代码中引入其他故障。

2. *桩程序和驱动程序*

在前面的集成测试中，桩程序和驱动程序起到了重要的作用。有一些商用工具可以帮助自动生成桩程序和驱动程序。但是，测试驱动程序不仅仅是执行某个特定构件的简单程序，还能够：

- 对所有适当的状态变量进行设置以便为某个给定的测试用例做准备，然后运行测试用例；
- 模拟键盘输入和其他与数据相关的对条件的响应；
- 比较实际输出和期望输出并报告差异；
- 跟踪执行过程中遍历的路径；
- 重新设置变量以准备下一个测试用例；
- 与调试包进行交互，以便需要时在测试过程中跟踪和修改故障。

3. *自动化的测试环境*

测试执行工具可以与其他工具集成在一起构成综合测试环境。通常，这里描述的工具是与测试数据库、测量工具、代码分析工具、文本编辑器、模拟工具和建模工具相连接的，可以尽可能地让测试过程自动化。例如，数据库可以跟踪测试用例，存储每个测试用例的输入数据，描述期望的输出，记录实际的输出。但是，发现一个故障的证据并不等同于定位一个故障。测试总是会需要必要的手工工作来跟踪故障以找到其根源所在，虽然自动化能提供一定的帮助，但是并不能替代这种必要的人为作用。

10.6.3　测试用例生成器

测试依赖于仔细的、完全的测试用例定义。出于该原因，自动化测试用例生成过程很有用，可以确保测试用例覆盖所有可能的情况。有几种类型的工具可以帮助进行这项工作。

结构化测试用例生成器（structural test case generator）基于源码的结构生成测试用例。列出路径、分支或语句测试中的测试用例，并且通常包含启发式信息，以帮助得到最好的覆盖。

其他的测试用例生成器则基于数据流生成测试用例,基于功能生成测试用例(即执行可能影响某个给定功能的所有语句),以及基于输入域中每个变量状态生成测试用例。还有其他一些工具,它们生成随机测试数据集,通常用于可靠性建模。

10.7 调 试

调试作为成功测试的后果出现,也就是说,调试是在测试发现错误之后排除错误的过程。软件工程师在评估测试结果时,往往仅面对软件问题的症状,而软件错误的外部表现和它的内在原因之间可能并没有明显的联系。调试就是把症状和原因联系起来的尚未被人深入认识的智力过程。

10.7.1 调试过程

调试不是测试,其发生在测试之后。调试过程从执行一个测试用例开始,评估测试结果,如果发现实际结果与预期结果不一致,则表明在软件中存在着隐藏的问题。调试过程试图找出产生症状的原因,以便改正错误。

调试过程总会有以下两种结果之一。

- 找到了问题的原因并把问题改正和排除;
- 没找出问题的原因。

在后一种情况下,调试人员可以猜想一个原因,并设计测试用例来验证这个假设,重复此过程直至找到原因并改正错误。

10.7.2 调试途径

无论采用什么方法,调试的根本目标都是寻找软件错误的原因并改正之。这个目标是通过把系统的评估、直觉和运气组合起来实现的。一般来说,有 3 种调试途径可以采用。

1. 蛮干法

蛮干法可能是寻找软件错误原因的最低效的方法。仅当所有其他方法都失败了的情况下,方才使用。按照“让计算机自己寻找错误”的策略,这种方法输出内存的内容,激活对运行过程的跟踪,并在程序中到处都写上 WRITE(输出)语句,希望在这样生成的信息海洋的某个地方发现错误原因的线索。

在更多情况下,这样做只会浪费时间和精力。在使用任何一种调试方法之前,必须首先进行周密的思考,必须有明确的目的,应该尽量减少无关信息的数量。

2. 回溯法

回溯是一种相当常用的调试方法,调试小程序时这种方法是有效的。从发现症状的地方开始,人工沿程序的控制流往回追踪分析源程序代码,直到找出错误原因。

但是,随着程序规模扩大,应该回溯的路径数目也变得越来越大,以致彻底回溯变成完全不可能。

3. 原因排除法

可以采用对分查找、归纳或演绎的方法来查找错误原因。

- 对分查找法。如果已经知道每个变量在程序内若干个关键点的正确值，则可以用赋值语句或输入语句在程序中点附近"注入"这些变量的正确值，然后运行程序并检查所得到的输出。如果输出结果正确，则错误原因在程序的前半部分；反之，在后半部分。重复使用这个方法，直到把出错范围缩小到容易诊断的程度为止。
- 归纳法。从个别现象推断出一般性结论的思维方法。使用这种方法调试程序时，首先要把和错误有关的数据组织起来进行分析，以便发现可能的错误原因。然后导出对错误原因的一个或多个假设，并利用已有的数据来证明或排除这些假设。
- 演绎法。从一般原理或前提出发，经过排除和精化的过程推导出结论。采用这种方法调试程序时，首先要设想出所有可能的出错原因，然后再尝试用测试来排除每一个假设的原因。

10.8 练习题

1. 单选题

(1) 软件测试的目标是(　　)。

A. 证明软件的正确性　　B. 找出软件系统中存在的所有错误

C. 证明软件系统中存在错误　　D. 尽可能多地发现软件系统中的错误

(2) 白盒测试法是通过分析程序的(　　)来设计测试用例的。

A. 应用范围　　B. 内部逻辑　　C. 功能　　D. 输入数据

(3) 黑盒测试从(　　)的观点进行测试。

A. 开发人员　　B. 管理人员　　C. 用户　　D. 维护人员

(4) 软件测试方法中，逻辑覆盖属于(　　)。

A. 黑盒测试方法　　B. 白盒测试方法

C. 灰盒测试方法　　D. 软件验收方法

(5) 软件测试是软件开发过程中重要且不可缺少的阶段，其包含的内容和步骤甚多，而测试过程的多种环节中基础的是(　　)。

A. 集成测试　　B. 单元测试　　C. 系统测试　　D. 验收测试

(6) 集成测试时，能较早发现高层模块接口错误的测试方法为(　　)。

A. 自顶向下渐增式测试　　B. 自底向上渐增式测试

C. 非渐增式测试　　D. 系统测试

(7) 系统测试是将软件系统与硬件、外设和网络等其他因素结合，对整个软件系统进行测试。(　　)不是系统测试的内容。

A. 路径测试　　B. 可靠性测试　　C. 安装测试　　D. 安全测试

(8) 测试的关键问题是(　　)。

A. 如何组织软件评审　　B. 如何选择测试用例

C. 如何验证程序的正确性　　　　D. 如何采用综合策略

(9) 从已经发现故障的存在到找到准确的故障位置并确定故障的性质，这一过程称为(　　)。

A. 错误检测　　B. 故障排除　　C. 调试　　D. 测试

(10) 软件测试是保证软件质量的重要措施，它的实施应该在(　　)。

A. 程序编程阶段　　B. 软件开发全过程

C. 软件允许阶段　　D. 软件设计阶段

2. 简答题

(1) 软件测试的目标是什么？

(2) 什么是黑盒测试、白盒测试，分别有哪些常用方法？

(3) 请简述软件测试的步骤。

(4) 集成测试策略有哪些？分别有什么特点？

(5) 面向对象测试和传统测试有什么区别？

(6) 什么是调试，调试有哪些技术手段？

3. 应用题

(1) 请用不同的逻辑覆盖标准，为图 10.20 中的程序设计测试方案。

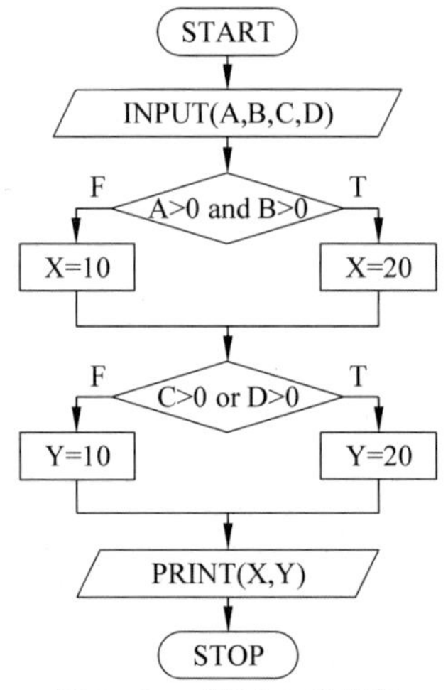

图 10.20　测试方案设计

(2) 请用基本路径测试法，对第(1)题中的程序设计测试方案。

(3) 某变量的命名规则为：变量名的长度不多于 10 个字符，第一个字符必须为英文字母，其他字符可以英文字母、数字和下画线的任意组合。请用等价类划分法设计该变量的测试用例。

第11章 软件维护

软件维护是软件产品生命周期的最后一个阶段。在软件产品交付并且投入使用之后，就进入了软件维护阶段。在软件使用过程中，会不断发现程序中潜藏的错误，用户的需求也会不断地更新，软件运行的环境也会发生变化，需要通过软件维护来保证软件的日常良好运行。

软件维护是软件生命周期中延续时间最长、工作量最大的阶段。一般来说，大型软件的维护成本是开发成本的4倍左右，许多软件开发组织把60%以上的人力用于维护已有的软件。随着软件数量的增多和使用寿命的延长，繁重的维护工作可能会让软件开发组织没有余力开发新的软件。软件工程的主要目的就是提高软件的可维护性，减少维护所需要的工作量，降低软件开发的总成本。

11.1 软件维护概述

11.1.1 软件维护的定义

软件维护就是在软件已经交付使用之后，为了改正错误或满足新的需要而管理、修改软件的过程。按照软件维护的目的可以分为以下4种类型。

1. 改正性维护

改正性维护是为了识别并纠正软件产品中潜藏的错误，改正软件性能上的缺陷所进行的维护。在软件的开发和测试阶段，必定有一些缺陷没有被发现。这些潜藏的缺陷会在特定的运行环境下暴露出来，需要及时采取措施进行诊断识别和修改。根据资料统计，在软件产品投入的前期，改正性维护的工作量比较大，随着潜藏错误的发现和修正，改正性维护的工作量会日趋减少。改正性维护约占整个维护工作量的21%。

2. 适应性维护

适应性维护是为了使软件产品适应软硬件环境的变更而进行的维护。随着业务和技术的发展，软件的运行环境也在不断地更新或升级，例如软硬件配置、数据库、数据格式、输入输出方式、数据存储介质、软件产品与其他系统接口的变化等，这些因素都导致维护需求的产生。这部分维护要像开发过程一样，有计划、有步骤地进行。适应性维护约占整个维护工作量的25%。

3. 完善性维护

完善性维护是为扩充功能和改善性能而进行的维护。一方面对已有的软件系统增加一些软件需求说明书中没有规定的功能和性能特征，另一方面是对程序处理效率和编码的改进。这方面的维护除了要有计划、有步骤地完成外，还需要更改软件开发过程中形成的相应文档。在所有类型的维护工作中，完善性维护所占的比重最大，约占整个维护工作量的50%。

4. 预防性维护

预防性维护是为了改进软件的可靠性和可维护性，为将来改进软件奠定基础而进行的维护。这类维护采用先进的技术方法修改软件，使之适应将来的变化而不被淘汰，即"把今天的方法学用于昨天的系统以满足明天的需要。"在所有类型的维护工作中，预防性维护的工作量最小，约占整个维护工作量的4%。

综上所述，各类维护工作量的大致占比如图11.1所示。

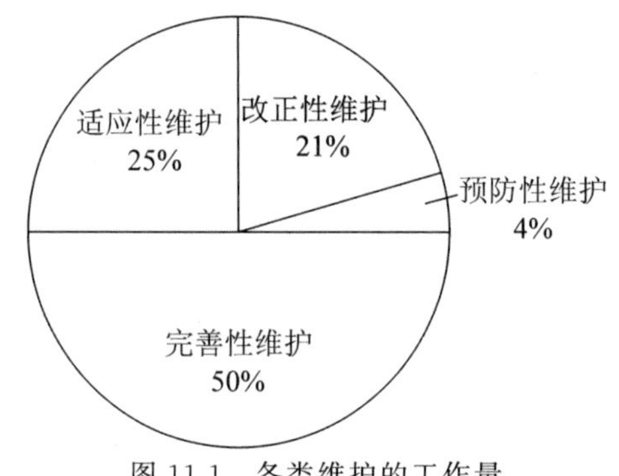

图11.1　各类维护的工作量

11.1.2　软件维护的实施

为了提高软件维护工作的效率和质量，降低维护成本，同时使软件维护过程工程化、标准化、科学化，在软件维护的过程中需要采用软件工程的原理、方法和技术。软件开发机构在实施软件的维护时，需要建立专门的维护组织机构，详细记录具体的维护过程，遵循一定的工作流程。

1. 维护组织

软件维护是一项经常性的工作，为了高效安全地做好维护，建立一个维护组织机构非常必要。可避免在无组织、无计划的情况下进行维护而带来一些事故或安全性等问题。维护机构通常以维护小组的形式出现，维护小组分为临时维护小组和长期维护小组。

(1) 临时维护小组。临时维护小组执行特殊或临时的维护任务，如检查程序错误、检查完善性维护设计和进行质量控制的复审等。可采取同事复查或同行复查方法来提高维护的效率。维护过程中要注意对小组成员明确责任，避免因责任不清而造成的混乱。

(2) 长期维护小组。对长期运行的复杂系统的维护需要一个稳定的维护小组才可以完成。维护小组在系统开发完成之前就应该成立,而且必须有严格的组织。长期维护小组一般由组长、副组长、维护负责人、维护程序员等成员组成。

- 组长是技术负责人,应当是有一定经验的系统分析员,具有一定的管理经验,熟悉系统的应用领域,负责向上级报告维护工作。
- 副组长是组长的助手,应具有和组长相同的业务水平和工作经验,负责与开发部门其他维护小组联系,在开发阶段收集与维护有关的信息,在维护阶段同开发人员继续保持联系。
- 维护负责人是维护的行政领导,管理维护的人事工作。
- 维护程序员负责分析程序的维护要求,并进行程序修改工作,应当具有软件开发与维护的知识和经验,还应当熟悉程序应用领域的知识。

2. 维护流程

对于任何类型的软件维护来说,维护实施的技术工作基本相同。软件程序、代码、文档的修改往往都会影响其他部分。因此软件维护工作需要有计划、有步骤、有审核地安排,严格按照维护的工作流程进行。执行维护活动的一般流程如图11.2所示。

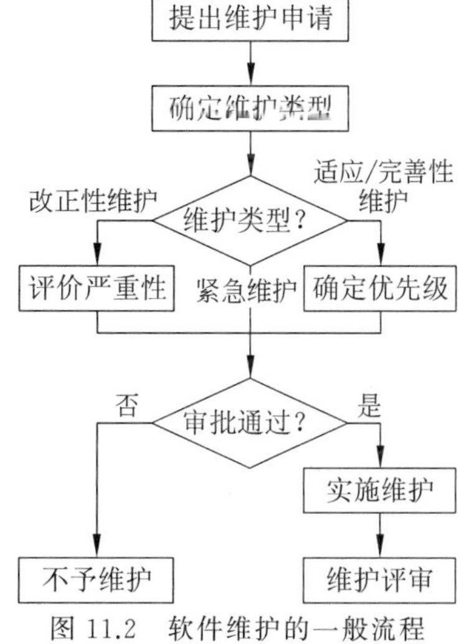

图11.2 软件维护的一般流程

典型的软件维护过程可以概括为以下步骤。

(1) 提出维护申请。由申请维护的人员(用户或开发人员)以文档的形式提出软件维护申请。申请中需要明确维护的类型。对于改正性维护的申请,必须完整地说明出现错误的环境,如输入数据、全部输出数据以及其他相关信息;对于适应性或完善性的维护,需要提出一个简要的需求说明书。

(2) 审批维护申请。由维护组织来审查维护申请,确定维护的类型。用户的观点和维护人员的观点往往不一样,因此需要双方协商来确定。如果批准该项维护则开始安排具体的维护工作,否则不进行维护。

- 改正性维护应先评价错误的严重性。如果存在严重错误,则管理人员应立即组织有关人员分析问题,寻找错误发生的原因,开始维护;如果错误不严重,则将改正性维护与其他需要软件开发资源的任务一起统筹安排。
- 适应性维护或完善性维护应先对问题进行评审,确定问题的优先级。如果优先级高,就立即开始分析问题,进入此项维护工作;如果优先级不高,则可看成是另一项开发工作,按工作安排依次进行。
- 当发生恶性的软件问题时,就出现了紧急的维护申请,这时需要立即进行修改维护,这种维护也称为"救火"维护。

(3) 实施维护工作。不论何种类型的维护,要开展的维护技术工作大体相同。这些工作包括软件需求分析、修改软件设计、修改源程序、单元测试、集成测试、确认测试等,每个阶段都要有详细的文档。不同的维护类型,工作的侧重点不一样。

(4) 维护评审。维护工作完成后,需要对维护工作进行评审。维护评审时,评审人员需要总结以下问题。

- 在当前的环境下,设计、编码或测试的工作有哪些尚未完成?
- 对软件开发工作有哪些改进的要求?
- 维护过程中主要的、次要的障碍有哪些?
- 是否还需要进行预防性维护?

维护评审对将来的维护工作能否顺利进行有重大的影响,是软件机构正规、有效的管理工作的一部分。

11.2 软件的可维护性

软件的可维护性是用来衡量对软件产品进行维护的难易程度的标准,是软件质量的主要特征之一。对于复杂的软件系统来说,造成维护困难的一个直接原因是缺乏软件开发文档。没有足够的、规范的文档,就难以理解现有软件的功能、算法和源程序。但实际上,最根本的原因是没有严格按照软件工程的规范和标准来开发软件,在维护时也没有按照规范来做,这为以后的维护带来了更多的问题。为了使软件能够易于维护,必须考虑使软件具有可维护性。

11.2.1 可维护性的度量

开发可维护性高的软件产品是软件开发的一个重要目标。软件产品的可维护性越高,纠正并修改其错误或缺陷,对其功能进行扩充或完善时,消耗的资源越少,工作越容易。

1. 衡量软件可维护性的特征

目前广泛使用 7 个特征来衡量软件的可维护性。

(1) 可理解性。可理解性是指人们通过阅读软件产品的源代码和文档,了解软件的系统结构、功能、接口和内部过程的难易程度。可理解性高的软件,通常具有模块化、良好的编码风格、规范的标识符等特征。一般可采用“90-10 测试”方法来衡量程序的可理解性,即,让一位有经验的程序员阅读待测的源程序清单 10 秒,然后拿走源程序,并让程序员凭自己的理解和记忆写出该程序,如果程序员写出了该程序的 90%以上,则认为这个程序具有可理解性,否则认为程序可理解性较差,需要重新编写。

(2) 可测试性。可测试性指诊断和测试软件缺陷的难易程度。对于程序模块,可用程序的逻辑复杂度来衡量其可测试性。程序的逻辑复杂度越低,就越容易设计合理的测试用例,可测试性越高。

(3) 可修改性。可修改性指在定位了软件缺陷以后,对程序进行修改的难易程度。一般来说,具有较好的结构且编码风格好的代码比较容易修改。由于修改程序会带来副作用,通常需要大量的软件维护工作,因此软件的可修改性被看作是软件可维护性的一个主要属性。

(4) 可靠性。可靠性是指程序在给定的一段时间内正确运行的概率,是软件整体质量的一个重要因素。影响软件可靠性的因素都会追踪到设计和编码阶段。度量软件可靠性的方法主要有两种:一是根据测试的统计数据,利用一些可靠性模型来预测;二是根据程序复杂性来预测。软件系统越复杂、规模越大,其可靠性就越难保证。

(5) 可移植性。可移植性表明程序转移到一个新的计算环境的容易程度。一个可移植性高的程序应具有结构良好、灵活、不依赖于某一具体硬件或操作系统性能的特征。

(6) 可使用性。可使用性是从用户的角度出发,来衡量软件操作方便、实用和易于使用的程度。可使用性高的软件使用起来较为容易,能允许用户出错和改变,并且不会让用户陷入混乱的状态。

(7) 效率。效率表明程序既能执行预定功能而又不浪费机器资源的程度。机器资源包括内存空间、外存空间、通道和执行时间。

在衡量软件的可维护性时,不同类型维护的7个可维护性特征的侧重点各不相同。表11.1显示了在各类维护中需侧重于哪些特征。

表11.1 各类维护的可维护性特征

	改正性维护	适应性维护	完善性维护
可理解性	√		
可测试性	√		
可修改性	√	√	
可靠性	√		
可移植性		√	
可使用性		√	√
效率			√

2. 提高软件可维护性的措施

软件的可维护性由产品在开发的各阶段质量控制所决定,因此需要在各个阶段采取相应的措施加以保证。提高可维护性的措施主要有以下几点。

(1) 建立明确的软件质量目标和优先级。如果一个软件具备可维护性的7个特征,那么这个软件必然是可维护的。但是实现所有的目标,需要付出很大的代价,而且有可能无法实现。因此,要根据软件的用途以及计算环境的不同来明确不同特征的重要性和优先级。

(2) 采用先进的维护工具和技术。先进的维护工具和技术可以直接提高软件产品的可维护性。应及时学习并使用新工具和新技术,如面向对象的软件开发方法、高级程序设计语言以及自动化的软件维护工具等。

(3) 建立完整的文档。软件维护人员在维护软件时只能通过阅读、理解和分析源代码来了解系统的功能、结构、设计模式等。完整、准确的文档有利于提高软件产品的可理解性,进而提高可维护性。完整的文档有助于用户、开发人员和维护人员对系统进行全面的了解。

(4) 注重可维护性的评审环节。在软件开发过程中,每个阶段的工作完成前,都必须通过严格的评审。在需求分析阶段,重点评审将来有可能更改或扩充的部分。在设计阶段,重点评审逻辑结构的清晰性和模块的独立性。在编码阶段,重点评审代码是否符合编码标准,是否逻辑清晰、容易理解。严格的评审工作,可以从很大程度上控制软件产品的质量,提高其可维护性。

11.2.2 软件维护的副作用

软件维护存在风险。经过一段时间的维护，软件的错误被修正了，功能增强了，但对原有软件产品的改动有可能引入新的错误，造成意想不到的后果。这种因维护软件而造成的错误或不希望出现的情况称为维护的副作用，也被称为“水波效应”。

软件维护的副作用主要有3类。

1. 修改代码的副作用

在对源代码进行修改时可能引入新的错误，容易引入错误的修改有：

- 删除或修改一个子程序；
- 删除或修改一个语句标号；
- 删除或修改一个标识符；
- 修改代码的时序关系；
- 修改占用存储空间的大小；
- 修改运算符，特别是逻辑运算符；
- 改变文件的打开或关闭状态；
- 修改边界条件的逻辑关系；
- 为改进执行效率所做的修改；
- 把对设计的修改转换成对代码的修改。

2. 修改数据的副作用

在修改数据结构时，可能造成软件设计与数据结构不匹配，可能出现错误的情况有：

- 重新定义局部变量或全局变量；
- 重新定义记录格式或文件格式；
- 修改一个数组的数量；
- 修改一个高层数据结构的规模；
- 修改全局或公共数据；
- 重新初始化控制标志或指针；
- 重新排列输入输出或子程序的参数；
- 修改数据库的结构。

3. 修改文档的副作用

文档是软件产品的一个重要组成部分，不仅会对用户的使用过程提供便利，还会为维护人员的工作带来方便。所有的维护活动，都必须修改相应的技术文档。如果对源程序的修改没有反映到文档中，或对文档的修改没有反映到源程序中，造成文档与源程序不一致，那么就会对后续的使用和维护工作带来极大的不便，产生如下副作用：

- 修改交互输入的顺序或格式，没有正确记入文档中；
- 过时的索引和文本可能造成冲突等。

在维护活动中，应该针对以上容易引起副作用的各个方面小心审查，以免引入新的错误。通常可采用自顶向下的方法,在理解程序的基础上,研究程序的各个模块、模块的接口及数据库,从全局的角度提出修改计划,依次把要修改的和受修改影响的模块和数据结构分离出来再进行修改。

11.3 自动化维护工具

跟踪所有构件和测试的状态是一项令人畏惧的工作。幸运的是,有很多自动化工具可以帮助维护软件。下面介绍几种自动化维护工具。

1. 文本编辑器

文本编辑器在很多方面对维护都是有用的。首先,编辑器可以将代码或文档从一个地方复制到另一个地方,避免复制文本时出现错误。其次,一些文本编辑器能跟踪基线文件的变化,将其存储于一个单独的文件中。其中,很多编辑器对每个文本条目标记时间戳和日期戳,并且在必要时提供从文件的当前版本回滚到以前版本的方法。

2. 文件比较器

维护过程中一个有用的工具是文件比较器(file comparator),用于比较两个文件,并报告两者的差异。通常用文件比较器来确保两个系统或程序确实是相同的。

3. 编译器和连接器

编译器和连接器通常包含能够简化维护和配置管理的一些特征。编译器用于检查代码的语法故障,很多情况下会指出故障的位置和类型。某些语言的编译器,如 Modula-2 和 Ada,还检查分别编译的构件之间的一致性。

当代码编译正确之后,连接器(也称为连接编辑器)将代码与运行程序所需的其他构件连接起来。例如,在 C 语言中,连接器将 filename.h 文件与对应的 filename.c 文件连接起来。或者,连接器能够指出子例程、库和宏调用,自动地生成必要的文件以形成一个可编译的整体。一些连接器还跟踪每个所需构件的版本号,使得只有合适的版本才会连接在一起。这种技术有助于在测试改变时避免因使用一些系统或子系统的错误副本而引起问题。

4. 调试工具

利用调试工具,能够一步一步地跟踪程序的逻辑、检查寄存器和内存的内容、设置标志和指针,并通过这些来辅助维护工作。

5. 交叉引用生成器

自动化的系统能够生成并存储交叉引用,使开发小组和维护小组都能够更严格地控制系统修改。例如,一些交叉引用工具可以作为系统需求的信息库,并且还存储与每一个需求相关的其他系统文档和代码的链接。当提出对一个需求的变更后,可以使用这个工具提前了解哪些需求、设计和代码构件将会受到影响。

一些交叉引用工具包含一组称为验证条件的逻辑表达式。如果所有的表达式产生一个

“真”值，则代码满足生成它的规格说明。这个特征在维护过程中特别有用，利用它能够确保改变的代码仍然符合其规格说明。

6. 静态代码分析器

静态代码分析器计算代码结构属性的信息，如嵌套深度、生成路径的数目、环路数目、代码行数目以及不可达到的语句等。可以在构建正在维护的系统的新版本时，计算这些信息，以便了解它们是否变得更大、更复杂、更难以维护。这种测度还有助于在几种可选方案中做出决定，尤其是在重新设计现有代码的一部分时。

7. 配置管理库

如果没有控制变化过程的信息库，那么配置管理就不可能进行。这些信息库可以存储问题报告，包括每个问题的具体信息、报告它的组织机构以及修复它的组织机构。一些信息库使用户能够在他们使用的系统中监视所报告问题的状况。还有其他一些工具，可以实现版本控制和交叉引用。

11.4 软件再生

在拥有大量软件的组织机构中，对系统进行维护是一个挑战。下面通过一个示例来解释其中的原因。例如，一个保险公司要提供一种新型人寿保险产品。为支持该产品，公司想要开发用于处理保险单、保险客户的信息、保险精算信息以及记账信息的软件。这样的保险单可能要保存多年，而且在最后一个保险客户死亡并且索赔都得到支付之前，软件都不可能引退。结果，保险公司很可能会在各种不同的平台上，用多种实现语言支持很多不同的应用。这种情况下，组织机构必然很难决定如何使系统更易于维护。组织机构可能有多种选择：从增强系统到用新技术完全替换现有系统。每种选择都希望在成本尽可能低的情况下保持或者提高软件质量。

软件再生(software rejuvenation)通过设法提高现有系统的总体质量来应对这种维护挑战。它回顾系统的工作产品，设法得到额外的信息，或者用更易于理解的方式重新进行安排。软件再生要考虑的内容列举如下。

- 重组。重组通过将结构不好的代码转换为结构良好的代码，真正地改变代码。
- 文档重构。对一个系统进行文档重构，就是对源代码进行静态分析，给出更多的信息，以帮助维护人员理解和引用代码。静态分析不对实际的代码进行任何转换，仅仅是导出信息。
- 逆向工程。从源代码返回到它之前的产品，根据代码重新创建设计和规格说明信息。
- 再工程。首先对现有系统进行逆向工程，接着再对其进行正向工程，改变规格说明和设计以完成逻辑模型；然后，根据修改过的规格说明和设计生成新的系统。

图 11.3 说明了这 4 种类型的软件再生之间的关系。

当然，指望从给定的一段源代码中重新创建出所有的中间工作产品是不可能的。可以将这样的任务比喻为从一张成人的照片重建其孩子的照片。然而，还是可以增强和建立一

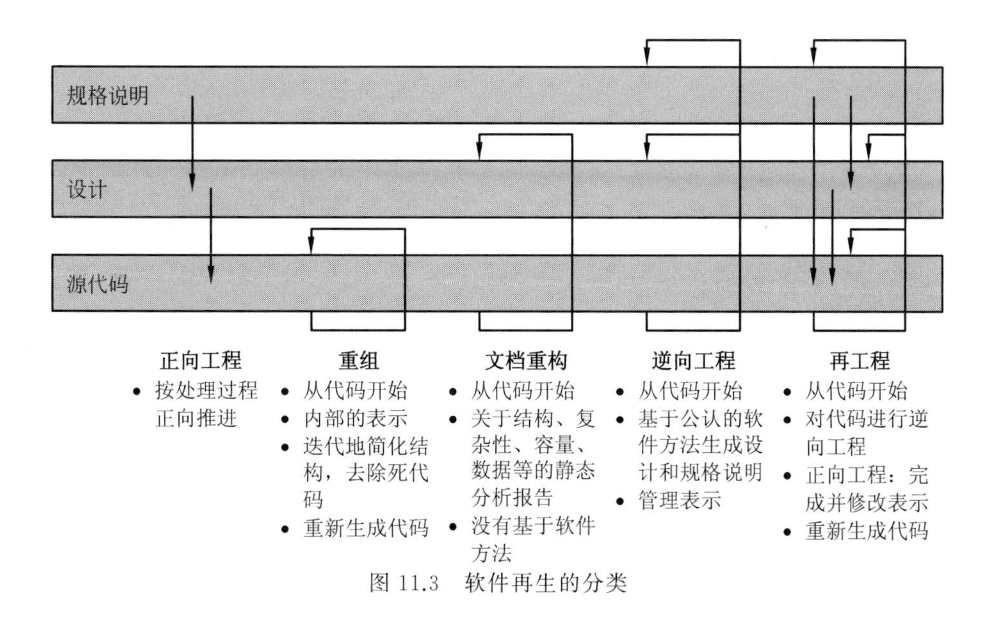

图 11.3 软件再生的分类

些工作产品的基本特征的。能从最终产品中抽取出多少信息，取决于以下几个因素：

- 使用的语言；
- 数据库接口；
- 用户界面；
- 到系统服务的接口；
- 到其他语言的接口；
- 领域成熟度和稳定性；
- 可用的工具。

维护人员的能力、知识以及经验在成功解释和使用信息方面也起着很重要的作用。

11.4.1 重组

重组的目的是使软件更易于理解和改变。工具通过解释源代码以及用内部形式表示源代码来帮助完成这一任务。接着，利用转换规则来简化内部表示，其结果被改写为结构化的代码，尽管某些工具只产生源代码，但还有其他一些工具有更多的支持功能，生成结构、容量、复杂性以及其他信息。这些测度可随后用于确定代码的可维护性，评估重组的效果。

重组包含 3 个主要活动。首先，使用静态分析得到表示代码的语义网或有向图。这样的表示不一定非要易于人阅读，因为它通常只用于自动化工具。接着，基于转换技术，通过一系列的简化对这种表示进行细化。最后，对细化的表示进行解释，并用它生成结构化的等价的系统代码（通常是使用相同的编译器）。

11.4.2 文档重构

文档重构是指对源代码进行静态分析以产生系统文档。可以检查变量使用、构件调用、控制路径、构件规模、调用参数、测试路径以及其他相关的测量，来帮助理解代码是做什么的以及是如何做的。静态代码分析产生的这些信息用图形或文本来表示。

典型情况下，维护人员进行文档重构的第一步是将代码提交给一个分析工具，其输出可能包括：

- 构件调用关系；
- 类层次；
- 数据接口表；
- 数据字典信息；
- 数据流表或数据流图；
- 控制流表或控制流图；
- 伪代码；
- 测试路径；
- 构件和变量的交叉引用。

可以用图形、文本以及表格式的信息来评价一个系统是否需要重组。但是，因为在规格说明和重构的代码之间没有对应关系，所以，产生的文档反映的是“是什么”，而不是“应该是什么”。

11.4.3 逆向工程

与文档重构一样，逆向工程从源代码得到软件系统的规格说明和设计信息。但是，逆向工程不仅仅如此，它尽量基于软件规格说明和设计方法恢复工程性信息，并随后以某种方式存储这些信息，以使人们能够对其进行处理。抽取出来的信息没有必要是完整的，因为很多源代码构件通常与一个或多个设计构件关联在一起。出于这样的原因，经逆向工程得到的系统所含的信息要比原来的系统少。

借助图形工作站和存储管理工具，很多逆向工程的工作都可以被自动化。首先，将源代码提交给一个逆向工程工具，该工具对结构加以解释，命名相关信息，并以与文档重构很相似的方式构造输出。标准结构化分析和设计方法可以用来作为一种很好的交流机制，清楚地说明逆向工程信息，例如数据字典、数据流、控制流，以及实体-联系图。

逆向工程的关键在于它从详细的源代码实现中抽取抽象规格说明的能力。但是，要使逆向工程能被广泛使用，仍然存在一些主要的障碍。其中的一个问题是实时系统的逆向工程，其原因是频繁的性能优化，实现和设计之间的对应关系比较少。当极其复杂的系统中使用了简略的或含义不全的命名习惯时，就会出现第二个问题，使用工具对这种系统进行逆向工程时，建模信息几乎没有什么价值。

11.4.4 再工程

再工程是逆向工程的扩展。逆向工程抽取出信息，而再工程在不改变整个系统功能的前提下，生产新的软件源代码。首先，对系统进行逆向工程，将系统表示为内部形式，并根据当前说明和设计软件的方法，用人工或计算机的方式进行修改。接着，修改并完成软件系统模型。最后，根据新的规格说明或设计生成新系统。

再工程过程的输入包括源代码文件、数据库文件、屏幕生成文件以及类似的与系统相关的文件。当再工程的过程完成时，生成全部系统文档，包括规格说明和设计以及新的源代码。

因为在可预见的未来，不太可能出现完全自动化的再工程，所以，再工程的过程必然是自动转换和人工工作相结合。可以手工完善不完整的表示，一名有经验的设计人员可以在新系统生成之前增强设计。

11.4.5 软件再生的前景

因为软件维护并不总是像新软件的开发那样吸引实践者，所以，软件再生没有得到像新软件开发那样多的关注。但是，软件再生也取得了一些显著的进展。商用逆向工程的工具能够部分地恢复软件系统的设计，识别、展现、分析源代码中的信息，但是不能重组、获取以及表示没有直接出现在源代码中的设计抽象。

因为源代码中包含最初设计的信息并不多，所以其他的设计信息必须通过推理进行重组。因此，最成功的逆向工程的例子一直出现在深刻理解的、稳定的领域中，例如信息系统。在这样的领域中，典型的系统通常是标准化的，语言相对简单并且结构良好，还有许多领域专家。

在其他领域，只有使用代码中的信息、现有的设计文档、人员的经验以及对问题域的综合知识，才可能进行设计恢复。要理解和重组一个完整的设计，需要理解问题域非正式的语言知识和应用域的术语。因此，当技术和方法能获取规则、策略、设计决策、术语、命名习惯以及其他非正式信息时，软件再生就会取得进展。

同时，设计表示法的形式化和领域模型的引入，将丰富在理解和维护软件系统时可以使用的信息。可能会期望改进转换技术以支持更多的应用领域，更完整的表示将促使再工程更大程度的自动化。

11.5 练 习 题

1. 单选题

(1) 软件产品开发完成投入使用后，常常因为各种原因需要进行适当的变更，通常把软件交付使用后所做的变更称为(　　)。

A. 维护　　B. 设计　　C. 软件再工程　　D. 逆向工程

(2) 在软件生命周期中，工作量所占比例最大的阶段是(　　)阶段。

A. 需求分析　　B. 设计　　C. 测试　　D. 维护

(3) 软件维护困难的主要原因是(　　)。

A. 费用低　　B. 人员少　　C. 开发方法的缺陷　　D. 维护难

(4) 下面有关软件维护的叙述正确的是(　　)。

A. 设计软件时就应考虑到将来的可修改性

B. 软件维护是一件很吸引人的创造性工作

C. 维护软件就是改正软件中的错误

D. 谁编写的软件就应由谁来维护这个软件

(5) 软件维护产生的副作用，是指(　　)。

A. 开发时的错误　　B. 隐含的错误

C. 因修改软件而造成的错误　　　　　　　D. 运行时误操作

(6) 使用软件时提出增加新功能就必须进行(　　)维护。

A. 预防性　　　　B. 适应性　　　　C. 完善性　　　　D. 改正性

(7) 下面的叙述中,与可维护性关系最密切的是(　　)。

A. 软件从一个计算机系统和环境转移到另一个计算机系统和环境的容易程度

B. 软件能够被理解、校正、适应及增强功能的容易程度

C. 尽管有不合法的输入,软件仍能继续正常工作的能力

D. 在规定的条件下和规定的一段时间内,实现所指定功能的能力

(8) 软件生命周期的(　　)工作和软件可维护性有密切的关系。

A. 编码阶段　　　　B. 设计阶段　　　　C. 测试阶段　　　　D. 每个阶段

(9) 在软件运行/维护阶段对软件产品所进行的修改就是维护。(　　)是因开发时测试得不彻底、不完全造成的。

A. 改正性维护　　　　　　　　B. 适应性维护

C. 完善性维护　　　　　　　　D. 预防性维护

(10) 软件可维护性的特性中相互矛盾的是(　　)。

A. 可修改性和可理解性　　　　B. 可测试性和可理解性

C. 效率和可修改性　　　　　　D. 可理解性和可读性

2. 简答题

(1) 软件维护活动分哪几类,任务分别是什么?

(2) 软件的可维护性可用哪些特征来衡量?

(3) 什么是软件维护的副作用,分为哪 3 类?

(4) 提高软件产品可维护性的措施有哪些?

(5) 什么是软件再生,包括哪些内容?

从大学生到软件工程师

12.1 个人发展

12.1.1 软件工程师的任务

由卡内基-梅隆大学软件工程研究所(CMU/SEI)开发的软件能力成熟度模型SW-CMM是当前最好的软件过程,并且CMM已经成为事实上的软件过程工业标准。但是,CMM虽然提供了一个有力的软件过程改进框架,却只告知了“应该做什么”,而没有告知“应该怎样做”,并未提供有关实现关键过程域所需要的具体知识和技能。为了弥补这个欠缺,专家们提出了个体软件过程(personal software process,PSP)。

PSP是一种可用于控制、管理和改进个人工作方式的自我持续改进过程,是一个包括软件开发表格、指南和规程的结构化框架。PSP与具体的技术(程序设计语言、工具或者设计方法)相对独立,其原则能够应用到几乎任何的软件工程任务之中。PSP能够说明个体软件过程的原则;帮助软件工程师作出准确的计划;确定软件工程师为改善产品质量要采取的步骤;建立度量个体软件过程改善的基准;确定过程的改变对软件工程师能力的影响。

软件工程师的任务清单罗列如下。

(1) 计划(planning)。

- 明确需求和其他相关因素,指明时间成本和依赖关系(estimate)。

(2) 开发(development)。

- 分析需求(analysis);
- 生成设计文档(design spec);
- 设计复审(design review),即和同事审核设计文档;
- 代码规范(coding standard),即为目前的开发制定合适的规范;
- 具体设计(design);
- 具体编码(coding);
- 代码复审(code review);
- 测试(test),包括自测,修改代码,提交修改;

(3) 记录用时(record time spent)。

(4) 测试报告(test report)。

(5) 计算工作量(size measurement)。

(6) 事后总结(postmortem)。

(7) 提出过程改进计划(process improvement plan)。

在《构建之法：现代软件工程》一书中，作者曾统计过大学四年级学生和工作3年的软件工程师在PSP各阶段上所花费的时间，统计结果如表12.1所示。

表12.1　大学生和工程师任务时间对比

PSP 阶段	大学生时间占比	工程师时间占比
计划	**8**	**6**
开发	**84**	**88**
• 需求分析	6	10 ↑
• 生成设计文档	5	6
• 设计复审	4	6
• 代码规范	3	3
• 具体设计	10	12
• 具体编码	36	21 ↓
• 代码复审	7	9
• 测试	13	21 ↑
报告	**8**	**6**
• 测试报告	3	2
• 计算工作量	2	1
• 总结和过程改进计划	3	3

从时间占比可以看出差异较大的阶段是需求分析、编码和测试。工程师在“需求分析”和“测试”这两方面明显地要花更多的时间(多60%以上)；但是在具体编码上，工程师比学生要少花1/3的时间。显然，从学生到职业程序员，并不是更加没完没了地写程序，而是要更多地关注软件过程和产品质量。

12.1.2　软件工程师的成长

软件开发团队由个人组成，在团队的大流程中，是每个具体的人在做开发、测试、管理、交流等工作，每个人的工作质量直接影响最终软件的质量。因此，每个软件工程师需要提升自己的个人能力，对于初级软件工程师来说，包括下面几方面的提升。

(1) 积累软件开发相关的知识，提升技能。例如，对Java、C/C++、C#等程序语言，诊断/提高效能的技术，设备驱动程序、内核调试器，开发平台等的掌握。

(2) 积累问题领域的知识和经验(如对游戏、医疗或金融行业的了解)。随着经验的增长，一个工程师可以掌握更广泛、更深入的技术和问题领域的知识。

(3) 对通用的软件设计和软件工程思想的理解。这方面比较抽象，需要经验的积累。

(4) 提升职业技能。职业技能包括自我管理的能力，表达和交流的能力，与人合作的能力，按质按量完成任务的执行力，这些能力在IT行业和其他行业都很重要。

(5) 实际成果。行胜于言,实际的工作成果是最重要的评价标准。

大多数工程师都在团队的环境中工作,如何才能成为一个合格,甚至优秀的队员,以下是团队对个人的期望。

(1) 交流:能有效地和其他队员交流,从大的技术方向,到看似微小的问题。

(2) 说到做到:即做到"按时交付"。

(3) 接受团队赋予的角色并按角色要求工作:团队要完成任务,有很多事情要做,要能够接受不同的任务并高质量完成。

(4) 全力投入团队的活动:对于评审会议、代码复审等工作,要全力以赴地参加,而不是游离于团队之外。

(5) 按照团队流程的要求工作:团队有自己的流程,个人的能力即使很强,也要按照团队制定的流程工作,而不要认为自己不受流程约束。

(6) 准备:在开会讨论之前,开始一个新功能之前,着手一个新项目之前,都要做好准备工作。

(7) 理性地工作:软件开发有很多个人的、感情驱动的因素,但是一个成熟的团队成员必须从事实和数据出发,按照流程,理性地工作。

12.1.3 软件工程师的思维误区

软件有很多特性,软件开发有自己独特的规律。如果不了解这些特性,软件工程师就会产生不符合实际的想法,在开发过程中走很多弯路。软件的模块之间存在着各种复杂的依赖关系,软件的不可见性和易变性使得软件的依赖关系很难定义清楚,导致软件不易得到及时的维护和修复。对依赖关系的两种极端态度都会引出可笑的行为,导致延迟交付。

(1) 分析麻痹。

一种极端情况是想弄清楚所有细节、所有依赖关系之后再动手,心理上过于悲观,不想修复问题,出了问题都赖在相关问题上。分析太多,腿都麻了,没法起步前进,故得名"分析麻痹"(analysis paralysis)。

(2) 不分主次,想解决所有依赖问题。

另一种极端是过于积极,想马上动手修复所有主要和次要的依赖问题,然后就可以"完美地"达成最初设定的目标,而不是根据现有条件找到一个"足够好"的方案。

(3) 过早优化。

既然软件是"软"的,那它就有很大的可塑性,可以不断改进。放眼望去,一个复杂的软件似乎很多模块都可以变得更好。一个工程师在写程序的时候,经常容易在某一个局部问题上陷进去,花大量时间对其进行优化,而无视这个模块对全局的重要性,甚至还不知道这个"全局"是怎么样的。这个毛病早就被归纳为"过早的优化是一切烦恼的根源"。

(4) 过早扩大化/泛化。

软件的"软"还表现在它可以扩展。在写一个程序的时候,需要某个函数可以处理整数类型和字符串类型的信息,有的程序员往往灵光闪现:能不能把类型抽象出来,让这个函数处理所有可能的类型?这样不就一劳永逸了么?有些软件本来是解决一个特定环境下的具体问题,但是有的程序员会想到做一个平台,处理所有类似的问题,这样多好啊!这样的前景的确美妙，程序员的确需要这样的凌云壮志，但是要了解必要性、难度和时机。解决大问题固然让人感觉美妙，但是把小问题真正解决好，也不容易。

12.1.4 软件工程师的职业发展

Steve McConnell 是 Construx 公司首席软件工程师，他把相关的软件知识分为 10 大知识领域，把工程师对这些知识的掌握分为入门、熟练、带头人、大师 4 个阶段。他还把工程师分为 8 个级别(8～15)，一个工程师要从一个级别升到另一个级别，需要在各方面达到一定的要求。例如，要达到 12 级，工程师必须在 3 个知识领域达到"带头人"水平。

微软公司针对软件工程师的职业发展有很完备的规划和支持。例如，初级软件开发工程师是入门级别，即在学校里学到了一些技能，尚未在实践中得到充分锻炼；中级软件开发工程师可以写别人交代的任何东西，不明白时知道去问谁；高级软件开发工程师是小组领导，影响着 3～12 名工程师；首席软件开发工程师是团队领导，影响着 10 人以上的一个大团队，成为影响团队成败的关键人物。

没有人能在学校里掌握所有"将来会用得到的知识"，并在离开学校后马上把技术运用在实践中。工程师应该在实际工作中不断学习和不断成长，根据自己的情况选择在哪个方面追求"专和精"，在哪几个方面达到"知道就好"的水平。

心理学上，美国人 Noel Tichy 提出了知识和技能 3 个区的理论，如图 12.1 所示。

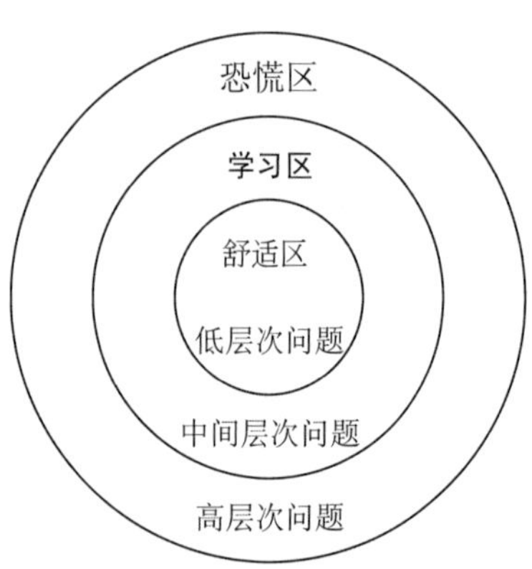

图 12.1 认知世界的 3 个区域

最内层是舒适区，表示已经熟练掌握的知识、技能，即工程师能解决的低层次问题；最外层是恐慌区，表示暂时无法学会的知识、技能，由于没有实力，因此往往会失败受打击；中间层是学习区，适合进行高针对性练习，达成学习目的。

心理学研究结果表明：只有在"学习区"内做事，人才会进步。尝试新鲜事物，探索未知领域，能开拓思维和视野，激发潜力。

软件工程师的成长过程，就是舒适区不断扩大的过程。想扩大舒适区，前提是能够主动地跨入新的学习区，并把学习区转化为舒适区。因此，选择合适的学习区来学习，不断构建自己的舒适区，从而拓展学习区，最后在某些领域达到技能的精通，是一个循序渐进的好办法。

不是每个软件工程师都有强烈的愿望或机遇去做最先进、最创新、最有风险的项目。绝大部分软件工程师都不是技术天才，但即使是一般的工程师，做一般的信息系统，就是业界说的"CRUD"(create/retrieve/update/delete，增、删、改、查)数据库系统，也需要一些核心技术和许多扩展的知识，如表 12.2 所示。

表 12.2 开发信息系统需要的核心技能和扩展知识

基本需求	基本技术	扩展技术	进一步的扩展技术
把数据放到数据库中满足增、删、改、查的需求	数据库技术(关系数据库的基本原理和操作)	大容量的数据库操作、并行、备份等技术	关系数据库模型，数据挖掘，商业智能

续表

基本需求	基本技术	扩展技术	进一步的扩展技术
有网页满足一般用户的查询需求	网页服务技术(ASP.NET、PHP等),数据绑定及控件	用户界面的设计,对不同浏览器的支持	用户心理、用户交互的原则在不同设备和不同场景下的应用
能不断实现新的功能	编程语言和开发工具(Java、C#、Python)	程序的效能分析,软件的重用,面向对象的理论等	能改进软件工具,或构建新的语言提高解决问题的效率
软件团队能按时高质量完成任务	每日构建,版本管理,单元测试,项目管理	需求分析,敏捷开发等高级软件工程的技术	软件团队的绩效评估,团队的培训和发展
有一定的安全性	数据库安全,网站安全	计算机网络与数据通信,操作系统的知识,数据加密/解密	密码学,各种病毒工作原理
能满足业务的需求	对业务领域有基本的了解	进一步了解业务领域知识	对业务领域有深入了解,能洞察行业发展的趋势

12.2 团队合作

12.2.1 结对编程

现代软件产业经过几十年的发展,一个软件由一个人单枪匹马完成的情况已经很少见了,软件都是在相互合作中完成的。合作的最小单位是两个人。两个工程师在一起,做得最多的事情就是“看代码”,每个人都能看“别人的代码”,并发表意见,这就是结对编程。

在结对编程模式下,一对程序员肩并肩、平等地、互补地进行开发工作。他们并排坐在一台计算机前,面对同一个显示器,使用同一个键盘、同一个鼠标一起工作。他们一起分析,一起设计,一起写测试用例,一起编码,一起做单元测试,一起做集成测试,一起写文档,等等。

结对编程的两个人对应两种角色。

- 驾驶员(Driver):负责具体的执行,用键盘编写程序。
- 领航员(Navigator):起到导航、检查、提醒的作用。

每人在各自独立设计、实现软件的过程中不免要犯这样或那样的错误。在结对编程中,因为有随时的复审和交流,所以程序各方面的质量取决于一对程序员中各方面水平较高的那一位。这样,程序中的错误就会少得多,程序的初始质量会高很多,会省下很多以后修改、测试的时间。具体地说,结对编程有如下的好处。

(1) 在开发层次,结对编程能提供更好的设计质量和代码质量,两人合作解决问题的能力更强。两人合作,还有相互激励的作用,看到别人的思路和技能,得到实时的讲解,受到激励,就会努力提高自己的水平,提出更多创意。

(2) 对开发人员自身来说,结对编程能带来更多的信心,高质量的产出能带来更高的满足感。

(3) 在企业管理层次上,结对编程能更有效地交流,相互学习和传递经验,分享知识,能更好地应对人员流动。

结对编程时，可以参考如下具体的做法。

(1) 驾驶员负责写设计文档，进行编码和单元测试等 XP 开发流程。

(2) 领航员负责审阅驾驶员的文档；监督驾驶员对编码等开发流程的执行；考虑单元测试的覆盖率；思考是否需要和如何重构；帮助驾驶员解决具体的技术问题。

(3) 驾驶员和领航员不断轮换角色，不要连续工作超过一小时，每工作一小时休息 15 分钟。领航员要控制时间。

(4) 主动参与。任何一个任务都首先是两个人的责任，也是所有人的责任。

(5) 只有水平上的差距，没有级别上的差异。尽管结对的两人的级别资历不同，但不管在分析、设计或编码上，双方都拥有平等的决策权利。

(6) 设置好结对编程的环境，座位、显示器、桌面等都要能允许两个人舒适地讨论和工作。

结对编程是一个相互学习、相互磨合的渐进过程，有效率的结对编程不是一天就能做到的。总之，如果运用得当，结对编程可以取得更高的投入产出比。

12.2.2　如何影响他人

项目开发总是有着具体而多变的需求，有工期、质量和资源的矛盾，团队成员各自的水平、目标也不一致。每个人都有自己的想法，在想法不一致时，如何能说服对方？除了技术方面的考虑之外，一个成熟的工程师还要琢磨对方的话语和观察对方的肢体语言，了解其所表示的潜台词，试着从对方的角度看待问题。同时也要根据情况采取不同的方法影响他人，通常有以下几种方式，如表 12.3 所示。

表 12.3　影响他人的几种方式

方式	举　　例	性质	推/拉	注　　解
断言	就这样吧，听我的，没错！	感情	推—— 主动推动同伴做某事	感情很强烈，适用于有充分信任的同伴。语音、语调、肢体语言都能帮助传递强烈的信息
桥梁	能不能再给我讲讲你的理由	逻辑	拉—— 吸引对方，建立共识	给双方充分条件互相了解
说服	如果这样做，根据我的分析，我们会有这样的好处，a、b、c……	逻辑	推—— 让对方思考	有条理，建立在逻辑分析的基础上。即使不能全部说服，对方也可能接受部分意见
吸引	你想提高收入吗？加入我们的销售队伍吧，几个月后就可以有上万元的收入……	感情	拉—— 描述理想状态，吸引对方加入	可以有效地传递信息，但是要注意信息的准确性。夸大的渲染会降低个人的可信度

在以上 4 种方式中，没有绝对正确或错误的方法，只有合适或不合适的方法。需要时可以几种方法同时使用。一般来说，软件行业的从业人员还是理性思考得比较多。

12.2.3　如何给予反馈

在团队的交流过程中，需要对同伴的工作进行反馈，即告诉对方你对他的评价，有时表达感谢，有时阐明要求，有时指出不足。如何能正确有效地给予反馈呢？有专家提出了反馈针对的3个层次。

（1）最外层：行为和后果

当反馈是关于行为和后果时，行为可以改正，后果可以弥补，对方还有挽回局面的机会。

（2）中间层：习惯和动机

当反馈上升到攻击对方的习惯和动机，被攻击的一方就比较难表白和澄清动机。

（3）最内层：本质和固有属性

当攻击深入到人的本质或固有属性（如某人的出身）时，被攻击一方将无法回应，因为这些性质无法改变。

任何人都不是完美的，都有可以改进的空间。在软件工程的合作中，合作伙伴同样会有很多意见要告诉同伴，有技术上的，也有合作方式上的，也有为人处世上的，说不定还有感情上的。如何给别人提供容易接受的反馈？可以参考“三明治”方法，将反馈分为“面包—肉—面包”3个层次。

（1）首先做好铺垫，强调双方的共同点，从团队共同的愿景讲起，让对方觉得处于一个安全的环境。

（2）然后提出建设性的意见。在提供反馈时，不宜完全沉溺于过去的失败，而应该换个角度，展望将来的结果。在技术团队里，反馈还是要着重于“行为和后果”这一层面，不要贸然深入到“习惯和动机”“本质”。除非情况非常严峻，需要触动别人内心深处，让别人悬崖勒马。

（3）最后呼应开头，鼓励对方把工作做好。

12.3 软件工程师伦理守则

现在，计算机越来越多地成为商业、工业、政府、医疗、教育、娱乐、社会事务以及人们日常生活的中心角色。那些直接或通过教学从事设计和开发软件系统的人员，有着极大的机会从事善举或者从事恶行，同时还能影响或使得他人做同样的事情。人们指责他们过于关注技术问题，而忽略了问题所处的人文背景。为尽可能保证这种力量用于有益的目的，软件工程师必须要求自己所进行的软件设计和开发是有益的，所从事的是受人尊敬的职业。为此，应该建立软件工程师的伦理道德标准。

伦理守则（code of ethics）描述了同行、公众以及合法团体应承担的道德和职业义务，可衡量专业人员的行为，能确保软件工程师理解和确认职业行动和活动的含义。

守则包含3个主要的功能。

- 激励伦理操行；
- 激发公众对工程师职业的信心；
- 提供评估行动以及训练专业人员的形式化基础。

实际上，伦理守则可以激发良好行为并可用来反对他人偏离该操守的行为。

12.3.1 PEO伦理守则

安大略职业工程师协会（PEO）发表了一个伦理守则，强制性要求职业工程师担负下列责任。

- 对社会的责任；
- 对雇员的责任；
- 对客户的责任；
- 对同事和雇主的责任；
- 对工程师职业的责任；
- 对自己的责任。

同时，PEO 定义了不正当职业行为的特性。

- 疏忽行为；
- 扰乱；
- 不能保护用户的安全性、健康或财产；
- 不能遵从适当的法令、章程、标准和规则；
- 在专业人员未准备好的或未经检查的文档上签字或盖章；
- 未揭露利益冲突；
- 执行自己专业领域之外的任务。

伦理守则和不当职业行为定义之间的区别体现在表现程度上。伦理守则是伦理道德行为的高标准，处于法律规定之上，或超过法律的要求。相比较之下，不当职业行为是受到法律和专业组织机构惩罚（如吊销或撤销违法者的执照或证书）的违法行为。

12.3.2 ACM/IEEE 软件工程伦理守则和职业实践

1993 年 5 月，IEEE 计算机协会的管理委员会设立了一个指导委员会，其目的是为确立软件工程作为一个职业而进行评估、计划和协调各种活动。同年，ACM 理事会也同意设立一个关于软件工程的委员会。到 1994 年 1 月，两个协会成立了一个联合指导委员会，负责为软件工程职业实践制定一组适当标准，以此作为工业决策、职业认证和教学课程的基础。这项工作包括定义软件工程的伦理守则，由软件工程道德和职业实践专题小组来实现。

软件工程道德和职业实践小组的目标是为软件工程师在道德上和职业上的责任和义务制定一份文件。该伦理守则由 IEEE 计算机协会和 ACM 联合指导委员会的软件工程道德和职业实践专题组开发，并且已经过该委员会的审查。该守则是在对多个计算学科和工程学科规范进行广泛研究的基础上做出的，意在教育和激励采用规范的职业群体和成员。守则也告诉公众，一种职业的职责及其重要性。守则向实践者指明社会期望他们达到的标准，以及他们同行的追求和相互的期望。守则就影响专业人员及其客户的一些问题给出了实际的建议，同时也为政策的制定者提供借鉴。

该守则指出，软件工程师应履行其实践承诺，使软件的需求分析、规格说明、设计、开发、测试和维护成为一项有益和受人尊敬的职业。为实现他们对公众健康、安全和利益的承诺目标，软件工程师应当坚持 8 条原则。

1. 公众

软件工程师应当以公众利益为目标。

- 对工作承担完全的责任；
- 用公益目标节制软件工程师、雇主、客户和用户的利益；

- 批准软件应在确信软件是安全的、符合规格说明的、经过合适测试的、不会降低生活品质、影响隐私权或有害环境的条件之下，一切工作以大众利益为前提；
- 当有理由相信有关的软件和文档，可以对用户、公众或环境造成任何实际或潜在的危害时，应向适当的人或当局揭露；
- 通过合作全力解决因软件及其安装、维护、支持或文档引起的社会严重关切的各种事项；
- 在所有有关软件、文档、方法和工具的申述中——特别是与公众相关的，力求正直，避免欺骗；
- 认真考虑诸如体力残疾、资源分配、经济缺陷和其他可能影响使用软件益处的各种因素；
- 应致力于将自身的专业技能用于公益事业和公共教育的发展。

2. 客户和雇主

在保持与公众利益一致的原则下，软件工程师应注意满足客户和雇主的最高利益。

- 在胜任的领域提供服务，对自身经验和教育方面的不足应持诚实和坦率的态度；
- 不明知故犯使用非法或非合理渠道获得的软件；
- 在客户或雇主知晓和同意的情况下，只在适当准许的范围内使用客户或雇主的资产；
- 保证遵循的文档已按要求经过某人授权批准；
- 只要工作中所接触的机密文件不违背公众利益和法律，则对这些文件所记载的信息严格保密；
- 据己判断，如果一个项目有可能失败，或者费用过高，违反知识产权法规，或者存在问题，应立即确认、用文档记录，并收集证据和报告客户或雇主；
- 当知道软件或文档涉及社会关切的明显问题时，应确认、用文档记录和报告给雇主或客户；
- 不接受不利于为雇主工作的外部工作；
- 不提倡与雇主或客户的利益冲突，除非出于符合更高道德规范的考虑，在后者情况下，应通报雇主或另一位涉及这一道德规范的适当的当事人。

3. 产品

软件工程师应当确保产品和相关的改进符合最高的专业标准。

- 努力保证高质量、可接受的成本和合理的进度，确保任何有意义的折中方案已被雇主和客户知晓和接受，且方案从用户和公众角度看是合用的；
- 确保所从事或建议的项目有适当和可达到的目标；
- 识别、定义和解决工作项目中有关的道德、经济、文化、法律和环境问题；
- 通过适当地结合教育、培训和实践经验，保证能胜任正从事和建议开展的工作项目；
- 保证在从事或建议的项目中使用合适的方法；
- 遵循最适合手头工作的专业标准，除非出于道德或技术考虑可认定时才允许偏离；
- 努力做到充分理解所从事软件的规格说明；

- 保证所从事的软件说明是良好文档、满足用户需要和经过适当批准的；
- 保证对从事或建议的项目作出现实和定量的估算，包括成本、进度、人员、质量和输出，并对估算的不确定性作出评估；
- 确保从事的软件和文档资料有合适的测试、排错和评审；
- 保证从事的项目有合适的文档，包括列入已发现的重要问题和已采取的解决办法；
- 开发的软件和相关的文档，应尊重那些受软件影响的人的隐私；
- 小心和只使用从正当或法律渠道获得的精确数据，并只在准许范围内使用；
- 注意维护容易过时或有出错情况时的数据完整性；
- 处理各类软件维护时，应保持与新开发时一样的职业态度。

4. **判断**

软件工程师应当维护职业判断的完整性和独立性。

- 所有技术性判断服从支持和维护人价值的需要；
- 只签署在本人监督下准备的文档，或只在本人专业知识范围内并经本人同意的情况下才签署文档；
- 对评估的软件或文档，保持职业的客观性；
- 不参与欺骗性的财务行为，如行贿、重复收费或其他不正当财务行为；
- 对无法回避和逃避的利益冲突，应告示所有有关方面；
- 当雇主或客户存有未公开和潜在利益冲突时，拒绝以会员或顾问身份参加与软件事务相关的私人、政府或职业团体。

5. **管理**

软件工程的经理和领导人员应赞成和促进对软件开发和维护合乎道德规范的管理。

- 对从事的项目保证良好的管理，包括促进质量和减少风险的有效步骤；
- 保证软件工程师在遵循标准之前便知晓它们；
- 保证软件工程师知道雇主在保护保密口令、文件和信息方面的有关政策和方法；
- 布置工作任务应先考虑其教育和经验会有合适的贡献，再加上有进一步教育和经验的要求；
- 保证对从事或建议的项目，作出现实和定量的估算，包括成本、进度、人员、质量和输出，并对估算的不确定性作出评估；
- 在雇佣软件工程师时，需实事求是地介绍雇佣条件；
- 提供公正和合理的报酬；
- 不得不公正地阻止一个人取得可以胜任的岗位；
- 对软件工程师有贡献的软件、过程、研究、写作或其他知识产权的所有权，保证有一个公平的协议；
- 对违反雇主政策或道德观念的指控，提供正规的听证过程；
- 不要求软件工程师去做任何与道德规范不一致的事；
- 不能处罚对项目表露有道德关切的人。

6. 专业

在与公众利益一致的原则下，软件工程师应当推进其专业的完整性和声誉。

- 协助发展一个适合执行道德规范的组织环境；
- 推进软件工程的共识性；
- 通过适当参加各种专业组织、会议和出版物撰写，扩充软件工程知识；
- 作为一名职业成员，支持其他软件工程师努力遵循本道德规范；
- 不以牺牲职业、客户或雇主利益为代价，谋求自身利益；
- 服从所有监管作业的法令，唯一可能的例外是，仅当这种符合与公众利益有不一致时；
- 精确叙述自己所从事软件的特性，不仅要避免错误的断言，也要防止那些可能造成猜测投机、空洞无物、欺骗性、误导性或者有疑问的断言；
- 对所从事的软件和相关文档，负起检测、修正和报告错误的责任；
- 保证让客户、雇主和主管人员知道软件工程师对本道德规范的承诺，以及这一承诺带来的后果；
- 避免与本道德规范有冲突的业务和组织沾边；
- 要认识到违反本规范是与成为一名专业工程师不相称的；
- 在出现明显违反本规范情况时，应向有关当事人表达自己的关切，除非在没有可能、会影响生产或有危险时才可例外；
- 当与明显违反道德规范的人无法磋商，或者会影响生产或有危险时，应向有关当局报告。

7. 同行

软件工程师对其同行应持平等、互助和支持的态度。

- 鼓励同行遵守本道德规范；
- 在专业发展方面帮助同行；
- 充分信任和赞赏其他人的工作，克制追逐不应有的赞誉；
- 评审别人的工作，应客观、直率和适当地进行文档记录；
- 持良好的心态听取同行的意见、关切和抱怨；
- 协助同行充分熟悉当前的标准工作实践，包括保护口令、文件和保密信息有关的政策和步骤，以及一般的安全措施；
- 不要不公正地干涉同行的职业发展，但出于客户、雇主或公众利益的考虑，软件工程师应以善意态度质询同行的胜任能力；
- 在有超越本人胜任范围的情况时，应主动征询其他熟悉这一领域的专业人员。

8. 自身

软件工程师应当参与终生职业实践的学习，并促进合乎道德的职业实践。

- 深化自身的开发知识，包括软件的分析、规格说明、设计、开发、维护和测试，相关的文档以及开发过程的管理；

- 提高在合理的成本和时限范围内，开发安全、可靠和有用质量软件的能力；
- 提高产生正确、有含量的和良好编写的文档能力；
- 提高对所从事软件、相关文档资料以及应用环境的了解；
- 提高对从事软件和文档有关标准和法律的熟悉程度；
- 提高对本规范及其解释和如何应用于本身工作的了解；
- 不因为难以接受的偏见而不公正地对待他人；
- 不影响他人在执行道德规范时所采取的任何行动；
- 要认识到违反本规范是与成为一名专业软件工程师不相称的。

计算机软件文档编制规范

GB/T 8567—2006《计算机软件文档编制规范》是根据 GB/T 8566—2001《信息技术软件生存周期过程》的规定，主要对软件的开发过程和管理过程应编制的主要文档及其编制的内容、格式规定了基本要求。

本附录给出了其中几个常用的文档模板，供读者参考。

A.1 可行性分析(研究)报告(FAR)

可行性分析报告的正文格式如下。

1 引言

1.1 标识

本条应包含本文档适用的系统和软件的完整标识，包括标识号、标题、缩略词语、版本号和发行号。

1.2 背景

说明项目在什么条件下提出，提出者的要求、目标、实现环境和限制条件。

1.3 项目概述

本条应简述本文档适用的项目和软件的用途，应描述项目和软件的一般特性，概述项目开发、运行和维护的历史，标识项目的投资方、需方、用户、开发方和支持机构，标识当前和计划的运行现场，列出其他有关的文档。

1.4 文档概述

本条应概述本文档的用途和内容，并描述与其使用有关的保密性和私密性的要求。

2 引用文件

本章应列出本文档引用的所有文档的编号、标题、修订版本和日期，本章也应标识不能通过正常的供货渠道获得的所有文档的来源。

3 可行性分析的前提

3.1 项目的要求

3.2 项目的目标

3.3 项目的环境、条件、假定和限制

3.4 进行可行性分析的方法

4 可选的方案

4.1 原有方案的优缺点、局限性及存在的问题

4.2　可复用的系统，与要求之间的差距

4.3　可选择的系统方案 1

4.4　可选择的系统方案 2

4.5　选择最终方案的准则

5　所建议的系统

5.1　对所建议的系统的说明

5.2　数据流程和处理流程

5.3　与原系统的比较(若有原系统)

5.4　影响(或要求)

包括设备、软件、运行、开发、环境、经费、局限性等方面。

6　经济可行性(成本效益分析)

6.1　投资

包括基本建设投资(如开发环境、设备、软件和资料等)，其他一次性和非一次性投资(如技术管理费、培训费、管理费、人员工资、奖金和差旅费等)。

6.2　预期的经济效益

包括一次性收益、非一次性收益、不可定量的收益、收益/投资比、投资回收周期、市场预测等方面。

7　技术可行性(技术风险评价)

开发方现有资源(如人员、环境、设备和技术条件等)能否满足此工程和项目实施要求，若不满足，应考虑补救措施(如需要分承包方参与、增加人员、投资和设备等)，涉及经济问题应进行投资、成本和效益可行性分析，最后确定此工程和项目是否具备技术可行性。

8　法律可行性

系统开发可能导致的侵权、违法和责任。

9　用户使用可行性

用户所在单位的行政管理和工作制度，使用人员的素质和培训要求。

10　其他与项目有关的问题

未来可能的变化。

11　注解

本章应包含有助于理解本文档的一般信息(如原理)，以及为理解本文档需要的术语和定义，所有缩略语和它们在文档中的含义的字母序列表。

附录

附录可用来提供那些为便于文档维护而单独出版的信息(如图表、分类数据)。为便于处理附录可单独装订成册。附录应按字母顺序(A、B 等)编排。

A.2　软件开发计划(SDP)

软件开发计划的正文格式如下。

1　引言

1.1　标识

1.2 系统概述

1.3 文档概述

1.4 与其他计划之间的关系

(若有)本条描述本计划和其他项目管理计划的关系。

1.5 基线

给出编写本项目开发计划的输入基线,如软件需求规格说明。

2 引用文件

3 交付产品

本章应列出本项目应交付的产品,包括软件产品和文档。其中软件产品应指明哪些是要开发的,哪些是属于维护性质的。文档是指随软件产品交付给用户的技术文档,例如用户手册、安装手册等。还需要说明非移交产品、验收标准、最后交付期限等。

4 所需工作概述

5 实施整个软件开发活动的计划

5.1 软件开发过程

本条应描述要采用的软件开发过程。计划应覆盖论及它的所有合同条款,确定已计划的开发阶段(适用的话)、目标和各阶段要执行的软件开发活动。

5.2 软件开发总体计划

本条包括软件开发方法、软件产品标准、可复用的软件产品、处理关键性需求、计算机硬件资源利用、记录原理、需方评审途径等方面。

6 实施详细软件开发活动的计划

6.1 项目计划和监督

6.2 建立软件开发环境

6.3 系统需求分析

6.4 系统设计

6.5 软件需求分析

6.6 软件设计

6.7 软件实现和配置项测试

6.8 配置项集成和测试

6.9 CSCI 合格性测试

6.10 CSCI/HWCI 集成和测试

6.11 系统合格性测试

6.12 软件使用准备

6.13 软件移交准备

6.14 软件配置管理

6.15 软件产品评估

6.16 软件质量保证

6.17 问题解决过程(更正活动)

6.18 联合评审(联合技术评审和联合管理评审)

6.19 文档编制

6.20 其他软件开发活动

7 进度表和活动网络图

8 项目组织和资源

8.1 项目组织

本条应描述本项目要采用的组织结构，包括涉及的组织机构、机构之间的关系、执行所需活动的每个机构的权限和职责。

8.2 项目资源

9 培训

9.1 项目的技术要求

根据客户需求和项目策划结果，确定本项目的技术要求，包括管理技术和开发技术。

9.2 培训计划

根据项目的技术要求和项目成员的情况，确定是否需要进行项目培训，并制订培训计划。如不需要培训，应说明理由。

10 项目估算

10.1 规模估算

10.2 工作量估算

10.3 成本估算

10.4 关键计算机资源估算

10.5 管理预留

11 风险管理

本章应分析可能存在的风险，所采取的对策和风险管理计划。

12 支持条件

12.1 计算机系统支持。

12.2 需要需方承担的工作和提供的条件。

12.3 需要分包商承担的工作和提供的条件。

13 注解

附录

A.3 软件需求规格说明(SRS)

软件需求规格说明的正文格式如下。

1 范围

1.1 标识

1.2 系统概述

1.3 文档概述

1.4 基线

2 引用文件

3 需求

3.1 所需的状态和方式

如果需要CSCI在多种状态和方式下运行，且不同状态和方式具有不同的需求的话，则要标识和定义每个状态和方式。状态和方式的示例包括空闲、准备就绪、活动、事后分析、培训、降级、紧急情况和后备等。

3.2 需求概述

包括系统的目标、运行环境、用户的特点、关键点、约束条件等。

3.3 需求规格

软件系统总体功能/对象结构、软件子系统功能/对象结构、描述约定等。

3.4 CSCI能力需求

本条应分条详细描述与CSCI每项能力相关联的需求。"能力"被定义为一组相关的需求。可以用"功能""性能""主题""目标"或其他适合用来表示需求的词来替代"能力"。

3.5 CSCI外部接口需求

本条应分条描述CSCI外部接口的需求。(若有)本条可引用一个或多个接口需求规格说明(IRS)或包含这些需求的其他文档。

3.6 CSCI内部接口需求

本条应指明CSCI内部接口的需求(若有)。如果所有内部接口都留待设计时决定，则需在此说明这一事实。

3.7 CSCI内部数据需求

本条应指明对CSCI内部数据的需求，(若有)包括对CSCI中数据库和数据文件的需求。如果所有有关内部数据的决策都留待设计时决定，则需在此说明这一事实。

3.8 适应性需求

(若有)本条应指明要求CSCI提供的、依赖于安装的数据有关的需求(如依赖现场的经纬度)和要求CSCI使用的、根据运行需要进行变化的运行参数(如表示与运行有关的目标常量或数据记录的参数)。

3.9 保密性需求

(若有)本条应描述有关防止对人员、财产、环境产生潜在的危险或把此类危险减少到最低的CSCI需求，包括为防止意外动作(如意外地发出"自动导航关闭"命令)和无效动作(发出一个想要的"自动导航关闭"命令时失败，CSCI必须提供的安全措施。

3.10 保密性和私密性需求

(若有)本条应指明保密性和私密性的CSCI需求，包括CSCI运行的保密性/私密性环境、提供的保密性或私密性的类型和程度。CSCI必须经受的保密性/私密性的风险、减少此类危险所需的安全措施、CSCI必须遵循的保密性/私密性政策、CSCI必须提供的保密性/私密性审核、保密性/私密性必须遵循的确证/认可准则。

3.11 CSCI环境需求

(若有)本条应指明有关CSCI必须运行的环境的需求。例如，包括用于CSCI运行的计算机硬件和操作系统(其他有关计算机资源方面的需求在下条中描述)。

3.12 计算机资源需求

包括计算机硬件需求、计算机硬件资源利用需求、计算机软件需求、计算机通信需求等。

3.13 软件质量因素

(若有)本条应描述合同中标识的或从更高层次规格说明派生出来的对CSCI的软件质

量方面的需求，例如，包括有关 CSCI 的功能性（实现全部所需功能的能力）、可靠性（产生正确、一致结果的能力）、可维护性（易于更正的能力）、可用性（需要时进行访问和操作的能力）、灵活性（易于适应需求变化的能力）、可移植性（易于修改以适应新环境的能力）、可复用性（可被多个应用使用的能力）、可测试性（易于充分测试的能力）、易用性（易于学习和使用的能力）以及其他属性的定量需求。

3.14 设计和实现的约束

（若有）本条应描述约束 CSCI 设计和实现的那些需求。这些需求可引用适当的标准和规范。

3.15 数据

说明本系统的输入、输出数据及数据管理能力方面的要求（处理量、数据量）。

3.16 操作

说明本系统在常规操作、特殊操作以及初始化操作、恢复操作等方面的要求。

3.17 故障处理

说明本系统在发生可能的软硬件故障时，对故障处理的要求。

3.18 算法说明

用于实施系统计算功能的公式和算法的描述。

3.19 有关人员需求

（若有）本条应描述与使用或支持 CSCI 的人员有关的需求，包括人员数量、技能等级、责任期、培训需求、其他的信息。

3.20 有关培训需求

（若有）本条应描述有关培训方面的 CSCI 需求。包括在 CSCI 中包含的培训软件。

3.21 有关后勤需求

（若有）本条应描述有关后勤方面的 CSCI 需求，包括系统维护、软件支持、系统运输方式、供应系统的需求、对现有设施的影响、对现有设备的影响。

3.22 其他需求

（若有）本条应描述在以上各条中没有涉及的其他 CSCI 需求。

3.23 包装需求

（若有）本条应描述需交付的 CSCI 在包装、标签和处理方面的需求。（若适用）可引用适当的规范和标准。

3.24 需求的优先次序和关键程度

（若适用）本条应给出本规格说明中需求的、表明其相对重要程度的优先顺序、关键程度或赋予的权值。例如，标识出那些认为对安全性、保密性或私密性起关键作用的需求，以便进行特殊的处理。

4 合格性规定

本章定义一组合格性方法，对于第 3 章中每个需求，指定所使用的方法，以确保需求得到满足。可以用表格形式表示该信息，也可以在第 3 章的每个需求中注明要使用的方法。

5 需求可追踪性

本章应包括从本规格说明中每个 CSCI 的需求到其所涉及的系统（或子系统）需求的可追踪性；从分配到本规格说明中的 CSCI 的每个系统（或子系统）需求到涉及它的 CSCI 需求

的可追踪性。

6 尚未解决的问题

7 注解

附录

A.4 软件(结构)设计说明(SDD)

软件(结构)设计说明的正文格式如下。

1 引言

1.1 标识

1.2 系统概述

1.3 文档概述

1.4 基线

2 引用文件

3 CSCI级设计决策

本章应根据需要分条给出CSCI级设计决策,即CSCI行为的设计决策(忽略其内部实现,从用户的角度看,它如何满足用户的需求)和其他影响组成该CSCI的软件配置项的选择与设计的决策。

4 CSCI体系结构设计

本章应分条描述CSCI体系结构设计。

4.1 体系结构

包括程序(模块)划分和程序(模块)层次结构关系。

4.2 全局数据结构说明

本条说明本程序系统中使用的全局数据常量、变量和数据结构。

4.3 CSCI部件

本条应标识构成该CSCI的所有软件配置项;给出软件配置项的静态关系(如组成);陈述每个软件配置项的用途,并标识分配给它的CSCI需求与CSCI级设计决策;标识每个软件配置项的开发状态/类型;描述CSCI每个软件配置项计划使用的计算机硬件资源。

4.4 执行概念

本条应描述软件配置项间的执行概念。为表示软件配置项之间的动态关系,即CSCI运行期间它们如何交互的,本条应包含图示和说明,包括执行控制流、数据流、动态控制序列、状态转换图、时序图、配置项之间的优先关系、中断处理、时间/序列关系、异常处理、并发执行、动态分配与去分配、对象/进程/任务的动态创建与删除和其他的动态行为。

4.5 接口设计

本条应分条描述软件配置项的接口特性,既包括软件配置项之间的接口,也包括与外部实体,如系统、配置项及用户之间的接口。

5 CSCI详细设计

本章应分条描述CSCI的每个软件配置项。

5.x

本条应用项目唯一标识符标识软件配置项并描述它。描述应包括以下信息：配置项设计决策，如要使用的算法；软件配置项设计中的约束、限制或非常规特征；其他需要说明的信息。

6 需求的可追踪性

7 注解

附录

A.5 软件测试计划(STP)

软件测试计划的正文格式如下。

1 引言

1.1 标识

1.2 系统概述

1.3 文档概述

1.4 与其他计划的关系

1.5 基线

2 引用文件

3 软件测试环境

本章应分条描述每个预计的测试现场的软件测试环境。可以引用软件开发计划(SDP)中所描述的资源。

3.x(测试现场名称)

本条应标识一个或多个用于测试的测试现场，并分条描述每个现场的软件测试环境。包括软件项，硬件及固件项，其他材料，所有权种类、需方权利与许可证，安装、测试与控制，参与组织，人员，定向计划，要执行的测试。

4 计划

本章应描述计划测试的总范围并分条标识，并且描述本STP适用的每个测试。

4.1 总体设计

本条描述测试的策略和原则，包括测试类型和测试方法等信息。

4.2 计划执行的测试

本条应分条描述计划测试的总范围。按名字和项目唯一标识符标识一个CSCI、子系统、系统或其他实体，并描述对各项的测试。

4.3 测试用例

5 测试进度表

本章应包含或引用指导实施本计划中所标识测试的进度表。

6 需求的可追踪性

7 评价

7.1 评价准则

7.2 数据处理

7.3 结论

8 注解

附录

A.6 软件测试说明(STD)

软件测试说明的正文格式如下。

1 引言

1.1 标识

1.2 系统概述

1.3 文档概述

2 引用文件

3 测试准备

本章应分以下几条,应包括用“警告”或“注意”标记的安全提示和保密性与私密性考虑。

3.x(测试项目的唯一标识符)

本条应用项目唯一标识符标识一个测试并提供简要说明。包括硬件准备、软件准备和其他测试前准备。

4 测试说明

4.x(测试项目的唯一标识符)

本条应用项目唯一标识符标识一个测试,并包括涉及的需求、先决条件、测试输入、预期测试结果、评价结果的准则、测试过程、假设和约束。

5 需求的可追踪性

6 注解

附录

A.7 软件测试报告(STR)

软件测试报告的正文格式如下。

1 引言

1.1 标识

1.2 系统概述

1.3 文档概述

2 引用文件

3 测试结果概述

3.1 对被测试软件的总体评估

3.2 测试环境的影响

本条应对测试环境与操作环境的差异进行评估,并分析这种差异对测试结果的影响。

3.3 改进建议

本条应对被测试软件的设计、操作或测试提供改进建议。应讨论每个建议及其对软件的影响。

4　详细的测试结果

本章应提供每个测试的详细结果。包括测试结果小结、遇到的问题、与测试用例/过程的偏差。

5　测试记录

本章尽可能以图表或附录形式给出一个本报告所覆盖的测试事件的按年月日顺序的记录。测试记录应包括执行测试的日期、时间和地点；用于每个测试的软硬件配置；与测试有关的每个活动的日期和时间，执行该项活动的人和见证者的身份。

6　评价

6.1　能力

6.2　缺陷和限制

6.3　建议

6.4　结论

7　测试活动总结

总结主要的测试活动和事件，总结资源消耗。

7.1　人力消耗

7.2　物质资源消耗

8　注解

附录

附录B

部分练习题答案

1. 第1章单选题

(1) A (2)C (3)A (4)C (5)A
(6) B (7)A (8)C (9)C (10)B

2. 第2章单选题

(1) A (2)B (3)C (4)A (5)C

3. 第3章单选题

(1) B (2)C (3)D (4)A (5)B

4. 第4章单选题

(1) D (2)C (3)A (4)B (5)C
(6) C (7)C (8)D (9)C (10)D

5. 第5章单选题

(1) A (2)D (3)C (4)D (5)B
(6) A (7)D (8)A (9)C (10)D

6. 第6章单选题

(1) B (2)C (3)B (4)A (5)D

7. 第7章单选题

(1) B (2)C (3)C (4)A (5)D
(6) D (7)A (8)B (9)B (10)D

8. 第8章单选题

(1) D (2)C (3)A (4)B (5)A

9. 第9章单选题

(1) B (2)D (3)A (4)C (5)D

10. 第10章单选题

(1) D (2)B (3)C (4)B (5)B
(6) A (7)A (8)B (9)C (10)B

11. 第11章单选题

(1) A (2)D (3)C (4)A (5)C
(6) C (7)B (8)D (9)A (10)C

参 考 文 献

[1] 李代平，胡致杰，林显宁.软件工程[M].5版.北京：清华大学出版社，2022.

[2] 贾铁军，李学相，贾银山，等.软件工程与实践[M].4版.北京：清华大学出版社，2022.

[3] Pressman R S，Maxim B R.软件工程：实践者的研究方法[M].原书第9版.王林章，崔展齐，潘敏学，等译.北京：机械工业出版社，2021.

[4] 吴艳，曹平.软件工程导论[M].北京：清华大学出版社，2021.

[5] 陆惠恩.实用软件工程[M].4版.北京：清华大学出版社，2020.

[6] 刘昕.软件工程导论[M].武汉：华中科技大学出版社，2020.

[7] Pfleegar S L，Atlee J M.软件工程[M].4版.杨卫东，译.北京：人民邮电出版社，2019.

[8] 谭火彬.UML 2面向对象分析与设计[M].2版.北京：清华大学出版社，2019.

[9] 田保军，刘利民.软件工程[M].北京：中国水利水电出版社，2019.

[10] Tsui F，Karam O.软件工程导论[M].4版.崔展齐，潘敏学，王林章，译.北京：机械工业出版社，2018.

[11] 吕云翔.软件工程——理论与实践[M].2版.北京：人民邮电出版社，2018.

[12] 吕云翔，赵天宇，丛硕.UML面向对象分析、建模与设计[M].北京：人民邮电出版社，2018.

[13] 邹欣.构建之法：现代软件工程[M].3版.北京：人民邮电出版社，2017.

[14] 陆惠恩，褚秋砚.软件工程[M].3版.北京：人民邮电出版社，2017.

[15] 李代平，杨成义.软件工程[M].4版.北京：清华大学出版社，2017.

[16] 李代平，杨成义.软件工程习题解答[M].4版.北京：清华大学出版社，2017.

[17] 赖均，陶春梅，刘兆宏，等.软件工程[M].北京：清华大学出版社，2016.

[18] 张海藩，吕云翔.软件工程[M].4版.北京：人民邮电出版社，2013.

[19] 张海藩，吕云翔.软件工程学习辅导与习题解析[M].4版.北京：人民邮电出版社，2013.

[20] 张海藩，牟永敏.软件工程导论[M].6版.北京：清华大学出版社，2013.

[21] 张海藩，牟永敏.软件工程导论(第6版)学习辅导[M].北京：清华大学出版社，2013.

[22] Schach S R.软件工程：面向对象和传统的方法[M].8版.韩松，译.北京：机械工业出版社，2012.

图书资源支持

感谢您一直以来对清华版图书的支持和爱护。为了配合本书的使用，本书提供配套的资源，有需求的读者请扫描下方的“书圈”微信公众号二维码，在图书专区下载，也可以拨打电话或发送电子邮件咨询。

如果您在使用本书的过程中遇到了什么问题，或者有相关图书出版计划，也请您发邮件告诉我们，以便我们更好地为您服务。

我们的联系方式：

清华大学出版社计算机与信息分社网站：https://www.shuimushuhui.com/

地　　址：北京市海淀区双清路学研大厦 A 座 714

邮　　编：100084

电　　话：010-83470236　010-83470237

客服邮箱：2301891038@qq.com

QQ：2301891038（请写明您的单位和姓名）

资源下载：关注公众号“书圈”下载配套资源。

资源下载、样书申请

书圈

图书案例

清华计算机学堂

观看课程直播